蔬菜优异种质资源精准鉴定与创新利用研究进展（2016—2020年）

王海平　等 著

中国农业科学技术出版社

图书在版编目（CIP）数据

蔬菜优异种质资源精准鉴定与创新利用研究进展：2016—2020年 / 王海平等著. --北京：中国农业科学技术出版社，2021. 6

ISBN 978-7-5116-5281-2

Ⅰ. ①蔬…　Ⅱ. ①王…　Ⅲ. ①蔬菜-种质资源-研究-中国-2016-2020　Ⅳ. ①S630.24

中国版本图书馆CIP数据核字（2021）第066302号

责任编辑　王惟萍
责任校对　李向荣
责任印制　姜义伟　王思文

出 版 者　中国农业科学技术出版社
北京市中关村南大街12号　　邮编：100081
电　　话　（010）82106643（编辑室）（010）82109702（发行部）
（010）82109709（读者服务部）
传　　真　（010）82106643
网　　址　http: // www.castp.cn
经 销 者　各地新华书店
印 刷 者　北京建宏印刷有限公司
开　　本　185mm×260mm　1/16
印　　张　22.75
字　　数　520千字
版　　次　2021年6月第1版　　2021年6月第1次印刷
定　　价　168.00元

《蔬菜优异种质资源精准鉴定与创新利用研究进展（2016—2020年）》

主　著　王海平

副主著　贾会霞　李锡香　张余洋

著　者（按姓氏拼音排序）

曹亚从　陈学军　刁卫平　甘彩霞　国艳梅　李国景
李雪峰　林毓娥　刘　凡　刘富中　刘　磊　刘贤娴
刘正位　娄群峰　吕红豪　马双武　毛爱军　钱虹妹
宋江萍　徐　良　阳文龙　杨　洋　余小林　原玉香
张　洁　张晓辉　张　颜　章时蕃　赵建军　赵岫云
赵志伟　曾爱松

前　言

“十三五”蔬菜优异种质资源精准鉴定与创新利用（2016YFD0100204）是国家重点研发计划项目的专项课题。本课题立足于国家战略高度，着眼于长远发展目标，以国家库（圃）收集保存的蔬菜种质资源为基础，同时有效整合育种家手中的一部分优异资源，以完成全基因组测序的黄瓜、萝卜、白菜等8种主要蔬菜作物及大蒜等重要特色蔬菜为对象，通过精选优异种质资源，利用具有行业标准或业内公认鉴定方法的性状（如抗病性）鉴定带动方法尚不成熟、研究相对薄弱（如抗逆）的性状为原则，兼顾育种研究及生产中急需性状，紧紧围绕精准鉴定这一核心，集成精准鉴定技术体系，利用多年多点鉴定、全基因组重测序、全基因组关联分析（GWAS）等精准鉴定方法和先进的技术手段，完成了8种主要蔬菜种质资源核心样本的表型和基因型精准鉴定，筛选获得一批优质、抗病、抗逆、高产、多功能高效利用的优异种质资源。

课题共完成了1 780份特异和核心种质的规模化表型和基因型精准鉴定，为蔬菜育种提供了遗传背景清楚的可利用基因资源，提高了蔬菜种质资源鉴定的精度、深度和广度，有效解决了鉴定评价和挖掘利用滞后的矛盾。精准鉴定获得的优异种质和野生近缘种资源，结合远缘杂交等技术，获得一批优质、高抗的优异种质资源，拓宽了我国蔬菜资源的遗传多样性。筛选遗传背景清楚的优异种质154份；分子鉴定确证的优异远缘育种杂交中间材料128份；有育种利用价值的地方品种纯系和导入系310份；目标性状突出且综合性状较好的优异种质135份；育种利用创新种质29份；研制了黄瓜和番茄种质资源精准鉴定技术规程。申请发明专利41项，新品种12项，获得授权专利11项；发表论文91篇，其中，SCI收录论文56篇，高水平论文5篇。引进国外蔬菜种质资源新种质315份。课题研究成果将促进蔬菜种质资源的深入挖掘和高效利用，为蔬菜种业提供材料和技术支撑，逐步提高我国蔬菜产业的可持续发展能力和国际竞争力。

著　者

2021年3月

目　录

第一章　蔬菜优异种质资源表型精准鉴定

在前期表型核心种质构建和材料纯化的基础上，完成了1 780份资源的表型精准鉴定，其中包括黄瓜200份、西瓜100份、萝卜470份、白菜164份、番茄406份、辣椒240份、豇豆100份、莲藕100份。表型精准评价涉及生产上重要性状3～20个性状，如黄瓜的瓜形、抗病性，萝卜的抗根肿病、根形，番茄的裂果性、可溶性固形物含量，辣椒的果形、辣椒红素含量，白菜的叶球重、耐抽薹性，豇豆的荚长、抗性等性状。为了实现重要农艺性状的精准鉴定，使目标性状在不同环境中得以充分表达，不同作物在不同生态区进行多年多点种植试验，以相应的蔬菜作物种质资源描述规范和数据标准进行数据采集，对表型数据进行统计分析，包括多样性分析、相关性分析、聚类分析、遗传力估算等。这些表型精准鉴定为种质资源的辨识和优异种质的发掘提供了依据。

第一节　黄瓜优异种质资源表型精准鉴定评价

（2016YFD0100204-1 王海平；2016YFD0100204-16 林毓娥）

一、黄瓜农艺性状数量统计、变异及遗传力分析

对200份黄瓜种质资源的重要农艺性状进行2年（2017年和2018年）3点（北京、南京和广州）鉴定，鉴定性状包括叶长、叶宽、叶柄长、主蔓粗、第一雌花节位、第一分支节位、25节内雌花节数、叶色、瓜面色泽、瓜斑纹分布、瓜斑纹色、瓜皮色、瓜形、瓜刺瘤稀、瓜刺色、种瓜皮色、瓜肉苦味、瓜肉色、瓜长、瓜粗、瓜把长、瓜肉厚、单瓜重、瓜重、瓜数、畸形瓜数、花期、结果初期、盛果期、霜霉病抗性、白粉病抗性和花叶病抗性共32个。对2年3点的6组数据比较分析，发现多个性状在不同地区存在差异，如瓜把长和主蔓粗等性状在北京、南京、广州3个地区依次降低（图1-1）。25节内雌花节数、始花期、畸形瓜数、盛果期、瓜肉苦味和瓜肉色7个性状的偏度和峰度绝对值大于1，不符合正态分布（表1-1）。

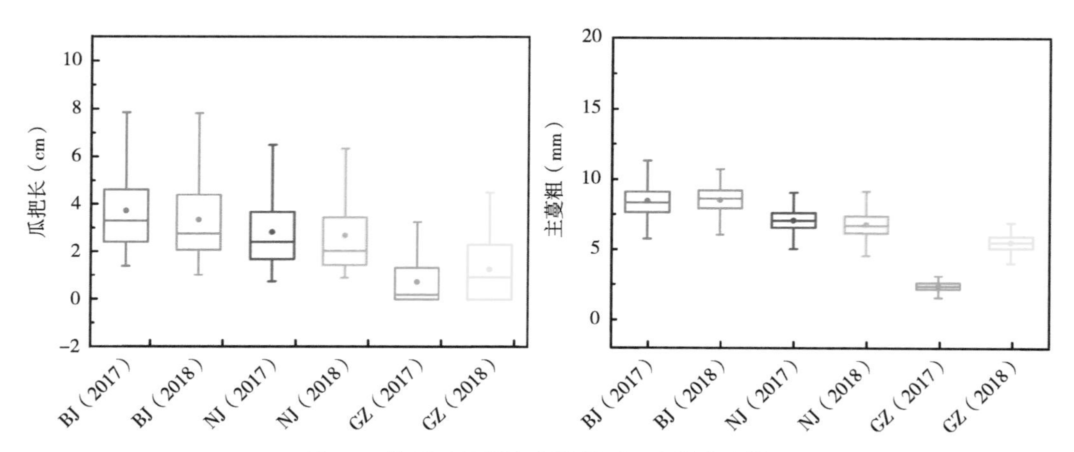

图1-1　黄瓜瓜把长和主蔓粗2年3点鉴定比较

变异系数分析发现黄瓜农艺性状存在不同程度的变异，变异系数范围为9.348%～155.434%。其中，叶宽的变异系数最低，其次为瓜粗、结果初期、叶长、盛果期、叶柄长、瓜肉厚、始花期、主蔓粗、叶色、瓜肉色，变异系数均低于20.000%；25节内雌花节数、畸形瓜数、瓜肉苦味等性状的变异系数较高，均高于80.000%（表1-1）。

广义遗传力分析发现瓜长、瓜把长、畸形瓜数、瓜皮色、瓜形、瓜刺色、瓜刺瘤稀的遗传力较高，在0.80以上，表明这些性状受遗传因素影响非常大；瓜数和瓜重的遗传力分别为0.56和0.70，表明黄瓜的产量性状很大程度上受遗传因素影响。

表1-1　黄瓜种质资源农艺性状的统计描述和变异系数分析

性状	均值	标准差	偏度	峰度	变异系数（%）
叶长（cm）	20.032	2.111	0.097	0.710	10.537
叶宽（cm）	20.716	1.937	−0.209	0.536	9.348
叶柄长（cm）	16.954	1.976	−0.165	0.154	11.658
主蔓粗（mm）	7.007	1.012	0.531	0.412	14.441
第一雌花节位	7.092	2.722	0.471	0.218	38.382
第一分支节位	3.132	0.853	0.791	0.908	27.237
25节内雌花节数	3.845	3.086	2.264	6.442	80.242
叶色	3.178	0.489	−0.284	−0.268	15.397
瓜面色泽	1.722	0.438	0.414	−0.053	25.432
瓜斑纹分布	2.889	0.687	−0.276	−0.004	23.765
瓜斑纹色	1.967	0.574	−0.567	0.146	29.155

（续表）

性状	均值	标准差	偏度	峰度	变异系数（%）
瓜皮色	4.817	1.205	−0.771	0.254	25.014
瓜刺瘤稀	1.773	0.699	0.249	−0.884	39.417
瓜刺色	1.810	0.994	0.747	−0.773	54.949
种瓜皮色	3.211	1.331	0.235	−0.954	41.453
瓜肉苦味	0.111	0.172	1.924	4.514	155.434
瓜肉色	3.105	0.521	−0.920	1.339	16.776
瓜形	4.868	2.212	0.216	−0.896	45.439
瓜长（cm）	19.386	6.069	0.360	−0.685	31.303
瓜粗（cm）	3.797	0.398	0.372	−0.289	10.486
瓜把长（cm）	2.794	1.505	0.969	0.360	53.875
瓜肉厚（cm）	0.968	0.128	0.071	0.829	13.224
单瓜重（g）	168.32	36.37	−0.107	−0.401	21.610
瓜重（g）	9 691.6	5 506.1	0.092	−0.930	56.814
瓜数	45.593	27.852	0.488	−0.165	61.088
畸形瓜数	7.460	7.391	1.318	1.713	99.074
始花期（d）	40.401	5.474	1.095	−0.044	13.548
结果初期（d）	62.172	6.544	0.452	0.141	10.526
盛果期（d）	73.307	8.427	1.010	0.574	11.495
霜霉病抗病	1.872	0.533	0.029	−0.470	28.481
白粉病抗病	1.201	0.634	0.161	−0.604	52.797
花叶病抗病	2.328	1.001	0.376	0.409	43.000

二、黄瓜农艺性状相关性分析

对黄瓜32个农艺性状进行相关分析，多个性状之间呈不同程度的正负相关。黄瓜的叶长和叶宽与瓜长、瓜粗、瓜肉厚、单瓜重、瓜总重等产量性状呈极显著正相关，光合作用是作物产量最主要的能量来源，表明黄瓜叶片大小是决定光合产物总量的一个重要因素。第一雌花节位与25节内雌花节数、始花期、瓜数、瓜总重、盛果期呈极显著的负相关（图1-2）。

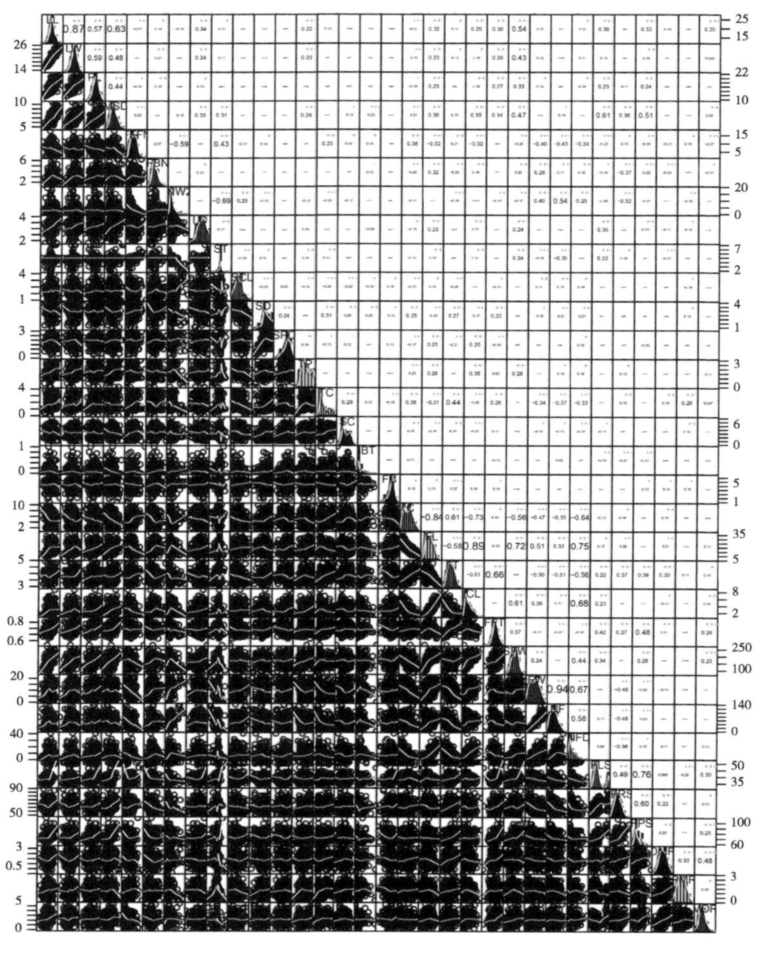

图1-2　黄瓜种质资源农艺性状相关性分析

三、黄瓜资源苗期性状调查

对黄瓜资源苗期性状调查发现，黄瓜子叶长度较小的系号包括PE44、PE54、PE62、PE145、PE163、PE178、PE184和PE198，其中PE184和PE178子叶长度最小，分别为2.77cm和2.81cm；子叶长度较大的系号包括PE2、PE13、PE14、PE25、PE42、PE50、PE52和PE188，其中PE25子叶长度最大，为5.77cm。子叶宽度较小的系号包括PE29、PE54、PE63、PE64、PE66、PE80、PE125、PE184和PE198，介于1.5～1.8cm，其中PE184子叶宽度最小，为1.49cm；子叶宽度较大的系号包括PE27、PE46、PE50、PE80、PE131、PE169、PE175和PE181，其中PE46子叶宽度最大，为4.06cm。下胚轴长度较小的系号包括PE27、PE44、PE120、PE130、PE178、PE198和PE200，其中PE130下胚轴长度最小，为3.61cm；下胚轴长度较大的系号包括PE24、PE34、PE141、PE152、PE154、

PE161和PE188，其中PE154的下胚轴长度最大为16.93cm。以上数据说明黄瓜资源材料之间的苗期性状差异较大。

四、黄瓜成株期性状调查

黄瓜叶片长度/叶片宽度等性状差异较大。叶片长度最小的系号包括PE54和PE42，其中PE54叶片长度为7.8cm；叶片长度较大的系号包括PE155和PE59，长度分别为21.9cm和22.9cm。叶片宽度较小的系号PE54，为7.35cm；叶片宽度较大的系号PE59，为24.0cm。叶柄长度较小的系号包括PE54和PE64，其中PE64为4.67cm，PE54为6.27cm；叶柄长度较大的系号PE119，为14.0cm。茎粗介于0.1～0.3cm。第一分枝节位较小的系号包括PE42、PE63和PE67，其中最低的分枝节位PE63为1。第一雌花节位最低的系号是PE31、PE40、PE42和PE101均在2～3节位；第一雌花节位最高的系号是PE55和PE88，分别为30和31节位。

五、相关质量性状调查

黄瓜叶片颜色：大部分材料的叶片颜色为绿色，35份材料叶色为深绿色，35份材料叶色为浅绿色，11份材料叶色为黄绿色。性型：大部分材料的性型为雌雄株，PE4、PE11、PE14、PE15、PE16、PE31、PE42、PE49、PE146和PE149为纯雌株，PE13、PE14、PE40、PE48、PE114、PE115、PE119、PE41和PE40为强雌株，PE58和PE65为完全株，PE22、PE30、PE35、PE38、PE165、PE199和PE200为雄全株。结瓜习性：101份材料以侧蔓结瓜为主，76份材料以主侧蔓结瓜为主，17份材料以主蔓结瓜为主。瓜形：81份材料瓜形为短圆筒形，37份材料瓜形为短棒形，剩余材料的形状有短弯棒形、蜂腰形、短圆筒形和长棒形等，但是PE12、PE87、PE119、PE131和PE173瓜形有分离。瓜皮色：23份材料瓜皮色为深绿色，47份材料瓜皮色为白绿色，6份材料瓜皮色为黄白色，20份材料瓜皮色为乳白色，57份材料瓜皮色为绿色，53份材料瓜皮色为浅绿色。瓜刺瘤：大部分为稀刺，中刺有53份，密刺有55份。瓜刺颜色：大部分材料瓜刺为白色，褐刺有29份，黄棕刺有31份，黑刺有15份，PE18和PE47具有不同瓜刺。瓜肉苦味：在结瓜材料中，31份材料有苦味。卷须苦味：对卷须性状进行了多人品尝测定，发现有69份材料卷须不苦，121份材料卷须苦，剩余材料卷须微苦。分枝性：PE186和PE197分枝性较弱，PE199和PE200分枝性特别强。耐热性：采用苗期电导率测定的方法，对黄瓜材料进行耐热性的初步鉴定，发现PE86、PE155、PE159和PE181相对电导率较低，说明耐热性较强；PE34、PE36、PE104、PE108、PE114、PE115和PE192相对电导率较高，说明其对高温比较敏感，属于热敏材料。

第二节　西瓜优异种质资源表型精准鉴定评价

（2016YFD0100204-26 马双武）

通过表型和基因型分析，从“国家西瓜甜瓜中期库”中的西瓜种质资源中选出100份不同生态型的栽培西瓜。选择能够代表我国西北生态区、华北生态区和华南生态区的新疆昌吉、河南新乡和海南三亚作为试验点，每个试验点分别鉴定2年。采用催芽播种，春夏生长期地膜覆盖露地栽培（新疆昌吉试验基地、河南新乡试验基地2017年和2018年5—8月，海南三亚试验基地2017年12月—2018年4月、2018年12月—2019年4月），每份种质重复3次，随机区组设计，每次重复定植10株，行距2m，株距0.4m，双蔓整枝，自然坐果，每株留一果（同一种质不同重复间坐瓜节位尽可能保持一致），试验地周围设置保护行。试验地按当地肥水水平管理，果实充分成熟后采收，并按小区、单瓜进行性状调查和采种，种子及时晾干并干燥处理。

枯萎病抗性鉴定和病毒病抗性鉴定选择苗期鉴定方法，2018年和2019年春天在中国农业科学院郑州果树研究所所部温室内进行。采用营养钵育苗，营养钵大小为8cm × 8cm，每份种质3个重复，随机排列，每个重复50粒种子，每个营养钵5粒种子。耐湿热鉴定在恒温培养箱内进行。每份种质3个重复，每个重复30粒种子。

精准鉴定的表型性状，涉及西瓜重要的抗性性状、品质性状、形态特征和生物学特性。抗性性状包括枯萎病抗性鉴定、病毒病抗性鉴定、耐湿热鉴定；品质性状包括中心果肉可溶性固形物含量和果肉质地；形态特征和生物学特性包括株型、雌花两性花、果实重量、果皮硬度、果皮底色、果皮覆纹形状、果实形状、果肉颜色、果实长度、果实宽度、果形指数、果皮厚度、种子厚度、种子千粒重。

一、枯萎病抗性鉴定

西瓜枯萎病病菌为尖孢镰刀菌西瓜专化型（*Fusarium oxysporum* f. sp. *niveurm*）生理小种1菌种由本实验室使用菌土保存法保存。菌株活化：用保存的菌土育苗，待瓜苗发病后，采用组织分离法分离病原菌。取病苗根茎接合部上下各约1cm的茎部，清水冲洗晾干，切成0.5 ~ 1cm的小段，消毒后接种于灭菌的PDA培养基平板上，于25℃恒温培养箱中暗培养2d后，光照培养约3d至平板上长出紫红色孢子。将麦粒提前1天浸泡，煮至熟透，滤干水分，分装，121℃灭菌20min备用。在长满孢子的PDA平板上加入无菌水，轻轻摇晃使孢子散入水中。将含有孢子体的水倒入麦粒中，在28℃恒温培养箱培养至紫红色菌体长满麦粒（5~7d）。菌土准备：将长满尖孢镰刀菌的麦粒磨碎后，与灭菌的沙土1：50混匀备用。种子准备：每份种质种子使用0.1%高锰酸钾溶液消毒后用湿布包好室温浸种16h，甩干水分后，在33℃恒温培养箱催芽36h。接种鉴定：将准备好的菌土用营养钵装好，温室内加温苗床播种，设感病、抗病对照品种和保护行。抗性对照品种为Sugarlee，感病对照品种为蜜宝。

病情调查：出苗结束后拔除畸形苗，统计出苗数，10d后开始发病并记载发病情况，4周左右待感病对照品种达到感病水平后统计各重复的活苗数，计算死苗率（%）=100×（出苗数-活苗数）/出苗数。抗病性分级标准如下：高抗（HR），0≤死苗率≤20%，赋值1；抗病（R），20%<死苗率≤40%，赋值3；中抗（MR），40%<死苗率≤60%，赋值5；感病（S），60%<死苗率≤80%，赋值7；高感（HS），死苗率>80%，赋值9。

研究结果显示，西瓜不同种质表现出不同的枯萎病抗性（图1-3），2018年和2019年抗性鉴定结果基本一致，2年不同种质的死苗率相关系数为0.85。最终获得8份高抗枯萎病种质，7份抗枯萎病种质，6份中抗枯萎病种质。

图1-3　西瓜不同种质枯萎病抗性鉴定

二、病毒病抗性鉴定

小西葫芦黄花叶病毒（*Zucchini yellow mosaic virus*，ZYMV）病毒株由中国农业科学院郑州果树研究所古勤生博士惠赠。种子准备：每份种质种子使用0.1%高锰酸钾溶液消毒后用湿布包好室温浸种16h，甩干水分后，在33℃恒温培养箱催芽36h后播种于装有灭菌基质的营养钵中。接种鉴定：在西瓜幼苗子叶平展期进行接种。剪取携带植物病毒的叶片，放在研钵中并加入适量磷酸缓冲液研磨成汁液。浇透后，水喷湿叶面，在植物幼嫩的叶面上撒少许金刚砂，用纱布蘸取少量病样汁液在撒了金刚砂的叶面上朝同一方向轻抹2～3次。接种后盖膜保湿，遮阳网遮阴暗培养2d。之后去掉遮阳网温室常规生长。设感病和抗病对照品种，抗病对照品种为PI 595203，感病对照品种为Sugarlee。

病情调查：接种1周后开始观察叶片症状表现，接种35d后调查发病情况。0级：无任何感病症状；1级：个别叶片褪绿斑或明脉；2级：轻度花叶，形状正常；3级：严重花叶，形状正常；4级：严重花叶，叶片轻微变形；5级：严重花叶，叶片严重畸形。病情级数计算：$RI=\sum x_i n_i/N$（RI—平均病情级数；i—病害分级的各个级别；x_i—病害级别；n_i—相应病害级别的株数；N—调查总苗株数）。抗病性分级标准如下：高抗（HR），RI<1.0，赋值1；抗（R），1.0≤RI<2.0，赋值3；中抗（MR），2.0≤RI<3.0，赋值5；感（S），3.0≤RI<4.0，赋值7；高感（HS），RI≥4.0，赋值9。所有检测种质为检测到抗病毒病抗原，皆为不抗病毒病种质。

三、耐湿热鉴定

每份种质种子用湿布包好室温浸种16h，甩干水分后，分别放入高温处理（40℃）和最适发芽温度（33℃）的恒温培养箱催芽。从处理的第3d起每天统计种子的发芽数，至第7d各处理发芽种子数不再增加视为完全发芽。发芽率（%）=（7d内正常发芽的种子数/试验种子总数）×100；发芽势（%）=（4d内正常发芽的种子总数/试验种子总数）×100；相对发芽率（%）=（40℃处理发芽率/33℃处理发芽率）×100；相对发芽势（%）=（40℃处理发芽势/33℃处理发芽势）×100。根据每份种质的相对发芽率和相对发芽势，分抗性级别如下：强（相对发芽势、相对发芽率≥70%），赋值3；中（30%≤相对发芽势、相对发芽率<70%），赋值5；弱（相对发芽势、相对发芽率<30%），赋值7。

2018年和2019年抗性鉴定结果基本不太一致，2年不同种质的相对发育率的相关系数仅为0.33。因此后续的鉴定和验证工作准备继续推进。

四、株型

开花坐果盛期，目测观察每株植株生长状态和枝叶的疏密程度，如图1-4：丛生（伸蔓晚，基部叶片多而紧密，蔓上叶片节间短、密，蔓分枝少、短），对照品种为日本短蔓，赋值1；紧凑（伸蔓正常，基部叶片少而疏，蔓上叶片节间较短、较密，蔓分枝较少、较短），对照品种为96B41，赋值2；疏散（伸蔓正常，基部叶片少而疏，蔓上叶片节间长、稀，蔓长），对照品种为郑引64号，赋值3。2年3点不同种质的株型基本一致，说明株型主要由基因型控制，受环境影响小。

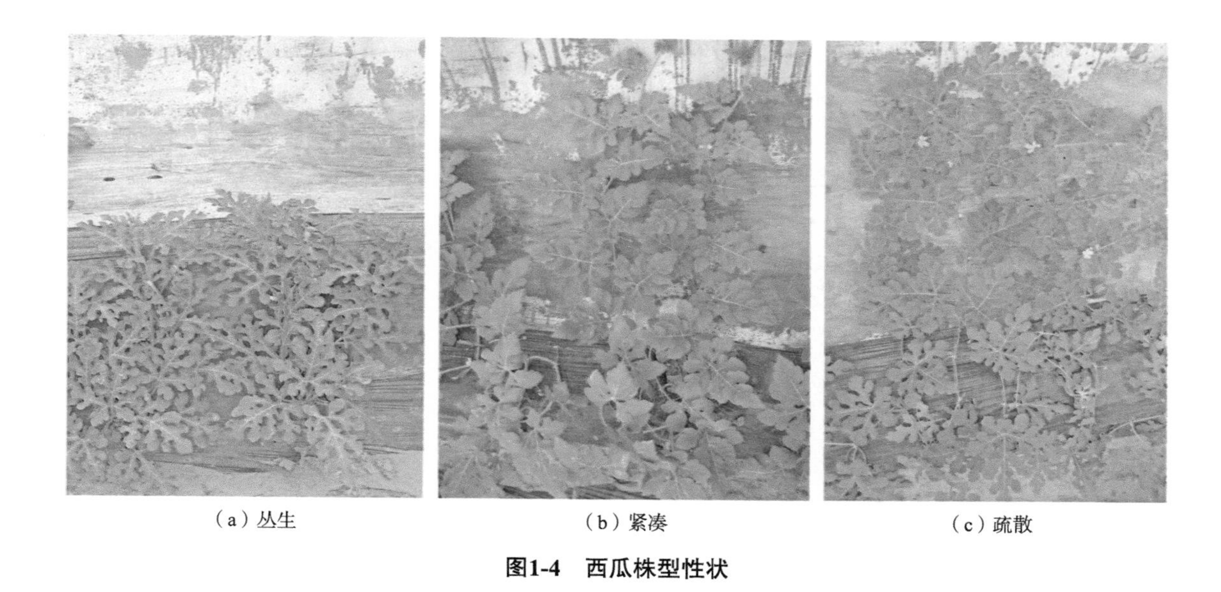

（a）丛生　　（b）紧凑　　（c）疏散

图1-4　西瓜株型性状

五、雌花两性花

开花坐果盛期，目测观察每株主蔓至少两朵雌花中有无正常雄蕊，如图1-5：单性花（雌花柱头周围没有雄蕊），对照品种为96B41，赋值0；两性花（雌花柱头周围有雄蕊并能产生正常的花粉），对照品种为火星，赋值1。2年3点不同种质的性型基本一致，说明性型主要由基因型控制，受环境影响小。

（a）单性花　　（b）两性花

图1-5　西瓜单性花和两性花性状

六、果实重量

果实重量在6种环境条件下的平均相关系数为0.46，同一地点不同年份之间的平均相关系数为0.57。相关性分析说明果实重量除了受基因型影响外，受环境的影响也较大（表1-2）。

表1-2　西瓜果实重量相关性分析

	17新疆	18三亚	18新乡	18新疆	19三亚
17新乡	0.65	0.27	0.74	0.37	0.63
17新疆		0.31	0.66	0.45	0.50
18三亚			0.28	0.23	0.52
18新乡				0.36	0.58
18新疆					0.31

七、果皮硬度

果皮硬度在6种环境条件下的平均相关系数为0.69，同一地点不同年份之间的平均相关系数为0.73。相关性分析说明果皮硬度主要受基因型影响，受环境的影响较小（表1-3）。

表1-3　西瓜果皮硬度相关性分析

	17新疆	18三亚	18新乡	18新疆	19三亚
17新乡	0.74	0.52	0.70	0.54	0.69
17新疆		0.66	0.74	0.76	0.77
18三亚			0.64	0.62	0.73
18新乡				0.66	0.81
18新疆					0.71

八、果皮底色

果实成熟采收时，参照RHS植物比色卡上最接近代码的颜色特征目测确定果实表面最底层的颜色或覆纹间的颜色：黄（FAN1 6 A），对照品种为黄金皮-3，赋值1；绿白（FAN4 192 D），对照品种为河南三白瓜，赋值2；浅绿（FAN3 134 C），对照品种为红宝石，赋值3；绿（FAN3 140 A），对照品种为美国大花皮，赋值4；深绿（FAN3 135 A），对照品种为火星，赋值5；墨绿（FAN4 189 A），对照品种为PI 502319，赋值6。

九、果皮覆纹形状

果实成熟采收时，目测的方法观察果实表皮的覆纹呈现的形状，如图1-6：网纹（覆纹呈连续的细网状，经过的地方果皮底色可见，边缘不明显），对照品种为郑引65号，赋值1；齿条（覆纹呈连续的窄条状，经过的地方果皮底色不可见，有锯齿状突出、边缘明显），对照品种为红宝石，赋值2；条带（覆纹呈连续的宽条状，经过的地方果皮底色不可见，有斑状突出、边缘不明显），对照品种为All Sweet3-1，赋值3；放射条（覆纹呈不连续的条状，经过的地方果皮底色不可见，呈斑块辐射状、边缘不明显），对照品种为满堂红，赋值4；斑点（覆纹呈不连续的斑点状，经过的地方果皮底色不可见，在果皮上不规则分布、边缘明显），对照品种为Moon and Star，赋值5。不同生态区的果皮底色果皮覆纹颜色略有差异，但是果皮覆纹形状基本一致。说明果皮覆纹形状主要由基因型控制，而果皮底色与果皮覆纹底色受环境影响较大。

（a）网纹　（b）齿条　（c）条带　（d）放射条　（e）斑点

图1-6　西瓜果皮覆纹形状

十、果实形状

果实成熟采收时，目测果实的形状，如图1-7：圆（纵径和横径基本相同），对照品种为太阳西瓜，赋值1；椭圆（介于圆和长之间），对照品种为PI 635594，赋值2；长（纵径明显大于横径），对照品种为菲88-110，赋值3。

（a）圆　（b）椭圆　（c）长

图1-7　西瓜果实形状

十一、果肉颜色

果实成熟采收时，用刀沿果实中心纵切后，参照RHS植物比色卡上最接近代码的颜色特征目测确定果实纵切后果肉所呈现的颜色，果实剖面拍照备查：白，对照品种为河南三白瓜，赋值1；乳白（FAN4 N155B），对照品种为P I279462，赋值2；黄（FAN1 5 A），对照品种为黄玫，赋值3；橙黄（FAN1 17 B），对照品种为太原1号，赋值4；粉红（FAN1 55 B），对照品种为96B41，赋值5；大红（FAN1 45 AB），对照品种为郑引43号，赋值6。不同年份不同地方果肉颜色略有差异，但基本一致，主要由基因型控制。

十二、中心果肉可溶性固形物含量

果实成熟采收时，用刀沿果实中心纵切后，用手持折光仪测定果实中心果肉可溶性固形物含量，以%表示。不同点不同种质的中心果肉可溶性固形物含量变幅有差异，平均值差别不大。但是，不同地方的相关性分析（表1-4）显示，平均相关系数为0.73，较高，说明中心果肉可溶性固形物含量主要由基因型控制，受环境影响较小。

表1-4　西瓜中心果肉可溶性固形物含量相关性分析

	17新疆	18三亚	18新乡	18新疆	19三亚
17新乡	0.78	0.77	0.80	0.72	0.79
17新疆		0.71	0.66	0.71	0.68
18三亚			0.65	0.64	0.66
18新乡				0.72	0.86
18新疆					0.75

十三、果肉质地

果实成熟采收时，用刀沿果实中心纵切后，用品尝的方法根据口感的软硬、致密程度和汁液多少综合评价果肉质地：软（果肉质地较松、汁液少），对照品种为红籽瓜，赋值1；沙（果肉质地松、汁液少），对照品种为阜阳3号，赋值2；脆（果肉质地实、汁液多），对照品种为96B41，赋值3；硬（果肉质地很实、汁液较多），对照品种为PI 174103，赋值4。部分种质在不同地方表现基本一致，说明果肉质地主要由基因型控制，受环境影响较小。

十四、果实长度、宽度、果形指数

果实成熟采收时，用刀沿果实中心纵切后，用卷尺测量果实纵切面从基部边缘到顶部边缘之间的最大距离。用卷尺测量果实纵切面与果实纵轴垂直方向两边缘之间的最大距离。根据每个果实的长度和宽度数据，计算出果实的果形指数：果形指数=果实长度/果实宽度。

十五、果皮厚度

用卷尺测量选取果实果皮阳面中部从外果皮到内果皮之间的距离。果实形状、果实长度、果实宽度、果形指数和果皮厚度都是反映果实外观形状——果形的指标，果实长度、果实宽度和果皮厚度不同点之间略有差异，但直观观察的果实形状及其计算获得的果实指数基本一致，受环境影响小，说明这个外观性状主要由基因型控制。

十六、种子厚度

在果实成熟采收后，每个果实采收的种子中随机选取20粒饱满的种子，测量结束后放回混匀，再随机选取，共3次。用游标卡尺测量选取种子平放时上下表面之间的最大距离。60次测量的平均值作为该果实种子厚度的性状值。

十七、种子千粒重

在果实成熟采收后，每个果实采收的种子中随机选取20粒饱满的种子，测量结束后放回混匀。用千分之一的天平称重，20粒重换算为千粒重。3次测量值的平均值作为该果实种子千粒重的性状值。不同点不同种质的种子千粒重变幅略有差异，平均值差别不大。但是，不同地方的相关性分析（表1-5）显示，平均相关系数为0.89，极高，说明种子千粒重主要由基因型控制，受环境影响较小。

表1-5　西瓜种子千粒重相关性分析

	17新疆	18三亚	18新乡	18新疆	19三亚
17新乡	0.98	0.85	0.92	0.97	0.86
17新疆		0.86	0.92	0.97	0.86
18三亚			0.87	0.87	0.79
18新乡				0.92	0.88
18新疆					0.86

第三节　萝卜优异种质资源表型精准鉴定评价

（2016YFD0100204-2　李锡香）

一、遴选萝卜种质资源多年多点表型鉴定

2017—2018年秋季在北京、郑州和成都3个不同的生态条件下，对470份繁殖种子量富裕的栽培萝卜种质资源进行了3点3重复的平行田间表型鉴定试验，每个点的试验规模约7亩（1亩≈667m^2）地。获得观测数据逾60万个（图1-8）。

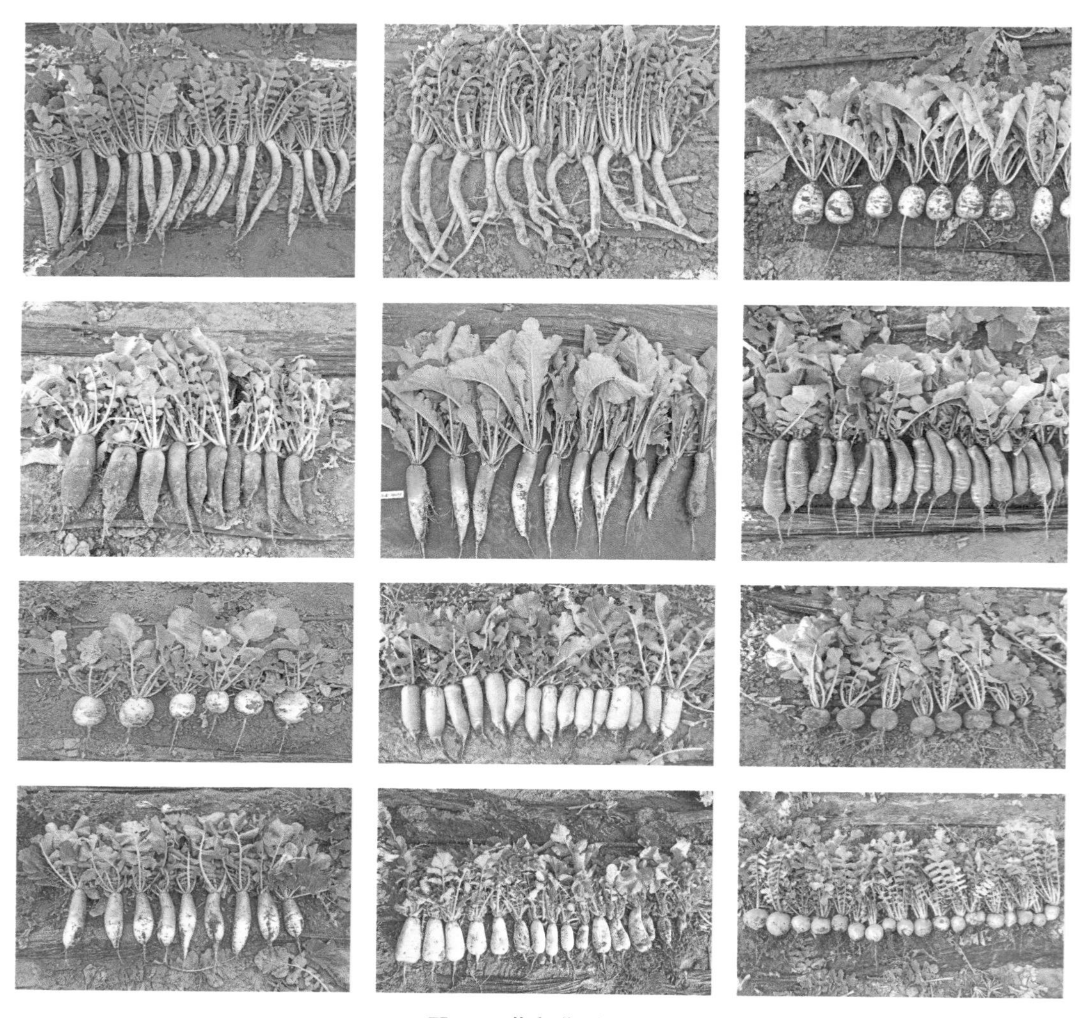

图1-8　萝卜典型品种

二、萝卜种质资源抽薹开花性状鉴定

2018年12月至2019年4月对种植在河北廊坊基地的600余份萝卜资源的抽薹开花性状进行了调查，发现在2019年1月7日之前有254份材料现蕾；抽薹时间主要集中在2019年1月15日至2月25日，有397份材料；早开花（2018年12月31日之前）的材料有20份，晚开花（2019年4月1日之后）的材料有36份，开花时间集中在2019年2月25日至3月18日的3周时间。

三、萝卜种质资源对根肿病抗性鉴定

（一）萝卜种质资源和远缘杂交种对根肿菌的抗性鉴定

本研究所用材料为我国29个省份的230个县市以及日本、韩国、朝鲜、西班牙、俄罗斯和德国的349份萝卜种质和2份远缘杂交种（萝卜甘蓝RRCC和萝卜白菜RRAA）。所有萝卜种质资源按照地理分布划分为6类。感病对照为高度感病的791萝卜材料。菌源为河南南阳大白菜根肿病肿根分离所得，由河南省农业科学院园艺研究所提供，经鉴定为4号生理小种（优势小种）。将孢子浓度调至2×10^8个孢子/mL。制备好的菌液放到4℃冰箱保存，在48h内使用。接种方法为两步法，根据主根、侧根和须根上的肿瘤大小及数量确定病情级别，并计算病情指数（DI）。

结果显示不同材料之间感病程度差异显著，根病情指数在0～97.04。分析表明大多数萝卜（81.66%）对根肿菌感病，其中81份材料表现感病，204份材料表现为高感。通过筛选一共获得了41份抗病材料，包括无任何症状的材料表型免疫15份，高抗材料5份，抗病材料21份。萝卜与甘蓝的远缘杂交种RRCC表现为免疫。

（二）不同抗性萝卜种质资源的地理分布

为了解不同抗性萝卜种质的地理分布特征，我们分析了国内外的349份优异萝卜种质抗性与地理来源的关系。328份来自我国不同地理区域的29个省份的230个县市的萝卜种质中，279份感病或高感材料在我国各地区均有分布，其中在东北地区和华北地区甚至没有发现抗源。中抗材料主要集中分布在除东北地区和西北地区以外的其他区域。抗病材料并没有集中于某一地区，而是分散分布于东、西部以及华南的不同地区。相反，与国内种质不同的是，国外的材料相对更抗一些，来自欧洲（俄罗斯、西班牙和德国）、日本、朝鲜和韩国的21份种质中，61.9%的材料表现抗病，其中免疫材料更是占了总免疫材料的61.54%。

（三）萝卜种质资源根肿病抗性与肉质根性状的关系

萝卜种质资源按照不同根色分为：白萝卜、绿萝卜和红萝卜。不同类型的萝卜种质的抗性水平也不尽相同。在不同根色的萝卜种质中，大部分萝卜都是感病或者高感的：绿萝卜（85.61%），红萝卜（87.76%）和白萝卜（19.32%）。与绿萝卜（6.83%）和红萝卜（9.18%）相比，白萝卜中的抗病材料（19.32%）更多。基于所有根色的萝卜的病情指数进行方差分析，结果显示根色与根肿病抗性有显著关联，其中白萝卜比红萝卜和绿萝卜要更少受根肿病的危害。

（四）高抗材料和代表性高感材料对根肿菌敏感性的验证

为了确认所有免疫材料抗性的稳定性，进行了第2次鉴定试验。10份病情指数在68.82～87.65的高感材料被进行重复鉴定。重复鉴定发现其病情指数在63.25～94.86，配对t检验发现两次试验没有显著性差异（$P>0.05$）。13份材料在重复鉴定中仍然保持免疫：CRR55、CRR221、CRR240、CRR274、CRR281、CRR297、CRR330、CRR340、CRR341、CRR342、CRR346、CRR348和CRR349在第2次鉴定试验中仍然没有任何发病症状，表明这些材料在两次试验中的抗性稳定。

四、萝卜种质资源肉质根硫苷含量分析

采用气相色谱对295份萝卜种质资源收获期的肉质根的硫苷组分和含量的分析结果显示，平均含量分布范围在6.976～129.023μmol/g DW。其中大于100μmol/g DW的种质有10份：Y18QRA795、Y18QRA434、Y18QRA479、Y18QRA478、Y18QRA438、Y18QRA447、Y18QRA401、Y18QRA208、Y18QRA208和Y18QRA433，为高硫苷含量优异基因资源的挖掘和种质创制奠定了良好基础。

五、萝卜肉质根可溶性糖含量分析

采用手持测糖仪对393份萝卜肉质根鲜样可溶性糖含量的分析，其含量分布2.85%～9.27%，其中含量在7%～8%的有15份，含量在8%以上的有4份，19份萝卜系号：360、536、368、544、92、626、450、604、105、18、494、628、161Y、149、624、216Y、146Y、133Y和145Y。

第四节　白菜优异种质资源表型精准鉴定评价

（2016YFD0100204-6 章时蕃）

一、春白菜种质资源表型精准鉴定

（一）春白菜耐抽薹性鉴定方法

试验共安排高代自交系春白菜种质资源73份，另加2份秋白菜种质资源作为对照。这些春白菜高代自交系是近几年来引自韩国、日本的春白菜品种经多代自交分离选育而成，这些种质资源在我国北方平原地区春季及高原、高山地区春夏季种植生长速度快、叶片数多、容易结球、耐抽薹性较强，是选育春白菜品种的良好材料。

春白菜耐抽薹性鉴定方法：选择春白菜产地及春白菜生产季节在露地进行直接鉴定，具体选择北京顺义杨镇沙岭村及河北张北油娄沟乡喜顺沟村作为2个试验点，对75份种质资源进行2点3年的以耐抽薹性状为主的表型性状精准鉴定。试验设置3次重复，每重复每份材料种植14株，种植面积6.5m^2，行株距50cm × 40cm。育苗方式、生产方式与栽培管理方法与一般春大白菜生产相同。待春白菜长成后，每重复每材料取有代表性的植株5株，分别测定其中心柱长度、单株重、单球重、叶球高、叶球宽、可溶性固形物等性状。中心柱长度：叶球纵切后，用卷尺测量。叶球内中心柱底部至中心柱顶端的距离。耐抽薹性的分级标准：极耐抽薹材料，中心柱长度≤3.5cm；耐抽薹材料，3.5cm<中心柱长度≤5.3cm；较耐抽薹材料，5.3cm<中心柱长度≤7.0cm；不耐抽薹材料：中心柱长度>7.0cm。单株重：大白菜植株从基部砍到后，用磅秤称取整棵植株的重量。单球重：收获后的大白菜植株去除外叶与根后，用磅秤称取整个叶球的重量。叶球高度：用卷尺测量测定叶球基部到叶球顶端的距离。叶球宽度：选定叶球的最宽处并用卷尺测量最宽处从一边到另一边的距离。可溶性固形物：选取叶球从外往内的第2片，并从这片叶离基部5cm处的叶柄取汁液后，用可溶性固形物测量仪测定汁液的可溶性固形物的含量。生长期：记录从大白菜播种到叶球充分紧实时的生长天数。

（二）春白菜耐抽薹性鉴定结果

北京顺义杨镇沙岭村试验点经3年的露地鉴定，筛选到极耐抽薹材料2份，占总数的3%，耐抽薹材料31份，占总数的41%，较耐抽薹材料29份，占总数的39%（图1-9）。

河北张北油娄沟乡二里半村试验点经3年的露地鉴定，筛选到极耐抽薹材料35份，占总数的46%，耐抽薹材料30份，占总数的40%，较耐抽薹材料5份，占总数的7%（图1-10）。

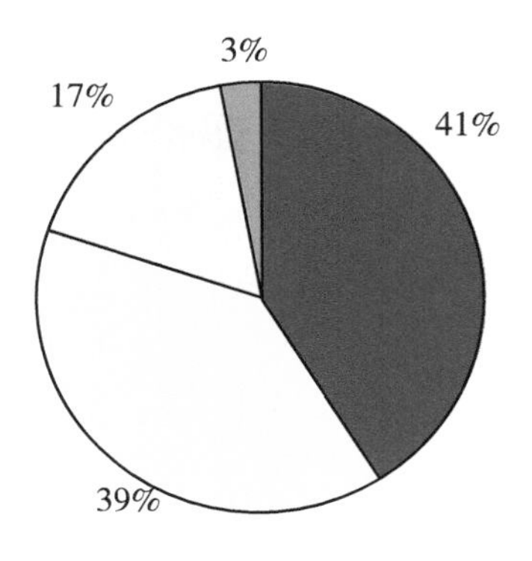

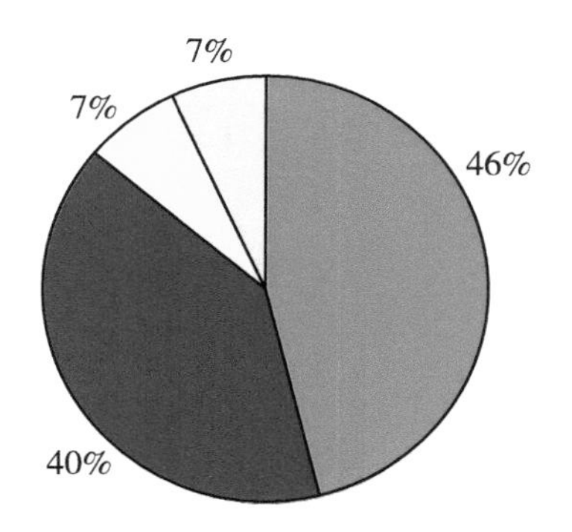

■ 极耐抽薹（中心柱<3.5cm）
■ 耐抽薹（3.5cm≤中心柱<5.3cm）
□ 较耐抽薹（5.3cm≤中心柱<7cm）
□ 不耐抽薹（7cm≤中心柱）

图1-9　北京顺义试验点春白菜种质材料耐抽薹性鉴定结果

■ 极耐抽薹（中心柱<3.5cm）
■ 耐抽薹（3.5cm≤中心柱<5.3cm）
□ 较耐抽薹（5.3cm≤中心柱<7cm）
□ 不耐抽薹（7cm≤中心柱）

图1-10　河北张北试验点春白菜种质材料耐抽薹性鉴定结果

综合3年2点的耐抽薹性鉴定，筛选到极耐抽薹材料2份，耐抽薹材料31份。经综合评价，最终筛选到耐抽薹性强且叶球商品性、叶球球内叶颜色等其他综合性状良好的优异种质13份：1767003、1767004、1767010、1767020、1767023、1767025、1767027、1767034、1767041、1767045、1767050、1767051和1767062（图1-11）。

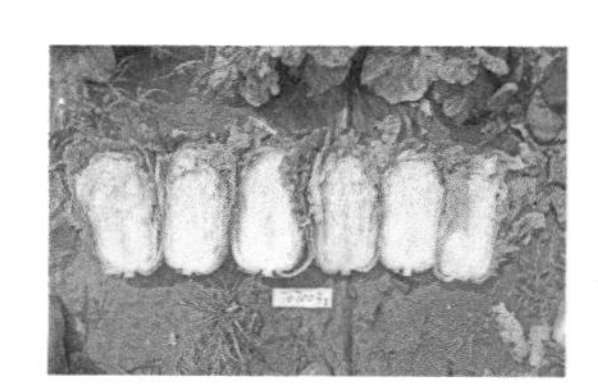

（a）耐抽薹优异种质1767041

（b）易抽薹种质1767063（对照）

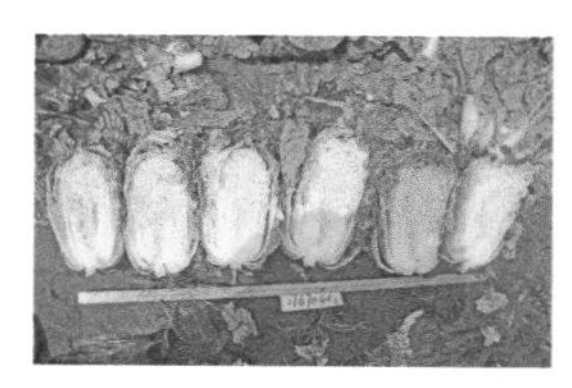

（c）耐抽薹优异种质1767062

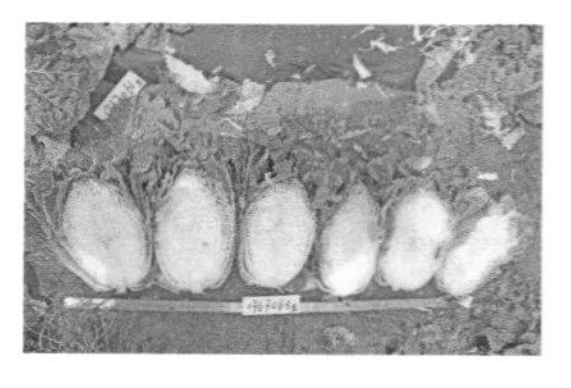

（d）耐抽薹优异种质1767003

图1-11　春白菜耐抽薹优异种质

二、秋白菜种质资源表型精准鉴定

（一）秋白菜抗病性鉴定方法

对91份高代自交系秋白菜种质资源进行抗病性鉴定。这些自交系有些是引种我国南北方地区优良地方品种的高代自交系，有些是北方地区种植的优良中晚熟杂交品种的高代自交系，有些是南方早熟耐热杂交品种的高代自交系，这些品种多数综合抗病性优良。

秋白菜抗病性鉴定方法选择秋白菜产地及秋白菜生产季节在露地进行直接鉴定，具体选择北京顺义杨镇沙岭村及河北宣化沙岭子镇二里半村作为2个试验点，对91份秋白菜进行2点3年以抗霜霉病性状为主的表型性状精准鉴定。试验设置3次重复，每重复每份材料安排种植14株，种植面积6.5m^2，行株距50cm×40cm。育苗方式、生产方式与栽培方法与秋大白菜生产相同。待秋白菜长成后，整体调查霜霉病、病毒病及软腐病的发病情况，每重复每材料取有代表性的植株5株，分别测定单株重、单球重、叶球高、叶球宽、可溶性固形物等性状。

1. 霜霉病鉴定方法

霜霉病分级标准：0级—无病症；1级—外部生长叶片上产生少量病斑；3级—外部生长叶片上产生多数病斑但还未成片；5级—多数叶片上产生病斑，部分叶片病斑已连成片；7级—多数叶片上产生病斑，病斑连成片或开始干枯；9级—多数叶片或整株枯死，严重减产。

霜霉病白菜群体抗性分级标准：免疫（I）—病情指数为0；高抗（HR）—病情指数为0.11～11.11；抗病（R）—病情指数为11.12～33.33；耐病（T）—病情指数为33.34～55.55；感病（S）—病情指数为55.56～77.77；高感（HS）—病情指数为77.78～100.00。

2. 病毒病鉴定方法

病毒病分级标准：0级—无病症；1级—心叶明脉，轻微花叶；3级—心叶及中部叶片花叶；5级—心叶及中部叶片花叶，少数叶片皱缩畸形，植株轻度矮化；7级—重花叶，多数叶片皱缩畸形，球叶坏死斑点及叶脉轻度坏死，植株矮化；9级—严重花叶，皱缩畸形，叶脉坏死至植株死亡，无商品价值。

病毒病白菜群体抗性分级标准：免疫（I）—病情指数为0；高抗（HR）—病情指数为0.11～5.55；抗病（R）—病情指数为5.56～11.11；耐病（T）—病情指数为11.12～33.33；感病（S）—病情指数为33.34～55.55；高感（HS）—病情指数为55.56～100.00。

3. 软腐病鉴定方法

从结球期开始调查软腐病发病情况，一旦发现，整株拔除，并统计病株率。软腐病白菜群体抗性分级标准：免疫（I）—病株率为0；高抗（HR）—病株率为0.11%～11.11%；抗病（R）—病株率为11.12%～33.33%；耐病（T）—病株率为33.34%～55.55%；感病（S）—病株率为55.56%～77.77%；高感（HS）—病株率为77.78%～100.00%。

4. 病情指数的计算方法

$$病情指数=\sum\frac{病级\times该病级的株数}{调查株数\times最高级数}\times100$$

5. 其他性状的测定方法

单株重：大白菜植株从基部砍倒后，用磅秤称取整棵植株的重量。单球重：砍倒后的大白菜植株去除外叶与根后，用磅秤称取整个叶球的重量。叶球高度：用卷尺测量叶球基部到叶球顶端的距离。叶球宽度：选定叶球的最宽处并用卷尺测量最宽处从一边到另一边的距离。可溶性固形物：选取叶球从外往内的第2片并从这片叶离基部的5cm处叶柄取汁液后，用可溶性固形物测量仪测定汁液的可溶性固形物的含量。生长期：记录从大白菜播种到叶球充分充实时的生长天数。

（二）秋白菜抗病性鉴定结果

1. 秋白菜霜霉病抗病性鉴定结果

北京顺义杨镇沙岭村试验点经3年的露地鉴定，筛选到高抗霜霉病的材料28份，占总数的31%；抗霜霉病材料61份，占总数的67%；耐霜霉病材料2份，占总数的2%（图1-12）。

河北宣化沙岭子镇二里半村试验点经3年的露地鉴定，筛选到高抗霜霉病的材料3份，占总数的3%；抗霜霉病材料77份，占总数的85%；耐霜霉病材料11份，占总数的12%（图1-13、图1-14）。

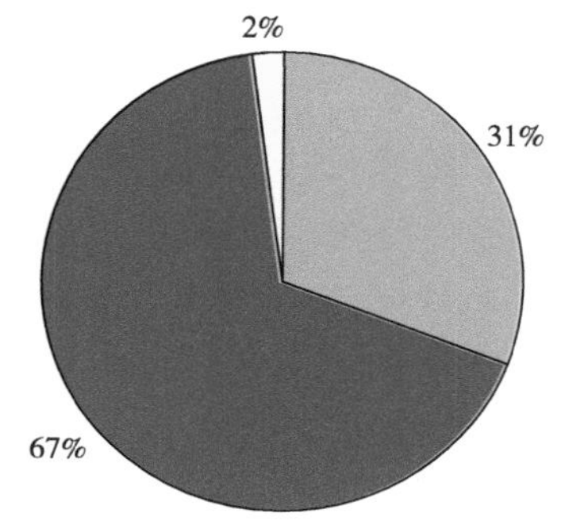

□ 高抗（0.11≤病情指数<11.11）
■ 抗病（11.12≤病情指数<33.33）
□ 耐病（33.34≤病情指数<55.55）

图1-12　北京顺义秋季霜霉病鉴定结果

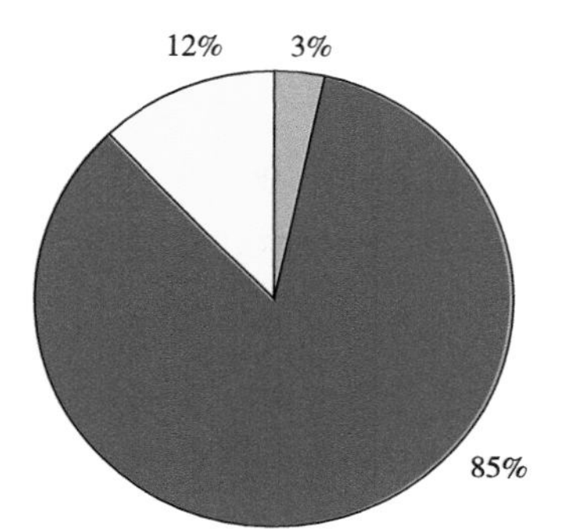

□ 高抗（0.11≤病情指数<11.11）
■ 抗病（11.12≤病情指数<33.33）
□ 耐病（33.34≤病情指数<55.55）

图1-13　河北宣化秋季霜霉病鉴定结果

（a）抗霜霉病种质

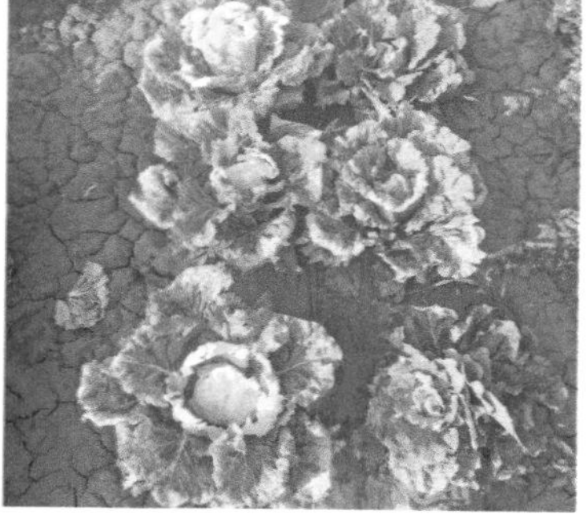

（b）感霜霉病种质

（c）抗霜霉病种质

图1-14　秋白菜霜霉病抗病表现

综合3年2点抗霜霉病鉴定结果，筛选到2个试验点皆高抗的材料1份，即1616082，占总数的1%；1个试验点高抗、1个试验点抗病的材料27份，即1616012、1616015、1616020、1616022、1616024、1616027、1616029、1616035、1616036、1616039、1616040、1616043、1616047、1616055、1616057、1616058、1616059、1616063、1616065、1616066、1616068、1616071、1616073、1616074、1616085、1616087和1616088，占总数的30%；2个试验点皆抗病的材料51份，占总数的56%；1个试验点抗病、1个试验点耐病的材料11份，占总数的12%；2个试验点皆耐病的材料1份，占总数的1%（图1-15）。

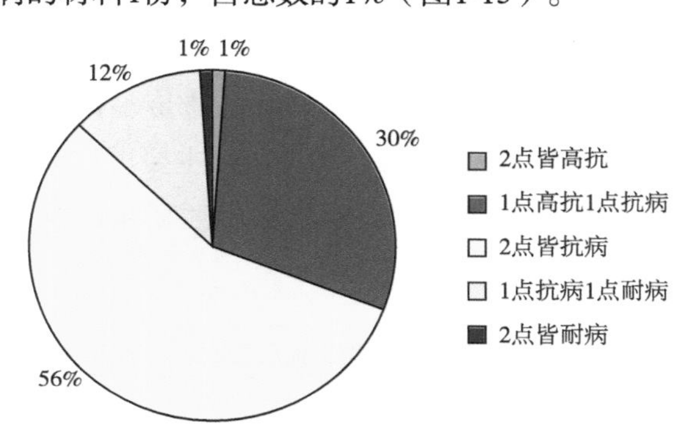

图1-15 3年2点秋季霜霉病鉴定结果

2. 秋白菜软腐病抗性鉴定结果

北京顺义杨镇沙岭村试验点经3年的露地鉴定，91份种质材料皆在高抗等级或以上。河北宣化沙岭子镇二里半村试验点经3年的露地鉴定，91份种质材料除6份在抗病等级外，其余皆在高抗等级或以上。

3. 秋白菜病毒病抗性鉴定结果

无论是北京试验点还是河北试验点3年的露地鉴定，整体病毒病发病较轻。

第五节 番茄优异种质资源表型精准鉴定评价

（2016YFD0100204-3 国艳梅）

为了研究番茄种质资源农艺性状、产量性状遗传多样性演变以及对不同生态环境的适应性，本研究对200份高代番茄材料进行了表型精准鉴定，通过3年2个生态试验点的试验完成了200份材料6次的数据测试工作，分别在北京市昌平区阳坊镇、顺义试验农场和陕西杨凌农业高新技术产业示范区鉴定点完成。所测定的农艺性状包括：单果重、果形、心室数、硬度、果皮厚、种子量、果梗洼大小、可溶性固形物、酸、始花节位、叶夹角、节间数等进行了调查和检测，结果表明这些材料在单果重、梗洼大小、果实颜色等性状中表现了丰富的遗传多样性，6次测量结果共获得表型数据大概37万个，为基因的关联分析和挖掘奠定了良好的基础。

对200个番茄材料的果实颜色、植株生长习性、有无绿色果肩等质量性状，以及单果重、果形指数、硬度、心室数量、果皮厚度、梗洼面积、裂果率、10果种子量、pH值、可溶性固形物含量、番茄红素含量、维生素C含量、总酸含量、叶色、叶夹角、始花节位、节间数等数量性状在6种环境下的表型数据进行统计分析，发现所有考察性状均存在明显的表型变异。

对番茄种质资源的3个质量性状进行统计分析，遗传多样性指数（H′）变化范围为0.683～0.890。其中，果实颜色的H′最高，为0.890，主要以红果为主，其次为粉果。果肩色和生长习性H′分别为0.684和0.683，说明供试种质质量性状间存在较大程度的变异（表1-6）。

表1-6　番茄种质描述型性状表现及多样性指数

目测性状	频率									H′
	1	2	3	4	5	6	7	8	9	
果肩色	绿肩	无绿肩								0.684
	0.566	0.434								
生长习性	无限生长	有限生长								0.683
	0.570	0.430								
果实颜色	粉色	红色	橙色	迟熟	黄色	浅黄色	红底黄果	紫底红果	紫底绿果	0.890
	0.171	0.739	0.010	0.015	0.040	0.005	0.005	0.010	0.005	

20个性状在各个环境中的变异系数差异较大，变化范围为5.03%～188.49%，其中裂果率变异最大，变异系数为133.36%～188.49%，由此可知裂果率的变异程度较丰富；变异最小的是pH值，变异系数为5.03%～8.09%，表明pH值表现比较稳定，变化较小。从20个性状在6种环境下的平均值和变异系数看，单果重的平均值为68.26～129.52g，变异系数为57.49%～62.89%，纬度高的北京地区单果重平均值都高于纬度低的西北地区，表明果重受生态环境影响较大；果形指数的平均值为0.92～0.98，变异系数为24.57%～29.36%，在不同纬度不同季节变化不大，说明环境对果形指数的影响不大；心室数量平均值为4.27～4.51个，变异系数为48.94%～56.30%，在不同纬度不同季节变化不大，说明环境对心室数的影响不大；果皮厚度平均值为4.84～6.62mm，变异系数在19.29%～24.53%；10果种子量平均值为1.19～2.56g，变异系数为47.03%～60.66%，北京地区平均值均高于

西北地区，说明种子质量受环境影响；可溶性固形物平均值为4.16%~5.59%，变异系数为15.59%~24.70%；pH值平均值为2.33~3.80，变异系数为5.03%~8.09%；裂果率平均值为4.71%~12.64%，变异系数为133.36%~188.49%；硬度的平均值为5.59~6.52kg/cm^2，变异系数为29.30%~30.33%；梗洼面积平均值为64.88~103.15mm^2，变异系数为71.37%~79.72%；始花节位数平均值为5.85~9.90节，变异系数为14.69%~33.25%，西北地区不同季节始花节位均高于北京地区，表明始花节位可能受环境影响；叶夹角1、2、3、4在不同地区春季的夹角都大于秋季的，表明夹角有可能受到光照强度或者光周期的影响；节间数平均值为2.42~3.49个，变异系数为29.06%~39.92%（表1-7）。

表1-7　目标性状描述性统计分析

性状	环境	最小值	最大值	平均值	标准差	变异系数（%）
单果重（g）	E1	8.53	361.87	129.52	76.66	59.19
	E2	5.03	325.94	92.50	57.12	61.75
	E3	4.99	277.95	101.93	58.61	57.51
	E4	4.35	214.00	73.41	46.17	62.89
	E5	3.80	238.37	71.55	41.14	57.49
	E6	4.77	344.70	86.08	52.81	61.35
果形指数	E1	0.62	2.30	0.98	0.29	29.36
	E2	0.56	2.06	0.93	0.26	27.52
	E3	0.52	2.03	0.92	0.26	28.20
	E4	0.54	2.26	0.96	0.27	28.50
	E5	0.58	2.12	0.92	0.23	24.57
	E6	0.58	2.03	0.95	0.24	25.36
硬度（kg/cm^2）	E1	3.06	13.73	6.22	1.88	30.20
	E2	3.30	16.56	6.52	1.98	30.33
	E3	3.49	11.01	5.59	1.64	29.30
心室数量（个）	E1	2.00	14.47	4.51	2.49	55.15
	E2	2.00	15.98	4.27	2.40	56.30
	E3	2.00	11.17	4.39	2.26	51.47
	E4	1.90	13.25	4.51	2.22	49.30
	E5	2.00	13.25	4.28	2.14	49.91
	E6	2.00	11.40	4.33	2.12	48.94

（续表）

性状	环境	最小值	最大值	平均值	标准差	变异系数（%）
果皮厚度（mm）	E1	1.70	10.89	6.62	1.43	21.54
	E2	1.41	10.42	5.59	1.21	21.67
	E3	1.71	10.18	6.57	1.27	19.29
	E4	1.95	10.43	4.92	1.21	24.53
	E5	1.31	7.37	4.84	0.98	20.14
	E6	2.72	9.26	5.90	1.23	20.90
10果种子量（g）	E1	0.11	4.10	1.77	0.92	51.97
	E2	0.26	5.69	2.56	1.20	47.03
	E3	0.20	6.57	2.45	1.27	51.92
	E4	0.23	5.12	1.78	1.08	60.66
	E5	0.19	3.51	1.19	0.70	58.43
	E6	0.25	3.83	1.31	0.72	55.44
梗洼面积（mm^2）	E3	5.16	443.49	103.15	82.23	79.72
	E6	2.97	290.03	65.28	46.23	70.81
裂果率（%）	E1	0.00	97.30	12.64	16.86	133.36
	E2	0.00	50.41	4.71	8.87	188.14
	E3	0.00	50.00	4.77	8.99	188.49
	E5	0.00	50.00	4.77	8.99	188.49
	E6	0.00	90.00	11.83	20.23	170.92
可溶性固形物（%）	E1	2.83	9.03	4.16	1.03	24.70
	E2	3.03	7.44	4.55	0.85	18.78
	E3	2.74	7.14	4.55	0.76	16.77
	E4	2.65	7.45	4.72	0.94	19.84
	E5	3.01	8.24	4.35	0.80	18.38
	E6	3.59	8.97	5.59	0.87	15.59
pH值	E2	3.80	4.63	4.22	0.15	3.54
	E3	2.93	5.03	4.42	0.22	5.03
	E4	2.33	4.84	4.08	0.33	8.09
	E5	3.20	4.51	4.02	0.23	5.78
	E6	2.77	5.05	4.23	0.27	6.45
维生素C（mg/100g）	E1	11.90	42.80	22.66	7.04	31.06
总酸（g/kg）	E1	2.25	6.80	3.73	0.76	20.47

（续表）

性状	环境	最小值	最大值	平均值	标准差	变异系数（%）
番茄红素（mg/kg）	E1	0.27	66.40	19.32	11.23	58.15
叶色（chrom值）	E2	21.61	35.69	27.26	2.81	10.32
	E3	14.34	30.87	21.43	3.30	15.39
叶夹角A1（°）	E3	61.44	120.78	92.70	11.55	12.46
	E4	27.64	129.49	87.60	16.44	18.77
	E5	49.91	131.24	78.46	12.92	16.47
	E6	43.26	121.17	82.63	15.04	18.20
叶夹角A2（°）	E4	18.27	130.46	91.72	17.33	18.89
	E5	47.43	110.06	76.76	12.10	15.77
	E6	39.70	129.81	86.23	16.74	19.41
叶夹角A3（°）	E3	68.11	142.44	103.78	13.29	12.80
	E4	23.92	111.85	79.93	16.59	20.76
	E5	45.61	109.87	77.15	11.61	15.05
	E6	42.56	120.75	78.65	13.80	17.54
叶夹角A4（°）	E4	23.86	112.61	83.67	15.71	18.78
	E5	44.58	102.66	72.00	11.33	15.74
	E6	44.01	123.25	82.14	13.80	16.80
始花节位数（节）	E1	3.67	9.00	5.92	0.87	14.69
	E3	3.83	9.67	5.85	0.90	15.35
	E4	2.25	14.00	6.98	2.32	33.25
	E5	4.33	14.00	7.57	1.76	23.26
	E6	4.00	16.00	9.90	2.19	22.12
节间数（个）	E3	1.00	6.00	3.49	1.39	39.92
	E4	1.00	6.58	3.41	0.99	29.06
	E5	1.00	4.44	2.42	0.76	31.42
	E6	1.00	5.11	2.71	0.89	32.75

品种在不同环境下的适应性是衡量优秀品种的重要指标。了解番茄不同农艺性状与环境之间的互作关系，有利于充分利用自然及栽培管理的有利条件，最大程度发挥其生产潜力。本研究获得了20多个主要农艺性状多年多点的调查数据，比较分析了不同农艺性状调查数据，通过对变异系数和遗传多样性分析，表明番茄数量性状多样性要比质量性状丰富，200份种质材料表型性状间存在着丰富的变异（图1-16）。本研究探讨了不同农艺性状对环境的适应性，为进一步挖掘这些材料的育种价值，指导品种遗传改良提供参考依据。

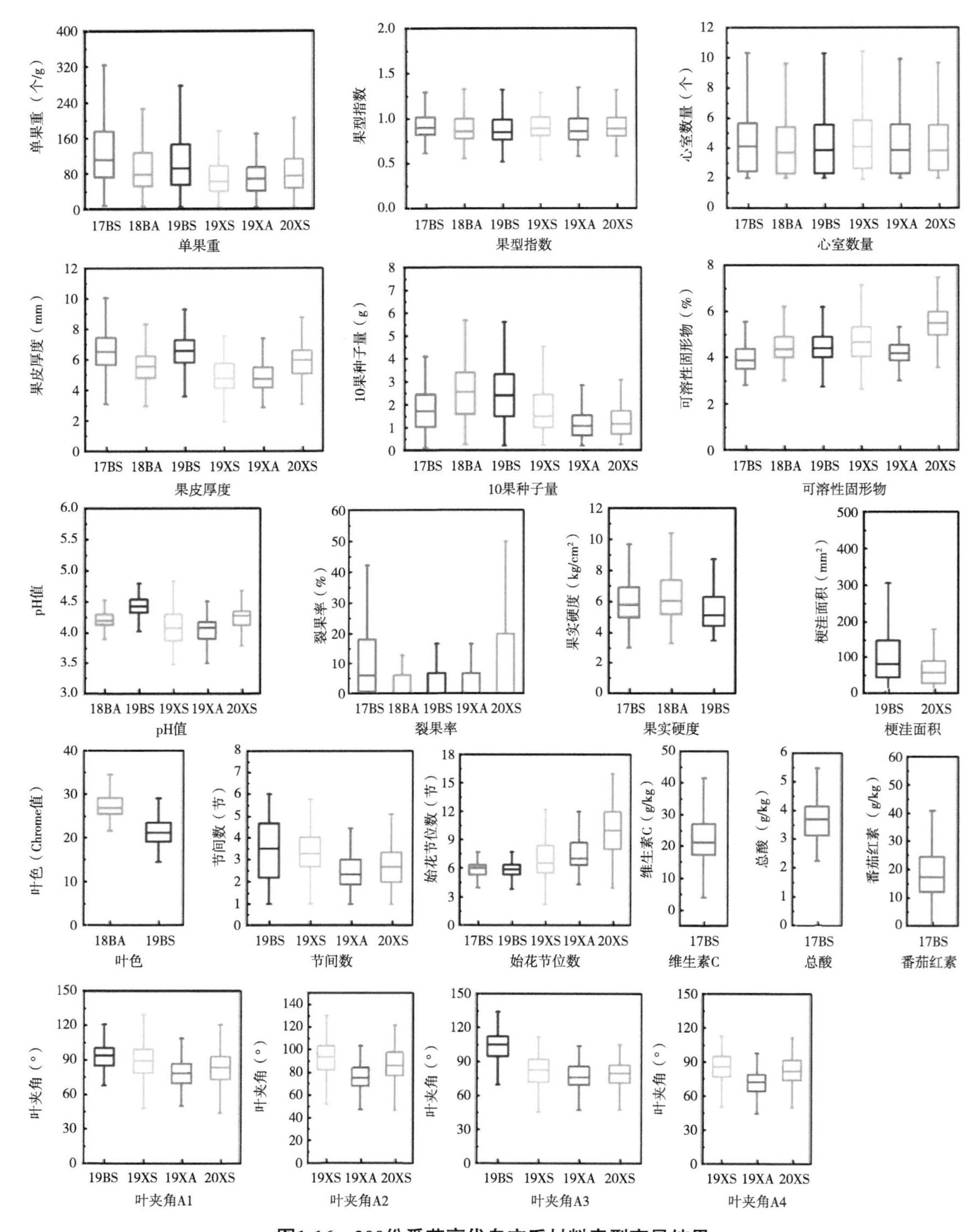

图1-16　200份番茄高代自交系材料表型变异结果

第六节　加工番茄优异种质资源表型精准鉴定评价

（2016YFD0100204-5 刘磊）

种质资源遗传多样性的分析对于鉴别特异种质，确定核心资源，提高育种效率具有重要意义。醋栗番茄作为番茄野生资源之一，分布较为广泛，包含众多优良性状，为番茄栽培种遗传改良提供了丰富的遗传变异。目前，虽然已从醋栗番茄挖掘了抗病、品质、抗逆等多个性状，但由于醋栗番茄分布广泛、群体较多，对于醋栗番茄群体的遗传多样性了解还较为有限，而对优良性状的挖掘研究仍停留在针对个别材料。因此，有必要对群体的遗传分布、变异、进化等进行深入了解，以便更好地挖掘群体包含的优异基因。针对上述存在的问题，本研究收集整理了来自TGRC、AVRDC、CGN等世界主要遗传资源中心的433份醋栗番茄资源，对其进行了表型鉴定和基因型分析，目的是更为深入地了解其遗传多样性。收集的433份醋栗番茄遗传资源中，299份材料已明确其来源地，包括210份来自秘鲁，43份来自厄瓜多尔，27份来自墨西哥，9份来自美国，各2份分别来自加拿大和危地马拉，各1份来自老挝、阿根廷、印度尼西亚、委内瑞拉、哥伦比亚和英国，134份材料来源未知。其中来自TGRC的190份资源分布范围是从W70.52°～W90.97°，纬度范围从S17.83°～N0.87°，其中分布在最南端的资源是LA 1670，最北端的资源是LA 1237，最西边的资源是LA 1670，最东边的资源是LA 2857。研究结果将为深入了解醋栗番茄群体变异及栽培种遗传改良提供一定的科学依据。

一、表型多样性分析

对433份醋栗番茄资源田间种植调查发现，109份资源发生不同程度的分离，约占总数的25%，分离的性状主要包括叶色、叶形、成熟果色、生长类型、果肩、果大小、花序等；其中还发现了资源材料中混有一份秘鲁番茄（来自CGN，CGN23958）和一份多毛番茄（来自AVRDC，PI390519）；根据叶片形状和果实大小初步判断61份为樱桃番茄，约占总数的14%。在287份稳定遗传的醋栗番茄资源中，不同表型性状遗传多样性存在较大差异，变异系数为2.082%～56.716%，性状变异系数大小顺序是柱头（56.716%）>果重（54.301%）>生长类型（54.048%）>坐果率（49.726%）>花瓣大小（43.437%）>幼果颜色（39.622%）>萼片（34.815%）>果肩（32.159%）>红熟期（31.705%）>花序（19.582%）>固形物（16.304%）>叶色（11.566%）>花瓣数目（2.082%）（表1-8）。其中柱头的变异系数最大，为56.716，变异最为丰富；果重、株型、坐果率、花瓣大小的变异系数介于43%～55%；幼果颜色、萼片、果肩、红熟期的变异系数介于31%～40%；花序、固形物、叶色的变异系数介于11～20；花瓣数目的变异系数最小，为2.082，说明花瓣数目较固定，变异幅度最小。如变异较大的柱头，柱头外露的最多，其次是藏于花药内部的，与花药平齐的最少；变异较小的果实可溶性固形物含量，从最低4.0%到最高11.0%，大部分资源集中在6.5%～8.5%，只有极少数株系小于4.5%，少数株系大于9.5%，可溶性固形物含量较番茄栽培种普遍偏高；变异最小的花瓣数目，最少的株系为4瓣，绝大部分集中在5瓣，少数有6瓣，遗传较稳定（图1-17）。

表1-8　表型性状变异系数

性状	最大值	最小值	平均值	变异系数（%）
萼片	6.000	2.000	3.007 ± 1.047	34.815
固形物	10.900	4.300	7.241 ± 1.181	16.304
果肩	4.000	1.000	2.773 ± 0.892	32.159
果重	6.430	0.340	1.182 ± 0.642	54.301
红熟期	3.000	1.000	2.126 ± 0.674	31.705
花瓣大小	3.000	1.000	1.804 ± 0.784	43.437
花瓣数目	6.000	4.000	5.004 ± 0.104	2.082
花序	3.000	1.000	1.026 ± 0.201	19.582
叶色	76.300	31.100	48.824 ± 5.647	11.566
幼果颜色	5.000	1.000	2.177 ± 0.863	39.622
生长类型	3.000	1.000	1.347 ± 0.728	54.048
柱头	3.000	1.000	1.654 ± 0.938	56.716
坐果率	79.600	0.520	34.552 ± 17.181	49.726

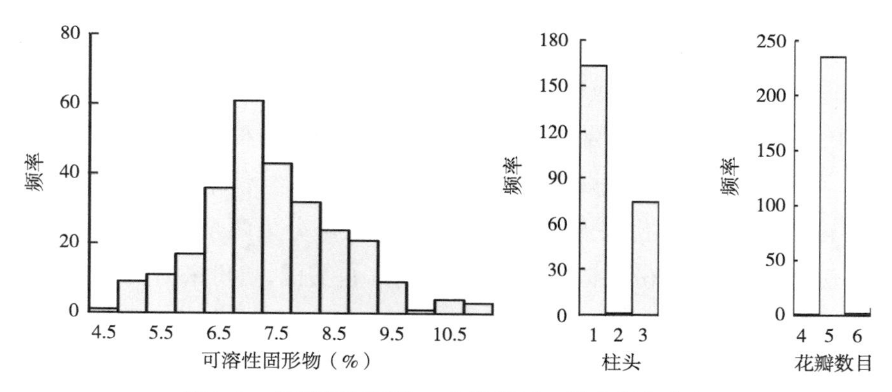

图1-17　可溶性固形物、花瓣数目、柱头频率分布

对具有明确来源信息的醋栗番茄进行来源地理位置定位与确定，同时根据部分表型数据和基因型数据对200份野生醋栗番茄进行亲缘关系及遗传多样性分析。对醋栗番茄的叶片颜色、萼片形态、红熟期、果肩与柱头等重要农艺性状进行表型调查和聚类分析（图1-18）。

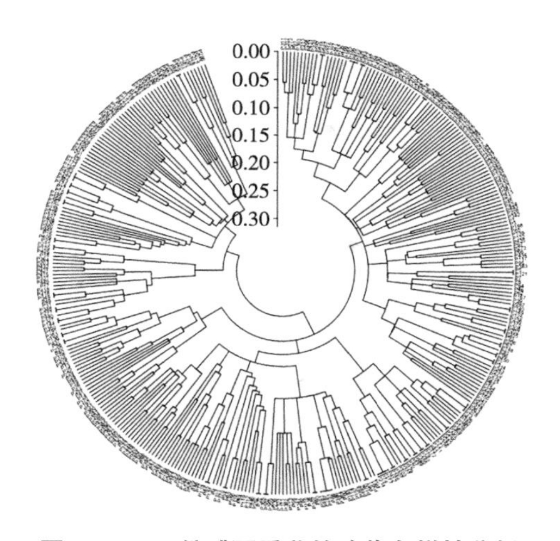

图1-18　200份醋栗番茄的遗传多样性分析

二、表型聚类分析

对238份醋栗番茄材料基于13个表型性状聚类分析发现，这些材料在遗传距离为0.31时分为两大群（图1-19），第一大群共包括215份材料，这些资源从地理来源看，121份来自秘鲁，17份来自厄瓜多尔，2份来自墨西哥，4份来自美国，1份来自阿根廷，还有70份来源未知；第二大群只包括23份材料，其中11份来自秘鲁，2份来自厄瓜多尔，1份来自墨西哥，2份来自美国，1份来自印度尼西亚，1份来自委内瑞拉，5份来源未知。当遗传距离

为0.30时，第一大群又可分为三个亚群，第一亚群包括141份材料，其中81份来自秘鲁，15份来自厄瓜多尔，1份材自墨西哥，1份来自美国，还有43份来源未知；第二亚群包括61份材料，其中32份来自秘鲁，1份来自厄瓜多尔，1份来自阿根廷，1份来自美国，还有26份来源未知；第三亚群包括13份材料，其中8份来自秘鲁，1份来自厄瓜多尔，1份来自墨西哥，2份来自美国，还有1份来源未知。第二大群又可分为两个亚群，第一亚群包括9份材料，其中6份来自秘鲁，1份来自厄瓜多尔，1份来自美国，1份来自委内瑞拉；第二亚群包括14份材料，其中5份来自秘鲁，1份来自厄瓜多尔，1份来自墨西哥，1份来自美国，1份来自印度尼西亚，还有5份来源未知。

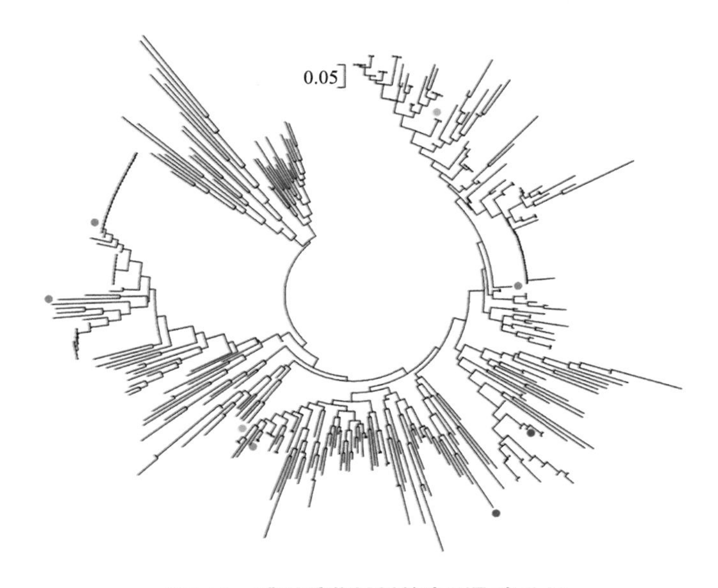

图1-19　醋栗番茄材料的表型聚类分析

三、相关性分析

对13个调查性状进行相关分析，结果表明（表1-9），花瓣大小和株型、花瓣数目和柱头、花瓣数目和株型、柱头和果肩、株型与萼片、幼果颜色和果重、萼片和坐果率分别呈显著正相关；花序和果重、花瓣大小和红熟期、花瓣数目和果重、柱头和幼果颜色、柱头和果重、柱头和坐果率、株型和果重、果肩和坐果率、果重和坐果率分别呈极显著正相关；而萼片与红熟期呈显著负相关；花瓣大小和柱头、花瓣大小和果肩、花瓣大小和固形物、花瓣大小和坐果率、柱头和红熟期、株型和固形物、果肩和红熟期、果重和固形物、固形物和红熟期、红熟期和坐果率分别呈极显著负相关。其中红熟期和坐果率的相关系数绝对值最大，为0.590，呈极显著负相关。

表1-9　表型性状相关分析

性状	叶色	花序	花瓣大小	花瓣数目	柱头	生长类型	果肩	幼果颜色	萼片	果重	固形物	红熟期	坐果率
叶色	1												
花序	0.075	1											
花瓣大小	0.1	−0.021	1										
花瓣数目	0.082	−0.005	0.097	1									
柱头	−0.103	−0.061	−0.304**	0.128*	1								
生长类型	0.055	0.094	0.123*	0.125*	0.071	1							
果肩	−0.065	0.073	−0.195**	0.088	0.154*	0.008	1						
幼果颜色	0.017	−0.092	−0.02	0.115	0.192**	0.093	0.108	1					
萼片	−0.041	−0.055	−0.081	−0.033	−0.03	0.121*	0.044	0.026	1				
果重	0.026	0.214**	0.001	0.228**	0.325**	0.297**	0.056	0.130*	−0.005	1			
固形物	−0.081	−0.101	−0.177**	−0.075	0.091	−0.221**	0.038	−0.015	0.055	−0.355**	1		
红熟期	−0.056	0.09	0.371**	0.045	−0.200**	0.089	−0.163**	−0.03	−0.148*	0.07	−0.202**	1	
坐果率	0.079	−0.046	−0.382**	0.021	0.366**	0.045	0.226**	0.039	0.128*	0.253**	0.038	−0.590**	1

*表示0.05水平上显著相关，**表示0.01水平上极显著相关。

四、主成分分析

对13个表型性状进行主成分分析，结果表明（表1-10），13个性状中的10个主成分累积贡献率为89.5%，说明该些性状的主成分代表了约89.5%的遗传信息。第一主成分的贡献率为18.9%，坐果率系数的绝对值大于其他性状，说明第一主成分代表坐果率；第二主成分贡献率为14.8%，果重的正向荷载值最高，说明第二主成分由果重组成；第三主成分的贡献率为9.2%，叶色绝对值大于其他性状系数，说明第三主成分由叶色组成；第四主成分贡献率为8.5%，萼片的特征向量值最高，说明第四主成分由萼片组成；第五主成分贡献率为7.9%，花序的特征向量值明显高于其他向量，第五主成分由花序组成；第六主成分贡献率为7.6%，幼果颜色和固形物特征向量较高，第六主成分由幼果颜色和固形物组成；第七主成分贡献率为6.5%，花瓣数目系数绝对值最大，代表花瓣数目因子；第八主成分贡献率为6.1%，果肩系数绝对值最大，第八主成分代表果肩；第九主成分贡献率5.4%，株型特征值最大，由株型因子组成；第十主成分贡献率4.7%，花瓣大小和红熟期特征向量绝对值大于其他因子，代表花瓣大小和红熟期。

表1-10　前10个主成分的特征向量、主成分特征值、贡献率及累积贡献率

性状	主成分1	主成分2	主成分3	主成分4	主成分5	主成分6	主成分7	主成分8	主成分9	主成分10
叶色	−0.051	0.089	−0.539	−0.353	0.496	0.108	0.397	0.019	0.191	0.314
花序	−0.047	−0.006	0.372	0.460	0.565	−0.201	0.384	0.311	0.006	−0.202
花瓣大小	−0.434	0.202	−0.046	−0.037	0.127	0.160	−0.102	−0.194	0.038	−0.360
花瓣数目	0.056	0.353	0.079	−0.236	0.417	0.278	−0.559	0.277	−0.260	−0.147
柱头	0.424	0.154	0.317	−0.207	−0.157	0.018	0.025	0.207	0.244	0.079
生长类型	−0.010	0.470	−0.182	0.249	−0.172	0.086	0.000	0.013	0.668	−0.320
果肩	0.307	0.052	0.147	0.274	0.374	0.010	−0.267	−0.695	0.156	0.270
幼果颜色	0.139	0.277	0.274	−0.095	−0.124	0.551	0.533	−0.291	−0.290	−0.105
萼片	0.088	−0.031	−0.376	0.633	−0.107	0.465	−0.079	0.232	−0.214	0.223
果重	0.196	0.516	0.011	0.017	−0.068	−0.216	0.046	0.240	−0.127	0.311
固形物	0.085	−0.422	0.240	−0.116	0.100	0.495	−0.077	0.253	0.444	0.101
红熟期	−0.432	0.237	0.281	0.056	−0.081	−0.014	−0.046	0.043	0.144	0.575
坐果率	0.519	−0.007	−0.235	−0.009	0.057	−0.161	0.013	0.023	0.010	−0.169
特征值	2.452	1.919	1.197	1.106	1.025	0.986	0.846	0.795	0.706	0.608

（续表）

性状	主成分1	主成分2	主成分3	主成分4	主成分5	主成分6	主成分7	主成分8	主成分9	主成分10
贡献率（%）	0.189	0.148	0.092	0.085	0.079	0.076	0.065	0.061	0.054	0.047
累积贡献率（%）	18.9	33.6	42.8	51.3	59.2	66.8	73.3	79.4	84.9	89.5

本研究对调查的性状进行了相关性分析，一些性状间呈现正相关，另一些性状呈现明显的负相关。如与可溶性固形物含量呈极显著负相关。同时我们也发现，一些性状如花瓣数目与柱头、幼果颜色与果重、花瓣数目与果重等存在一定的相关性，还尚未见相关报道，结论有待于通过多年多点进行验证；同时，我们发现红熟期和坐果率呈极显著负相关，相关系数达到了-0.590，即早熟资源偏向于低坐果率，晚熟资源偏向于高坐果率，有待于进一步验证。另外，我们也对各个性状进行了主成分分析，以便筛选出对变异贡献率较大的主要性状。在调查的13个性状中，前10个主成分的累积贡献率为89.5%，说明综合指标的贡献并未集中在少数性状，但坐果率、果重、叶色、萼片等前4个主成分的累积贡献率大于50%，说明这些性状在综合表现中占比重较大。

第七节　辣椒优异种质资源表型精准鉴定评价

（2016YFD0100204-10 曹亚从）

辣椒优异种质资源的表型鉴定为多年多点，分别为：2016年廊坊、2017年北京、2017年和2018年云南德宏、2017年和2018年新疆乌鲁木齐。本研究所用材料来源于顾晓振等构建的我国辣椒核心种质中根据表型调查确定的240份辣椒材料，根据分子标记分析，代表了我国总体种质资源遗传多样性的75.6%。另外在2016年廊坊的表型鉴定中，加上了辣椒课题组从国内引进和选育的自交系材料57份以及国外引进材料25份，共331份材料，做了如下分析。

参照《辣椒种质资源描述规范和数据标准》进行田间性状调查，调查的农艺性状分为质量性状和数量性状。其中质量性状包括：株型、分枝性、主茎色、茎茸毛、叶形、叶色、叶缘、叶面茸毛、叶面特征、花冠色、花药颜色、花柱颜色、花梗着生状态、花柱长度、青熟果色、老熟果色、果面棱沟、果面特征、果肩形状、果顶形状、果脐附属物、果基部宿存花萼、果形、熟性，共24个性状（表1-11）；数量性状包括：株高、开展度、叶片长、叶片宽、叶柄长、侧枝数、最长侧枝长度、花期、首花节位、商品果纵径、商品果横径、果梗长度、果肉厚、单果质量、单株果数、单株产量、单果种子数、种子千粒重、干物质含量，共19个性状。

利用SPSS17.0软件计算质量性状的频率分布和变异系数，数量性状的极大值、极小值、变异幅度、均值、标准差和变异系数，以及全部农艺性状的因子分析。质量性状和数量性状的Shannon信息指数则由Bio-dap软件计算得到，其中质量性状的分级标准参照《辣椒种质资源描述规范和数据标准》和实际调查情况进行；数量性状的分级标准是根据各性状数据的平均数（M）和标准差（S）将数据分为10级，从第一级X_i<（M-2S）到第十级X_i≥（M+2S），每0.5S为一级，每一组的相对频率用于计算多样性指数。性状的聚类分析采用GGT软件计算遗传距离，然后采用UPGMA（unweighted pair-group method with arithmetic means）的方法在MEGA软件中构建进化系统树。

一、辣椒种质资源质量性状描述

辣椒种质资源质量性状的分布频率和变异结果（表1-12）显示辣椒质量性状的变异十分丰富，变异系数在0%～56.42%，Shannon信息指数在0～2.41。果形的Shannon信息指数最高，为2.41，其变异系数也较高，为47.08%，说明其性状表现形式十分丰富，共有13种，其中长羊角和短羊角的果形所占比例最大，分别为16.9%和14.8%。其次是果肩形状和熟性，Shannon信息指数是1.27。但是果肩形状的变异系数更大，为50.93%，其中无果肩的频率分布最高，为41.95%。果实熟性主要以早熟和中熟为主，分别是47.0%和29.2%。果面光泽表现全部为有光泽，变异系数为0%，Shannon信息指数无法计算。其次是主茎色，Shannon信息指数只有0.17，异系数也较低，为17.1%；其性状表现主要是绿色，为96.1%。老熟果色以红色为主，所占频率为93.7%，其Shannon信息指数和变异系数也很低，分别为0.25%和17.1%。株型以半直立为主，所占频率为57.4%。分枝性以中为主，频率分布为79.0%。茎茸毛的Shannon信息指数也较高，为1.33；其表现形式以无茸毛和茸毛稀为主，所占频率分别是34.9%和27.4%。叶形以长卵圆为主，所占频率为27.8%。叶色以绿色为主，为75.9%。叶缘以全缘为主，所占频率为81.6%。叶茸毛表现形式以无茸毛和茸毛稀为主，所占频率分别是39.2%和31.6%。叶面特征以平滑为主，所占频率为73.2%。花冠色以白色为主，所占频率为91.6%。花药颜色以紫色为主，所占频率为72.6%。花柱颜色以白色为主，所占频率为82.5%。花梗着生状态的分布比较平均，下垂、侧生和直立的分布频率分别是33.1%、31.9%和33.7%。青熟果色的性状表现也比较丰富，主要以绿色为主，所占频率为67.8%。果面棱沟以无棱沟为主，所占频率为56.0%。果面特征以微皱为主，所占频率为62.3%。果顶形状以细尖和钝圆为主，所占频率分别为45.2%和35.5%。果脐附属物绝大部分没有，所占频率为88.0%。果基部宿存花萼以平展和下包为主，所占频率分别为43.1%和41.3%。

表1-11　辣椒种质资源质量性状的描述分组

性状	1	2	3	4	5	6	7	8	9	10	11	12	13
株型	开展	半直立	直立										
分枝性	强	中	弱										
主茎色	绿	绿带紫条纹	紫										
茎茸毛	无	稀	中	密									
叶形	卵圆	长卵圆	披针										
叶色	黄绿	浅绿	绿	深绿	紫								
叶缘	全缘	波状	锯齿										
叶面茸毛	无	稀	中	密									
叶面特征	平滑	微皱	皱										
花冠色	白	浅绿	紫	白色带绿色斑点									
花药颜色	白	黄	蓝	紫									
花柱颜色	白	蓝	紫										
花柱长度	短于雄蕊	与雄蕊近等长	长与雄蕊										
花梗着生状态	下垂	侧生	直立										
青熟果色	黄白	乳黄	黄绿	浅绿	绿	深绿	紫						
老熟果色	黄	橙黄	橘红	红									
果形	扁灯笼	方灯笼	长灯笼	短锥形	长锥形	短牛角	长牛角	短羊角	长羊角	短指形	长指形	线形	圆球形
果面棱沟	无	浅	中	深									
果面光泽	无	有											
果面特征	光滑	微皱	皱										
果肩形状	无果肩	凸	微凹近平	凹陷									
果顶形状	细尖	钝圆	凹	凹陷带尖									
果脐附属物	无	有											
果基部宿存花萼	平展	浅下包	下包										
熟性	极早	早	中	晚	极晚								

表1-12　辣椒种质资源质量性状的分布频率与变异系数

性状	频率分布（%）													变异系数（%）	Shannon信息指数
	1	2	3	4	5	6	7	8	9	10	11	12	13		
株型	4.50	57.40	38.00											24.08	0.83
分枝性	2.10	79.00	18.80											19.68	0.58
主茎色	96.10	3.90												18.75	0.17
茎茸毛	34.90	27.40	17.80	15.70										50.65	1.33
叶形	17.80	75.80	6.30											25.34	0.69
叶色	0.00	9.90	75.90	13.90	0.00									16.05	0.71
叶缘	81.60	17.80	0.00											32.54	0.49
叶面茸毛	39.20	31.60	17.20	7.80										49.53	0.69
叶面特征	73.20	22.60	3.90											41.22	1.24
花冠色	91.60	3.90	2.10	2.10										47.13	0.37
花药颜色	0.00	1.80	25.30	72.60										13.29	0.65
花柱颜色	82.50	0.00	17.20											56.42	0.46
花柱长度	23.80	23.50	52.40											36.11	1.02
花梗着生状态	33.10	31.90	33.70											41.00	1.10
青熟果色	2.10	0.00	6.00	15.40	67.80	7.50	0.30							18.37	1.01
老熟果色	4.80	0.30	0.60	93.70										17.11	0.25
果形	4.20	10.20	7.20	6.00	3.60	3.90	6.00	14.80	16.90	6.00	12.70	5.40	2.10	47.08	2.41
果面棱沟	56.00	26.80	11.40	5.10										53.09	1.08
果面光泽	0.00	99.40												0.00	
果面特征	35.20	62.30	1.80											30.72	0.73
果肩形状	41.90	21.10	26.80	9.60										50.93	1.27
果顶形状	45.20	35.50	17.80	0.90										44.71	1.08
果脐附属物	88.00	11.40												28.57	0.36
果基部宿存花萼	43.10	15.10	41.30											46.57	1.01
熟性	2.40	47.00	29.20	13.00	8.10									35.67	1.27

综上，辣椒种质资源质量性状的Shannon信息指数较大的依次为果形、茎茸毛、果肩形状、熟性，其变异系数也较大。其中果形、果肩形状以及熟性都与果实有关，说明果实的变异十分丰富。Shannon信息指数较低的有果面光泽、主茎色、老熟果色和果脐附属物，其变异系数也较小，说明它们的遗传较稳定。花柱颜色的变异系数是最大的，但是其Shannon信息指数却很小，说明Shannon信息指数和变异系数并不是呈正相关的。

二、辣椒种质资源数量性状描述

辣椒种质资源数量性状的变异情况和多样性分析结果（表1-13）显示数量性状的变异系数范围为16.92%～140.18%，Shannon信息指数从1.48～2.08。Shannon信息指数最大的3个性状依次是：株高、株幅和叶柄长，但是它们的变异系数都较小，分别是28.18%、22.63%和32.97%。同时，变异系数最大的两个性状单果重和最长侧枝长度的Shannon信息指数却是最小的，只有1.48。然而横径、果肉厚、单果种子数以及单产的变异系数均超过了50%，其Shannon信息指数也较高，在1.69～2.02。这说明辣椒资源果实的性状表现变异十分丰富。

表1-13　辣椒种质资源数量性状的描述及变异系数

性状	极小值	极大值	均值	变异幅度	标准差	变异系数（%）	Shannon信息指数
株高（cm）	35.25	156.40	93.24	121.15	22.54	24.18	2.08
株幅（cm）	27.50	106.00	63.15	78.50	14.29	22.63	2.06
侧枝数（个）	0.00	26.00	6.41	26.00	3.99	62.25	2.00
最长侧枝长度（cm）	0.00	106.10	17.44	106.10	21.78	124.91	1.48
叶片长（cm）	6.61	50.73	13.38	44.12	3.76	28.14	1.90
叶片宽（cm）	3.21	12.40	6.29	9.19	1.79	28.43	2.01
叶柄长（cm）	1.33	14.33	6.46	13.00	2.13	32.97	2.05
花期（d）	56.00	127.00	74.46	71.00	12.60	16.92	1.92
首花节位（节）	6.00	25.00	12.02	19.00	3.51	29.20	1.91
果柄长（cm）	2.00	9.45	3.79	7.45	0.93	24.60	1.97
纵径（cm）	1.02	32.47	10.02	31.45	4.58	45.70	1.99
横径（cm）	0.47	10.50	3.04	10.03	2.16	70.84	1.75

（续表）

性状	极小值	极大值	均值	变异幅度	标准差	变异系数（%）	Shannon 信息指数
肉厚（cm）	0.05	2.65	0.25	2.60	0.19	77.29	1.69
单果种子数（粒）	7.00	207.00	68.34	200.00	38.34	56.10	1.95
千粒重（g）	1.60	11.00	6.13	9.40	1.35	22.06	2.02
单株果数（个）	1.00	199.00	47.02	198.00	31.42	66.82	1.90
单果重（g）	0.16	290.48	34.46	290.32	48.30	140.18	1.48
单产（g）	4.10	2 320.50	695.54	2 316.40	422.79	60.79	2.01
干物质（%）	6	67	15	61	7	43.80	1.70

与辣椒资源质量性状的变异相比，数量性状的变异较大，遗传资源较丰富；而质量性状的遗传较稳定（图1-20）。

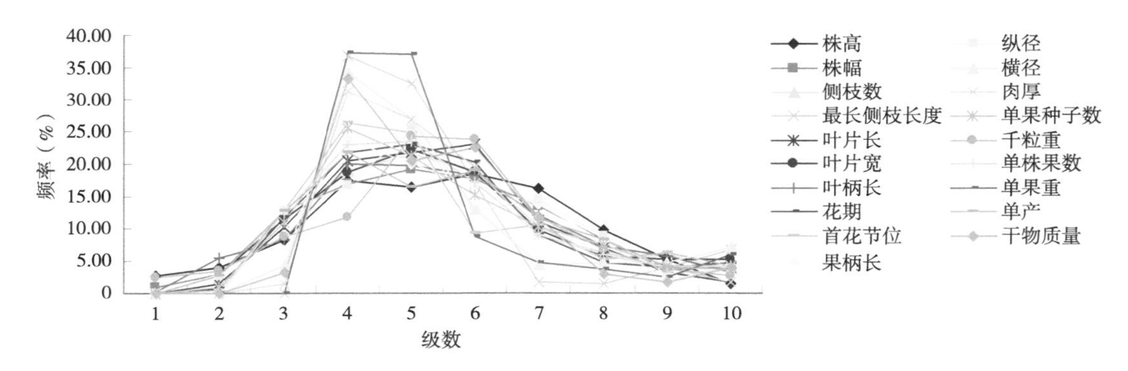

图1-20 辣椒种质资源数量性状的正态分布检验

图中显示的是辣椒种质资源数量性状的分布情况。从图中可以看出，数量性状中符合正态分布的性状有：株幅、叶片长、果柄长、单果种子数、肉厚、单果重以及干物质量。

三、辣椒种质资源重要农艺性状的因子分析

（一）KMO检验和Bartlett检验

首先对辣椒种质资源的农艺性状进行KMO检验和Bartlett检验，看是否适合进行因子分析。结果如下表所示，KMO值为0.826，说明该样本适合做因子分析，各变量间共同因素较多。Bartlett检验卡方值为6 423.098，Sig.值为0<0.01，说明相关系数矩阵不可能是单位矩阵，各变量间存在相关关系，适合做因子分析。

（二）因子分析

采取主成分分析提取公因子的方法，按照公因子特征值大于1的原则，提取出了12个公因子；这12个公因子的累计方差贡献率为69.440%，基本包含了辣椒种质资源大部分信息（表1-14）。

表1-14 辣椒种质资源农艺性状因子分析的主成分特征值

主成分	特征值	贡献率（%）	累计贡献率（%）
1	9.592	21.315	21.315
2	5.350	11.888	33.203
3	3.275	7.277	40.480
4	2.428	5.395	45.876
5	1.873	4.162	50.038
6	1.584	3.520	53.558
7	1.476	3.280	56.837
8	1.332	2.961	59.798
9	1.189	2.643	62.441
10	1.089	2.421	64.862
11	1.053	2.341	67.203
12	1.007	2.238	69.440

由于初始公因子矩阵中有的性状在2个公因子上都有较高的荷载值，使对因子变量的含义解释不清楚，因此对初始因子荷载矩阵进行旋转。表1-15是采用方差极大正交旋转法，旋转86次迭代后收敛，得到的公因子荷载矩阵。

第一主成分（F1）的特征值为9.592，方差贡献率为21.315%。果肩、宿存萼片形态、果形、横径、果脐、心室、单株果数、果肉厚、单果重以及单果种子数在F1中荷载值较大。其中宿存萼片形态、果形以及单株果数的荷载值是正值，说明这3个性状是相互促进的关系；而果肩、横径、果脐、心室、肉厚、单果重以及单果种子数荷载值是均是负值，说明这7个性状彼此间是相互促进的，与前面3个性状表现出此消彼长的关系。F1中的这10个荷载值较大的性状，都是与果实相关的，可称为果实性状因子。第二主成分（F2）的特征值为5.35，方差贡献率为11.888%。株高、熟性、叶面特征、花期、株幅、叶柄长以及花冠色在F2中荷载值较大，并且这7个性状的荷载值都是正值，说明它们之间存在着正相关的关系。它们中有与果实熟性相关的性状，故F2可称为熟性因子。第三主成分（F3）

的特征值为3.275，方差贡献率为7.277%。首花节位、种子千粒重、干物质量、单产以及纵径在F3中的荷载值较大，其中干物质量的荷载值为负值，其余4个性状均为正值，说明干物质量与其他4个性状有负相关性。这5个性状可以说是与产量相关，故可称F3为产量因子。第四主成分（F4）的特征值为2.428，方差贡献率为5.395%。分枝性、最长侧枝长度以及侧枝数在F4中的荷载值较大，且均为正值，说明这3个性状间存在着正相关性。这3个性状与植株开展度有关，故可将F4称为植株开展度因子。第七主成分（F7）的特征值为1.476，方差贡献率为3.280%。茎茸毛和叶面茸毛在F7中的荷载值较大，且均为正值，说明它们间有正相关性。这两个性状都与植株茸毛相关，故将F7称为茸毛因子。其余公因子中典型性状代表性不突出，生物学意义不明显。

表1-15　辣椒种质资源农艺性状因子分析的公因子荷载矩阵

性状	公因子											
	F1	F2	F3	F4	F5	F6	F7	F8	F9	F10	F11	F12
果肩	−0.851	−0.104	0.141	−0.082	0.033	0.023	−0.031	−0.086	0.086	−0.021	−0.027	−0.044
宿存萼片形态	0.837	0.078	−0.181	0.047	−0.031	−0.065	−0.002	0.110	−0.057	−0.011	0.004	−0.013
果形	0.819	−0.143	0.090	0.065	−0.066	−0.051	−0.017	0.170	−0.138	0.179	−0.025	0.099
横径	−0.815	−0.043	0.352	−0.133	0.064	0.026	−0.122	−0.041	0.150	−0.127	−0.029	−0.012
果脐	−0.737	0.091	−0.014	−0.084	0.171	0.052	−0.010	−0.178	0.122	−0.023	0.085	0.016
心室	−0.712	0.179	0.155	0.076	−0.001	−0.011	−0.112	0.172	0.115	0.058	0.185	−0.148
单株果数	0.649	−0.029	−0.154	0.092	0.203	0.104	0.090	−0.319	0.061	−0.151	0.005	−0.199
肉厚	−0.632	−0.072	0.577	−0.068	0.134	−0.008	−0.169	0.007	−0.073	−0.009	0.009	0.000
单果重	−0.570	0.027	0.549	−0.106	0.022	−0.001	−0.149	−0.059	0.129	−0.172	0.005	0.006
单果种子数	−0.552	−0.383	0.138	−0.233	0.092	−0.125	−0.117	0.276	−0.184	−0.119	0.010	0.111
叶片长	0.469	0.411	−0.290	0.190	0.209	0.127	0.095	−0.140	0.077	−0.100	0.282	−0.124
叶形	0.462	−0.337	0.081	−0.173	0.256	0.122	0.062	−0.073	0.144	0.182	0.329	−0.194
花柱长度	0.449	−0.011	−0.344	0.047	0.027	0.169	0.094	−0.212	0.160	0.386	−0.288	0.008

（续表）

性状	公因子											
	F1	F2	F3	F4	F5	F6	F7	F8	F9	F10	F11	F12
叶片宽	0.444	−0.054	−0.285	0.440	0.115	0.246	0.113	0.097	0.116	−0.182	0.054	−0.128
株高	0.171	0.832	−0.065	−0.037	0.117	−0.177	0.115	0.047	0.005	0.124	0.079	−0.077
熟性	0.018	0.721	−0.137	−0.106	0.283	−0.153	0.118	0.009	−0.014	0.056	−0.003	0.041
叶面特征	−0.204	0.717	−0.122	−0.085	−0.135	0.098	0.028	0.024	−0.020	−0.109	0.216	0.067
花期	−0.272	0.678	0.468	0.144	−0.101	−0.141	−0.065	0.147	0.079	−0.109	−0.082	−0.013
株幅	0.474	0.628	−0.177	−0.023	0.234	−0.172	0.062	−0.027	0.025	0.089	0.044	−0.112
叶柄长	−0.044	0.594	0.564	0.162	0.061	−0.109	−0.029	0.136	0.104	−0.094	0.000	−0.105
花冠色	−0.076	0.530	−0.222	0.122	−0.086	0.094	0.102	0.466	−0.019	−0.045	0.170	−0.124
花梗着生状态	−0.115	0.390	−0.174	−0.253	0.354	−0.269	−0.088	0.165	0.116	−0.257	0.122	−0.165
首花节位	−0.064	−0.041	0.647	0.004	0.023	−0.079	0.002	0.137	0.082	−0.275	−0.030	−0.242
千粒重	−0.266	−0.292	0.614	0.180	0.027	0.074	−0.015	−0.042	−0.051	0.117	−0.103	0.132
干物质量	0.400	0.015	−0.614	0.013	0.008	0.097	−0.045	−0.043	−0.004	−0.089	−0.108	0.011
单产	−0.418	−0.187	0.602	0.043	−0.014	0.192	−0.062	−0.158	0.059	−0.06	−0.164	0.087
纵径	0.238	−0.338	0.568	−0.058	−0.497	0.046	−0.025	0.219	−0.121	−0.019	−0.006	0.154
分枝性	−0.142	−0.087	−0.242	0.718	−0.002	0.184	−0.08	0.137	−0.020	−0.012	−0.030	−0.105
最长侧枝长度	0.132	−0.238	−0.085	0.667	−0.141	0.254	0.002	0.363	−0.051	0.012	−0.078	−0.033
侧枝数	0.473	0.088	0.009	0.502	0.159	−0.144	0.002	0.323	−0.023	0.032	−0.249	−0.077
果面特征	0.218	−0.149	−0.131	0.054	−0.691	0.065	0.085	0.237	0.191	0.027	−0.004	0.023
主茎色	0.101	0.053	−0.038	0.090	0.565	0.150	0.133	0.264	−0.028	0.019	0.167	0.351
叶色	−0.013	−0.075	0.046	−0.193	0.006	0.736	0.176	0.031	0.048	−0.085	0.120	0.035

（续表）

性状	公因子											
	F1	F2	F3	F4	F5	F6	F7	F8	F9	F10	F11	F12
青熟果色	0.036	−0.137	−0.019	0.145	0.118	0.566	−0.103	−0.082	−0.041	0.264	−0.277	−0.069
株型	0.270	0.243	0.250	−0.194	0.269	−0.549	0.039	−0.098	0.052	−0.174	−0.090	−0.073
茎茸毛	0.172	−0.038	−0.002	0.057	0.025	0.122	0.864	−0.049	0.011	0.139	−0.052	−0.033
叶面茸毛	0.062	0.376	−0.109	0.047	−0.019	−0.043	0.785	0.105	−0.015	0.000	−0.047	0.123
果柄长	0.182	0.210	0.211	0.079	−0.055	−0.004	0.020	0.703	0.070	0.062	−0.103	−0.189
胎座	0.112	−0.080	−0.090	0.029	0.092	0.011	0.015	0.026	−0.848	0.008	0.032	−0.081
果面棱沟	−0.487	−0.008	−0.163	0.070	−0.112	0.049	0.125	0.155	0.570	−0.073	−0.034	0.017
果脐附属物	−0.307	−0.075	0.306	0.016	0.200	−0.065	−0.22	−0.012	0.407	0.189	0.166	0.078
花柱颜色	0.092	0.012	−0.102	−0.017	−0.025	0.064	0.109	0.075	−0.005	0.790	−0.029	0.086
叶缘	−0.055	0.207	−0.002	−0.095	0.153	0.053	−0.127	−0.03	−0.050	−0.095	0.647	0.080
老熟果色	0.115	−0.138	0.263	−0.248	0.226	0.242	−0.07	0.080	−0.090	−0.141	−0.493	0.336
花药颜色	−0.010	−0.085	−0.048	0.028	0.032	−0.008	0.049	−0.172	0.127	0.106	0.003	0.783

四、辣椒种质资源重要农艺性状的聚类分析

基于农艺性状对332份辣椒种质资源进行分类，共得到两大类群体（图1-21）。群体Ⅰ共有41份材料，其中种间材料有28份，一年生辣椒有13份。其农艺性状表现丰富，比如花冠色有白色、紫色、浅绿色以及白色带绿色斑点；绿熟果颜色有绿色、紫色等；果形小，果肉薄，果实成熟期一般极晚；辣椒素含量很高。根据各个材料不同性状表现可以把群体Ⅰ细分为8个群体。Group Ⅰ-1包含1份材料，是海南黄灯笼椒，属于中国辣椒（*Capsicum chinense*）。它的特点是老熟果色为黄色，果面皱缩，辣椒素含量高。Group Ⅰ-2含有2份材料，均是绒毛辣椒（*Capsicum pubesens*）。茎和叶面茸毛茂密，花冠颜色、花药颜色

以及花柱颜色均为紫色，花柱短于雄蕊，单节叶腋着生1～2朵花，花梗直立生长，果实成熟期极晚，并且种子种皮色为黑色。Group Ⅰ-3含有9份材料，其中5份属于中国辣椒（*Capsicum chinense*），其余4份属于下垂辣椒（*Capsicum baccatum* var. *pendulum*）。花冠颜色各异，有白色、浅绿色以及白色带绿色斑点；花梗直立生长；果形小，果肉薄；绿果颜色为黄绿色或浅绿色，老熟果颜色为黄、橘红以及红色；果实成熟期极晚；辣味极重。Group Ⅰ-4包含3份材料，均为一年生辣椒（*Capsicum annuum*）。成熟期早，单株果数多，果形为长羊角，果大，单果种子数多，有辣味。Group Ⅰ-5只有1份材料，是引自韩国的紫叶小辣椒。植株高大，主茎色为绿色带紫色条纹；花冠颜色、花药颜色以及花柱颜色均为紫色；单果重小，青熟果为紫色；辣味轻。Group Ⅰ-6包含2份材料，均来自辽宁省。花冠颜色为白色，花药颜色为蓝色；果肉薄、果实个大、单产高，果实成熟期适中。Group Ⅰ-7包含4份材料，均为一年生辣椒（*Capsicum annuum*）。分枝性弱，果基部宿存萼片平展。Group Ⅰ-8包含19份材料，其中16份为灌木状辣椒（*Capsicum frutescens*），占84.2%。植株高大，分枝性中弱，叶片颜色为浅绿色；花冠色多为浅绿色，花药为紫色，单节叶腋着生1～3朵花；果实成熟期极晚，果形多为短羊角形，果肉薄，果基部宿存萼片形态为下包，辣味重（图1-21）。

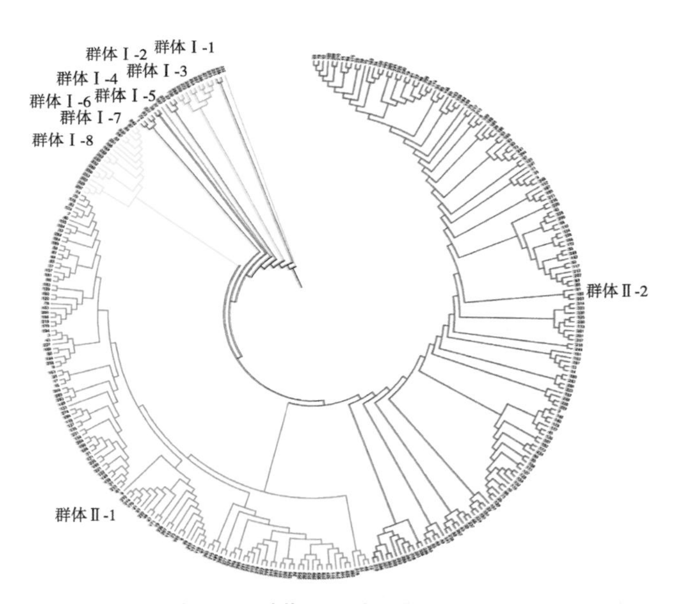

图1-21　辣椒种质资源聚类分析

群体Ⅱ共有291份材料，均为一年生辣椒（*Capsicum annuum*），其农艺性状主要表现为中度分枝性，主茎色为绿色，花冠颜色为白色，花药颜色多数为紫色；花梗着生状态有下垂、直立和侧生；青熟果颜色各异，有黄白、黄绿、浅绿、绿、深绿、紫色；果实熟性多为早熟和中熟。根据各个材料的不同农艺性状表现又可以表群体Ⅱ分为两个群体。GroupⅡ-1包含127份材料。果形多样，其中灯笼椒占49.5%，羊角椒占22.1%；果形较大，单果重，单产高；果基部宿存萼片形态多为平展；绝大多数果实无辣味。GroupⅡ-2包含164份材料。其植株较高，叶形多为长卵圆，所占比例为81.8%；果形多为羊角和指形，所占比例为90.5%；果脐多细尖，无果肩，果肉薄，单果轻；果基部宿存萼片形态多为下包；果实熟性多为早熟，并且95.2%的果实有辣味。

第八节　豇豆优异种质资源表型精准鉴定评价

（2016YFD0100204-32　李国景）

一、豇豆荚长精准鉴定

分别在浙江杭州、江苏淮安、广西南宁3个地区对100份豇豆种质进行了2年3点的荚长精准鉴定，同时对200份其他收集的育种或未知材料进行了2年3地的荚长精准鉴定，每份材料每个环境下至少调查10个豆荚长度，荚长为荚基部到荚尖端的长度。在杭州地区，2017年荚长变异范围为9.0～67.7cm，平均荚长为40.0cm，2018年荚长变异幅度为12.4～81.0cm，平均荚长为42.81cm，2年数据的相关性达到0.70；在江苏淮安，2017年荚长变异范围为8.1～83.8cm，平均荚长为44.7cm，2018年荚长变异范围为10.25～77.88cm，平均荚长为43.74cm，2年数据之间的相关系数高达0.88；在广西南宁，2017年荚长变异范围为12.8～84.1cm，平均荚长为45.1cm，2018年荚长变异范围为11.99～81.32cm，平均荚长为42.43cm，2年数据之间的相关系数高达0.70（图1-22）。根据不同种质在3个生态环境下的表现，共筛选出至少10份荚长超过60cm的优异种质。

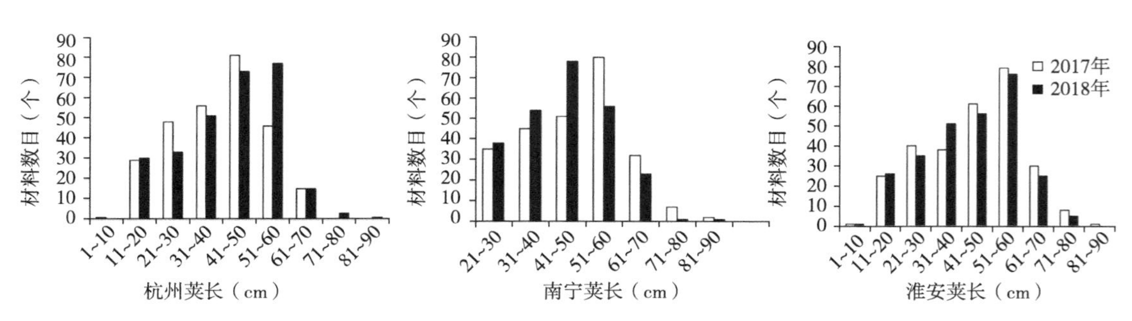

图1-22　300份材料在杭州、淮安和南宁2年的荚长分布频率

二、豇豆耐旱性精准鉴定

本研究建立了温室盆栽幼苗干旱鉴定方法，分别在浙江杭州、江苏淮安、广西南宁3地对100份豇豆种质进行了耐旱性精准鉴定。每份种质播种4盆，其中3盆用于实验，1盆用于对照，每盆最终留2株苗，花盆下铺设泡沫板隔水。待三出复叶长出后，浇水至饱和状态后开始控水，1个月后观察植物萎蔫程度和茎秆持绿程度，整株萎蔫程度分为0～5级，其中0级：植株正常；1级：植株整体正常，叶片下垂萎蔫；2级：整株叶片下垂，个别叶片发黄；3级：整株叶片下垂，下部叶片枯黄；4级：整株叶片下垂，部分叶片枯黄脱落；5级：整株大部分叶片枯黄脱落。持绿程度总共分了4个等级，其中第0级：植株茎秆绿；第1级：植株茎秆微绿；第2级：植株茎秆黄且未干枯；第3级：植株茎秆干枯。根据其综合表型，最终确定了4份耐旱材料（图1-23）。

图1-23　豇豆整株抗旱分级标准（上）及4份耐旱材料（下）

为了更精准评价豇豆抗旱能力，本研究利用高通量植物生理组检测平台Plantarray对100份豇豆种质进行了抗旱鉴定。Plantarray生理组平台具有水分精确控制和反馈能力，可同时、自动、连续记录和计算日生物量（Daily plant biomass）、整株呼吸速率（Whole-plant transpiration rate）、冠层气孔导度（Gs）、整株水分利用效率（WUE）、整株相对含水量（RWC）和根流（Root influx）这6项关键水分生理参数，以及土壤含水量（SWC）、蒸腾压差（VPD）等环境胁迫参数。该平台通过每3min记录一次数据，来精确反映不同豇豆材料在抗旱过程中的生理变化。每份材料安排3次重复实验，实验启动后正常灌溉7～10d，随后逐步控制浇水量至土壤含水量为10%左右，然后恢复正常灌溉7d结

束实验。通过最大蒸腾速率、干旱下蒸腾速率拐点、斜率等参数，可以更精准判断不同材料在干旱过程中气孔关闭的早晚，进而判断其抗旱能力（图1-24）。利用该系统鉴定出2份超级耐旱的材料，在土壤含水量降为10%的状态下，依然能够维持较高的呼吸和蒸腾。

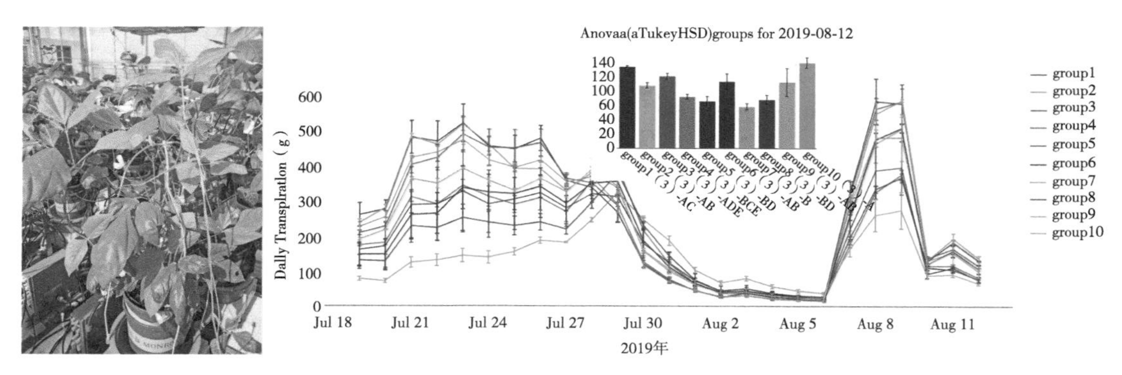

图1-24　Plantarray检测平台（左）及日蒸腾速率（右）

三、豇豆抗枯萎病精准鉴定

本研究从杭州地区分离纯化了多个枯萎病生理小种，经ITS1（5'-TCCG TAGG TGAA CCTG CGG-3'），ITS4（5'-TCCT CCGC TTAT TGAT ATGC-3'）引物扩增后测序比对显示，第2和第3个小种为枯萎病尖孢镰刀菌（*Fusarium Oxysporum*）专化型生理小种，采用浸根法接种豇豆幼苗，发现这2个小种均具有较强的致病能力，据此将之命名为*Fw-2*和*Fw-3*。本研究建立了精准的苗期枯萎病鉴定技术，接种材料种植在直径20cm的花盆中，每份材料种植4盆，其中1盆为对照，每盆保留4株苗，接种最佳时间为第1片三出复叶平展时。接种前将幼苗拔出，在1×10^5个孢子/mL悬浮液中浸泡2min，随后种回花盆中。接种后用塑料膜覆盖2d保湿，2d后撤去薄膜，后面采用正常管理，期间不防治病害，但正常防治虫害。接种25d左右开始调查症状，采用2个指标进行表型鉴定图（图1-25），分为叶部损伤（leaf damage，LFD）和维管束褐化（vascular discoloration，VD）。叶部损伤划分为0～3级，0级：无症状；1级：植株出现轻微病症，1～2片叶片黄化脱落，但生长正常；2级：植株出现明显病斑或萎蔫较明显，有3片以上叶片黄化脱落，生长受抑制；3级：植株生长僵化，倒伏或严重萎蔫而死。维管束褐化分为0～5级，0级：植株根系健康无症状；1级：根部切开后有10%的组织褐化；2级：根部切开后有25%的组织褐化；3级：根部切开后有50%的组织褐化；4级：根部切开后有75%的组织褐化；5级：根部切开后有100%的组织褐化。利用*Fw-2*对100份材料进行接种鉴定，从中筛选出10份抗病材料。

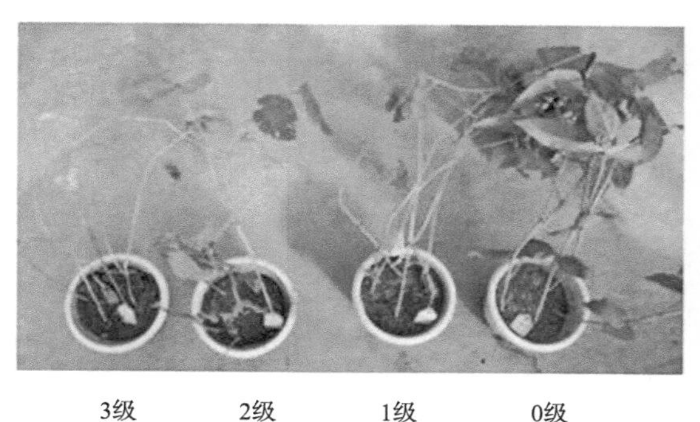

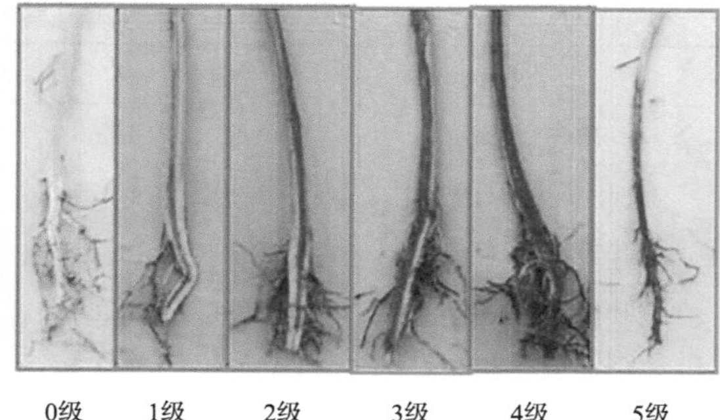

图1-25　枯萎病叶部损伤（左）及维管束褐化（右）

第九节　莲藕优异种质资源表型精准鉴定评价

（2016YFD0100204-29 刘正位）

以武汉江夏国家种质武汉水生蔬菜资源圃内丰富的莲资源为基础，筛选出100余份代表性莲种质，其中藕莲51份、子莲21份、野莲26份、花莲2份。2017—2019年，对整藕重、花期、株高、莲蓬数、花色、花形、叶柄粗、叶片长、叶片宽、莲子百粒重、子藕重、主藕节数、产量进行了性状鉴定。鉴定方法参考《莲种质资源描述规范和数据标准》。用Excel整理原始数据，并计算平均值、最大值、最小值、标准差、变异系数等，利用SPSS Statistics 21软件进行相关性分析和聚类分析。

一、藕莲资源地上性状的表型多样性分析

对51份藕莲资源的16种表型性状进行多样性分析结果表明：种质资源间性状存在明显差异，变异范围大，具有丰富的遗传多样性（表1-16）。主要表型性状均存在不同程度的变异，变异系数分布范围为5.11%～72.11%，株高、叶柄粗、叶片长半径、叶片短半径、花径、褐子期莲子长和莲子宽的变异系数均小于10%，说明参试资源的这些性状的变异范围小。而花数、群体花期和单个鲜花托重量的变异系数均大于30%，说明这些性状的变异范围相对较大，尤其是花数，变异系数高达72.31%。其他性状的变异系数均介于10%～30%。16个主要表型性状的多样性指数最高的是株高（2.07），花数的多样性指数最低（1.88）。其中株高、叶片短半径、心皮数和褐子期莲子宽的多样性指数均大于2.00，说明这些性状的遗传多样性更丰富。

表1-16　藕莲资源表型性状多样性统计分析

形态性状	平均值	最小值	最大值	标准差	变异系数（%）	多样性指数
株高（cm）	163.53	132.60	193.60	14.77	9.03	2.07
叶柄粗（cm）	1.30	1.075	1.58	0.12	9.23	1.97
叶短半径（cm）	30.99	26.40	36.30	2.22	7.16	2.02
叶长半径（cm）	22.66	17.60	29.60	1.93	8.54	1.97
花数（朵）	17.75	4.00	57.00	12.83	72.31	1.88
群体花期（天）	47.66	10.00	89.00	17.97	37.70	1.97
花径（cm）	26.95	22.70	30.50	2.02	7.49	1.97
花托长（cm）	8.43	6.35	11.60	1.25	14.83	1.97
花托宽（cm）	7.61	5.60	10.83	1.14	14.98	1.91
花托高（cm）	3.94	3.13	5.47	0.46	11.74	1.95
单个鲜花托重（g）	46.99	18.60	99.65	16.48	35.07	1.97
心皮数（个）	18.55	11.50	29.00	4.03	21.71	2.03
结实率（%）	53.69	18.75	80.63	15.44	28.76	1.98
褐子期莲子长（cm）	2.09	1.82	2.36	0.11	5.11	1.97
褐子期莲子宽（cm）	1.31	1.10	1.50	0.10	7.30	2.03
褐子期莲子百粒重（g）	271.60	177.00	373.00	38.79	14.28	1.89

二、子莲的多个产量相关性状相关分析

对21份子莲主要产量性状的分析结果（表1-17）表明：子莲资源的饱粒数平均为20.1个，变幅13.2～25.6，变异系数为13.2%；其中在22个以上的品种有6个，分别为宣莲（22.2个）、满天星（25.6个）、崇莲1号（22.1个）、赣莲（22.5个）、建选17号（22.1个）和建选30号（23.17个）。心皮数对子莲的增产潜力有重要影响。子莲资源的平均心皮数为26.5个，变幅为21.8～34.4，变异系数13.2%；其中心皮数在30个以上的资源有5份，分别为里叶红花莲（30.0个）、建选30号（32.2个）、鄂子2号（32.2个）和满天星（34.4个）。子莲的平均结实率为76.1%，变幅为65.1%～85.4%，变异系数为8.2%；其中结实率在80%以上的资源有7份，其中宣莲和太空3号的结实率最高，分别达到了85.3%和85.4%。鲜果实单粒重平均为3.4g，变幅为3.0～4.2g，变异系数为11.4%，其中单粒重在4.0g以上的资源有3份，分别是：满天星（4.2g）、建选35号（4.1g）、建选30号（4.1g）均为选育品种。莲蓬重平均为113.1g，变幅为84.8～160.4g，变异系数为17.7%，花托重在130g以上的品种有4份，其中分别为建选35号（134.3g）、建选17号（136.5g）、建选30号

（151.4g）和满天星（160.4g）。

鲜莲蓬产量平均为5.4kg/6m^2，变幅为3.2～7.5kg/6m^2，变异系数达23.1%，其中，鲜莲蓬产量达到6.0kg/6m^{2}以上的资源有9份，均为目前推广的栽培品种，其中金芙蓉1号鲜莲蓬产量最高，达到7.5kg/6m^2。鲜莲子产量平均为3.4kg/6m^2，变幅为2.0～4.7kg/6m^2，变异系数22.4%，其中，产量在4kg/6m^{2}以上的资源有6个，与鲜莲蓬产量一样，主要为目前广泛推广的栽培品种。鲜莲子的主要产量构成要素为饱粒数、粒重和莲蓬数。由表1-17可知，在这3要素中，莲子重和莲蓬数变异系数较大，分别为20.9%和19.2%。说明不同子莲中莲子重和莲蓬数变异最为丰富。由于子莲品种以粒大、莲蓬数多为佳，因此，在基础育种材料选择上，应优先选择大粒型和多莲蓬数的子莲品种作为亲本。如果以鲜莲蓬作为产品，则一般要求莲蓬数多，心皮数多，结实率高。由表1-17可知，心皮数和结实率的变异系数分别为13.2%和8.2%，心皮数的变异系数明显大于结实率的变异范围，因此，在子莲资源中，心皮数的变异是较为丰富的，基础材料选择和亲本选育应以多心皮数材料优先。

表1-17　子莲主要农艺性状

性状	均值	标准差	变异系数（%）	最大值	最小值
饱粒数（个）	20.1	2.7	13.2	25.6	15.6
心皮数（个）	26.5	3.5	13.2	34.4	21.8
结实率（%）	76.1	6.2	8.2	85.4	65.1
粒重（g）	3.4	0.4	11.4	4.2	3
莲蓬重（g）	113.1	20.1	17.7	160.4	84.8
莲子重（g）	71.2	14.9	20.9	109.3	50.6
莲蓬数（个）	51.1	9.8	19.2	80.7	31
莲蓬产量（kg）	5.4	1.2	23.1	7.5	3.2
净果率（%）	62.7	3.4	5.4	68.1	56.8
莲子产量（kg）	3.4	0.8	22.7	4.7	2
莲蓬产量（kg）	20.1	2.7	13.2	25.6	15.6

三、莲黑子期果实性状多样性分析

对159份黑子期莲子6个性状进行多样性分析（表1-18），结果表明，不同性状存在不同程度的变异，变异系数的分布范围为3.72%～11.97%，其中百粒重和百粒体积的变异范围最大，分别为11.97%和11.47%；莲子密度和莲子宽的多样性指数最大，分别为2.09和2.08，说明其遗传多样性最为丰富。

表1-18　藕莲莲子相关性状多样性统计

形态性状	平均值	最小值	最大值	标准差	变异系数（%）	多样性指数
莲子长（cm）	1.70	1.49	1.90	0.06	3.72	2.04
莲子宽（cm）	1.19	1.04	1.31	0.06	4.71	2.08
莲子长/宽	1.43	1.27	1.71	0.07	4.89	2.00
百粒重（g）	117.88	70.75	151.35	14.11	11.97	2.06
百粒体积（mL）	121.04	83.33	166.67	13.88	11.47	2.06
莲子密度（g/cm^3）	0.98	0.69	1.33	0.09	8.69	2.09

对21份子莲资源黑子期莲子相关的性状进行统计分析（表1-19），不同性状存在不同程度的变异，变异系数的分布范围为0.08%～14.67%，百粒重和百粒体积的变异范围最大，分别为14.67%和12.15%，莲子长的变异系数最小；莲子密度和莲子长的多样性指数最大，分别为1.98和1.93，说明其遗传多样性最为丰富。莲子长/宽的变化范围是1.14～1.51，说明部分子莲的性状接近于圆形。

表1-19　子莲莲子相关性状多样性统计

形态性状	平均值	最小值	最大值	标准差	变异系数（%）	多样性指数
莲子长（cm）	1.70	1.54	1.89	0.08	0.08	1.93
莲子宽（cm）	1.36	1.02	1.60	0.11	8.06	1.65
莲子长/宽	1.26	1.14	1.51	0.07	5.35	1.83
百粒重（g）	157.97	76.49	210.00	23.17	14.67	1.72
百粒体积（mL）	146.26	79.75	177.50	17.78	12.15	1.80
莲子密度（g/mL）	1.06	0.96	1.14	0.05	4.56	1.98

对26份野莲资源黑子期莲子相关的性状进行统计分析（表1-20），不同性状存在不同程度的变异，变异系数的分布范围为3.56%～10.02%，百粒重和百粒体积的变异范围最大，莲子长的变异系数最小；莲子长的多样性指数最大为2.06，说明其遗传多样性最为丰富。

表1-20　野莲莲子相关性状多样性统计

形态性状	平均值	最小值	最大值	标准差	变异系数（%）	多样性指数
莲子长（cm）	1.67	1.55	1.80	0.06	3.56	2.06
莲子宽（cm）	1.13	0.98	1.28	0.05	4.77	2.02
莲子长/宽	1.48	1.27	1.63	0.08	5.36	2.02
百粒重（g）	108.84	83.67	137.65	10.89	10.00	2.00
百粒体积（mL）	107.01	87.50	129.00	10.72	10.02	1.95
莲子密度（g/mL）	1.01	0.82	1.18	0.06	5.72	1.94

第二章　蔬菜优异种质资源基因型鉴定

在精选的核心种质和重要材料的基础上，完成了1 780份资源的基因型鉴定，其中包括黄瓜200份、西瓜100份、萝卜470份、白菜164份、番茄406份、辣椒240份、豇豆100份、莲藕100份，为资源的遗传分析和有效共享提供了信息基础。对基因型鉴定的策略包括基因组重测序、基因芯片等，利用基因型鉴定数据，构建核心种质，开展群体结构、进化历史和重要农艺性状全基因组关联分析。

第一节　黄瓜优异种质资源基因型精准鉴定评价

（2016YFD0100204-1 贾会霞）

一、黄瓜全基因组变异位点检测

利用Illumina高通量测序平台对200份黄瓜种质资源进行全基因组重测序，通过BWA软件将测得的reads与黄瓜基因组进行比对，平均测序深度为12.94×，平均比对率为84.05%，平均覆盖度为98.22%。利用SAMTOOLS软件进行变异位点检测，初步获得了2 145 642个SNPs，设定过滤阈值（个体depth≥4，MAF≥0.01，mis≤0.20）进行过滤后，最后共获得了871 327个高质量的SNPs。其中有138 567个SNPs位于基因外显子区域，包含68 154个非同义突变SNPs，1 349个stopgain SNPs，258个stopless SNPs和68 806个同义突变SNPs。

二、黄瓜群体结构和亲缘关系分析

利用检测到的SNPs变异位点对黄瓜种质的遗传结构进行分析。当K=2，将黄瓜分为2个类群：第一个类群clusterⅠ包含65个华南型、58个华北型、1个欧美露地型和1个北欧温室型；第二个类群clusterⅡ包含14个华南型、3个华北型、8个欧美露地型、5个北欧温室型、2个水果型和1个南亚型；此外，还有一些未知分类的种质分布于2个类群之中。当K=7，将黄瓜分为7个类群：cluster Ⅰ主要包含北欧温室型、欧美露地型、少量华南型等黄瓜；cluster Ⅱ主要包含华南型黄瓜；cluster Ⅲ主要包含华南型及少量华北型黄瓜；cluster Ⅳ主要包含华北型及少量华南型黄瓜；cluster Ⅴ包含欧美露地型、水果型、华南型、华北型和南亚型等多个类型，主要来自国外种质资源；cluster Ⅵ主要包含华南型和华北型黄瓜，cluster Ⅶ包含版纳型黄瓜（图2-1）。

NJ进化树显示黄瓜种质主要分为2个大的类群，每个类群下面有多个分支（图2-2）。

图2-1　黄瓜遗传群体结构分析

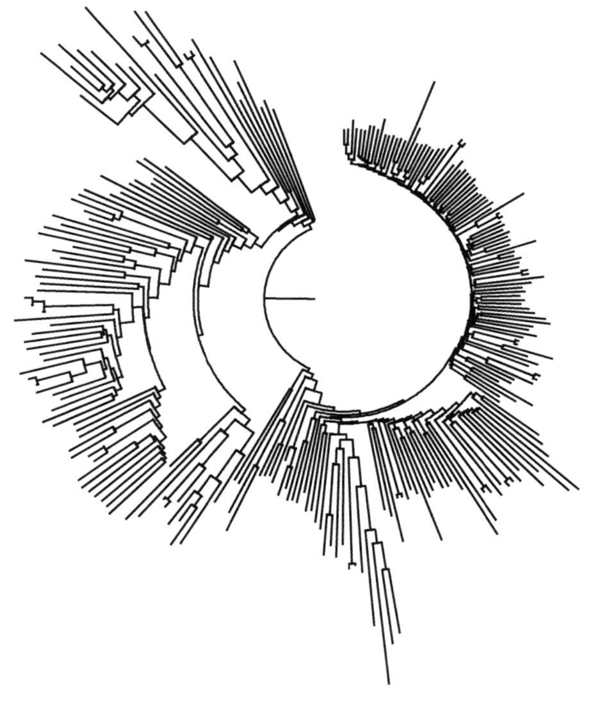

图2-2　黄瓜遗传进化分析

对黄瓜的连锁不平衡程度（LD，r^2）进行分析，结果显示当r^2=0.2时，SNP位点间的距离为30kb左右，该距离可以作为GWAS分析候选基因选择的候选区间（图2-3）。

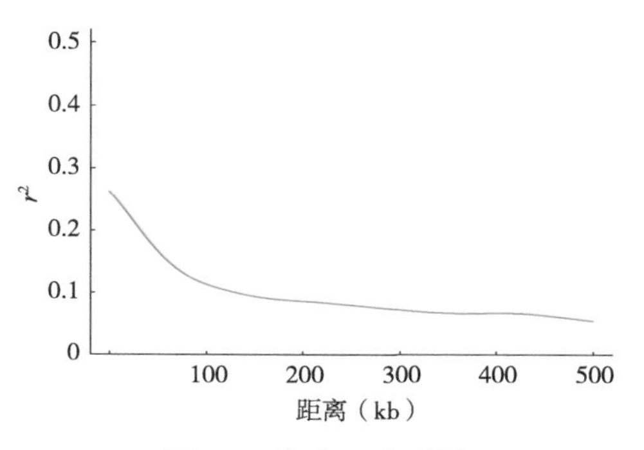

图2-3　黄瓜LD衰减图

三、黄瓜农艺性状GWAS分析

为揭示黄瓜农艺性状的遗传基础，利用检测的高质量SNPs位点，采用混合线性模型对32个鉴定的性状进行GWAS分析。对遗传力较高的多年多点性状（瓜长、瓜把长、瓜粗、瓜肉厚、瓜数、畸形瓜数、斑纹分布、斑纹类型、瓜斑纹色、瓜皮色、瓜形、瓜刺色、白粉病抗病）计算BLUP值，对BLUP值开展GWAS分析，显著关联设置的阈值为$-\log_{10}$（P value）>6.00，并根据LD分析结果将关联信号峰值上下游30kb区段内的基因作为候选基因。瓜长共关联到4个超过阈值的SNPs：2个位于外显子区域的非同义突变SNPs和2个位于基因间区SNPs（图2-4），分布于染色体chr1和chr4上。其中，这2个非同义突变SNPs（chr1：3 961 305，$-\log_{10}$（P value）=6.6；chr4：7 745 382，$-\log_{10}$（P value）=8.18）均位于2个被注释为MADS-box的转录因子内，表明MADS-box基因成员参与瓜长的生长发育（图2-4）。

瓜把长共关联到6个超过阈值的SNPs：其中3个SNPs与瓜长关联到的SNPs相重叠，包含2个MADS-box基因外显子非同义突变的SNPs；另外3个SNPs分别位于chr4（1个）和chr5（2个）上，chr5上的2个SNPs（chr5：6 175 258；chr5：10 069 804）位于基因内含子区和基因间区（图2-5）。

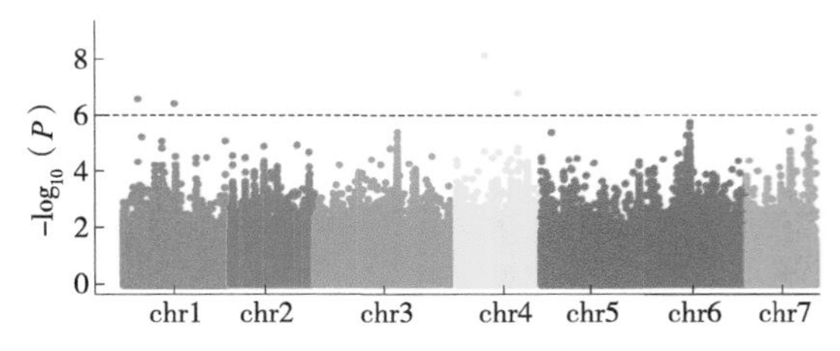

图2-4　黄瓜瓜长全基因关联分析结果

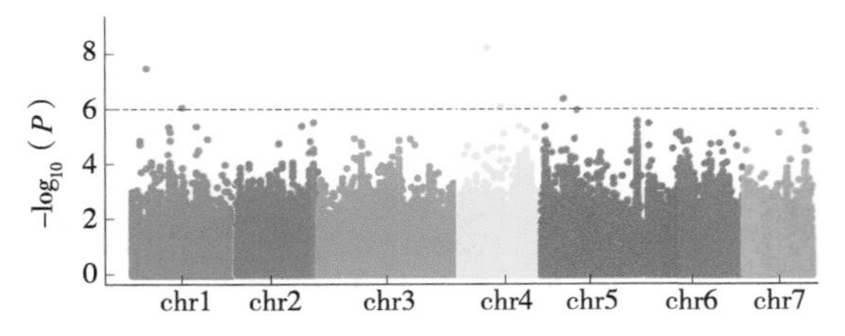

图2-5　黄瓜瓜把长全基因关联分析结果

畸形瓜数共关联到8个超过阈值的SNPs，分布于chr1（2个SNP）、chr3（1个SNP）、chr4（2个SNP）、chr6（2个SNP）和chr7（1个SNP）多条染色体上。其中，包含1个MADS-box基因外显子非同义突变的SNP，其在瓜长和瓜把长2个性状也均被关联到（图2-6）。

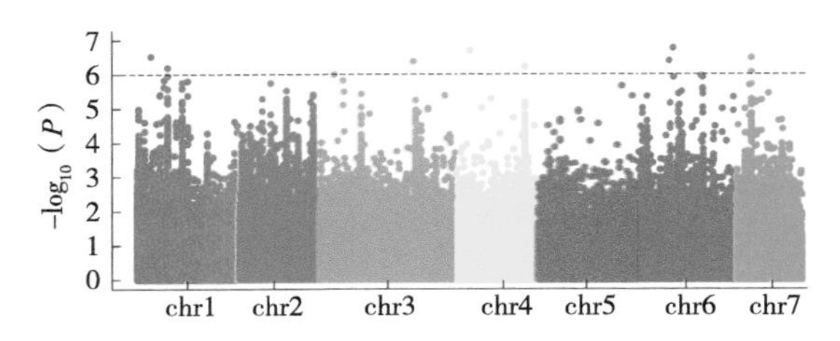

图2-6　黄瓜畸形瓜数全基因关联分析结果

对黄瓜斑纹分布、斑纹类型和斑纹颜色等斑纹性状进行GWAS分析，斑纹分布关联到2个超过阈值的SNPs，斑纹类型关联到8个超过阈值的SNPs，斑纹颜色关联到16个超过阈值的SNPs。其中，1个SNP（chr5：14 317 874）在3个斑纹性状中均被关联，其位于*Uro-adherence factor*（*AuafA*）基因和一个未知功能基因的间区；1个SNP（chr2：10 235 987）在斑纹分布和斑纹类型2个性状中被关联，其位于*Superman*基因和*Ramosa1 C2H2*锌指转录因子的间区（图2-7至图2-9）。

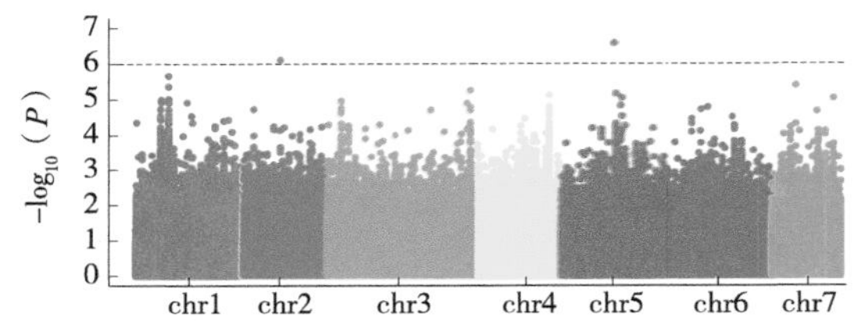

图2-7　黄瓜斑纹分布全基因关联分析结果

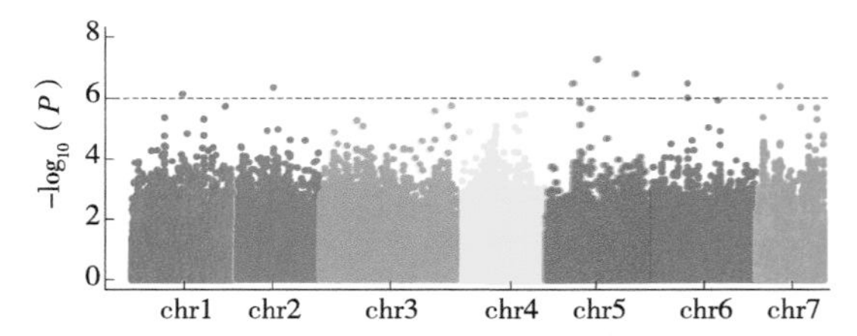

图2-8　黄瓜斑纹类型全基因关联分析结果

瓜皮色共关联到75个超过阈值的SNPs：74个SNPs位于chr3上，$-\log_{10}$（*P* value）峰值为11.87，1个SNP位于chr4上，$-\log_{10}$（*P* value）为7.68。chr3上显著关联的SNPs中有3个非同义突变SNPs位于Peroxidase（POD）基因的外显子上，表明Peroxidase基因除了在氧化胁迫响应中发挥重要作用外，还可能参与黄瓜瓜皮色的形成（图2-10）。

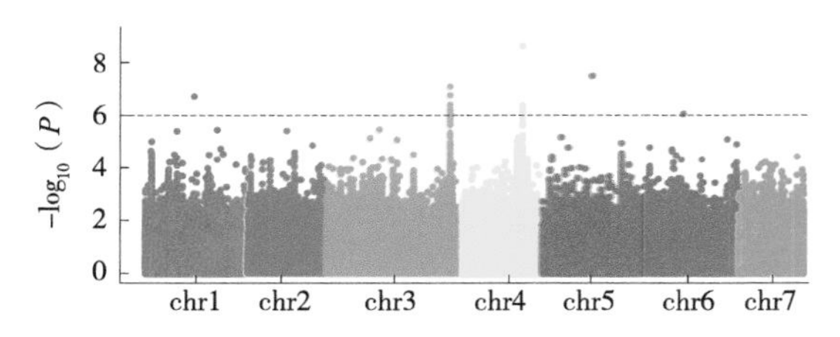

图2-9　黄瓜斑纹颜色全基因关联分析结果

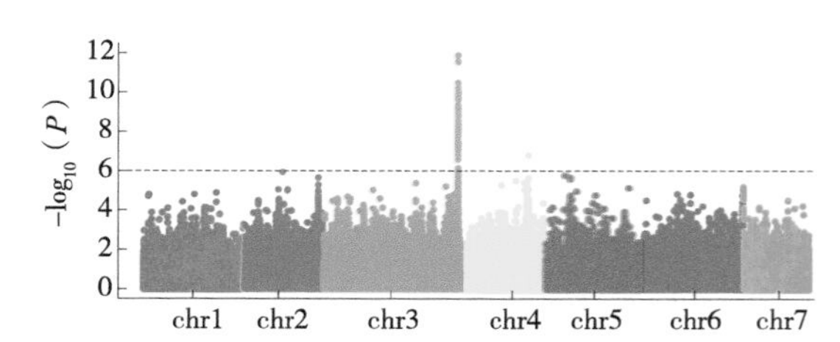

图2-10　黄瓜瓜皮色全基因关联分析结果

第二节　西瓜优异种质资源基因型精准鉴定评价

（2016YFD0100204-26 马双武）

利用Illumina Novaseq6 000测序平台完成100个西瓜样品的重测序，测序模式为PE150，插入片段大小为350bp，每个样品产生不低于10Gb PF data，数据质量平均Q30>85%。利用课题自己组装的高质量西瓜基因组为参考基因组，得到缺失率20%以下的二等位型的群体SNP位点数为1 233 721个。挑选一部分位点来做后续的分析，挑选的过程如下：将基因组均5 000份，每份中随机选取15个位点，如果不够15个位点，就全部选取；然后在连锁强度大的区段随机保留一个代表点（Plink-indep-pairwise 50 5 0.5），最后得到19 894个SNP位点用于群体进化树和群体结构分析。用Phylip软件构建NJ树，重复100次，用Tree-puzzle计算枝长获得群体进化树（图2-11），图中不同颜色代表不同的生态类型，共4种。用Structure软件按K=2至K=10，每个K值重复10次进行计算，结果显示最佳K值为4（图2-12），与群体进化树分析的结果一致。

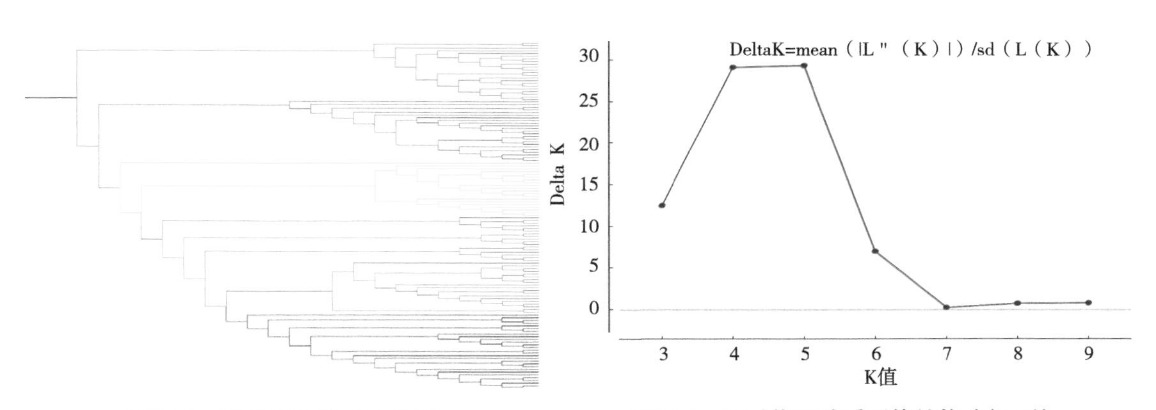

图2-11　西瓜优异种质进化树　　**图2-12　西瓜优异种质群体结构分析K值**

利用Tassel5的混合显性模型（MLM）逐点做关联分析，根据分析结果中的*P* value得到QQ plot图和Manhattan图，采用Bonferroni方法对GWAS分析结果的*P* value进行多重假设检验。获得与枯萎病抗性（图2-13）、雌花两性花（图2-14）、果形（图2-15）、果皮覆纹形状（图2-16）、果肉颜色（图2-17）、种子千粒重（图2-18）等性状显著关联的位点，并开发基于PCR的分析标记进行验证。目前已获得多个重要性状在核心种质资源中与表型共分离的功能遗传变异，后续的功能验证工作正在进行中。

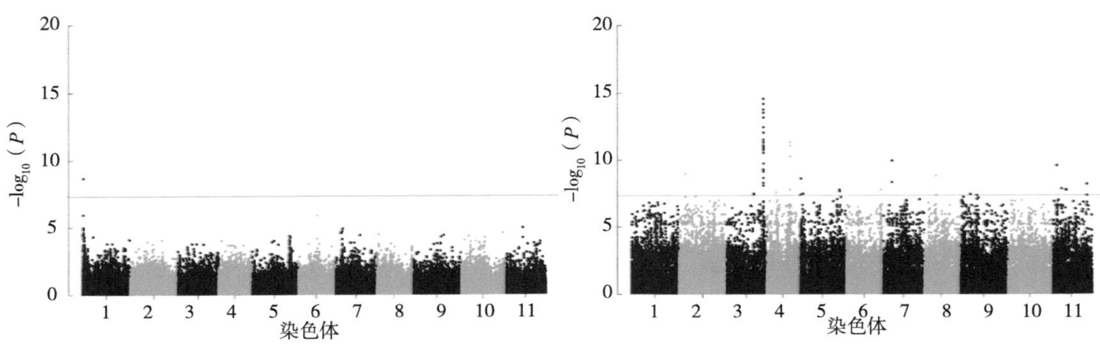

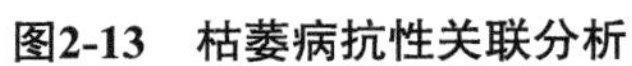

图2-13　枯萎病抗性关联分析

图2-14　雌花两性花关联分析

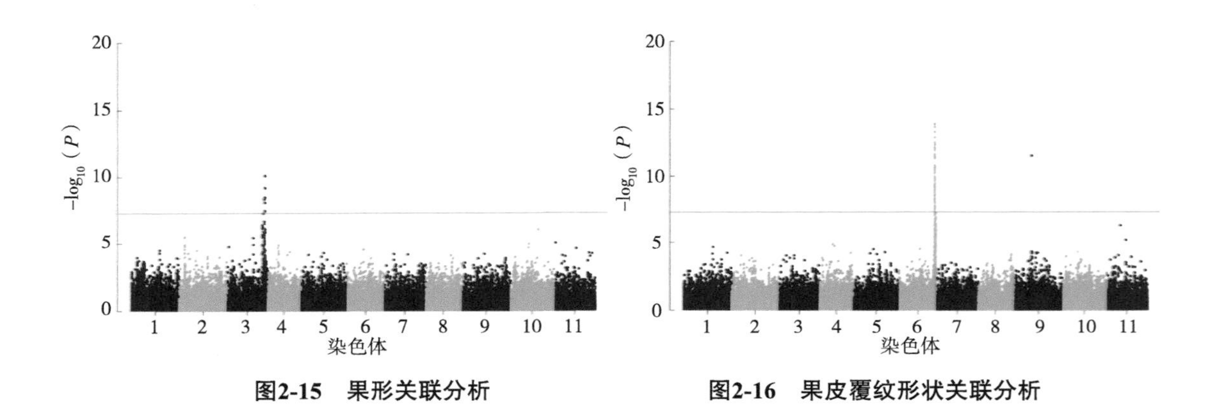

图2-15　果形关联分析

图2-16　果皮覆纹形状关联分析

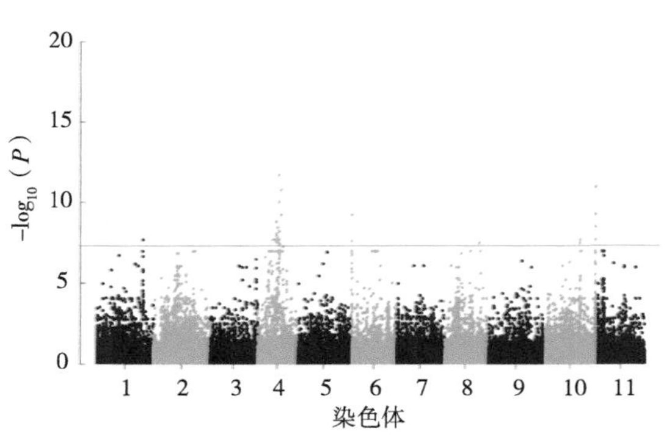

图2-17　果肉颜色关联分析

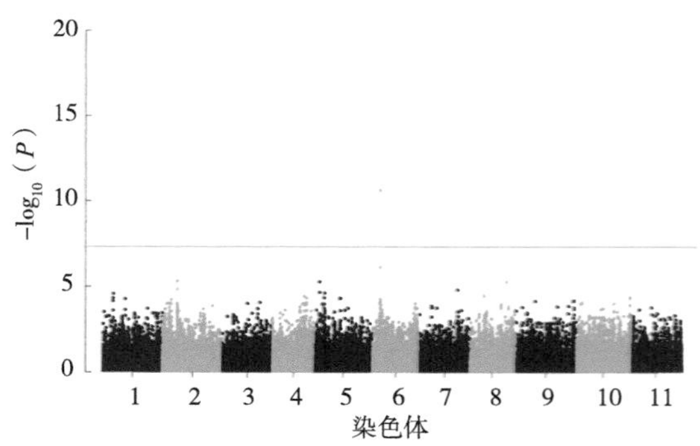

图2-18　种子千粒重关联分析

第三节　萝卜优异种质资源基因型精准鉴定评价

（2016YFD0100204-2 李锡香）

一、萝卜重点种质资源基因组变异分析

为了解析萝卜主要物种和变种间的基因组变异，为种质资源的基因型精准鉴定奠定良好的基础，使用单分子测序、BioNano光学作图和高通量染色体构象捕获（HiC）技术，重新组装了11个基因组，涵盖了来自东亚、南亚、欧洲和美洲的驯化、野生和杂草萝卜的所有典型亚物种和变种。通过全基因组比较，检测了材料间的单核苷酸多态性、插入/缺失、结构变异、存在/缺失变异、倒位和易位。将10个基因组与新组装的高质量心里美萝卜基因组进行比对，鉴定出$1.98 \times 10^6 \sim 3.50 \times 10^6$个SNPs，平均127～226个碱基包含一个SNP。约57.87%～61.47%的SNP位于基因间区。蛋白质编码基因的上游和下游之间的SNP没有显示出偏差。5′-UTR、3′-UTR和内含子中分别有2.93%～3.32%、4.21%～4.82%和18.40%～20.26%的单核苷酸多态性。9.19%～10.15%的SNPs在外显子区引起同义变异。在每次比较中，只有6.29%～6.68%的SNPs导致总共17 076～26 383个（39.93%～59.81%）基因的错义变异。11 629～21 443个（占相应基因组中总SNPs的0.59%～0.62%）SNPs导致起始/终止密码子增益或丢失和剪接供体/受体变异，这些变异可能导致5 771～10 257个基因的变异，占相应基因组中总蛋白编码基因的13.50%～23.47%。这些基因在解剖结构、胚胎和胚胎后发育、生长、生殖、细胞通信、细胞周期、细胞过程、昼夜节律、蛋白质/碳水化合物/脂质代谢过程以及对应激和外部/内源性刺激的反应通路得到富集。此外，检测了新基因组与其他10个萝卜基因组之间的中等长度（100～1 000bp）结构变异。共检测到20 290～29 643个变异事件，包括7 186～10 400个缺失、9 502～12 568个插入和3 602～6 868个重复。这说明每Mb有15.42～24.63个缺失、20.52～30.01个插入和7.80～16.29个重复。其中，3 615～5 861个SV位于外显子或剪接区，可能影响3 125～4 824个（7.08%～11.04%）蛋白质编码基因的功能。基因富集分析表明，这些基因在发育、代谢过程、细胞通信、对刺激的反应、信号转导等通路得到富集。然后，分析了超过1kb的存在/缺失变异（PAV）。在新基因组和其他10个萝卜基因组之间，鉴定出4 983～14 579个含有12.71～44.06Mb的PAV。63.09%～92.81%的PAV位于基因间区域。PAV重叠区基因在脱氧核糖核酸代谢过程、抗逆反应和代谢过程等通路得到富集。

二、萝卜种质资源重测序基因型鉴定

完成了650个样本的重测序，获得9.89T的数据量，每个样本平均数据量13.59G。初步鉴定显示，共检测到65 710 442个SNP变异位点，其中纯合位点58 553 225个，占比89.11%，杂合位点7 157 217个，占比10.89%。在所有样品中鉴定出11 399 836个InDel位点，插入位点4 899 888个，缺失位点6 499 948个（图2-19）。

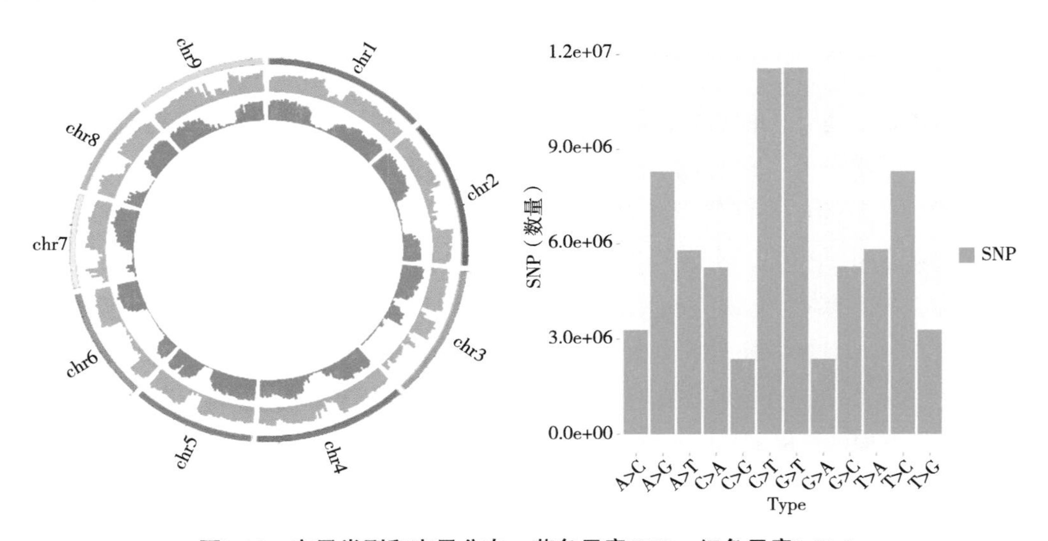

图2-19　变异类型和变异分布，蓝色示意SNP，红色示意InDel

三、萝卜优异种质资源重要性状基因定位

（一）萝卜肉质根紫皮性状的定位

以紫皮萝卜高代自交系CX16Q-25-2为母本，与白皮萝卜高代自交系CX16Q-1-6-2杂交获得F_1植株（CX16Q-25-2是由韩国萝卜高代自交系YR-10G自交10代获得，CX16Q-1-6-2由来源于俄罗斯的樱桃萝卜高代自交系RUS8-10G自交10代获得），F_1单株自交获得F_2分离群体。将定位群体播种于中国农业科学院蔬菜花卉研究所塑料大棚，40d后进行皮色调查。

构建紫皮、白皮2个极端池及亲本（CX16Q-25-2和CX16Q-1-6-2）的测序文库，利用Illumina HiSeq测序平台进行双末端测序（150bp）。经CASAVA软件将Illumina高通量测序的原始图像数据文件进行序列碱基识别后转化为Raw Reads。去除接头污染的Reads（Reads中接头污染的碱基数大于5bp）、低质量的Reads（Reads中质量值Q≤19的碱基占总碱基的50%以上）及含N比例大于5%的Reads后获得Clean Reads。高质量的Clean Reads被用于后续的QTL-seq分析及InDel分子标记的开发。

利用前人开发的QTL-seq流程（http：//genome-e.ibrc.or.jp/home/bioinformatics-team/mutmap，日本岩手生物技术研究中心开发）进行基因组*Rsps*候选区间的定位。首先利用BWA程序将亲本CX16Q-25-2的clean reads比对到XYB36-2参考基因组，构建亲本CX16Q-25-2的参考基因组。将紫皮池和白皮池的clean reads比对到参考基因组CX16Q-25-2，分别鉴定两个极端池的SNP。分别计算两个极端池每个SNP位置的SNP-index，获得ΔSNP-index。基因组特定区域的SNP-index利用滑动窗口法计算，滑动窗口大小为4Mb，步长为20kb。计算ΔSNP-index的置信水平，选择95%置信水平下超过阈值的连续区间作为主效QTL候选区域。

通过QTL-seq分析获得了紫皮基因*Rsps*的主效QTL位点。为进一步精细定位*Rsps*，根据两个亲本CX16Q-25-2和CX16Q-1-6-2的重测序数据开发定位区间内的多态性InDel标记。将CX16Q-25-2和CX16Q-1-6-2的clean reads利用BWA软件比对到XYB36-2参考基因组，利用SAMtools软件进行InDel标记的鉴定，使用Rrimer3软件进行引物设计。通过电子PCR将引物比对到参考基因组筛选特异性引物。利用白皮池、紫皮池和两亲本筛选多态性标记，用于F_2群体的基因分型。

1. 萝卜肉质根紫皮性状的遗传分析

为明确萝卜紫皮性状的遗传规律，利用紫皮萝卜高代自交系CX16Q-25-2和白皮萝卜高代自交系CX16Q-1-6-2杂交产生F_1群体，F_1自交获得F_2分离群体。F_1植株的肉质根均为紫色，而557株F_2分离群体出现白色及不同程度的粉色、红色和紫色。这一结果表明萝卜紫皮性状是由多基因控制的数量性状。然而，有颜色的肉质根与白色肉质根的比例符合3∶1，表明萝卜根皮颜色的有无是由单显性基因控制的，命名为*Rsps*。

2. 利用QTL-seq进行*Rsps*初定位

将2个亲本（紫皮亲本CX16Q-25-2和白皮亲本CX16Q-1-6-2）及其2个极端池（紫皮池和白皮池）利用Illumina测序平台进行双末端（150bp）测序，分别获得5.6G、5.9G、23.4G和30.0G的reads，覆盖度分别达11.2×、11.8×、46.8×和60.0×。QTL-seq分析在参考基因组XYB36-2的2号染色体31.45～33.00Mb区间的ΔSNP-index在95%水平上显著大于0。这一结果表明，在萝卜2号染色体31.45～33.00Mb区间存在控制萝卜紫皮性状的主效QTL，即*Rsps*。

3. 利用InDel标记进行萝卜肉质根紫皮基因精细定位

为了确认QTL-seq结果准确性及缩小*Rsps*的定位区间，利用288株F_2群体进行传统QTL定位。在本实验室前期开发标记中筛选出3对多态性InDel引物。此外，在QTL-seq初定位区间重新开发了674对两亲本间可能差异4bp以上的InDel标记，挑选合成其中的52对用于在两亲本和两个极端池中进行多态性标记的筛选，获得5对可用标记。上述8对多态性

InDel标记用于F_2群体的QTL检测，将*Rsps*定位于标记R02-7和R02-24之间1.3cM区间，与QTL-seq检测结果一致。根据标记R02-7和R02-24在参考基因组XYB36-2的位置，定位区间为2号染色体238.51kb（31 584 238 ~ 31 822 749bp）。在参考基因组XYB36-2的238.51kb定位区间内共包含18个基因。

（二）萝卜优异种质抗根肿病候选基因定位

利用抗、感材料（图2-20和图2-21）杂交获得F_1群体，F_1自交获得F_2群体。表型鉴定双亲和F_2代群体，选取极端抗性的单株（30株）构建DNA混池，对2个亲本和混池进行重测序（亲本20×，子代极端池60×）。利用ED法和SNP-index等方法对2个群体进行初定位。

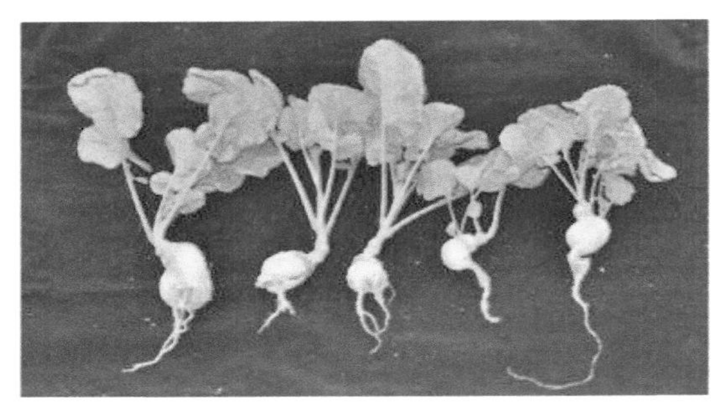

图2-20　抗亲（CC17-1A-RAS5-X2，CC16-494-2）

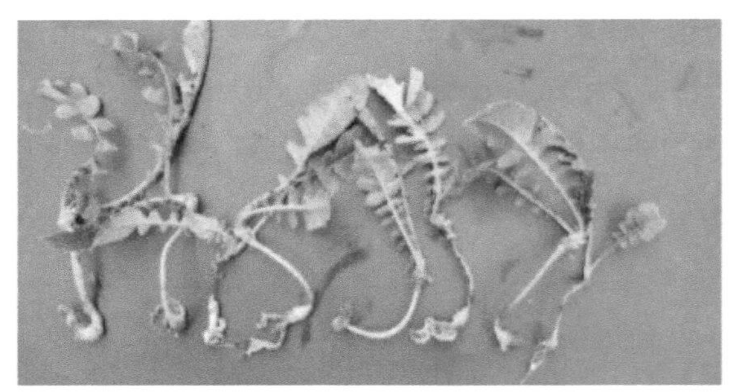

图2-21　感亲（CC17-1A0712-1，CC15-419-3）

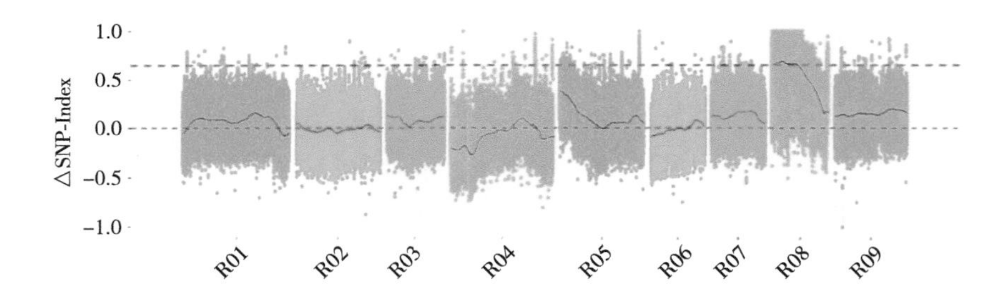

图2-22　群体4抗病基因初定位区域

结果显示在群体4中，99%置信度下在8号染色体上的2.82 ~ 6.14M的区间检测到一个强信号区间。该区间含有SNP变异的基因33个，其中Rsa10003273和Rsa10003274为*NBS*基因和抗病响应基因（图2-22）。在群体2中，99%置信度下在5号染色体上的一个0.09 ~ 1.28M的区间，检测到265个基因，其中含有一个*NBS-LRR*基因Rsa10043007和从Rsa10043060到Rsa10043064的7个串联抗病基因（图2-23 ~ 图2-25）。上述初定位结果有待进一步的精细定位确认。

图2-23　抗亲（CC17-1A-COR-X1，CC15-456-3-1）

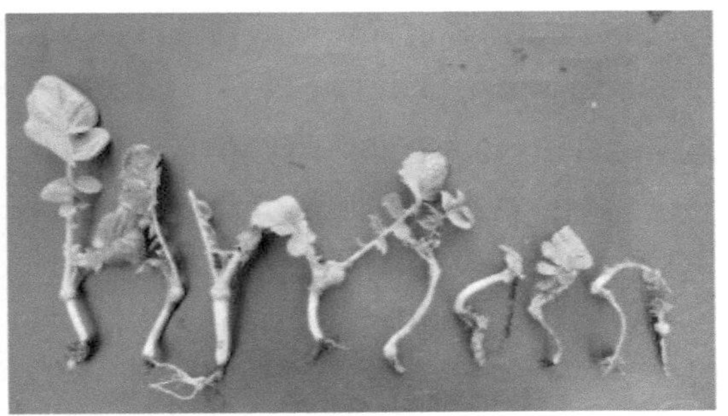

图2-24　感亲（CC17-1A0752-1，CC15-472-1）

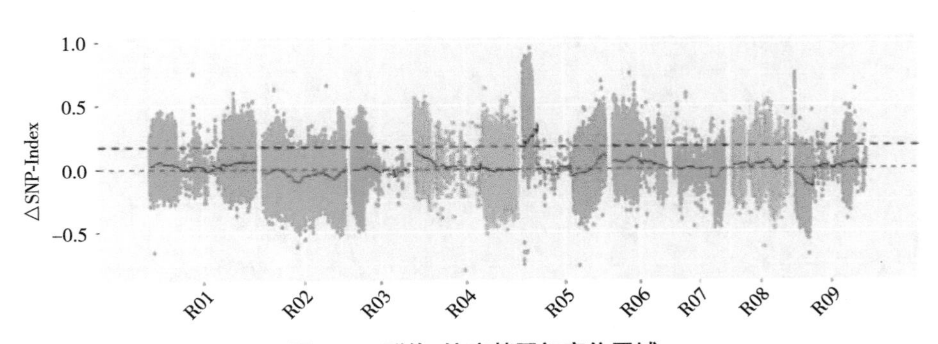

图2-25　群体2抗病基因初定位区域

（三）萝卜优异种质抗黑腐病候选基因定位

以种质KB31（46EC17-1A0212，红水萝卜）（2次鉴定DI值为4.7和8.1）为抗源，以材料P34（461ECP17-①S，白秋美浓）为感病对照（2次鉴定DI值分别为80.3和66.8），对其构建的F_1和F_2群体进行人工接种鉴定，F_1单株DI值介于两个亲本材料之间，但倾向于抗病亲本KB31，表现为抗黑腐病（2次鉴定DI值分别为30.3和16.7），说明该抗病材料抗黑腐病性状为不完全显性性状，且有主效基因控制。KB31与感病材料（CK）的F_2群体单株的DI分布是连续的，说明该抗病材料的抗病性状是一个多基因控制的数量性状。

根据F_2群体所有单株DI值，构建抗病单株DNA混池（R-pool）和感病单株DNA混池（S-pool），R-pool选取50个DI值最小的抗病单株，S-pool选取50株DI值最大的感病单株。亲本和混池进行高通量测序，通过对比R-pool和S-pool的SNP-index，获得ΔSNP-index在95%置信水平下的信号显著水平。

分析结果发现2号染色体上的2个区域，即26.25～30.55Mb和33.2～33.65Mb之间出现了SNP不平衡的状况，分别命名为*qBRR2-1*和*qBRR2-2*。根据亲本重测序数据在2号染色体的26.25～33.65Mb开发了24对InDel和2对SSR标记。利用这26对多态性标记F_2单株进行基因分型，进一步结合单株DI值使用QTL-IciMapping软件进行抗病QTL分析。

通过精细定位将*qBRR2-1*的物理区间从4.3Mb（26.25～30.55Mb）范围缩小至～12kb（30 059 448～30 071 824bp），*qBRR2-2*的物理区间也从450kb（33.2～33.65Mb）缩小至～125kb（33 566 409～33 691 644bp）。

精细定位分析发现，*qBRR2-1*解释19.1%的表型变异（PVE）；*qBRR2-2*解释61.0%的PVE。在*qBRR2-1*的～12kb区间范围内，以萝卜XYB26-2的基因组为参考共鉴别到9个基因，经过比对发现Rsa10012730、Rsa10012733～Rsa10012738共7个基因与拟南芥基因相似性较高。*qBRR2-2*的物理区间约有125kb，在该区间内共注释到7个基因，经在线比对其氨基酸序列后，发现Rsa10015750、Rsa10015752～Rsa10015754和Rsa10015757共5个基因与拟南芥相关基因相似性较高（图2-26）。

（a）抗性表现

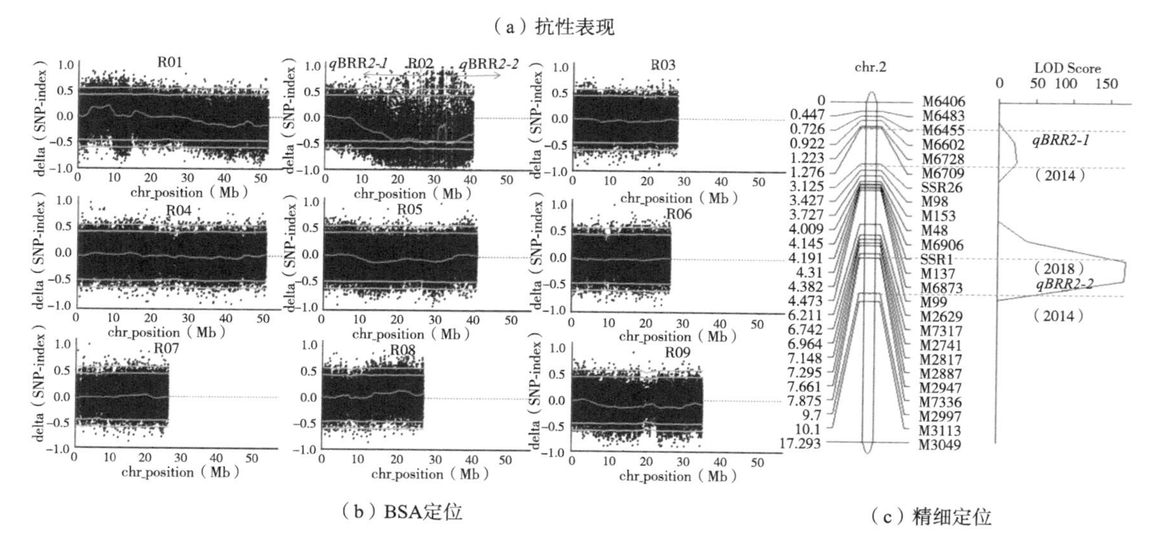

（b）BSA定位

（c）精细定位

图2-26　萝卜优异种质KB31抗性表现与抗病基因定位

第四节　白菜优异种质资源基因型精准鉴定评价

（2016YFD0100204-6 章时蕃）

一、春白菜优异种质资源基因型精准鉴定

田间春白菜耐抽薹性鉴定与测序分析结果：利用GLM和cMLM模型，对75份春白菜的开花、耐抽薹性状进行全基因组关联分析。对获得的显著信号点进行过滤分析，得到强连锁关系（r^2>0.33）的信号62个，主要位于A07染色体上。根据白菜与拟南芥基因的共线性分析与功能注释结果，发现5个与抽薹、开花性状相关的基因（图2-27）。

二、秋白菜优异种质资源基因型精准鉴定

（一）田间霜霉病鉴定与测序分析

利用GLM和cMLM模型，对91份秋白菜的霜霉病抗病性状进行全基因组关联分析。对获得的显著信号点进行过滤分析，得到强连锁关系（r^2>0.33）的信号125个，主要位于A03/04/07染色体上。根据白菜与拟南芥基因的共线性分析与功能注释结果，发现28个与抗病性相关的基因（图2-28）。

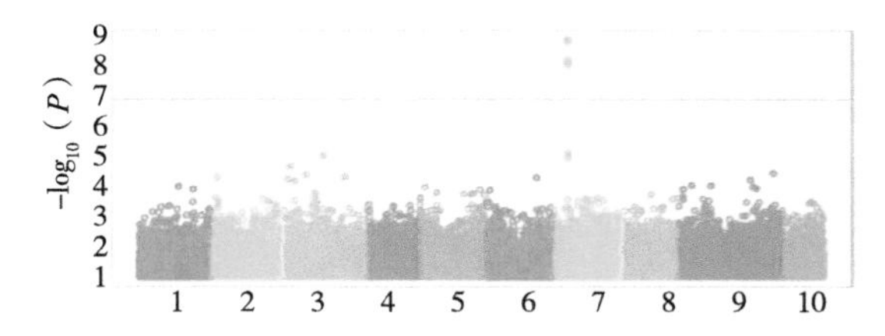

图2-27　春白菜开花、耐抽薹性状全基因组关联分析

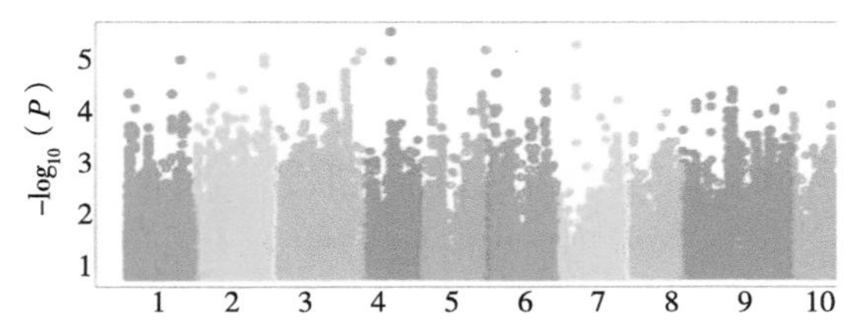

图2-28　秋白菜霜霉病抗病性状全基因组关联分析

（二）田间软腐病鉴定与测序分析

利用GLM和cMLM模型，对91份秋白菜的软腐病抗病性状进行全基因组关联分析。对获得的显著信号点进行过滤分析，得到强连锁关系（r^2>0.33）的信号102个，主要位于A04/07染色体上。根据白菜与拟南芥基因的共线性分析与功能注释结果，发现24个与抗病性相关的基因（图2-29）。

（三）ELISA鉴定TuMV与测序分析

利用GLM和cMLM模型，对91份秋白菜抗TuMV抗病性状进行全基因组关联分析。对获得的显著信号点进行过滤分析，得到强连锁关系（r^2>0.33）的信号132个，主要位于A09染色体上。根据白菜与拟南芥基因的共线性分析与功能注释结果，发现16个与抗病性相关的基因（图2-30）。

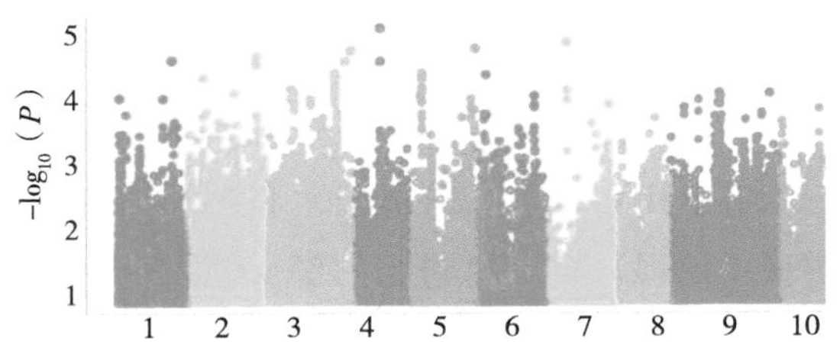

图2-29　秋白菜软腐病抗病性状全基因组关联分析

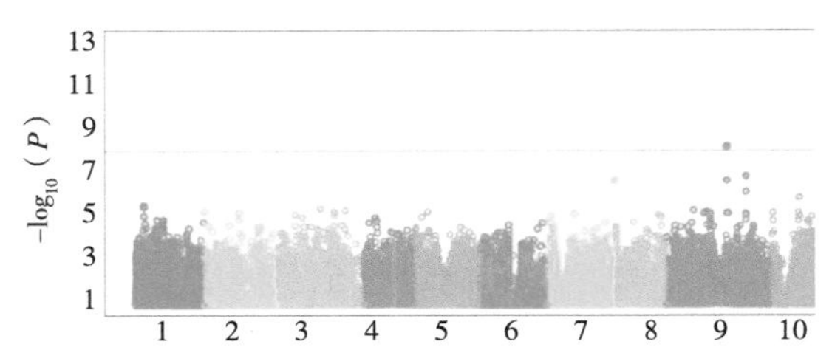

图2-30　秋白菜抗TuMV抗病性状全基因组关联分析

第五节　番茄优异种质资源基因型精准鉴定评价

（2016YFD0100204-3　国艳梅）

一、番茄变异位点检测

200份高代自交系材料全部来源于中国农业科学院蔬菜花卉研究所番茄遗传育种课题组。材料于2019年春季定植于北京南口基地温室内，每份材料设置3次重复，随机区组排列，每次重复定植3株。番茄植株定植两周后取幼嫩的番茄叶片，同一份材料的3个单株混合取样，样品于冷冻抽干机冷冻抽干约72h，利用高通量组织研磨器粉碎叶片。利用CTAB法进行DNA提取并用1%琼脂糖凝胶电泳对基因组DNA的完整性进行检测。番茄基因组重测序由北京贝瑞和康生物技术有限公司完成。样品进行质检及建库后，于Illumina Hiseq-PE150测序平台（Illumina，San Diego，CA）进行双端reads测序，每个样品的测序深度均大于10×，产生的数据量均大于9.4Gb。

采用BWA软件将Illumina测序reads与参考基因组（SL4.00）做比对，初始比对结果为sam格式，再利用Samtools软件将结果转为bam格式并排序。使用软件GATK“HaplotypeCaller”参数对样本进行群体SNP/InDel检测，分别得到了20 588 733个原始SNP位点和2 557 728个原始InDel。使用VCFtools对原始位点进行过滤，参数分别为：—minQ30（最低质量分数为30）—minDP6（最小平均深度为6），—maf0.05（最小等位基因频率为0.05），—max-missing0.5（基因型最大缺失率不超过50%），过滤完成后得到398 050个SNP位点。统计见表2-1。

表2-1 过滤后SNPs在全基因组上的分布

	SNP位点	基因区间	5′UTR	3′UTR	内含子区	外显子区	基因上游	基因下游	同义突变	非同义突变
SL4.0ch01	94 322	83 107	204	597	3 580	1 547	3 006	2 561	476	1 003
SL4.0ch02	16 099	12 165	54	95	1 641	563	955	707	207	338
SL4.0ch03	18 649	14 534	75	134	1 727	543	1 007	715	217	315
SL4.0ch04	29 498	24 400	99	148	2 012	642	1 329	1 000	251	375
SL4.0ch05	30 768	26 791	66	136	1 476	542	956	889	202	317
SL4.0ch06	17 275	14 380	110	37	1 116	409	722	562	134	270
SL4.0ch07	20 003	16 957	40	40	1 266	520	644	615	180	310
SL4.0ch08	22 746	18 314	273	86	2 189	411	838	712	131	266
SL4.0ch09	37 386	31 285	116	152	2 447	804	1 432	1 272	298	465
SL4.0ch10	34 391	30 926	45	99	1 349	364	856	800	106	236
SL4.0ch11	31 706	24 152	88	180	3 419	897	1 668	1 515	386	491
SL4.0ch12	45 207	40 794	54	134	2 161	395	913	831	125	251
Total	398 050	337 805	1 224	1 838	24 383	7 637	14 326	12 179	2 713	4 637

二、系统发育树构建和群体结构分析

从200份番茄材料的SNP变异数据集中挑选出137 051个同义突变位点，利用MEGA7软件的Neighbor-joining方法进行200次bootstrap构建系统发生树。利用iTOL网页软件进行进化树的可视化。使用Plink将vcf文件转换为.ped和.map格式，再使用ADMIXTURE进行群体结构分析。依旧选择上述137 051个SNP位点进行群体结构分析。利用ADMIXTURE version1.3.0软件进行计算，K是样本所包含的亚群（祖先）数目，手动设定为K=2、3、4。提取CV值后，可以得到上一步得到的不同K值的错误率，一般认为CVerror最小值为最佳K值。

系统进化树（Phylogenetic tree）是描述群体间进化顺序的分支图或树，用来展示不同群体之间的进化关系。200份番茄可以分为3个亚群，如图2-31所示。醋栗番茄B1813被作为外群，在200份材料中，有16份材料明确属于亚群Ⅰ，亚群Ⅱ和亚群Ⅲ中存在部分材料归属混杂的情况，这可能是由于部分栽培番茄中仍保留了某些野生番茄的遗传特点。亚群数目分别是2、3、4的情况下番茄个体的分类情况如图2-31所示。

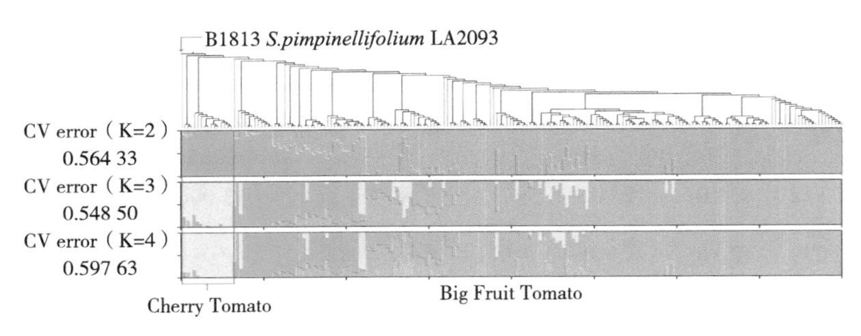

图2-31　200份番茄的邻接树和ADMIXTURE分类结果

三、重要性状全基因组关联分析

选择2019年北京春季南口（E1）、2019年春季西北（E2）和2019年秋季西北（E3）3组数据作为关联分析数据（表2-2）。番茄植株形态调查始花节位，第一花穗与第二花穗节间数，第一花穗下叶片夹角，第一花穗上叶片夹角，第二花穗下叶片夹角，第二花穗上叶片夹角（图2-32）。

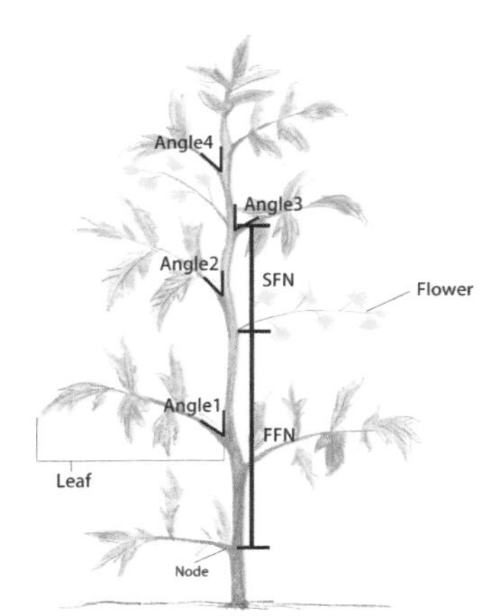

FFN：始花节位数
SFN：一穗与二穗间节位数
Angle1：第一穗花下片叶夹角
Angle2：第一穗花上片叶夹角
Angle3：第二穗花下片叶夹角
Angle4：第二穗花上片叶夹角

图2-32　株型相关表型调查图示及说明

表2-2　试验点概况

序号	编号	年份	地点	经度	纬度
E1	19BS	2019	北京市昌平区Changping，Beijing	E116.13°	N40.24°
E2	19XS	2019	陕西省杨凌市Yangling，Shaanxi	E108.07°	N34.28°
E3	19XA	2019	陕西省杨凌市Yangling，Shaanxi	E108.07°	N34.28°

（一）始花节位和节间数关联分析

对3组表型和重测序数据关联分析结果表明，未关联到始花节位的信号，在8个区组都关联到第一和第二穗节间数信号，位于6号染色体物理位置为43 636 571位置，Solyc06g074350有可能是此关联信号的候选基因。此基因第2个外显子内的一个碱基由T突变为C导致氨基酸P编码为L。在本研究群体中，此基因的野生型材料共17份，突变型材料共121份。2019年北京春季南口野生型平均节间数为2，突变型为5，较野生型大，差异最显著$P=1.10\times10^{-14}$（图2-33）。

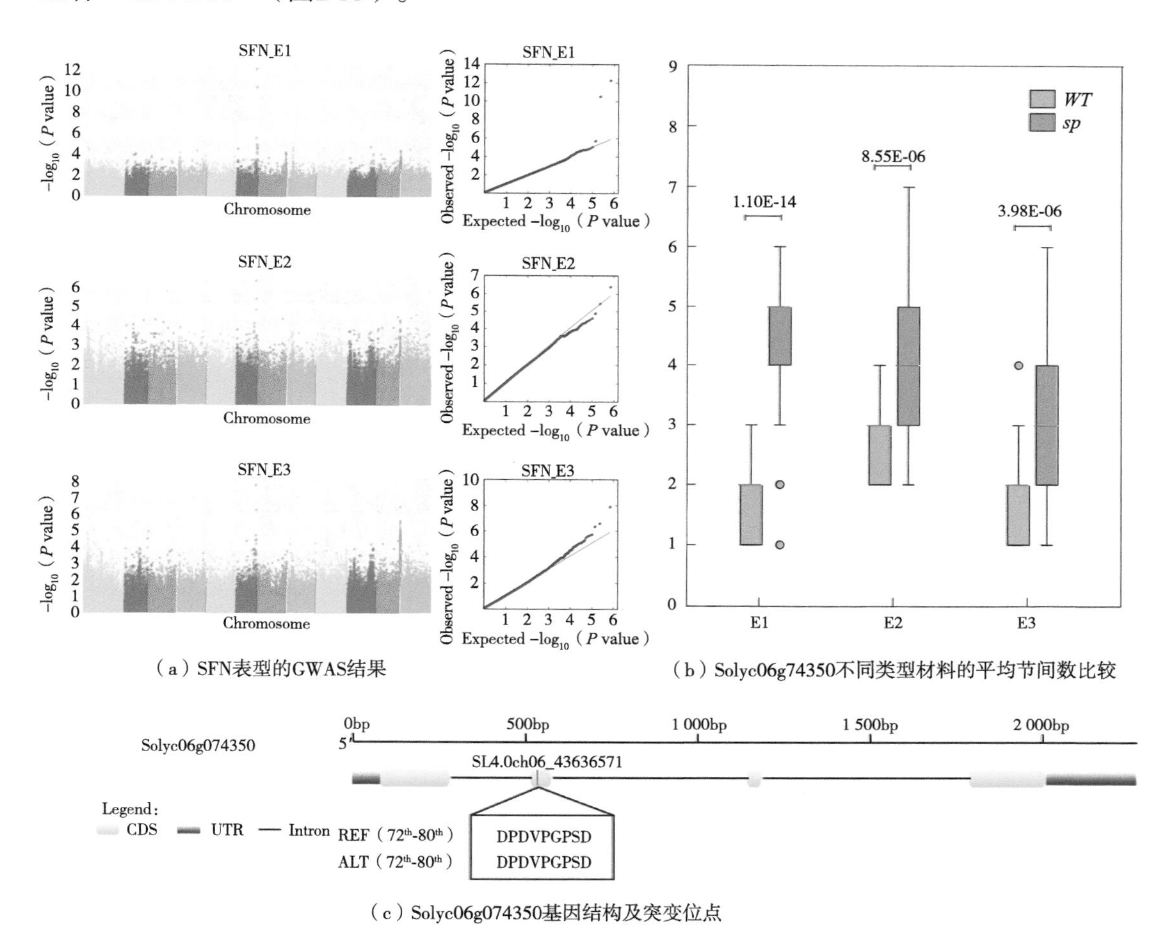

（c）Solyc06g074350基因结构及突变位点

图2-33　SFN表型的GWAS分析结果及候选基因结构

（二）叶夹角关联分析

对叶片夹角的关联分析结果（图2-34）表明，在7号染色体SSL4.0CH07_57357397～SSL4.0CH07_57692725关联到信号，基因注释结果表明此区间共有9个候选基因，突变区域发生在基因上游、基因间、内含子以及终止子，注释基因分析结果表明这些基因

包含*AMP-dependent synthetase/ligase*、*Auxin Response Factor 6B*、*Retrovirus-related Pol polyprotein from transposon TNT* 1-94、3-*hydroxyisobutyryl-CoA hydrolase-like protein*5。其中Solyc07g043620有可能是此关联信号的候选基因。前人研究发现*ARF*基因在水稻中控制水稻叶片夹角大小。研究发现此基因57 420 627位置处碱基T突变为C导致第6个外显子上的第180位氨基酸W变成终止密码子，详见图2-35和表2-3。故推测Solyc07g043620有可能是叶片夹角关联到的7号染色体上的关联信号的候选基因（图2-35）。

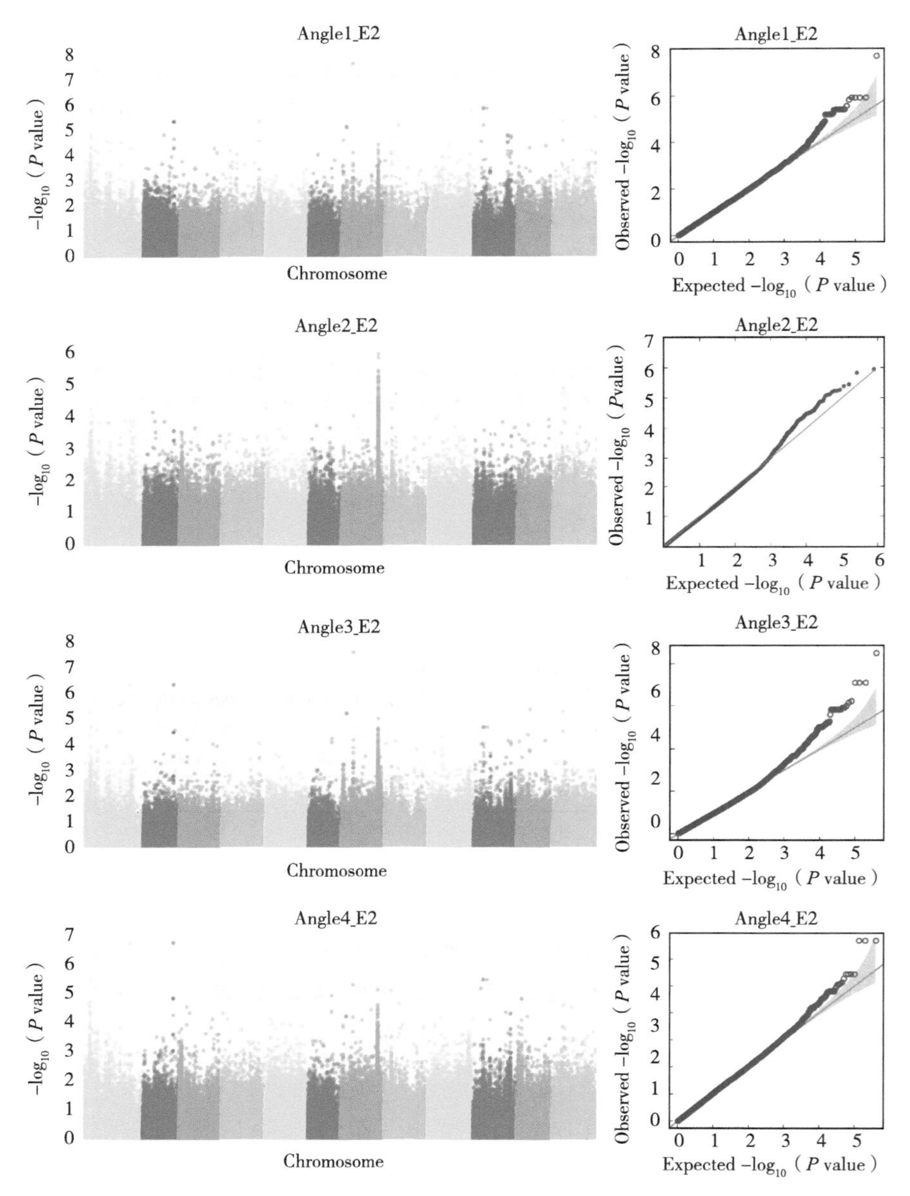

图2-34　叶夹角不同区组的GWAS结果

表2-3　根据GWAS结果筛选到的候选位点

表型	染色体	物理位置	P value	参考碱基	突变碱基	基因	突变区域
Angle2	SL4.0ch07	57508712	1.14×10^{-6}	G	T	Solyc07g043685（dist=78）	upstream
Angle2	SL4.0ch07	57642639	1.51×10^{-6}	G	A	Solyc07g044725（dist=566）	upstream
Angle2	SL4.0ch07	57420627	0.000812	T	C	Solyc07g043620（ARF6B）	stopgain
Angle3	SL4.0ch07	57451339	2.57×10^{-6}	G	A	Solyc07g043630（dist=12390），Solyc07g043640（dist=11401）	intergenic
Angle3	SL4.0ch07	57420569	6.85×10^{-6}	T	C	Solyc07g043620	intronic
Angle3	SL4.0ch07	57451373	2.26×10^{-6}	C	T	Solyc07g043630（dist=12424），Solyc07g043640（dist=11367）	intergenic
Angle3	SL4.0ch07	57471607	5.49×10^{-6}	C	T	Solyc07g043655	intronic
Angle4	SL4.0ch07	57447647	8.24×10^{-6}	T	C	Solyc07g043630（dist=8698），Solyc07g043640（dist=15093）	intergenic
Angle4	SL4.0ch07	57512743	2.70×10^{-5}	T	C	Solyc07g043685（dist=4109），Solyc07g043690（dist=6991）	intergenic

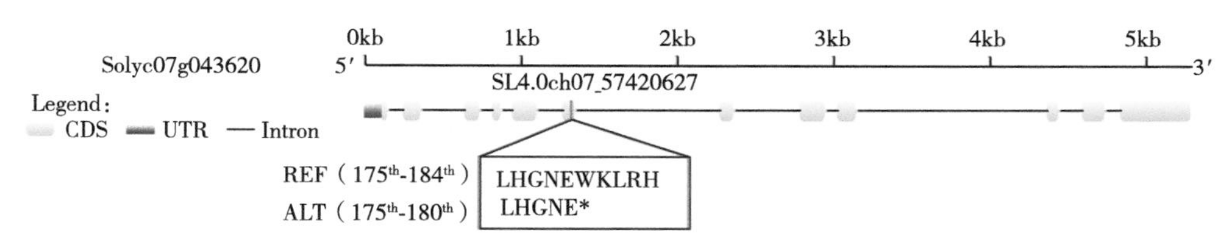

图2-35　候选基因结构及突变位置

（三）梗洼面积关联分析

对梗洼面积的关联分析结果（图2-36）表明，分别在2号染色体SL4.0ch02_45138135～SL4.0ch02_45459504区域和3号染色体的SL4.0ch03_59045849～SL4.0ch03_61656344关联到信号，基因注释结果表明共有8个候选基因，突变区域发生在基因上游、基因下游、基因间和内含子中，这些基因包含*Transducin/WD40 repeat-like superfamily protein*、*WUSCHEL*、*FALSIFLORA*、*Calcium-dependent phospholipid-binding Copine family protein*、*Transducin family protein/WD-40repeat family protein*、*Magnesium-protoporphyrin IX methyltransferase*、*mRNA cap guanine-N7methyltransferase*。

其中*WUSCHEL*、*FALSIFLORA*是此关联信号区间的候选基因。LC（Solyc02g083950）为*WUSCHEL*基因，是控制果实心室数量的主效基因，已被克隆，可将心室数量由2个提升

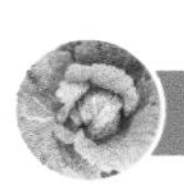

至3～4个，该基因编码区下游1.7kb的CArG基序中2个SNPs可能使其转录表达发生变化从而导致心室数量的增加。

FA（*FALSIFLORA*）是影响番茄花序发育的主要基因，*FA*（Solyc03g118160）编码转录因子*LFY*（*LEAFY*），主要在番茄花分生组织中表达并控制花分生组织形成，*fa*（*falsiflora*）突变体同样由于侧生合轴花序分生组织无限制形成而最终形成营养型花序（图2-36）。

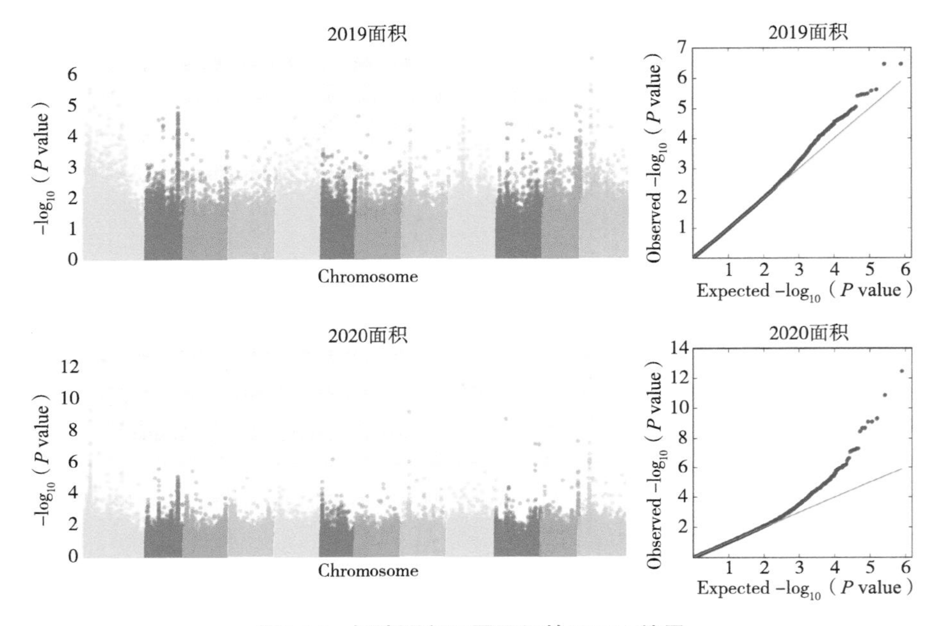

图2-36　梗洼面积不同区组的GWAS结果

表2-4　根据GWAS结果筛选到的候选位点

表型	染色体	物理位置	*P* value	参考碱基	突变碱基	基因	突变区域
梗洼	SL4.0ch02	45184346	7.13×10^{-7}	G	A	Solyc02g083940.3	intronic
梗洼	SL4.0ch02	45189392	1.51×10^{-6}	A	G	Solyc02g083940.3（dist=2171），gene：Solyc02g083950.3（dist=1765）lc位点	intergenic
梗洼	SL4.0ch02	45189386	1.45×10^{-5}	T	C	Solyc02g083940.3（dist=2165），gene：Solyc02g083950.3（dist=1771）lc位点	intergenic
梗洼	SL4.0ch02	45177685	1.62×10^{-5}	A	G	Solyc02g083930.1（dist=1129），gene：Solyc02g083940.3（dist=1814）	intergenic

（续表）

表型	染色体	物理位置	P value	参考碱基	突变碱基	基因	突变区域
梗洼	SL4.0ch02	45360939	1.11×10^{-6}	T	C	Solyc02g084173.1	intronic
梗洼	SL4.0ch02	45183761	2.46×10^{-6}	C	T	Solyc02g083940.3	intronic
梗洼	SL4.0ch03	61560753	7.72×10^{-5}	C	A	Solyc03g118160.3	intronic
梗洼	SL4.0ch03	61560767	9.72×10^{-5}	A	T	Solyc03g118160.3	intronic
梗洼	SL4.0ch03	61612279	2.22×10^{-6}	A	G	Solyc03g118240.4（dist=126）；gene：Solyc03g118250.4（dist=593）	upstream；downstream
梗洼	SL4.0ch03	61595804	4.38×10^{-6}	A	T	Solyc03g118200.4（dist=1180），gene：Solyc03g118210.3（dist=1797）	intergenic

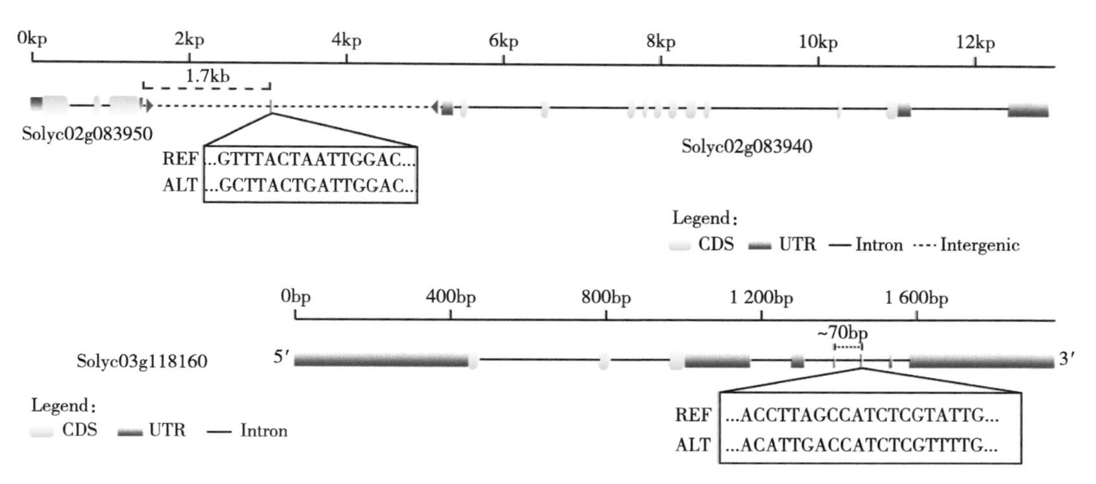

图2-37　*LC*基因和*FALSIFLORA*基因结构以及在200份材料中突变形式

（四）心室数目关联分析

在番茄果实性状关联分析结果中，2017年、2018年、2019年数据中均关联到了*LC*基因（Solyc02g083950）和*FAS*基因（Solyc11g071380），关联信号的物理位置分别为2号染色体的45 189 386以及11号染色体的53 007 609（图2-38和表2-5）。前人研究表明，*LC*主要是通过增加心室数使果实变扁平；*FAS*基因编码一个*CLAVATA*3蛋白质，该基因起始密码子上游约1kb处被一个约294kb染色体片段的倒位打断，导致其转录表达量降低，从而使心室数量增多；*LC*和*FAS*可以发生上位互作，可将番茄心室数量提高至8个以上，同时果实质量也会提升1倍。

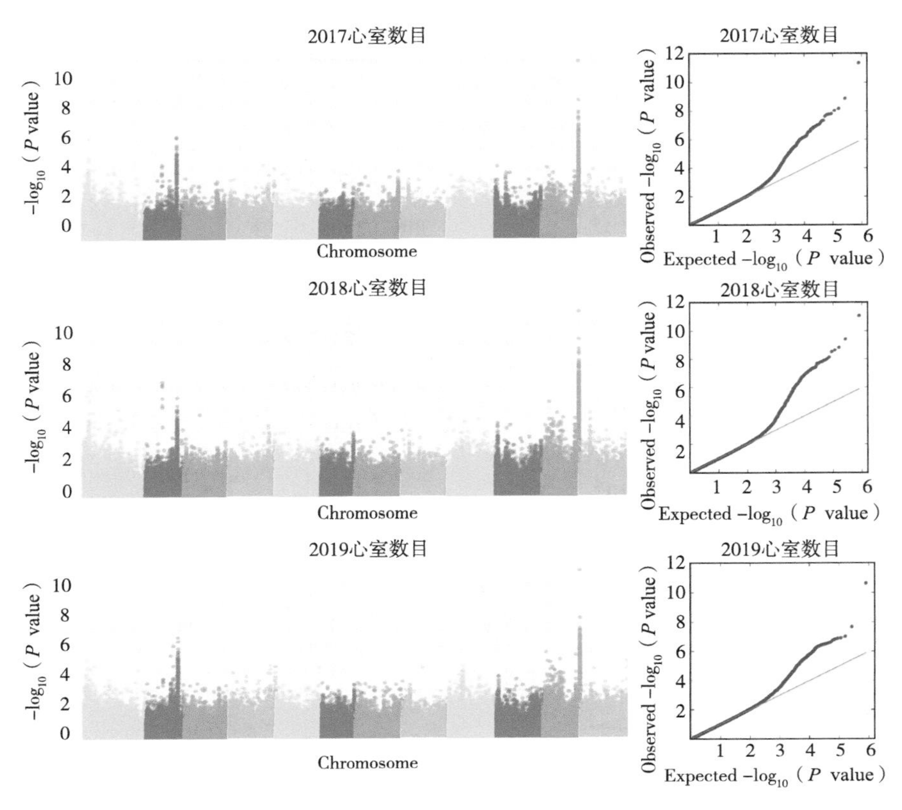

图2-38　心室数目不同区组的GWAS结果

表2-5　根据GWAS结果筛选到的候选位点

表型	染色体	物理位置	P value	参考碱基	突变碱基	基因	突变区域
心室	SL4.0ch02	45177685	1.70×10^{-6}	A	G	Solyc02g083930.1（dist=1129） Solyc02g083940.3（dist=1814）	intergenic
心室	SL4.0ch02	45183761	2.62×10^{-7}	C	T	Solyc02g083940.3	intronic
心室	SL4.0ch02	45189392	8.20×10^{-6}	A	G	Solyc02g083940.3（dist=2171）， Solyc02g083950.3（dist=1765）lc	intergenic
心室	SL4.0ch02	45189386	3.12×10^{-5}	T	C	Solyc02g083940.3（dist=2165）， Solyc02g083950.3（dist=1771）lc	intergenic
心室	SL4.0ch11	53007609	4.38×10^{-12}	G	A	Solyc11g071480.1（dist=6002）， Solyc11g071490.2（dist=5466）fas	intergenic

（五）果形指数关联分析

在果形指数关联分析结果中，2017年、2018年、2019年数据中均在2号染色体、3号染色体和8号染色体关联到了信号，基因注释结果表明共有5个候选位点，突变区域发生在基因间和内含子中，注释基因分析结果表明这些基因包括*WEB family protein At2g17940-like isoform X2*、*Transducin/WD40repeat-like superfamily protein*、*Transcription factor RADIALIS*、*Nuclear transcription factor Y subunit C*、*Beta-glucosidase*、*Methylthioribose-1-phosphate isomerase*（图2-39、表2-6）。

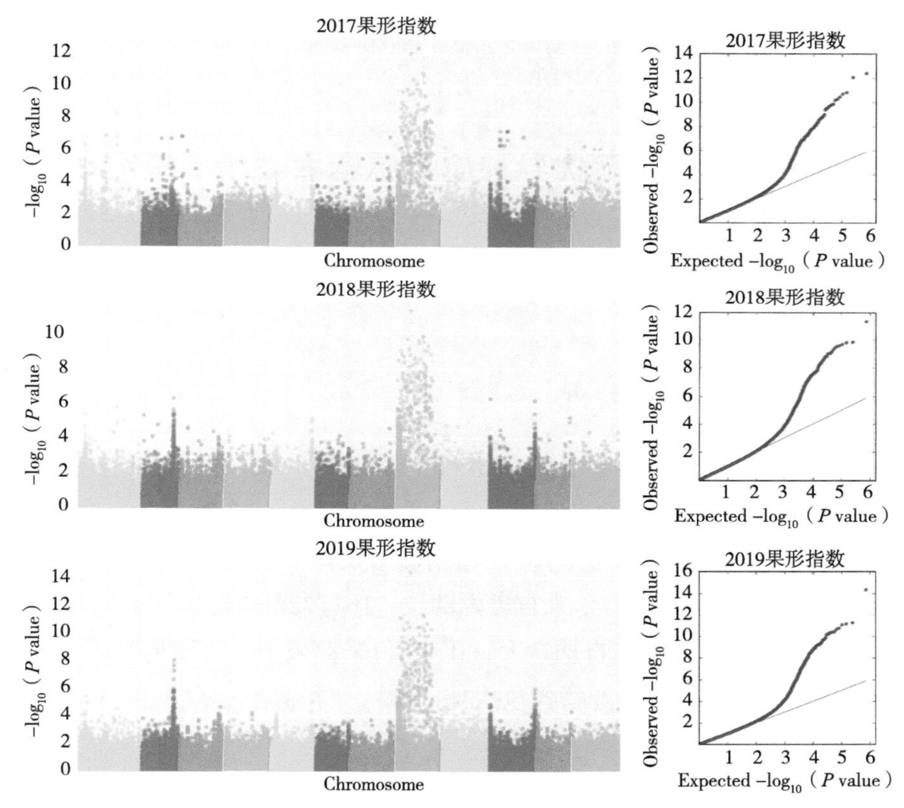

图2-39　果形指数不同区组的GWAS结果

表2-6　根据GWAS结果筛选到的候选位点

表型	染色体	物理位置	*P* value	参考碱基	突变碱基	基因	突变区域
果形	SL4.0ch02	45174394	4.81×10^{-7}	G	A	Solyc02g083920.1（dist=2194），Solyc02g083930.1（dist=1839）	intergenic
果形	SL4.0ch02	46133440	9.37×10^{-9}	A	G	Solyc02g085140.4（dist=1415），Solyc02g085145.1（dist=14212）	intergenic

（续表）

表型	染色体	物理位置	*P* value	参考碱基	突变碱基	基因	突变区域
果形	SL4.0ch03	56469540	6.82×10^{-6}	G	A	Solyc03g111460.3	intronic
果形	SL4.0ch08	19026335	2.83×10^{-8}	A	G	Solyc08g044540.1（dist=3136），Solyc08g044510.4（dist=245741）	intergenic
果形	SL4.0ch08	29811250	1.33×10^{-7}	A	T	Solyc08g022220.2（dist=8551），Solyc08g022210.4（dist=303215）	intergenic

第六节　加工番茄优异种质资源基因型精准鉴定评价

（2016YFD0100204-5　刘磊）

一、醋栗番茄材料聚类分析

选取多态性较好的18个SNP标记（表2-7），对收集的醋栗番茄群体进行了初步聚类分析。结果（图2-40）发现这些材料在遗传距离为0.20时分为2个类群，第1类群包括215份材料，其中，121份来自秘鲁、9份来自厄瓜多尔、1份来自阿根廷、1份来自印度尼西亚、3份来自墨西哥、7份来自美国、1份来自委内瑞拉、还有72份来源未知；第2类群包括14份材料，其中8份来自秘鲁、1份来自加拿大、还有5份来源未知。当遗传距离为0.19时，第1类群又可分为3个亚群，其中2个亚群各包括3份材料，1个亚群包括209份材料。

表2-7　SNP多态标记信息

编号	标记	物理位置	染色体	编号	标记	物理位置	染色体
1	CSNP11	15848753	2	10	JSNP20	42683171	9
2	DSNP10	15348773	3	11	JSNP34	63207130	9
3	ESNP18	32395456	4	12	DSNP1	891084	3
4	ESNP28	44836064	4	13	ESNP10	16784114	4
5	FSNP1	1359345	5	14	ESNP37	60452777	4
6	FSNP33	49280604	5	15	FSNP22	31237500	5
7	GSNP28	43525117	6	16	GSNP1	431671	6
8	ISNP1	51830	8	17	KSNP17	22551520	10
9	ISNP34	57800326	8	18	KSNP40	62122926	10

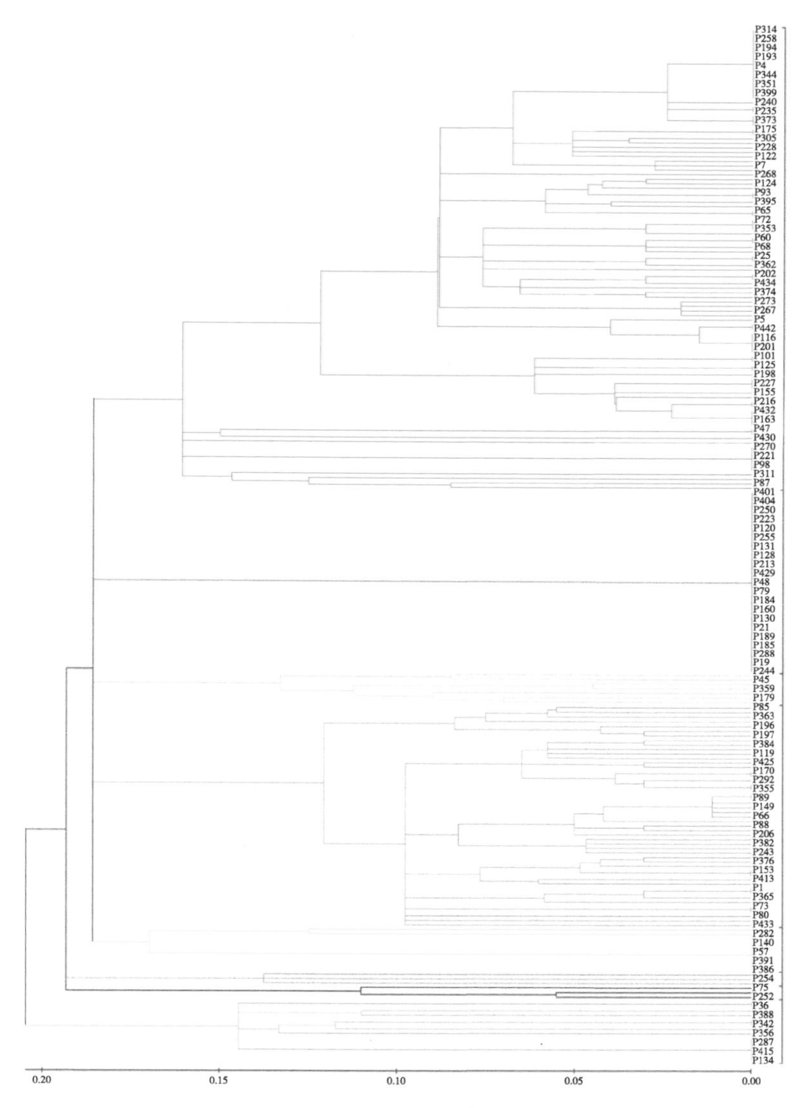

图2-40　229份醋栗番茄SNP数据NJ聚类分析

二、醋栗番茄材料群体重测序

首先根据上述多态性SNP标记的聚类分析结果，选择多样性较高且具有代表性的206个醋栗番茄，利用Illumina高通量测序平台，进行全基因组深度重测序。全基因组重测序共得到14Gb的双端PE150bp的短序列。对每个样本测序得到短序列进行质量控制，去掉测序质量较低的碱基及其序列，并利用所得的高质量序列进行全基因组比对。全基因组比对所用工具为常用BWA，参考基因组选择最新三代测序组装得到的高质量醋栗番茄基因组LA2093。利用Samtools对比对所得的BAM文件进行统计，统计发现每个自交系的平均

测序深度为10.6×（图2-41），且大部分材料的测序深度>10×。另外，我们还统计了每个样本的短序列比对率，所有样本的短序列比对率均>90%，且比对率的中位数大于>96%（图2-42）。

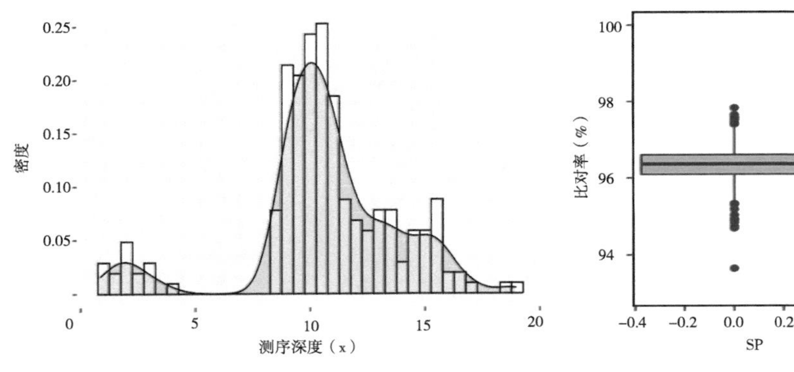

图2-41　206份醋栗番茄的全基因组重测序深度统计分布

图2-42　206份醋栗番茄的全基因组重测序比对率统计分布

三、醋栗番茄材料高密度变异图谱构建

对每个醋栗番茄重测序数据进行比对之后，利用picard对重复扩增的序列进行标记，然后经过GATK流程进行单核苷酸变异SNP和短的插入缺失序列InDel变异的鉴定。GATK鉴定并初步筛选，得到原始变异数据包含27 577 826个SNP位点和3 483 258个InDel变异位点。为了进一步筛选高质量的遗传变异用于后续分析，筛选最小等位基因频率（MAF）大于0.05且位点缺失率（Miss）小于50%的位点，共得到7 553 919个高质量的SNP位点（表2-8）。过滤掉的大部分遗传变异属于稀有遗传变异，即MAF<0.05，这与醋栗番茄具有较高的遗传多样性有关，也与已有研究相一致。

表2-8　重测序SNP数量及其注释信息

染色体	SNP位置	基因间区	基因上游	5'UTR	编码区	内含子区	3'UTR	基因下游
chr1	1252881	687902	214896	3585	24738	117709	6364	197687
chr2	804729	378209	162706	3101	18941	91795	5375	144602
chr3	871935	447236	163545	2461	19163	84026	4975	150529
chr4	1130206	683176	166692	2272	20791	96733	3926	156616
chr5	1205172	788269	156368	2015	19130	88124	3734	147532
chr6	845682	467218	145605	2219	15648	79393	4032	131567
chr7	1040678	645463	147064	2239	17792	87920	3633	136567
chr8	1100283	712582	137368	1899	16600	99740	3726	128368

（续表）

染色体	SNP位置	基因间区	基因上游	5'UTR	编码区	内含子区	3'UTR	基因下游
chr9	683147	365865	120289	1640	13937	66040	3217	112159
chr10	763961	436355	125831	1783	15022	62709	3172	119089
chr11	653183	339523	112536	1708	14315	77612	3248	104241
chr12	726903	419662	115270	1939	14327	60951	3603	111151
Total	11078760	6371460	1768170	26861	210404	1012752	49005	1640108

对筛选得到的7 553 919高质量SNP进行功能注释，共得到11 078 760个功能注释，由于有的基因包含多个转录本，因此某些SNP位点会被注释到多个功能变异信息。大部分遗传变异位于基因间区（6371460），其次是基因上下游，此处为基因上游/下游5kb的区间（基因上游1768170，基因下游1640108）。基因区的注释分为4个部分：基因编码区（CDS），基因内含子区、基因5′和3′非编码区。其中，基因内含子区域包含变异较多（1012752），编码区的遗传变异最少。基因区的遗传变异中，19 961个SNP能够引起基因的可变剪切，另外有116 897个遗传变异能够引起编码氨基酸的变异，属于非同义突变。

四、醋栗番茄群体结构与连锁不平衡分析

利用高质量遗传变异进行群体结构的分析，首先对206份醋栗番茄群体进行主成分分析（图2-43），前2个主成分能够明显将群体分开，并且我们根据206份醋栗番茄的种质来源，进行了不同颜色的标注，来源于欧洲的醋栗番茄资源多表现为集中分布，可能与该种质的地域适应性有关。

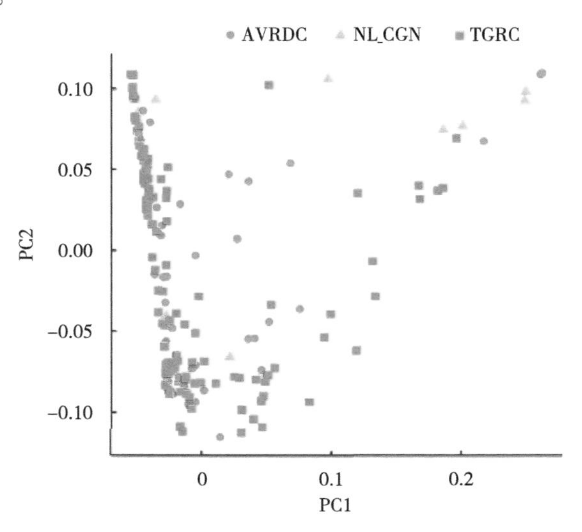

图2-43　206份醋栗番茄的主成分分析

另外，由于LD在新基因鉴定和新等位变异鉴定方面发挥的重要作用，我们还对群体的连锁不平衡（LD）水平进行了分析。利用PopLDdecay分别对12条染色体的LD进行分析，并对基因组上2Mb以内的两两SNP进行LD分析，如图所示（图2-44）不同染色体的连锁不平衡程度（用r^2来衡量）存在较大差异，将r^2降低到最大值一半时的衰减距离作为LD。其中，chr04、chr05和chr08染色体具有较大的LD，分别为186kb，98kb和82kb，全基因组的LD为80kb。

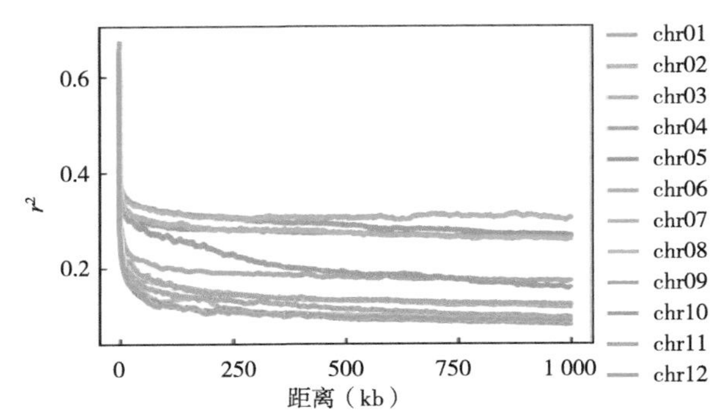

图2-44　206份醋栗番茄群体的LD分析

五、醋栗番茄性状关联分析

为了鉴定与醋栗番茄重要性状相关的遗传变异及其候选基因，利用上述高质量及其多年多点的表型数据，进行全基因组关联分析，首先对表型数据的可重复性进行简单评估。对2016年春天北京南口调查的表型数据的3次重复进行聚类分析（图2-45），如图所示，分析的主要性状包括：子叶侧枝长度（CLBL）、第一花序下侧枝长度（F1L）、第一花序节位（F1N）、开花期（FT）、第一真叶侧枝长（L1L）、第二真叶侧枝长（L2L）、定植前株高（PH）、可溶性固形物（SSC）和果重（WT）。大部分性状具有较好的重复性，但是果重WT由于受到环境影响较大，重复之间表型较差。

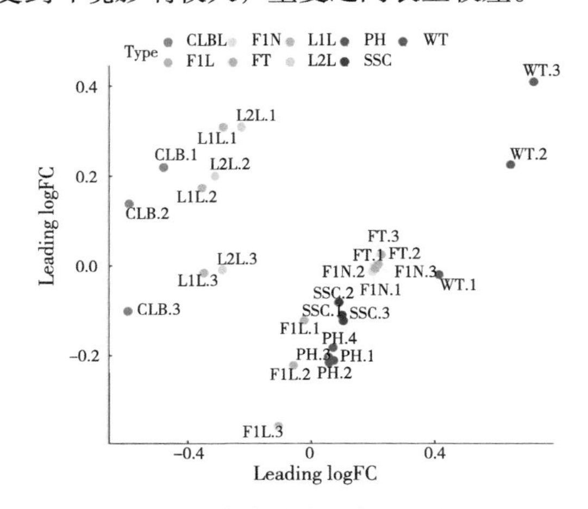

图2-45　2016年春季南口表型重复性分析

全基因组关联分析利用混合线性模型（MLM）对群体结构进行了控制，模型中包含前3个主成分PC和亲缘关系矩阵K，降低了群体结构可能造成的假阳性关联结果。对所调查性状的关联分析，在多个性状中检测到多个与表型性状显著关联的位点，例如在chr7上与子叶侧枝长度显著关联的位点*qCLBL7*（图2-46）；在chr4上检测到与第一花序侧枝长度相关的位点*qF1L4*和株高相关的位点*qPH4*（图2-47、图2-48）；另外，对可溶性固形物的关联分析结果，在chr2（*qSSC2*）、chr4（*qSSC4*）、chr7（*qSSC7*）和chr8（*qSSC8*）都检测到显著关联的位点（图2-49）。

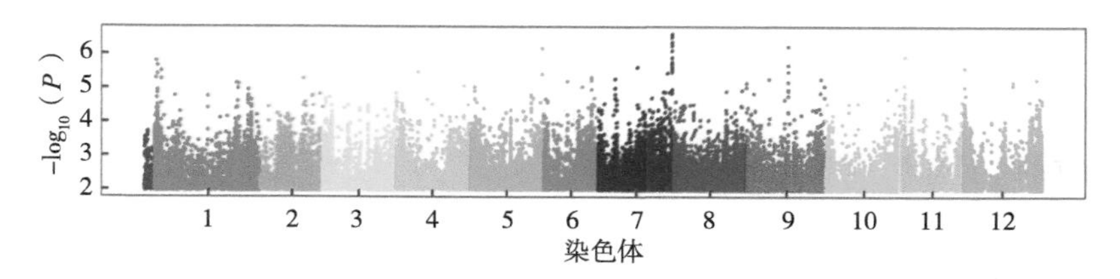

图2-46　2016年春季南口CLBL关联分析结果

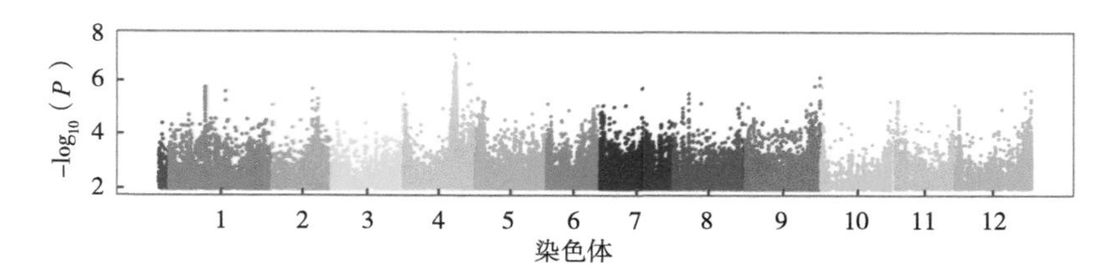

图2-47　2016年春季南口F1L关联分析结果

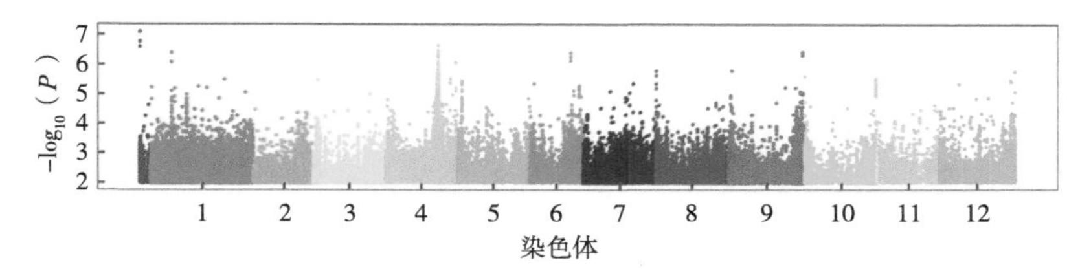

图2-48　2016年春季南口PH关联分析结果

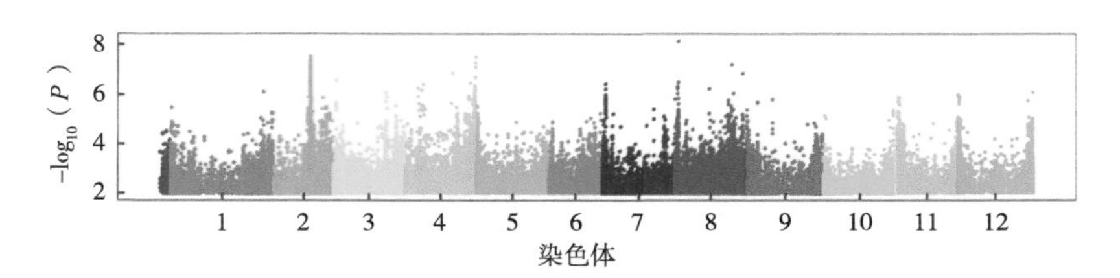

图2-49　2016年春季南口可溶性固形物关联分析结果

第七节　辣椒优异种质资源基因型精准鉴定评价

（2016YFD0100204-10 曹亚从）

采用Illumina Hiseq X-ten测序平台对240份辣椒材料进行重测序分析，每个样品测序深度约8.5×。对重测序数据初步分析，得到3 329 373个SNPs，SNP平均密度为1SNP/1010bp。根据表型数据和重测序数据进行全基因组关联分析，通过关联的显著度，筛选出潜在的候选区间。关联分析结果较好的性状包括果实朝向（图2-50）、果形指数（图2-51）、果脐形状（图2-52）、辣椒素含量（图2-53），分别定位到第12、3、12、6染色体，并挖掘到了有功能变异的相关基因。

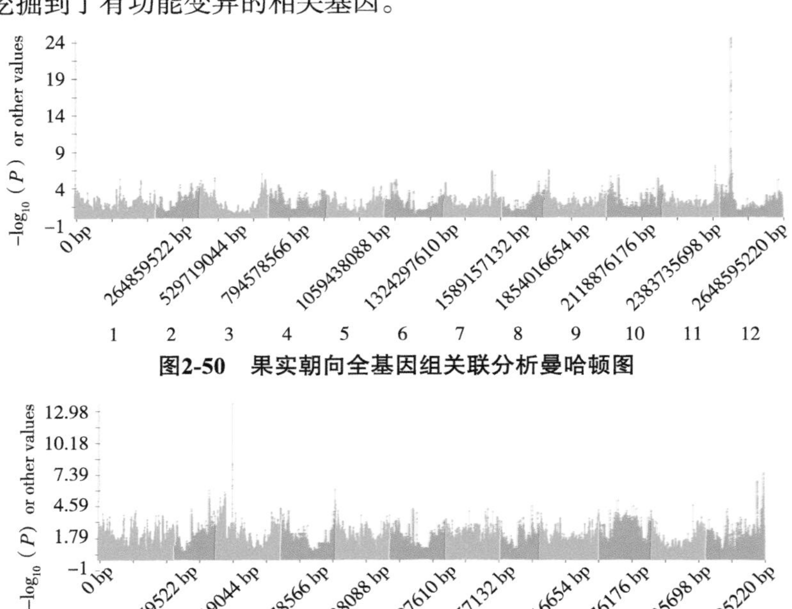

图2-50　果实朝向全基因组关联分析曼哈顿图

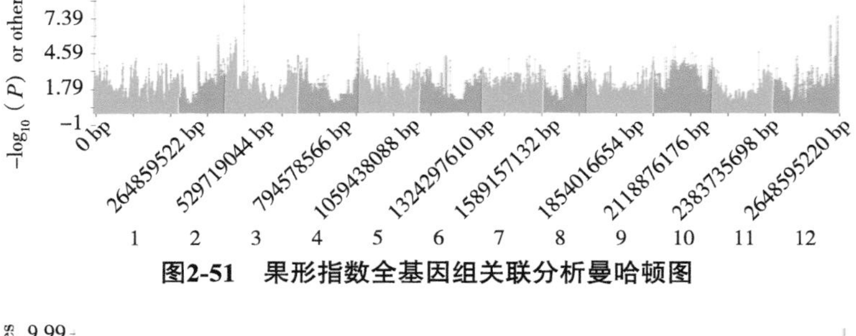

图2-51　果形指数全基因组关联分析曼哈顿图

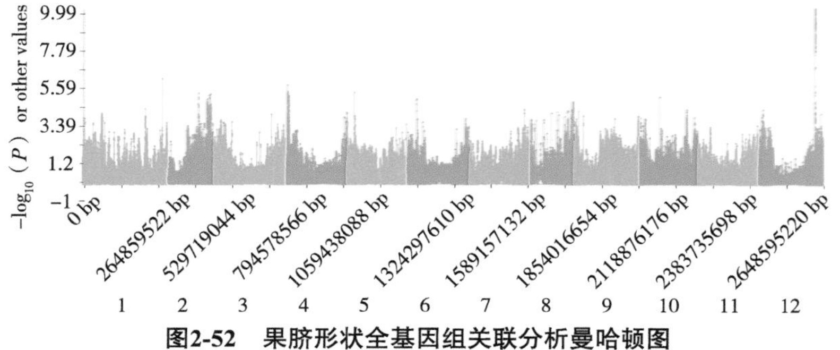

图2-52　果脐形状全基因组关联分析曼哈顿图

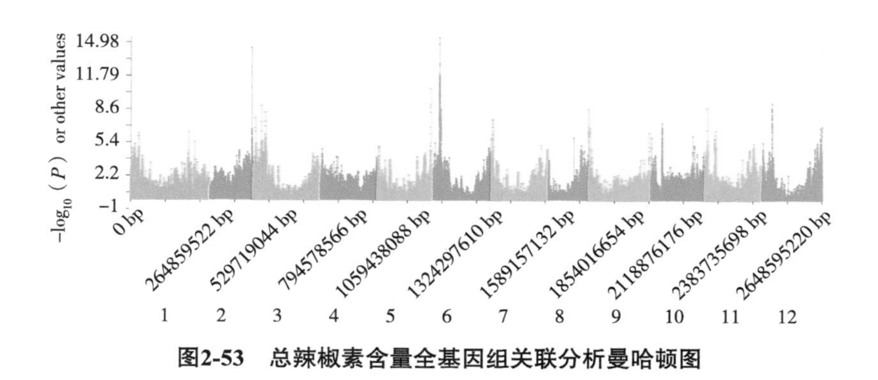

图2-53　总辣椒素含量全基因组关联分析曼哈顿图

第八节　豇豆优异种质资源基因型精准鉴定评价

（2016YFD0100204-32　李国景）

一、SNP基因型鉴定

利用最新的豇豆Cowpea iSelect Consortium Array芯片，对100份豇豆种质及199份其他育种材料进行了全基因组SNP基因型分析。成功获得了49 194个SNPs的基因型数据，其中经质量筛选，高质量SNPs标记（缺失率<25%，杂合率<25%，在群体中MAF>0.05）数目为30 211个。根据30 211个SNPs标记基因型进行分析，群体的总杂合率为2.23%，材料间遗传距离在0.000 3～0.555 6，平均遗传距离为0.253。PCA、群体结构分析和系统进化分析均显示299份豇豆种质可以分为2个亚群，其中亚群1含有79份种质，平均荚长为26.1cm，亚群2含有99份种质，平均荚长为53.1cm（图2-54），亚群之间的分化与荚长高度相关。

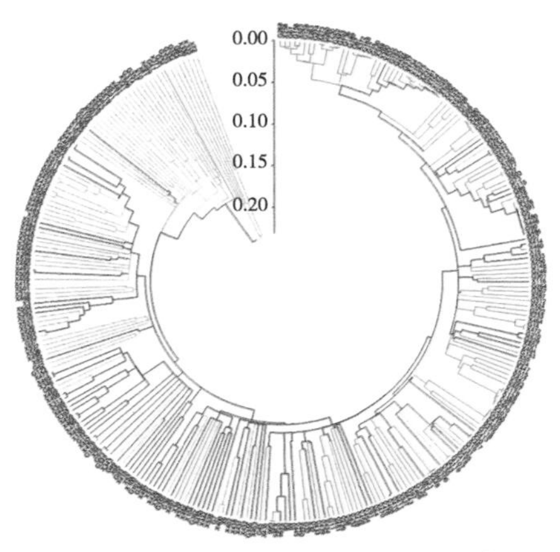

绿色表示荚长>45cm，红色表示荚长<30cm，黑色表示荚长位于30～45cm范围。

图2-54　基于全基因组SNP基因型构建的豇豆种质系统树

二、荚长、耐旱性、抗枯萎病全基因组关联分析

采用混合线性（MLM）模拟进行荚长性状的全基因组关联分析，共鉴定出36个与荚长显著相关的SNPs。其中利用广西地区的荚长数据，总共鉴定到27个与荚长显著相关的SNPs，其中26个SNPs具有明确的基因组定位信息，分布在第1、5、8、10号染色体上，每条染色体上分别鉴定到5、14、3和4个SNPs，另外一个SNP1_0116目前尚无明确的物理定位信息；利用江苏淮安地区的表型数据，分别在第3、5、11号染色体上鉴定到5个与荚长显著相关的SNPs；利用杭州萧山地区的表型数据，分别在第3、5、10号染色体上鉴定到4个与荚长显著相关的SNPs（表2-9）。单个位点解释的表型变异均较小，说明荚长可能受多个微效QTL控制（表2-9）。在所鉴定的位点中，大部分位点仅在单一环境下被检测到，没有1个位点在3个环境中同时被检测到；位于5号染色体上的2_26028在江苏淮安、杭州萧山2个环境下均被检测到，其他位点虽仅在单个环境下被检测到，但在第3、5、10号染色体上的部分位点之间的物理距离较近，可能为相同的QTL，这也说明豇豆荚长受环境影响较大。

表2-9 鉴定出的与荚长相关的SNP信息

性状	标记	染色体	位置	LOD	标记R^2
	2_19706	Vu01	7140898	3.11	0.055
	2_28724	Vu01	33211220	3.05	0.055
	2_32593	Vu01	32314603	3.03	0.053
	2_44596	Vu01	7191022	3.15	0.056
	2_49889	Vu01	4943760	3.13	0.055
	2_07261	Vu05	37002024	3.15	0.055
	2_09567	Vu05	42099157	4.31	0.076
PL-GX	2_16262	Vu05	36965872	4.64	0.082
	2_17879	Vu05	12043525	3.12	0.055
	2_23054	Vu05	6429656	3.09	0.054
	2_26964	Vu05	12202941	3.41	0.060
	2_27614	Vu05	39320825	3.68	0.065
	2_37780	Vu05	42178499	4.13	0.073
	2_38026	Vu05	37077467	4.94	0.088
	2_44146	Vu05	11863679	3.14	0.045

（续表）

性状	标记	染色体	位置	LOD	标记R^2
PL-GX	2_45018	Vu05	6453394	3.27	0.057
	2_45157	Vu05	11919714	3.12	0.055
	2_45330	Vu05	12181979	3.41	0.060
	2_51641	Vu05	37050021	4.94	0.088
	2_07750	Vu08	34491618	3.16	0.055
	2_14414	Vu08	34450474	3.17	0.056
	2_34021	Vu08	34500522	3.16	0.055
	2_08339	Vu10	36284015	3.17	0.055
	2_13304	Vu10	36171381	3.20	0.056
	2_19801	Vu10	36263572	3.08	0.054
	2_51004	Vu10	30083698	3.70	0.067
	1_0116	—	—	3.10	0.043
PL-HA	2_03554	Vu03	39347007	3.24	0.042
	2_08149	Vu05	3078871	3.04	0.050
	2_26028	Vu05	5429041	3.11	0.051
	2_09429	Vu05	40864839	3.21	0.052
	2_00936	Vu11	38404671	3.20	0.052
PL-XS	2_46273	Vu03	16896211	3.42	0.063
	2_26028	Vu05	5429041	3.97	0.073
	2_53441	Vu05	5511322	3.43	0.062
	2_00711	Vu10	38310763	3.11	0.056

注：GX—广西；HA—淮安；XS—萧山。

利用传统耐旱鉴定获得的整株萎蔫Wt和茎秆持绿表型Stg数据进行全基因组关联分析，共鉴定到6个与Wt显著相关的SNPs，3个与Stg显著相关的SNPs。这些位点分布在第4、8、9、10号染色体上，其中9号染色体上鉴定到的SNP位点最多，达到5个（表2-10）。单个位点解释的表型变异均较小，为6.9%～8.9%，说明豇豆耐旱性受多个微效QTL控制。虽然没有检测到单个位点同时与Wt和Stg相关，但位于9号染色体上与Wt显著相关的2_14506和该染色体上与Stg显著相关的2_23763之间物理距离只有6 760bp，因此这两个位点很可能代表同一QTL/基因。

表2-10　鉴定出的与耐旱相关SNP信息

性状	标记	染色体	位置	LOD	标记R^2
Wt	2_01876	Vu10	2824257	5.06	0.089
	2_02384	Vu09	41369063	4.42	0.077
	2_14506	Vu09	1018934	4.02	0.069
	2_42309	Vu09	1117895	4.71	0.081
	2_46326	Vu09	41374109	4.08	0.070
	2_47962	Vu04	31231446	5.07	0.089
Stg	2_07883	Vu10	1927011	4.20	0.069
	2_23763	Vu09	1025694	4.99	0.082
	2_31912	Vu08	34390885	4.88	0.080

利用更精准的高通量植物生理组检测平台，收集了107份材料的耐旱数据，以最大蒸腾速率、干旱胁迫下气孔关闭拐点、蒸腾速率与土壤含水量斜率为指标衡量不同材料的耐旱能力，共鉴定出9个SNPs（表2-11），其中5个与最大蒸腾速率相关的SNPs均在第3染色体上；2个与干旱胁迫下气孔关闭拐点相关的SNPs分别在第3和第4染色体上；2个与斜率相关的SNPs均在第7染色体上，单个位点解释的表型变异为13.8%～19.7%。

表2-11　鉴定出的耐旱性相关SNP信息

性状	标记	染色体	位置	LOD	标记R^2
Transpiration	2_23198	Vu03	10110214	4.07	0.197
	2_23199	Vu03	10108845	4.07	0.197
	2_20135	Vu03	10597657	3.28	0.156
	2_45204	Vu03	10493862	3.06	0.145
	2_24228	Vu03	10533810	3.04	0.144
Slope	2_52745	Vu04	11621118	3.45	0.159
	2_20135	Vu03	10597657	3.03	0.138
Curve	2_44077	Vu07	22991836	3.12	0.152
	2_04829	Vu07	22928810	3.00	0.145

利用叶部损伤症状LFD和维管束褐化VD2个指标进行抗枯萎病全基因组关联分析，鉴定到27个SNPs与LFD相关，6个SNPs与VD相关（表2-12）。27个与LFD相关的SNPs分布在第1、2、3、7、10号染色体上。6个与VD相关的SNPs中有5个分布在第5、6、7、9、10号染色体上，另外1个SNP目前尚无遗传定位信息。尽管LFD和VD之间有较高的相关性，在33个SNPs中，只有位于第10染色体上的2_08400与这2个性状均相关。说明LFD和VD可能涉及不同的基因和通路。这些相关标记可直接用于抗枯萎病的分子育种中。

表2-12　鉴定出的抗枯萎病相关SNP信息

性状	标记	LOD	染色体	位置	标记R^2
Leaf damage	2_11202	3.16	Vu01	3208100	0.188
	2_14112	3.16	Vu01	40024251	0.188
	2_23706	3.08	Vu01	3131281	0.182
	2_50498	3.16	Vu01	3204214	0.188
	2_55167	3.21	Vu01	40044576	0.191
	2_16114	3.35	Vu02	33138810	0.200
	2_16228	3.26	Vu02	33091961	0.194
	2_00330	3.11	Vu03	21176637	0.184
	2_02280	3.41	Vu03	21062791	0.204
	2_03596	3.03	Vu03	21479990	0.179
	2_10359	3.10	Vu03	21168426	0.184
	2_10911	3.80	Vu03	20318916	0.230
	2_20875	3.04	Vu03	22050152	0.180
	2_30937	3.21	Vu03	21185344	0.191
	2_31413	3.04	Vu03	22041102	0.180
	2_39441	3.06	Vu03	21574774	0.181
	2_44032	3.06	Vu03	21619571	0.181
	2_45372	3.04	Vu03	21906185	0.180
	2_47346	3.06	Vu03	21538933	0.181
	2_48740	3.21	Vu03	21497756	0.191
	2_49800	3.06	Vu03	21590394	0.181
	2_53383	3.16	Vu03	21504565	0.187

（续表）

性状	标记	LOD	染色体	位置	标记R^2
Leaf damage	2_15203	3.45	Vu07	776965	0.164
	2_18670	3.18	Vu07	812517	0.148
	2_08400	3.24	Vu10	35932948	0.193
	2_16991	3.10	Vu10	32944499	0.185
	2_50162	3.12	Vu10	36835056	0.185
Vascular discoloration	2_24112	3.07	Vu05	8950101	0.132
	2_17079	3.07	Vu06	25212589	0.132
	2_03630	3.05	Vu07	784412	0.131
	2_20134	3.07	Vu09	10887890	0.132
	2_08400	3.12	Vu10	35932948	0.174
	2_46640	3.07	—	—	0.132

第九节　莲藕优异种质资源基因型精准鉴定评价

（2016YFD0100204-29　刘正位）

从国家种质水生蔬菜资源圃中选取代表性296份莲资源，利用其中藕莲163个，子莲32个，花莲39个，野莲62个。其中野莲主要包括4个美洲黄莲，32个分布于南方地区，18个分布于长江中下游流域，8个为中国北部等地区。

一、测序基本数据与SNP发掘

用HighSeq2000测序仪，对296个样品进行了鸟枪法的基因组测序。获得总Reads数为16 349.97Mb（1 471.50Gb的数据量）；平均比对率达98.23%，平均覆盖度为89.10%，平均测序深度为7×。所用参考基因组为测序的中国野生莲品种中间湖野莲（其基因组大小为80 109 8191bp，有效基因组大小为783 111 122bp，GC含量为37.91%），4个美洲黄莲的比对率（92.21%）和覆盖度（81.34%）低于亚洲莲，表明美洲黄莲与中国莲之间存在很大的差异。296个样品总共得到原始群体SNP位点23 494 017个；对322个群体SNP深度进行过滤，过滤条件为“DP≥1 100且≤2 600”：20 389 346；分别提取296个样品以及各个亚群样品群体SNP，并过滤掉在亚群中无多态性的SNP位点，然后用于注释（表2-13、表2-14）。

表2-13　296份莲资源重测序基本数据

名称	数量	Clean_Reads	Mapped_Reads	Coverage_Rate（%）	Sequencing_depth	Effective_depth
花莲	39	1 947 253 346	1 917 860 988	90.77	5.53	5.64
子莲	32	1 929 798 940	1 884 273 977	90.08	6.68	6.75
藕莲	163	8 473 252 861	8 343 862 462	91.89	5.76	5.88
美洲黄莲	4	363 272 022	336 714 759	81.34	10.04	9.63
野莲-Central	18	860 998 874	850 446 894	90.95	5.30	5.42
野莲-North	8	698 756 573	685 401 586	91.72	9.68	9.84
野莲-South	32	2 076 636 270	2 042 545 355	91.58	7.19	7.32
总计	296	16 349 968 886	16 061 106 021	89.76	7.17	7.21

表2-14　莲基因组重测序SNP标记及注释

类别	总数	OL	ZL	HL	YL-Asian	America
样本数	296	163	32	39	58	4
SNP数	19 923 537	4 536 321	5 217 491	5 630 234	7 191 010	7 061 588
转换	14 103 802	3 154 733	3 821 806	4 125 015	5 243 381	5 033 295
颠换	5 819 735	1 381 588	1 395 685	1 505 219	1 947 629	2 028 293
Ts/Tv比值	2.423 4	2.283 4	2.738 3	2.740 5	2.692 2	2.481 5
同义突变	223 013	45 080	45 361	50 536	65 613	85 220
非同义突变	365 545	77 609	76 592	84 962	114 528	133 480
非同义/同义突变比值	1.639	1.722	1.688	1.681	1.746	1.566
起始密码子丢失	1 402	287	335	370	448	530
终止密码子获得	10 396	1 878	2 199	2 391	3 383	3 774
终止密码子丢失	1 821	466	493	509	631	651
剪切位点受体	1 687	361	375	421	552	615
剪切点位供体	2 475	1 232	523	561	899	571
内含子区	2 072 417	392 205	426 673	470 700	602 971	806 334

（续表）

类别	总数	OL	ZL	HL	YL-Asian	America
基因间区	17 134 287	3 985 501	4 627 581	4 980 299	6 351 046	6 008 431
错义突变	356 033	75 934	74 617	82 820	111 457	130 018
无义突变	10 396	1 878	2 199	2 391	3 383	3 774
沉默突变	223 721	45 204	45 511	50 709	65 820	85 510

58个亚洲野莲的SNP数最多（7 191 010）表明亚洲野莲具有很高的遗传多样性；仅有4个样品的美洲黄莲虽然与中国野莲参考基因组的比对率和覆盖度均较低，但同样也具有很多的变异位点（7 061 588），这应该主要是由于美洲黄莲与中国莲之间具有很大的遗传差异性，因此产生很多的变异位点。花莲也具有较多的变异位点（5 630 234），这可能是由于花莲受人工选择和驯化的强度较小，性状与野莲也较为相似，因此具有较高的遗传多态性；藕莲虽然具有最多的样品数目和广阔的地域来源（包括中国南方、中部和北方品种），但其变异位点数目却最小（4 536 321），表明藕莲受人工选择和驯化的时间和强度均较高，子莲变异位点高于藕莲（5 217 491），说明其选择和驯化强度小于藕莲。

二、不同亚群特异SNP位点发掘

从中提取296个样品的位点信息，按照Miss<0.2且MAF>0.01条件过滤，剩余12 438 894个位点；然后再从中分别提取各个亚群样品的位点信息，并过滤掉在亚群中三碱基类型的SNP位点和缺失率达到50%的位点，对其共有和特有的SNP位点进行统计，并根据数据绘制了维恩图（图2-55）。

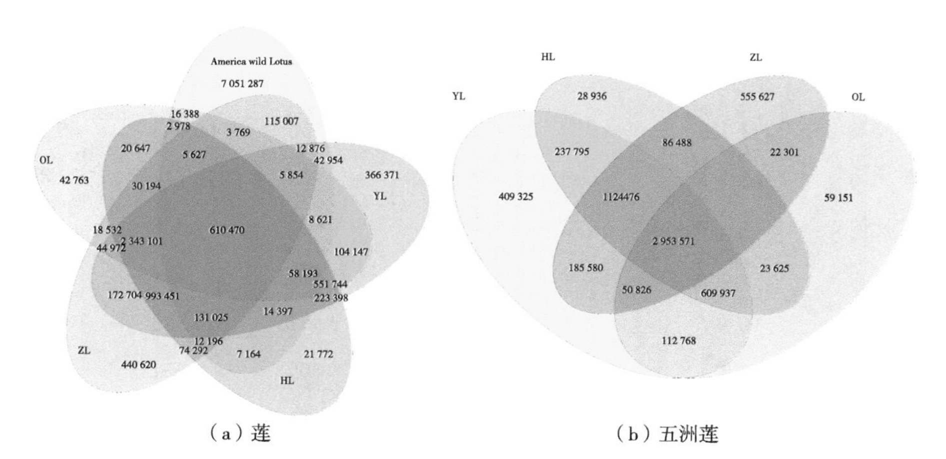

（a）莲　　（b）五洲莲

OL：藕莲
ZL：子莲
HL：花莲
YL：野莲

图2-55　不同莲群体共有与特有SNP位点图

以中国中部地区的野莲中间湖野莲为参考基因组，不同莲亚群SNP数差异明显，其中美洲黄莲SNP数最多，达到8 098 806个，表明美洲黄莲与中间湖野莲的亲缘关系最远，而藕莲SNP数最少，表明藕莲和中间湖野莲亲缘关系最近。野莲SNP数仅次于美洲黄莲，表明野莲中仍存在着较丰富的遗传多样性。美洲黄莲特有的SNP位点最多，达到SNP总数的87.07%，远多于其他亚洲莲类型的SNP数，表明美洲黄莲与亚洲莲具有较远的亲缘关系（图2-55a）。

进一步对亚洲莲的SNP位点进行了分析，如图2-55b所示，在亚洲莲的4种不同莲类型中，子莲的特有SNP数最多（555 627个），表明子莲在长期的人工选择和驯化中积累了较多的新变异位点，人工驯化程度较深。藕莲共有的SNP位点在藕莲中占的比例最高（76.36%），这说明栽培品种藕莲在驯化中保留了原来的变异位点，而产生的新变异位点较少，驯化程度较低。其中子花莲和野莲亚群共有的SNP位点比例最高（4 925 779，96.57%），说明野莲和花莲的遗传相似性最高；藕莲和野莲共有的SNP位点也占有很高的比例（3 727 102，96.36%），而子莲和野莲共有的SNP位点具有较低的比例（4 314 453，86.04%），这表明野莲和藕莲具有较近的亲缘关系，而与子莲有较远的亲缘关系。

三、美洲黄莲与亚洲莲相互独立，平行起源

对来自美国的4份美洲黄莲样品进行了测序，将其比对到参考基因组，其比对率明显低于亚洲莲，进一步构建了系统进化树，并进行了基因组结构分析（Structure）和主成分分析（PCA）。

系统进化树结果显示：4个美洲黄莲位于独立的一个分支，且与不同类型的亚洲莲遗传距离均较远，表明美洲黄莲与亚洲莲之间由于地理的分隔和长久的分化，应为2个不同的莲亚群。从群体分化系数来看，美洲黄莲和不同亚洲莲群体分化系数在0.607 ~ 0.72，显著高于亚洲莲内部的遗传分化系数（0.061 ~ 0.579）。PCA的结果表明在第1主成分上，美洲黄莲与亚洲莲之间有明显的界限。而进一步的Structure分析表明，在K=2时，莲被分为两种不同的遗传背景，一个以子莲为主，包括美洲黄莲；另一个以藕莲为主，包括一部分野莲，这代表了目前莲群体特别是栽培莲群体2个主要的遗传背景，一个是子莲，以有性繁殖为主，花和莲子多而地下茎细小。一个是无性繁殖方向；另一个是藕莲地下茎粗大，而开花数和莲子较少，甚至不产生莲子。当K=3时，野莲和花莲基因组成分从藕莲基因组成分中分出。令人奇怪的是，当K=4的时候，美洲黄莲才从子莲遗传背景中分离开来。从性状方面看，虽然美洲黄莲花黄色而子莲花红色或白色，但在其他性状方面具有相似之处，如美洲黄莲和子莲的开花都很多，地下茎也较为细小，其性状及基因组方面的相似性可能是协同进化的结果（图2-56）。

综合系统进化树、PCA、Sturcture和群体分化系数，发现4个美洲黄莲与亚洲莲之间

具有较远的亲缘关系，推断美洲黄莲可能为中国莲祖先种的一个平行亚种，因此在分析亚洲莲的起源进化和亲缘关系中，将选4个美洲黄莲作为Tree的外群。

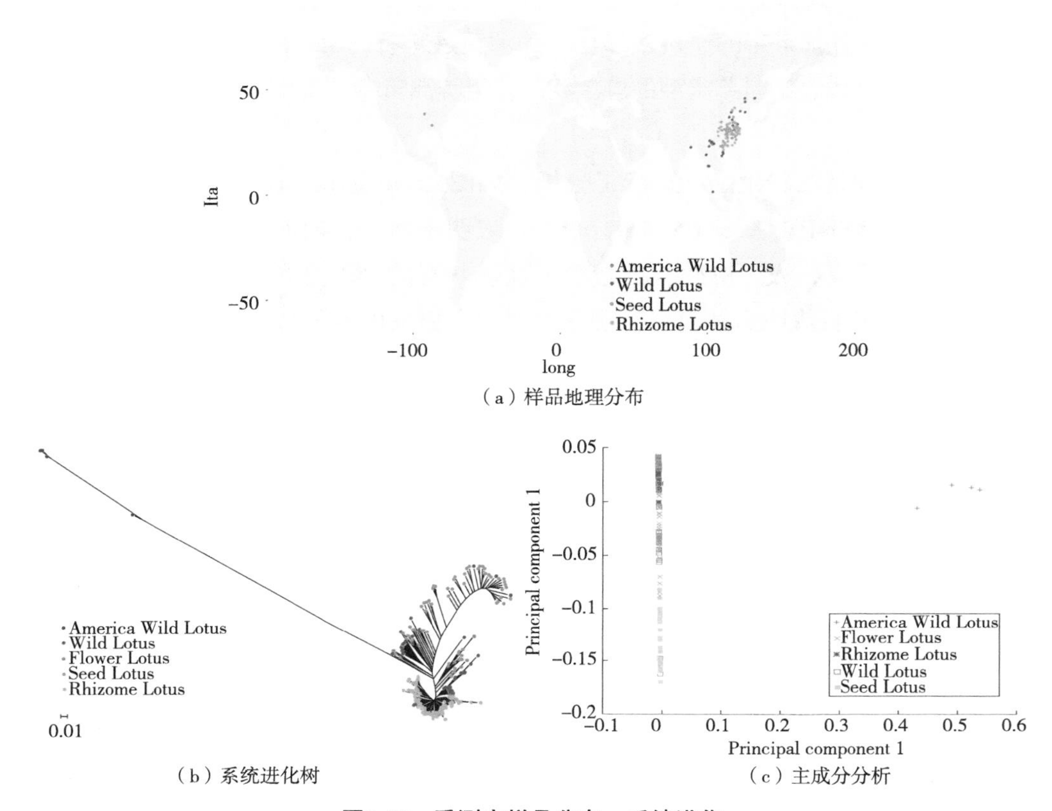

（a）样品地理分布

（b）系统进化树　　（c）主成分分析

图2-56　重测序样品分布、系统进化

四、亚洲莲群体结构和亲缘关系

亚洲莲根据其来源与利用类型被分为野莲、子莲、藕莲与花莲，基本涵盖了所有的莲不同类型和主要的分布区域，对其进行了Structure和PCA分析，并计算了其群体分化系数。

由亚洲莲的系统进化树可知，中国莲首先被分为2大亚类，所有的子莲、部分花莲和云南的野莲资源被分在一类，主要以花多为主要特征。而所有的藕莲、部分花莲和主要的野莲资源包括北部、中部及南亚的野莲被分在另一类，主要以地下茎粗大为主要特点。而在子莲为主的亚群中，云南地区千瓣莲资源均位于一个单独的分支上，体现了独有的特点，而花莲资源均位于子莲的基部，表明子莲可能由原始的花莲进化而来。而在以藕莲为主的亚群中，除少数野莲资源位于藕莲分支中外，几乎所有的野莲和花莲均位于分支的根部，可能为栽培种藕莲的起源。而子莲和藕莲单分支的特点似乎说明子莲和藕莲均是单起源，且起源于不同类型的野莲。PCA的结果也进一步的说明了这点，在第一主成分上，子莲和藕莲明显的分开且分别聚在一起，而花莲和野莲则混杂的聚在一起，位于子莲和藕莲的中间。Structure结果也表明：在K=2时，亚洲莲被分为子莲和藕莲两大遗传成分；当K=3时，野莲从藕莲成分中分出（图2-57）。

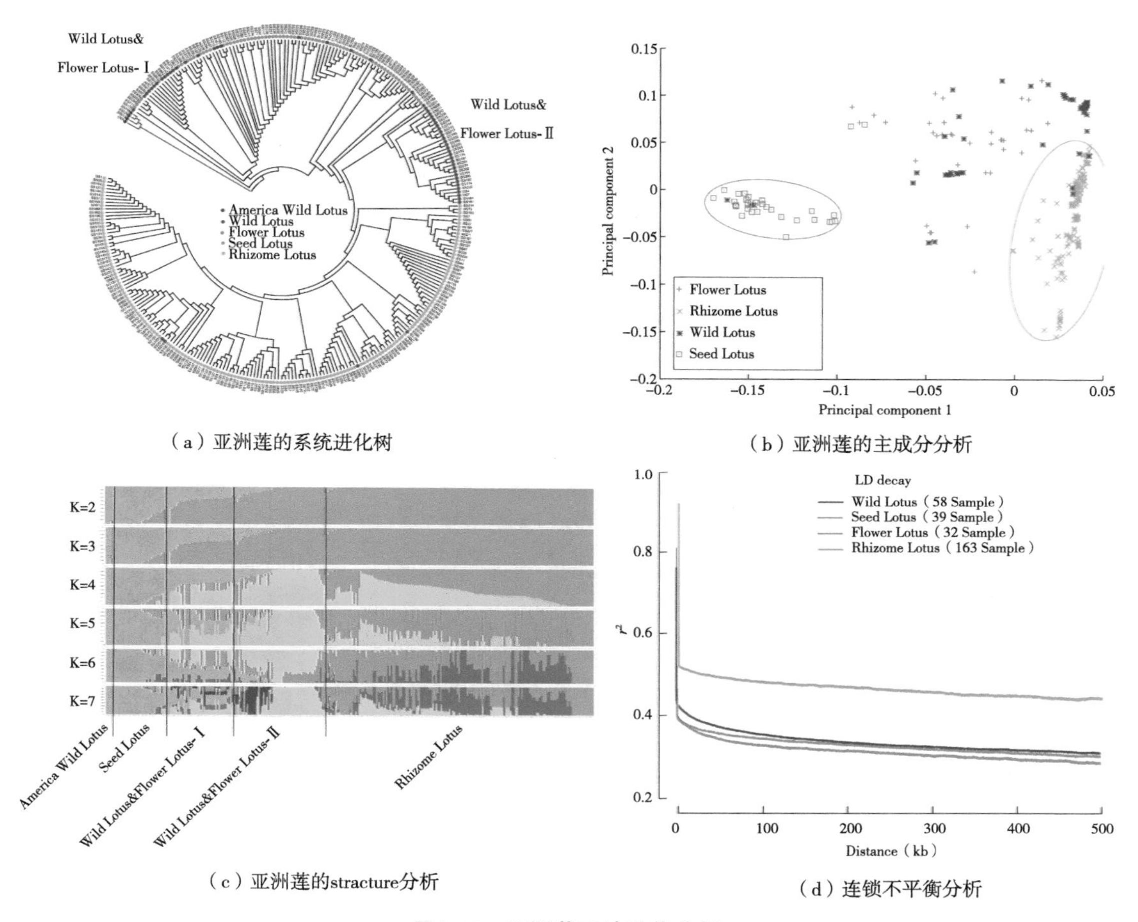

（a）亚洲莲的系统进化树

（b）亚洲莲的主成分分析

（c）亚洲莲的stracture分析

（d）连锁不平衡分析

图2-57 亚洲莲系统进化分析

进一步分析不同亚洲莲群体内的遗传多样性指数（*pi*）和群体间的遗传分化指数（F_{ST}），结果表明，子莲和藕莲的F_{ST}值最高（0.579），这可能是由于栽培种子莲和栽培种藕莲在朝着2个不同的选育方向进行人工选择和驯化而导致的（藕莲向花少，茎膨大方向选育，子莲向花多，结实率高的方向选育）；花莲与野莲F_{ST}最小（0.061），可能原因是花莲具有较少的驯化，许多花莲可能直接被从野外采集而来，例如作为花莲在我国广泛栽培重瓣莲和千瓣莲在云南和南亚地区作为野莲广泛存在。因此，花莲的驯化程度较低。PCA图中也可以明显的看到花莲和野莲混杂的聚在一起，并无明显的界线。藕莲与野莲的群体分化指数F_{ST}+0.152）要小于子莲与野莲F_{ST}（0.375），表明藕莲与野莲之间具有更近亲缘关系，其驯化程度可能低于子莲。从群体内的多态性指数来看花莲（*pi*=0.001 8）>野

莲（pi=0.001 5）>子莲（pi=0.001 1）>藕莲（pi=0.000 6）。野莲和花莲的遗传多样性最高，而栽培莲子莲和藕莲遗传多样性较低，可能是由于驯化过程中的奠基者效应和人工选择的效应造成的。

五、亚洲野莲的遗传多样性、起源和进化分析

由于美洲黄莲与亚洲莲的关系较远，仅对亚洲地区的野莲进行了遗传多样性、起源和进化分析。测序样品包括中国东北、中部、云贵高原等地的野莲和印度、泰国、新加坡等南亚国家的代表性野莲共58份。根据来源地与性状差异，将亚洲野莲分为4类。一是北部野莲主要来自中国东北、山东等地，共8份；二是中部野莲，主要来自长江中下游地区，共18份；三是中国云南地区的野莲，共16份；四是南部野莲，主要来自南亚国家、海南、广西等地，共16份（图2-58）。

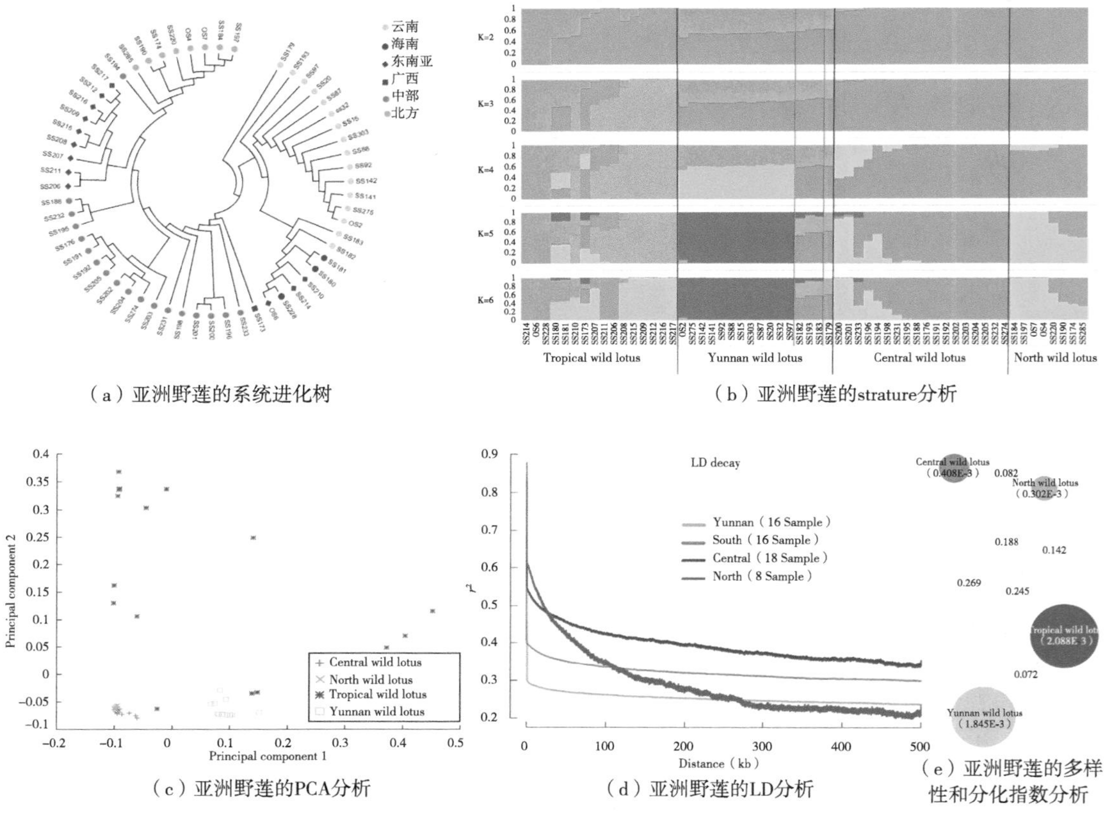

（a）亚洲野莲的系统进化树　（b）亚洲野莲的strature分析

（c）亚洲野莲的PCA分析　（d）亚洲野莲的LD分析　（e）亚洲野莲的多样性和分化指数分析

图2-58　亚洲野莲系统进化分析

野莲群体系统进化树显示来自同一区域的野莲均聚在一起，如北部野莲、云南野莲和中部野均较好的聚在一起，表明野莲分布具有明显的地域性，可能是环境选择和适应性进化的结果。而南亚地区的野莲则明显的被分为2个亚群，一个亚群亲缘关系接近于中部和

北部野莲，另一个亚群则接近于云南野莲。从PCA结果看，南部野莲部分比较分散，其多样性比较高，而中部和北部野莲则分别聚在一起，表明这两个群体之间差异极小。从群体内的遗传多样性指数来看，南部野莲（*pi*=0.002 08）>云南野莲（*pi*=0.001 84）>中部野莲（*pi*=0.000 408）>北部野莲（*pi*=0.000 302）。Structure结果表明：当K=2时，南方野莲即分成2个基因组背景，一个与中部和北部野莲相同，另一个与云南野莲类似。而云南地区野莲则显示出混合的基因组背景。K=3和K=4时结果与K=2较为相似，云南野莲所有样品始终呈现混合的基因组背景，分别与南部野莲的2个亚群颜色一致。而北部与南部野莲则遗传背景高度相似，在K=4时仍未能区分，且其颜色与南部野莲的另一个亚群一致。

据此，提出了亚洲野莲的遗传分化路径，认为南部地区特别是东南亚地区由于具有较高的遗传多样性和不同的野莲类群，应是现代莲的起源中心。东南亚野莲具不同背景的莲传入云南并相互杂交、自然变异和进一步的分化，形成了适应当地高原气候的特有千瓣莲类型。中国中部和北部野莲遗传多样性极低，且与东南亚野莲的其中1个亚种基因组背景高度一致，可以推断东南亚野莲的一支先后传入中国中部地区和北部地区，适应了当地的光照温度条件，并产生分化，形成了当地特有的野莲，其遗传多样性较低是由于奠基者效应造成的。

六、子莲与藕莲驯化相关基因的筛选与富集分析

对两个亚群的F_{ST}值进行了计算，即子莲-VS-Ⅰ组野莲，与163个藕莲和Ⅰ组中的51个野莲，使用Vcftools软件，根据锚定的8条染色体，窗口为50kb，步长为5kb。对前1%的候选区域进行KO和Pathway的注释和富集分析。

子莲-VS-Ⅰ组共找到116个候选区域，F_{ST}值在0.74～0.56，含813个mRNA。藕莲-VS-组共找到105个候选区域，F_{ST}值为0.84至0.47，含604个mRNA。进一步分析候选mRNA分布的功能富集表明，候选基因富集的GO terms主要分为以下功能：催化活性、代谢过程、细胞过程和结合。候选基因的分类富集途径图是代谢和遗传信息处理。大多数子莲-VS-Ⅰ组候选基因富含核糖体，内质网中的蛋白质加工，错配修复，果糖和甘露糖代谢和泛素介导的蛋白水解，而藕莲-VS-Ⅰ组的候选基因主要集中在代谢途径和次生代谢产物的生物合成中（图2-59）。

拟南芥细胞壁相关激酶（WAKs）基因家族包含5个高度相关的成员，证明了在细胞壁和细胞质之间提供物理和信号连续体的潜力。WAKs具有活跃的胞质蛋白激酶结构域，跨过质膜，并包含1个与细胞壁结合的N末端。WAKs可以在器官连接处，芽和根尖分生组织中，在扩张的叶子中表达，并与细胞壁中的果胶共价结合，这表明细胞扩增。有趣的是，来自根茎荷叶-VS-Ⅱ组候选基因的13个基因被鉴定为“壁相关受体激酶样”基因家族的成员，在拟南芥中，细胞壁受体样激酶与结构性碳水化合物的结合可能

对控制果胶具有重要意义。8个基因位于2号染色体的19.48～20.65Mb（CCG009957.1、010016.1、CCG011930.1、CCG007019.1、CCG007022.1、CCG000089.1、CCG000093.1和CCG000096.1），以及染色体7.78～47.86Mb中的5个基因（CCG003101.1、CCG003102.1、CCG003103.1、CCG003104.1和CCG003105.1），它们可能参与植物营养生长和细胞伸长过程（图2-60）。

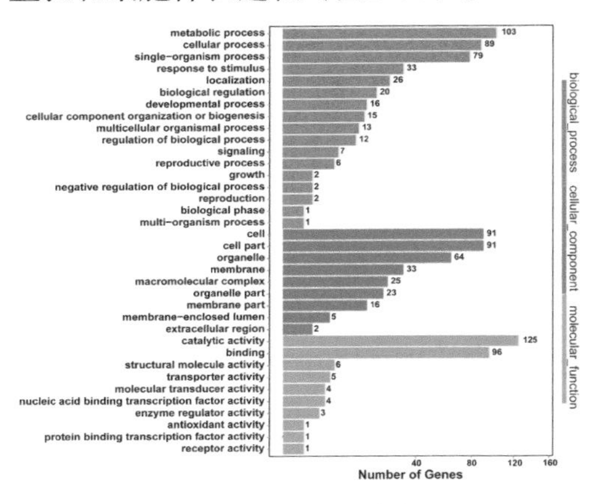

（a）候选基因的GO功能分类

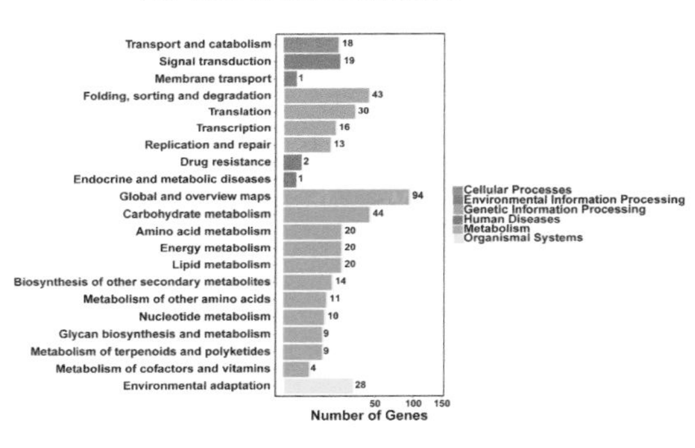

（b）通路分类

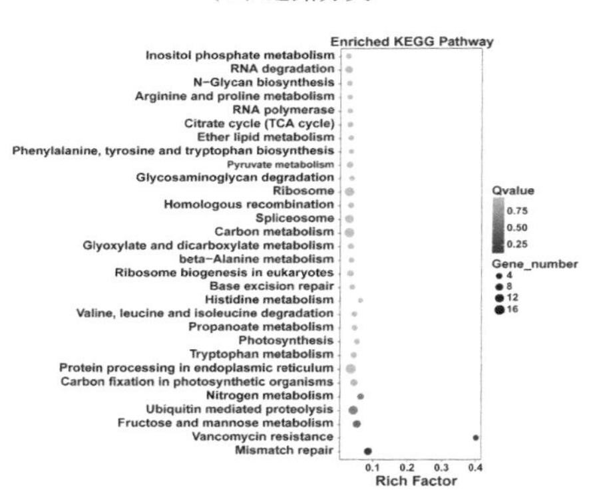

（c）候选基因的KEGG途径

图2-59　子莲驯化相关基因富集分析

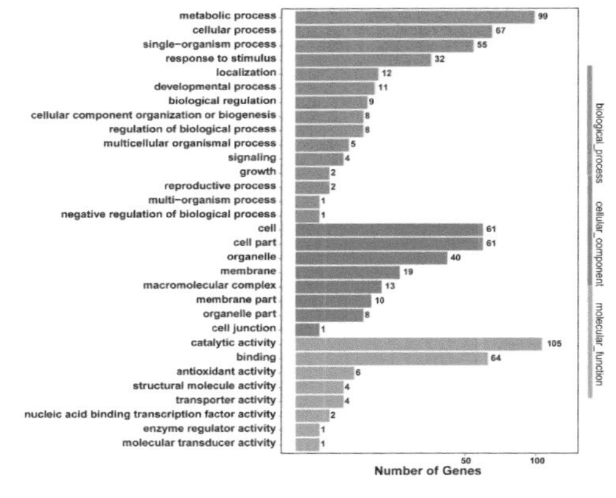

（a）候选基因的GO功能分类

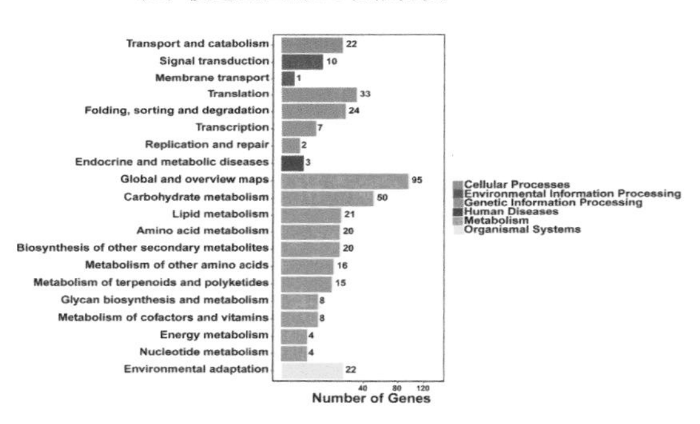

（b）通路分类

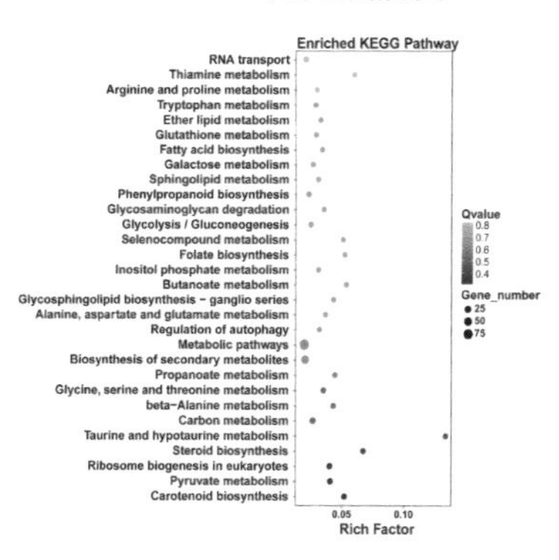

（c）候选基因的KEGG途径

图2-60　藕莲驯化相关基因富集分析

第三章 筛选遗传背景清楚的优异种质

筛选得到遗传背景清楚的优异种质154份，其中包括黄瓜17份、西瓜9份、萝卜41份、白菜13份、番茄35份、辣椒21份、豇豆9份、莲藕9份，这些优异种质为进一步开展种质资源创新和育种提供了重要的材料基础。

第一节 筛选遗传背景清楚的黄瓜优异种质

（2016YFD0100204-1 王海平；2016YFD0100204-6 林毓娥；
2016YFD0100204-25 娄群峰）

一、黄瓜抗白粉病优异种质

PE3：华南型黄瓜，叶片干净，没有白粉病病斑，属于白粉病高抗类型；平均叶长22.65cm，叶宽23.35cm，叶柄长，叶深绿色，心脏形，瓜长17.91cm，瓜粗4.41cm，单瓜重195.01g。PE75：美国黄瓜与版纳黄瓜的高代自交系，叶片干净，没有白粉病病斑，属于白粉病高抗类型；平均叶长19.01cm，叶宽19.31cm，叶深绿色，掌状，瓜长14.44cm，瓜粗4.36cm，单瓜重196.67g。PE133：华南型南瓜，叶片干净，没有白粉病病斑，属于白粉病高抗类型；平均叶长20.39cm，叶宽21.05cm，叶深绿色，掌状，瓜长21.07cm，瓜粗3.84cm，单瓜重173.53g（图3-1）。

（a）PE3　（b）PE75　（c）PE133　（d）PE176

图3-1　黄瓜抗白粉病优异种质

二、黄瓜耐冷优异种质

PE8：来自日本，华南型黄瓜，抗病性强，有极显著的耐冷性，低温冷害条件下叶片完好，无明显冷害症状，幼苗存活率为100%，冷害指数0%，瓜长21.48cm，瓜粗3.54cm，单瓜重158.05g。PE11：欧洲温室型，分枝性强，全雌，单性结实，抗病性强，有极显著的耐冷性，低温冷害条件下叶片完好，无明显冷害症状，幼苗存活率为100%，冷害指数0%，瓜长13.62cm，瓜粗3.41cm，单瓜重111.73g。PE32：来自美国，瓜刺白色，瘤褐色，抗病性强，有极显著的耐冷性，低温冷害条件下叶片完好，无明显冷害症状，幼苗存活率为100%，冷害指数0%，瓜长15.30cm，瓜粗3.77cm，单瓜重137.32g。PE35：来自美国，圆果，雌雄同花，有极显著的耐冷性，低温冷害条件下叶片完好，无明显冷害症状，幼苗存活率为100%，冷害指数0%，瓜长6.18cm，瓜粗4.38cm，单瓜重78.66g（图3-2）。

（a）PE8　（b）PE11　（c）PE32　（d）PE35　（e）PE151

图3-2　黄瓜耐冷优异种质

三、黄瓜欧美露地型优异种质

PE53：来自美国，欧美露地型，抗病性强，瓜椭圆形，短把，瓜绿色，小刺瘤，密度稀，白刺，肉脆嫩，风味佳，瓜长11.88cm，瓜粗3.93cm，单瓜重118.25g。PE55：来自美国，欧美露地型，抗病性强，瓜长圆筒状，短把，瓜深绿色，瓜面光亮，小刺瘤，密度中，肉脆嫩，风味佳，瓜长13.52cm，瓜粗4.02cm，单瓜重142.13g。PE150：来自挪威，欧美露地型黄瓜，瓜椭圆形，短把，瓜绿色，瓜面光亮，小刺瘤，密度稀，肉脆嫩，瓜长10.13cm，瓜粗4.26cm，单瓜重106.68g（图3-3）。

（a）黄瓜PE53

（b）黄瓜PE55

（c）黄瓜PE150

图3-3　黄瓜优异种质

四、金山黄瓜（金山）

从广东鹤山收集到1份抗病老黄瓜品种资源，经过多年的自交纯化获得纯系，表现生长势强，分支性强，叶片深绿，抗枯萎病、白粉病、炭疽病（图3-4）。

图3-4　金山黄瓜（金山）

图3-5　揭阳黄瓜（g39-243-1）

五、揭阳黄瓜（g39-243-1）

地方品种，经过多代自交系谱选育而成，表现生长势强，分枝性中等，叶片较小，叶色浓绿，主侧蔓结果，商品瓜形皮色符合目前市场要求，田间表现中迟熟，耐热性强，抗病抗逆性强（图3-5）。

六、黄瓜优异种质mu-1（NAUmu-1）

由长春密刺进行EMS诱变获得的，该黄瓜种质子叶就出现黄化性状，随着植株长大，最顶端的新叶一直呈现黄化状态，而成熟叶片则恢复成绿色。植株生长状态与野生型亲本长春密刺相似，长势正常，较耐低温；果实顺直，瘤稀，口感相对清脆（图3-6）。

图3-6　黄瓜优异种质mu-1（NAUmu-1）

七、黄瓜优异种质mu-2（NAUmu-2）

由长春密刺进行EMS诱变获得的，该黄瓜种质表现出顶端优势不明显，分支性多，植株相较于野生型表现出对逆境环境相对抗性。植株叶片叶边缘平滑呈圆形，雌花与雄花都无花萼，雌花不育，子叶不对称发育（3片子叶为最常见的表型）以及根异常发育（侧根相对发达）等，果实无籽，口感相对清脆，风味较好（图3-7）。

八、黄瓜优异种质mu-3（NAUmu-3）

由长春密刺进行EMS诱变获得的，该黄瓜种质植株长势正常，果实顺直，细长且呈现出不规则条纹，具体表现为果实底色为黄绿色，一端密布深绿色条纹，一端条纹较为稀疏。外观相对正常的均一色果皮更具有市场价值（图3-8）。

九、黄瓜优异种质mu-4（NAUmu-4）

由欧洲温室型水果黄瓜EC1诱变获得的，该黄瓜种质全雌性，连续坐果能力高，单性结实率高，生长势较强；瓜条顺直，光滑无刺，果实表皮呈不规则条纹，相对呈均一绿色的EC1具有较为美观的条纹表型（图3-9）。

十、黄瓜优异种质mu-5（NAUmu-5）

由欧洲温室型黄瓜Hazerd诱变转育而成，该黄瓜种质强雌，结实率高，植株分支性强，生长势强，抗性相对强。果实相对细长，顺直匀称且光滑有光泽，果实表皮呈不规则条纹，相对于均一绿色的Hazerd具有较为清晰的条纹果实，风味清香，口感绵软（图3-10）。

图3-7　黄瓜优异种质mu-2（NAUmu-2）

图3-8　黄瓜优异种质mu-3（NAUmu-3）

图3-9　黄瓜优异种质mu-4（NAUmu-4）

图3-10　黄瓜优异种质mu-5（NAUmu-5）

第二节　筛选遗传背景清楚的西瓜优异种质

（2016YFD0100204-26 马双武）

通过表型和基因型精准鉴定，重点关注抗病、耐储运、品质等性状，筛选出遗传背景清楚的优异种质9份。

一、富宝（8R044）

中果型大红肉优异种质，果皮硬耐储运，可溶性糖含量约10%。含有红肉、硬果皮等位基因。果实及剖面见图3-11。

二、菲律宾特早（8R058）

中果型粉红肉优异种质，可溶性糖含量约11%，品质佳。含有粉红肉等位基因。果实及剖面见图3-12。

图3-11　富宝（8R044）

图3-12　菲律宾特早（8R058）

三、Paoteque Klondike（8R065）

大果形中抗枯萎病优质种质，粉红肉色。含有抗枯萎病、粉红肉等位基因。果实及剖面见图3-13。

四、太阳西瓜（8R066）

中果形中抗枯萎病优质种质，大红肉色，可溶性糖含量约10%。含有抗枯萎病、硬果皮、红肉等位基因。果实及剖面见图3-14。

图3-13　Paoteque Klondike（8R065）

图3-14　太阳西瓜（8R066）

五、郑引38号（8R067）

中果型大红肉优异种质，果皮硬耐储运，可溶性糖含量约10%。含有硬果皮、红肉等位基因。果实及剖面见图3-15。

图3-15　郑引38号（8R067）

六、PI635712（8R107）

高抗枯萎病耐储运优异种质，粉红肉色。含有抗枯萎病、硬果皮、粉红肉等位基因。果实及剖面见图3-16。

七、PI635732（8R113）

高抗枯萎病耐储运优异种质，粉红肉色。含有抗枯萎病、硬果皮、粉红肉等位基因。果实及剖面见图3-17。

图3-16　PI 635712（8R107）

图3-17　PI 635732（8R113）

八、福友（8R118）

中抗枯萎病优异种质，果皮硬耐储运，大红肉，可溶性糖含量大于11%。含有抗枯萎病、硬果皮、红肉等位基因。果实及剖面见图3-18。

九、小西瓜-2（黑-1，8R122）

小果形大红肉优异种质，果皮硬耐储运，可溶性糖含量约10%，口感好，品质佳。含有硬果皮、红肉等位基因。果实及剖面见图3-19。

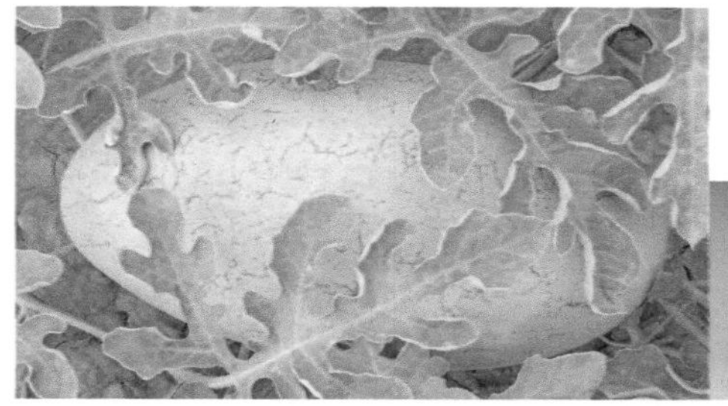
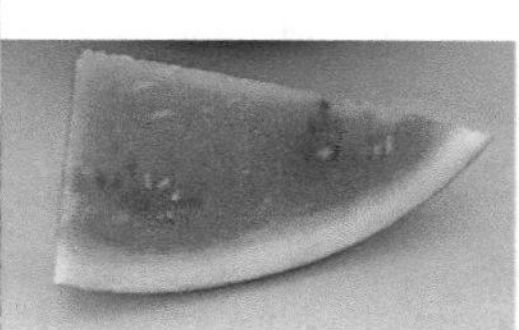

图3-18　福友（8R118）

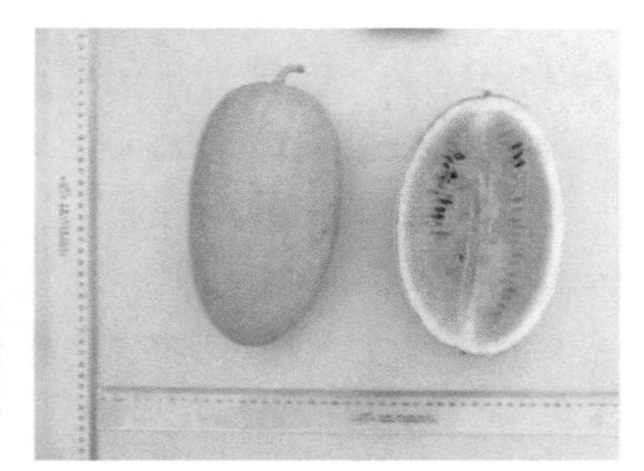

图3-19　小西瓜-2（黑-1，8R122）

第三节　筛选遗传背景清楚的萝卜优异种质

（2016YFD0100204-2 李锡香；2016YFD0100204-25 徐良）

一、抗根肿病优异种质

（一）高抗根肿病材料

图3-20　CC17-1A1109-X2（CC15-137-2）

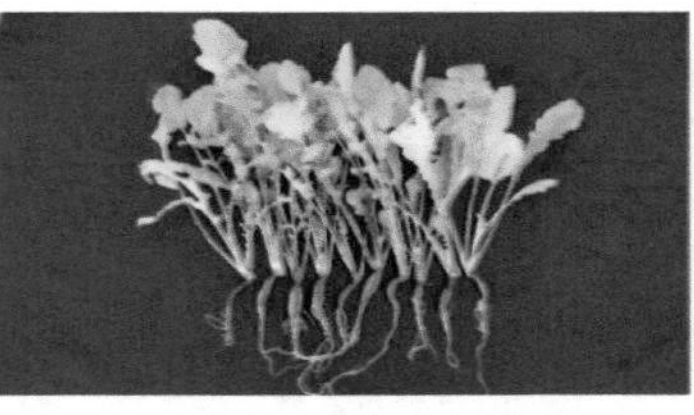

图3-21　CC17-1A1295-X1（CC15-167-1）

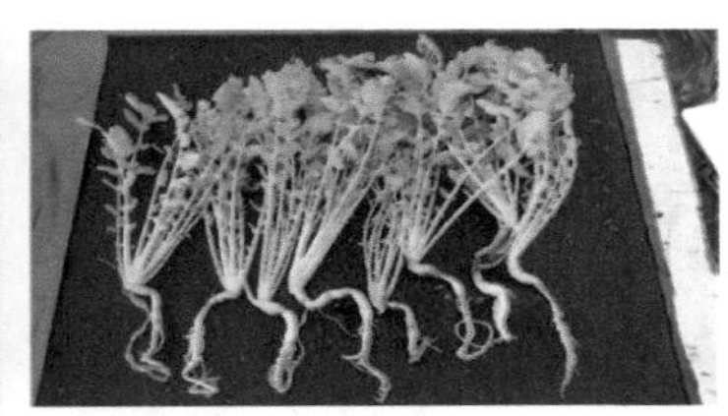

图3-22　CC17-1A1309-X2（CC15-170-1）

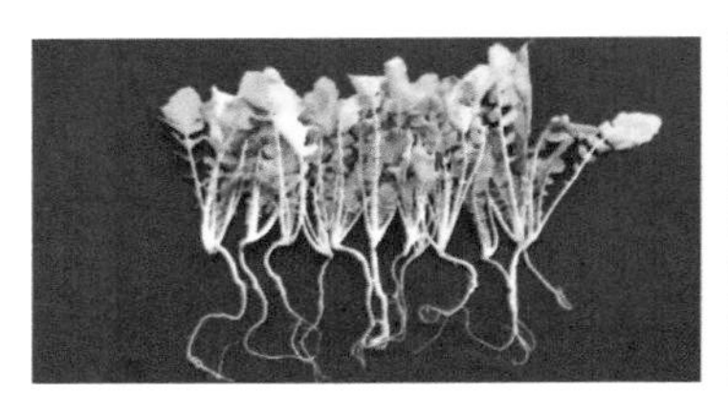

图3-23　CC17-1A-S10
（CC15-452-1）

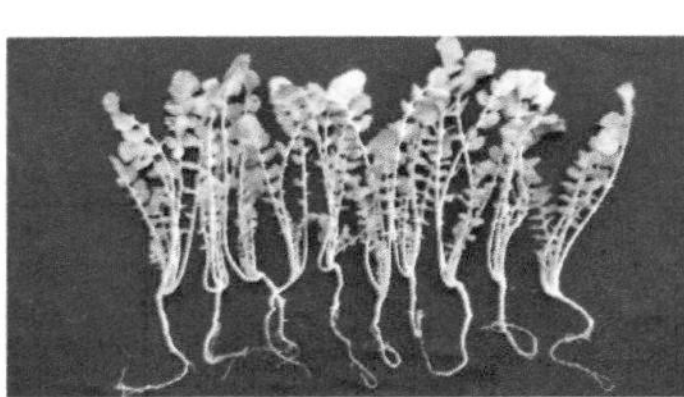

图3-24　CC17-1A-BGCH-X1
（CC15-454-1）

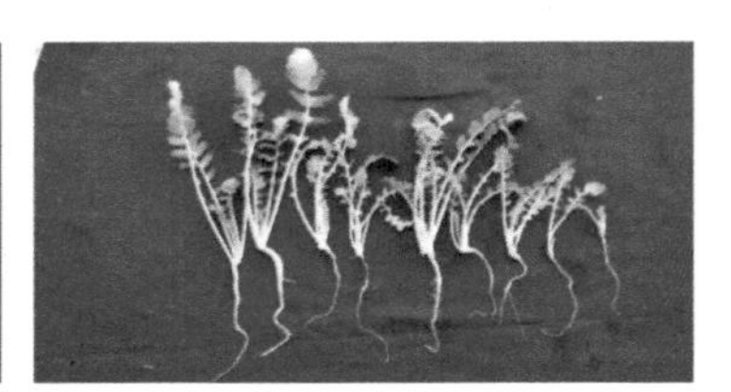

图3-25　CC17-1A-COR-X1
（CC15-456-3）

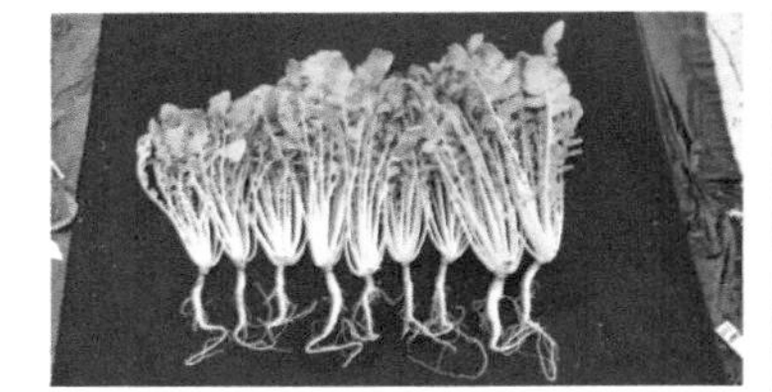

图3-26　ECJ17-STDG
（CC15-494-3）

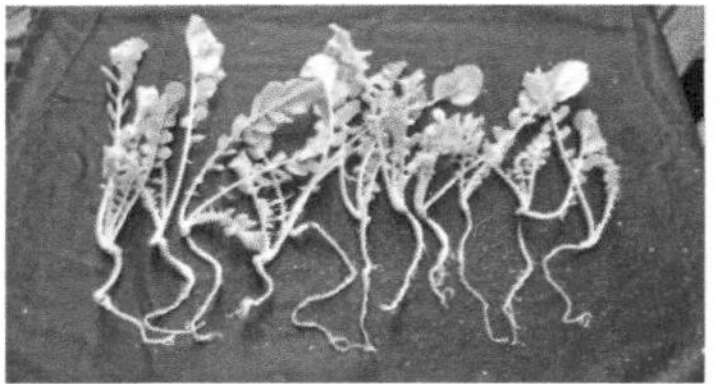

图3-27　CC17-1A1463
（CC16-325-2）

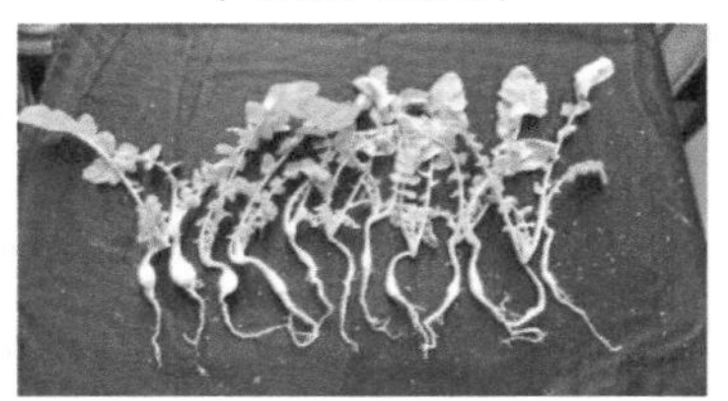

图3-28　CC17-1A1536
（CC16-355-2）

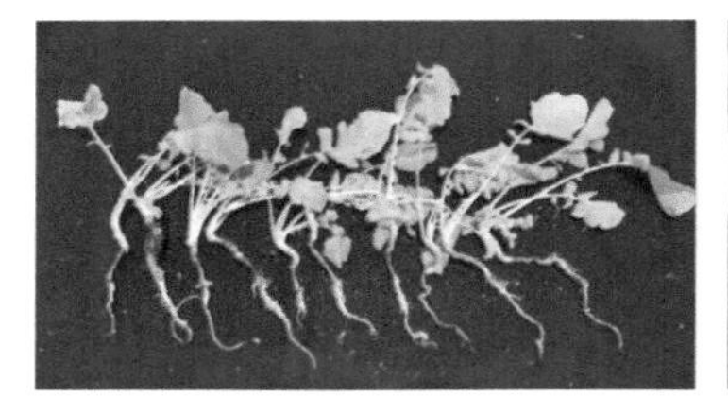

图3-29　CC17-1A1834
（CC16-436-1）

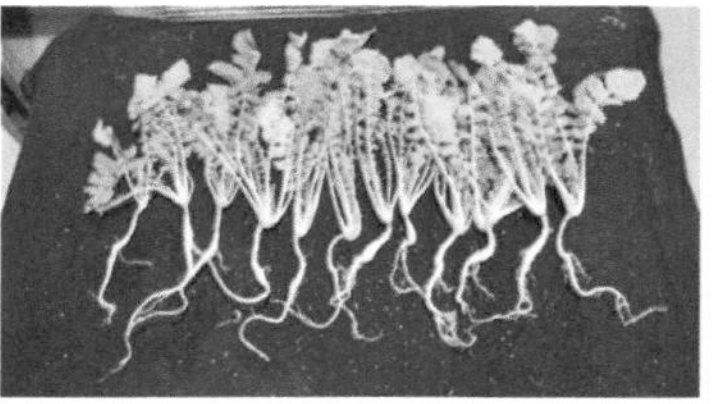

图3-30　CC17-1A2045
（CC16-470-1）

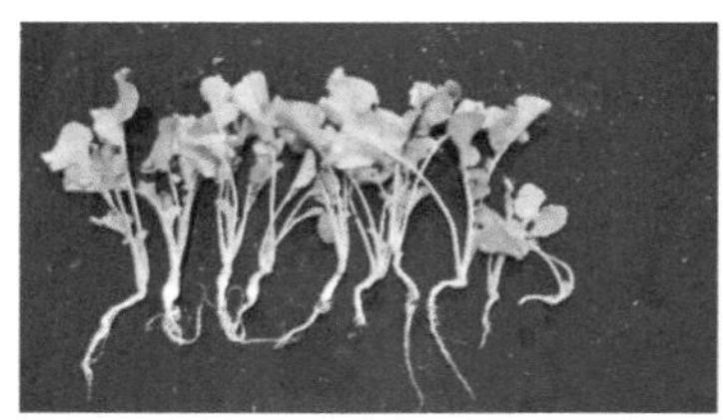

图3-31　CC17-1A-RAS5-X2
（CC16-494-2）

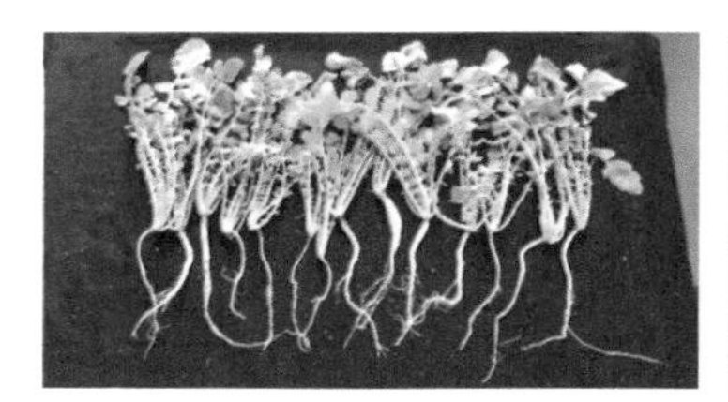

图3-32　CC17-1A0064-X2
（CC16-717-1）

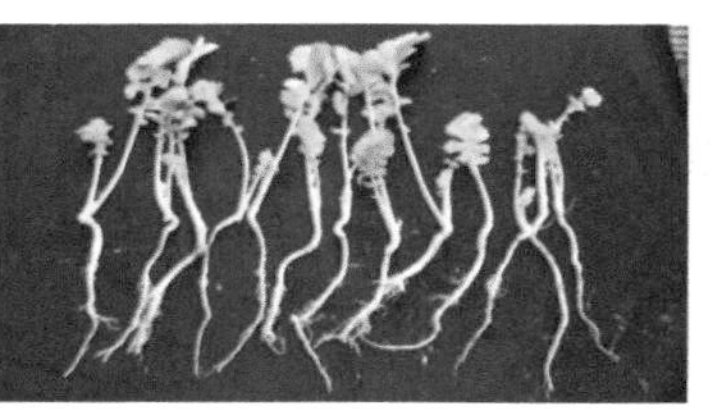

图3-33　EC油17-A24-3
（P16-82-4）

图3-34　CC17-1A1225
（CC16-256-1）

（二）抗根肿病材料

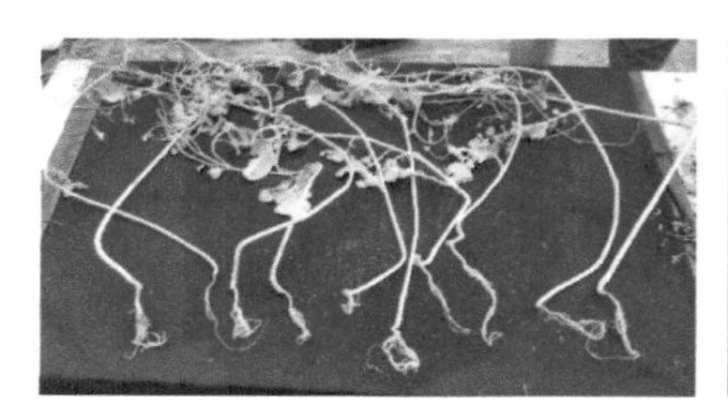

图3-35　CC17-1A0274
（CC15-39-2）

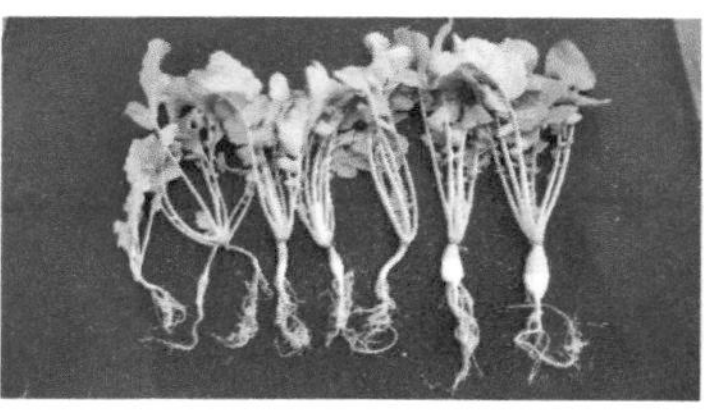

图3-36　CC17-1A0341
（CC15-45-1）

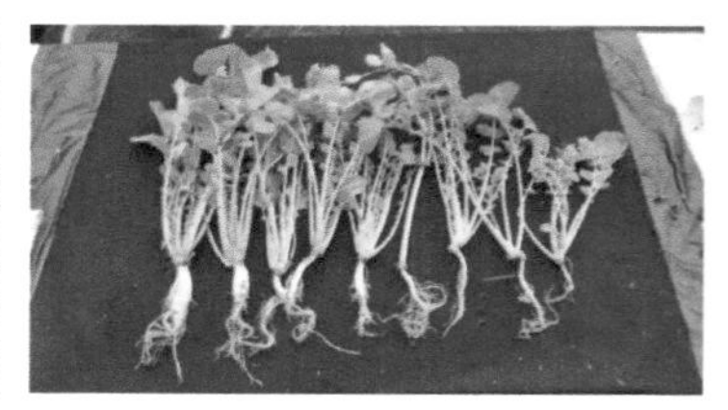

图3-37　CC17-1A1057
（CC15-129-2）

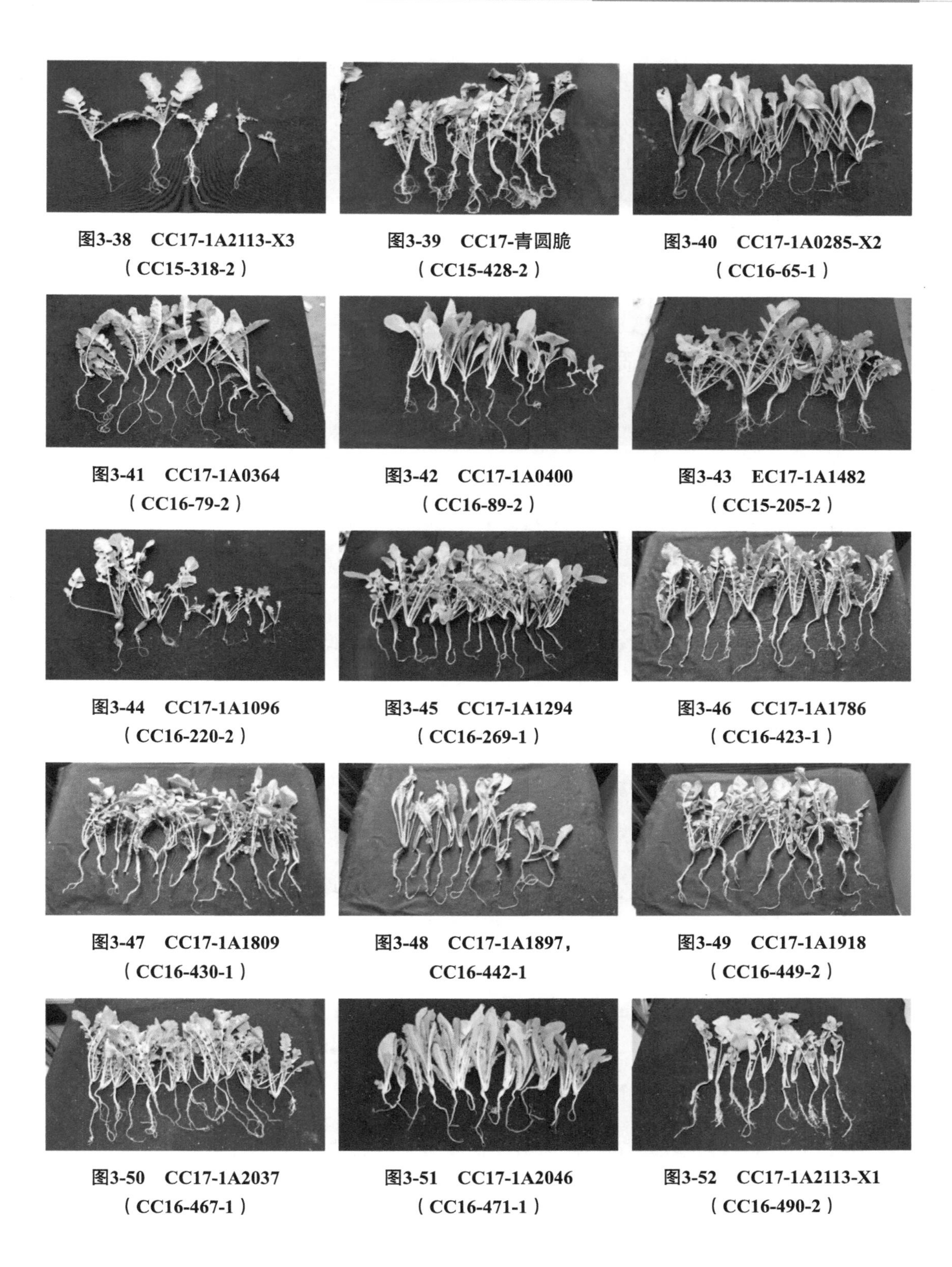

图3-38　CC17-1A2113-X3
（CC15-318-2）

图3-39　CC17-青圆脆
（CC15-428-2）

图3-40　CC17-1A0285-X2
（CC16-65-1）

图3-41　CC17-1A0364
（CC16-79-2）

图3-42　CC17-1A0400
（CC16-89-2）

图3-43　EC17-1A1482
（CC15-205-2）

图3-44　CC17-1A1096
（CC16-220-2）

图3-45　CC17-1A1294
（CC16-269-1）

图3-46　CC17-1A1786
（CC16-423-1）

图3-47　CC17-1A1809
（CC16-430-1）

图3-48　CC17-1A1897，
CC16-442-1

图3-49　CC17-1A1918
（CC16-449-2）

图3-50　CC17-1A2037
（CC16-467-1）

图3-51　CC17-1A2046
（CC16-471-1）

图3-52　CC17-1A2113-X1
（CC16-490-2）

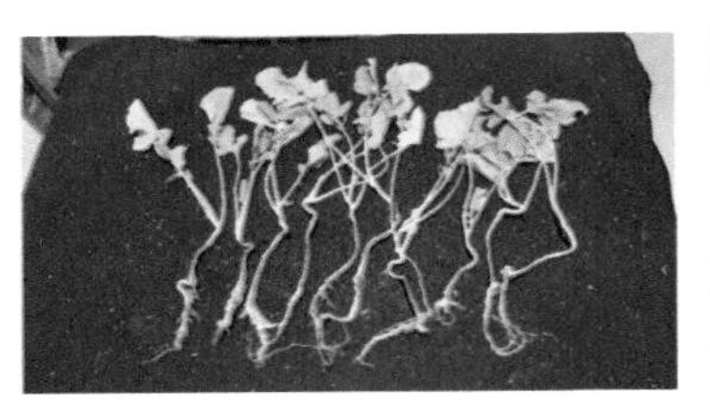

图3-53　CC17-1A2113-X2
（CC16-491-2）

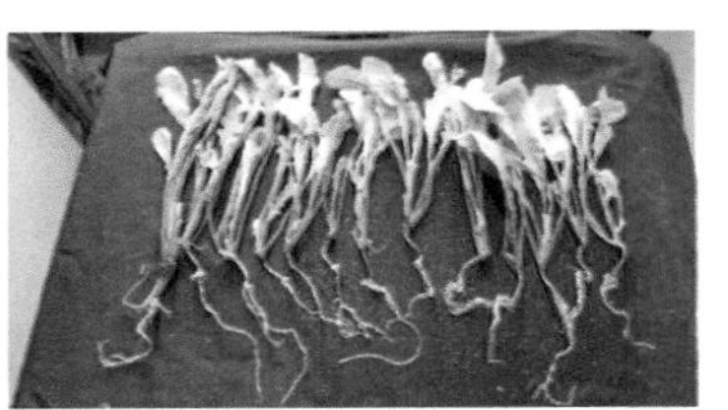

图3-54　CC17-1A-RSXLM-X2
（CC16-681-1）

二、抗病毒病优异种质

图3-55　CC17-1A2036
（CC15-301-2）

图3-56　CC17-1A2048
（CC15-307-2）

图3-57　CC17-1A0207
（CC15-354-1）

图3-58　CC17-1A1309-X2
（CC15-170-1）

三、抗黑腐病优异种质

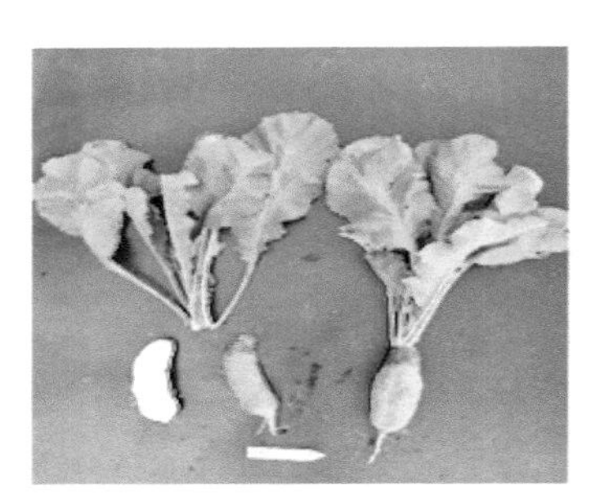

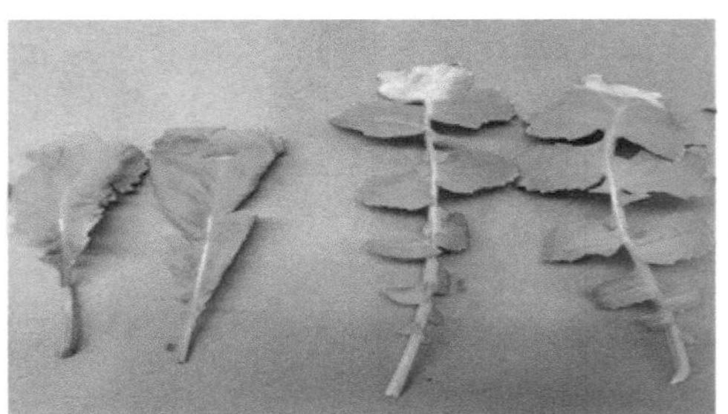

图3-59　EC17-1A0212（红水萝卜）

四、萝卜NAU-LB-R_S-NAU-01

通过田间与室内性状鉴定，筛选出晚抽薹萝卜高代自交系NAU-LB。长势中等，株型直立；肉质根圆柱形，表皮与肉质白色，单根重0.3～0.4kg；花叶，叶片深绿色，叶柄绿色；晚抽薹，具有Rs-FLC2基因，无ogura CMS恢复基因，具有霜霉病抗性标记（图3-60）。

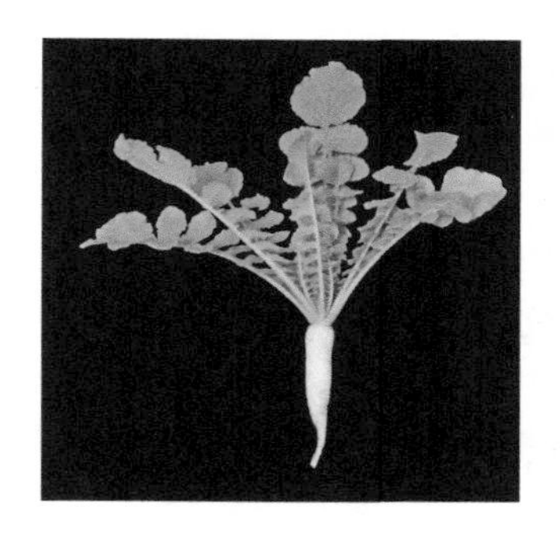

图3-60　萝卜NAU-LB-Rs-NAU-01

第四节　筛选遗传背景清楚的白菜优异种质

（2016YFD0100204-6 章时蕃）

一、1048春白菜（1767003）

普通春白菜类型，生长期87d左右，植株半直立，外叶卵圆形、绿色，叶面稍泡皱、有毛，叶柄扁平、绿白，叶球合抱、直筒形、顶部合好，叶球内叶黄色，叶球高28.3cm，叶球宽15.9cm，单株重2.4kg，单球重1.4kg，耐抽薹性强（图3-61）。

二、127娃菜（1767004）

春娃娃菜类型，生长期78d左右，植株半直立，外叶卵圆形、绿色，叶面稍泡皱、有毛，叶柄扁平、绿白，叶球合抱、直筒形、顶部合好，叶球内叶黄色，叶球高20.6cm，叶球宽14.5cm，单株重1.6kg，单球重1.0kg，耐抽薹性强（图3-62）。

图3-61　1048春白菜（1767003）

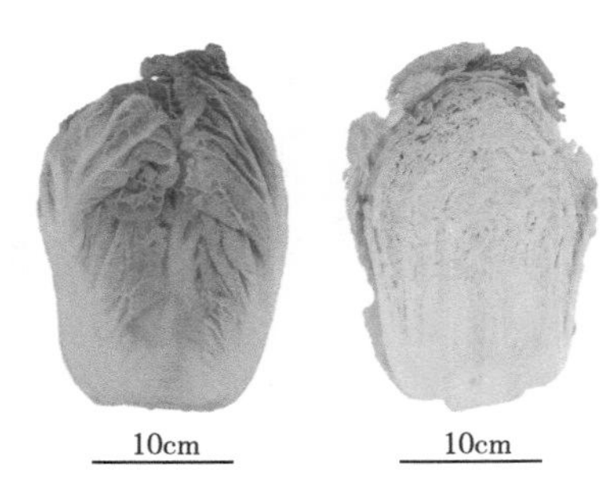

图3-62　127娃菜（1767004）

三、春黄白菜201（1767010）

普通春白菜类型，生长期82d左右，植株半直立，外叶卵圆形、绿色，叶面稍泡皱、有毛，叶柄扁平、绿白，叶球合抱、卵圆形、顶部合好，叶球内叶黄色，叶球高25.0cm，叶球宽15.2cm，单株重2.0kg，单球重1.2kg，耐抽薹性强（图3-63）。

四、高山娃娃菜11（1767020）

春娃娃菜类型，生长期92d左右，植株半直立，外叶卵圆形、绿色、有光泽，叶面稍泡皱、有毛，叶柄扁平、绿白，叶球合抱、直筒形、顶部稍尖，叶球内叶黄色，叶球高24.7cm，叶球宽14.9cm，单株重2.1kg，单球重1.3kg，耐抽薹性强（图3-64）。

五、韩国黄心71-2（1767023）

普通春白菜类型，生长期105d左右，植株半直立，外叶卵圆形、绿色、有光泽，叶片薄，叶面稍皱、有毛，叶柄扁平、绿白，叶球合抱、直筒形、顶部稍尖，叶球内叶黄色，叶球高26.3cm，叶球宽14.7cm，单株重2.0kg，单球重1.1kg，耐抽薹性较强（图3-65）。

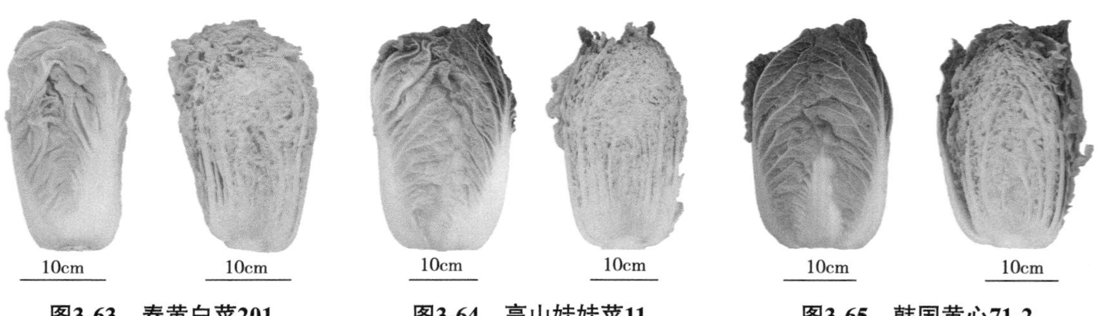

图3-63　春黄白菜201（1767010）　**图3-64　高山娃娃菜11（1767020）**　**图3-65　韩国黄心71-2（1767023）**

六、韩国娃娃菜（母）1201（1767025）

春娃娃菜类型，生长期85d左右，植株半直立，外叶卵圆形、深绿色、有光泽，叶面稍皱、有毛，叶柄扁平、绿白，叶球合抱、卵圆形、顶部稍尖，叶球内叶黄色，叶球高24.2cm，叶球宽15.4cm，单株重2.0kg，单球重1.2kg，耐抽薹性强（图3-66）。

七、韩丽娃娃菜5201（1767027）

春娃娃菜类型，生长期88d左右，植株半直立，外叶卵圆形、深绿色，叶面稍皱、有毛，叶柄扁平、绿白，叶球合抱、直筒形、顶部合好，叶球内叶黄色，叶球高25.1cm，叶球宽15.2cm，单株重2.1kg，单球重1.3kg，耐抽薹性强（图3-67）。

八、金宝娃娃菜2011A（1767034）

春娃娃菜类型，生长期80d左右，植株半直立，外叶卵圆形、深绿色，叶面稍皱、有毛，叶柄扁平、绿白，叶球合抱、直筒形、顶部稍尖，叶球内叶黄色，叶球高23.3cm，叶球宽15.6cm，单株重2.0kg，单球重1.2kg，耐抽薹性强（图3-68）。

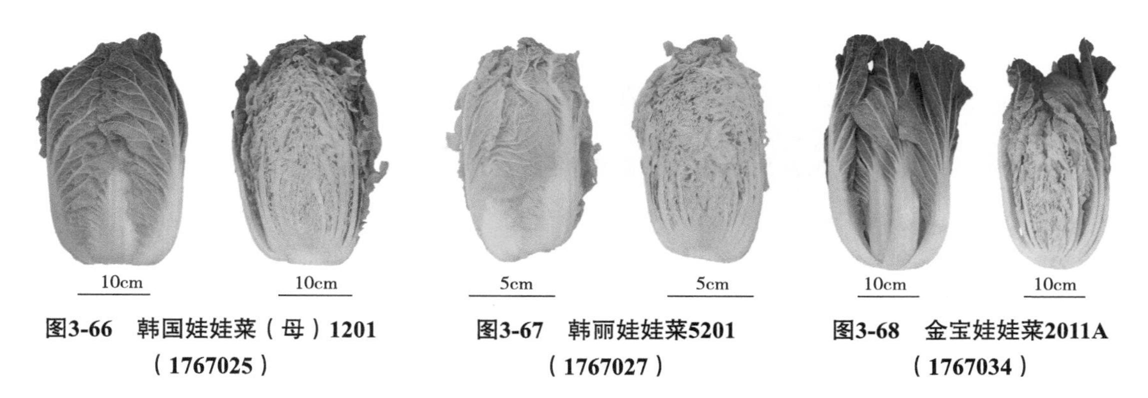

图3-66　韩国娃娃菜（母）1201（1767025）

图3-67　韩丽娃娃菜5201（1767027）

图3-68　金宝娃娃菜2011A（1767034）

九、CMS金将45-202（5）（1767041）

春娃娃菜类型，生长期85d左右，植株半直立，外叶卵圆形、深绿色，叶面皱、有毛，叶柄扁平、绿白，叶球合抱、直筒形、顶部合好，叶球内叶黄色，叶球高25.7cm，叶球宽14.4cm，单株重2.0kg，单球重1.2kg，耐抽薹性强（图3-69）。

十、金娃娃-202-4-5（1767045）

春娃娃菜类型，生长期88d左右，植株半直立，外叶卵圆形、绿色稍深，叶面稍皱、有毛，叶柄扁平、绿白，叶球合抱、卵圆形、顶部稍尖，叶球内叶黄色，叶球高23.4cm，叶球宽16.6cm，单株重2.4kg，单球重1.6kg，耐抽薹性强（图3-70）。

十一、玲珑黄012-201（1767050）

春娃娃菜类型，生长期88d左右，植株半直立，外叶卵圆形、绿色，叶面稍泡皱、有毛，叶柄扁平、绿白，叶球合抱、直筒形、顶部稍尖，叶球内叶黄色，叶球高27.2cm，叶球宽15.0cm，单株重2.1kg，单球重1.3kg，耐抽薹性较强（图3-71）。

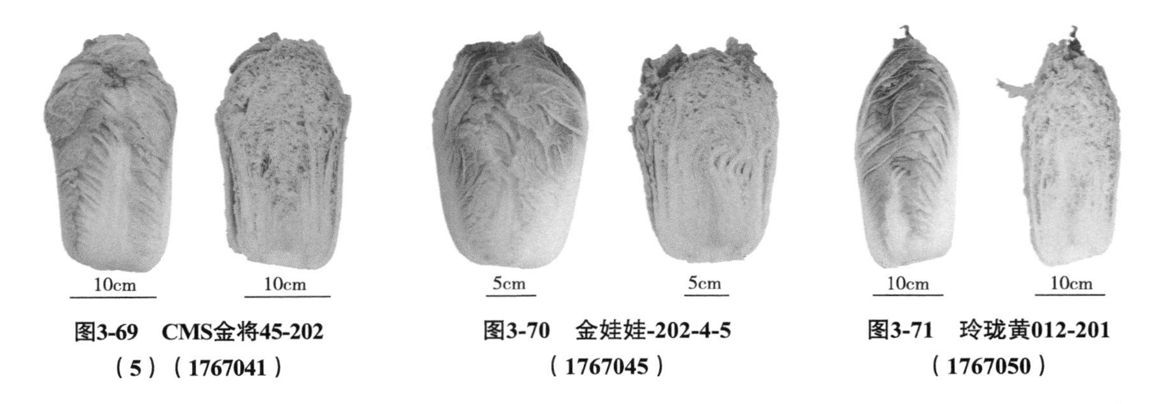

图3-69　CMS金将45-202（5）（1767041）　图3-70　金娃娃-202-4-5（1767045）　图3-71　玲珑黄012-201（1767050）

十二、美心（韩国）-3-3（1767051）

春娃娃菜类型，生长期93d左右，植株半直立，外叶卵圆形、绿色、有光泽，叶面较平、有毛，叶柄扁平、绿白，叶球合抱、卵圆形、顶部稍尖，叶球内叶黄色，叶球高25.9cm，叶球宽14.7cm，单株重1.9kg，单球重1.1kg，耐抽薹性强（图3-72）。

十三、塔青.极早春-1-2（2）（1767062）

春娃娃菜类型，生长期77d左右，植株半直立，外叶卵圆形、深绿色，叶面泡皱、有毛，叶柄扁平、绿白，叶球合抱、直筒形、顶部稍尖，叶球内叶黄色，叶球高21.1cm，叶球宽12.6cm，单株重1.33kg，单球重0.9kg，耐抽薹性强（图3-73）。

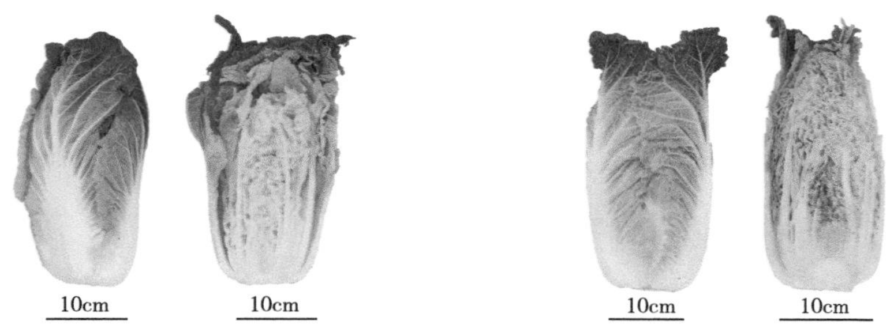

图3-72　美心（韩国）-3-3（1767051）　图3-73　塔青.极早春-1-2（2）（1767062）

第五节　筛选遗传背景清楚的番茄优异种质

（2016YFD0100204-3 国艳梅；2016YFD0100204-5 刘磊）

一、FT-1（2-277）

Earlipak背景，含有雄性不育突变位点ms24（male sterile24），雄蕊瘦小，不产生花粉，柱头外露，100%不育。可用于番茄雄性不育系转育，最终用于杂交制种（图3-74）。

二、FT-2（2-327）

Van’s Early背景，含有雄性不育突变位点ms26（male sterile26），花药畸形扭曲，不能形成正常的花药筒，柱头外露，100%不育。可用于番茄雄性不育系转育，最终用于杂交制种（图3-75）。

三、FT-3（2-455）

San Marzano背景，含有雄性不育突变位点ms30（male sterile30），花药畸形扭曲，不能形成正常的花药筒，柱头外露，100%不育。可用于番茄雄性不育系转育，最终用于杂交制种（图3-76）。

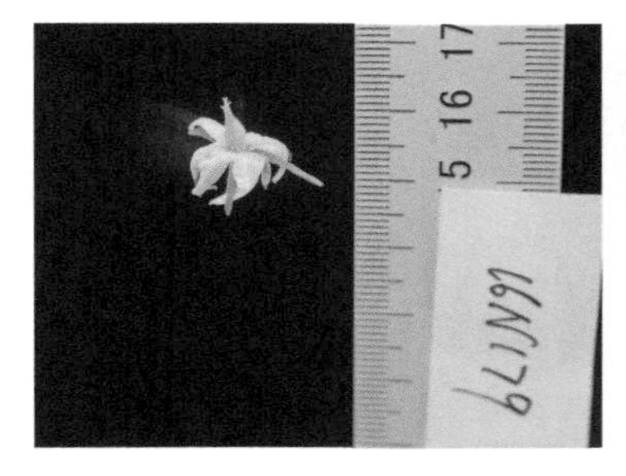

图3-74　FT-1（2-277）

图3-75　FT-2（2-327）

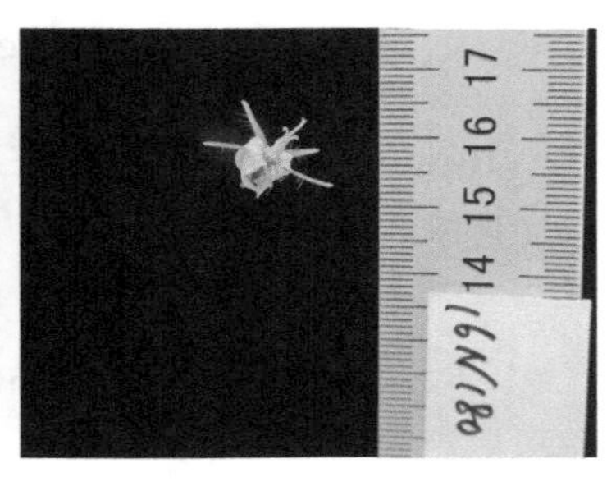

图3-76　FT-3（2-455）

四、FT-4（2-461）

VF6背景，含有雄性不育突变位点ms31（male sterile 31），大部分花朵雄蕊瘦小，不产生花粉，柱头外露，几乎100%不育（图3-77）。

五、FT-5（2-511）

VF11背景，含有雄性不育突变位点ms33（male sterile33），花药畸形扭曲，不能形成正常的花药筒，柱头外露，100%不育。可用于番茄雄性不育系转育，最终用于杂交制种（图3-78）。

六、FT-6（2-513）

VF11背景，含有雄性不育突变位点ms34（male sterile34），大部分花朵雄蕊瘦小，不产生花粉，柱头外露，几乎100%不育（图3-79）。

图3-77　FT-4（2-461）

图3-78　FT-5（2-511）

图3-79　FT-6（2-513）

七、FT-7（Gold Ball）

Gold Ball，樱桃番茄，球形，黄色，含有果实重量位点fw11.3（fruit weight11.3）（图3-80）。

八、FT-8（Howard German）

Howard German，大果番茄，含果实伸长位点sun，果实似牛角形。可用于特色番茄育种（图3-81）。

九、FT-9（Indigo Rose）

Indigo Rose，中果番茄，由美国Oregon State University的Jim Myers教授用常规方法选育而成。含与花青素合成调控的遗传位点aft（anthocyanin fruit）和atv（atroviolacium），果实因果皮积累花青素而呈紫黑色。可用于培育高花青素的紫黑果番茄（图3-82）。

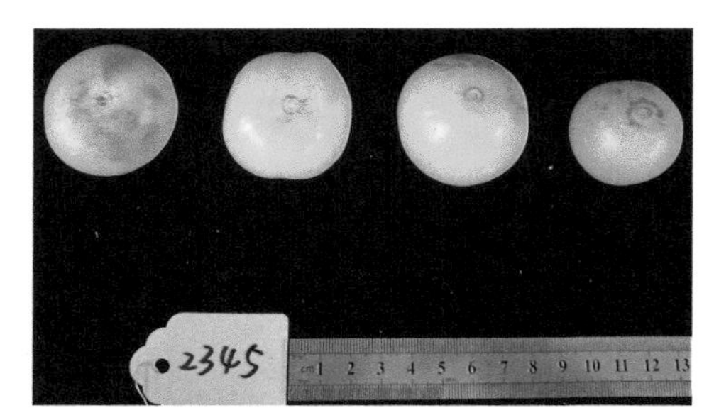

图3-80　FT-7（Gold Ball）

图3-81　FT-8（Howard German）

图3-82　FT-9（Indigo Rose）

十、FT-10（LA0063）

VFNT Cherry，樱桃番茄，含有br（brachytic）位点，节间短；含有I（Immunity to

Fusarium wilt）位点，抗枯萎病；含有mi（meloidogyne incognita resistance）位点，抗根结线虫病；含tm-2a（tobacco mosaic virus resistance-2）位点，抗烟草花叶病毒病；含ve（verticillium resistance）位点，抗黄萎病。可以用于培育节间短的番茄材料以及多种抗病材料（图3-83）。

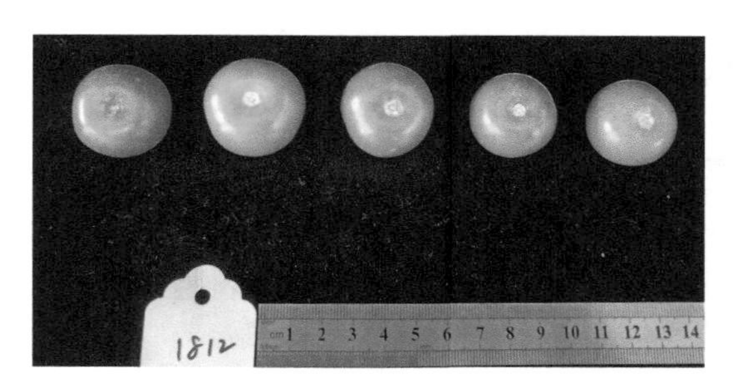

图3-83　FT-10（LA0063）

十一、FT-11（LA1019）

LA2093，醋栗番茄，高番茄红素，高可溶性固形物，抗早疫病和晚疫病。可用于培育高番茄红素番茄材料（图3-84）。

十二、FT-13（LA2093）

Montfavet168背景，含有雄性不育突变位点ms32（male sterile32），雄蕊瘦小，不产生花粉，柱头外露，100%不育。可用于番茄雄性不育系转育，最终用于杂交制种（图3-85）。

十三、FT-15（LA2715）

Porphyre背景，含有雄性不育突变位点ms32（male sterile32），雄蕊瘦小，不产生花粉，柱头外露，100%不育。可用于番茄雄性不育系转育，最终用于杂交制种（图3-86)。

图3-84　FT-11（LA1019）

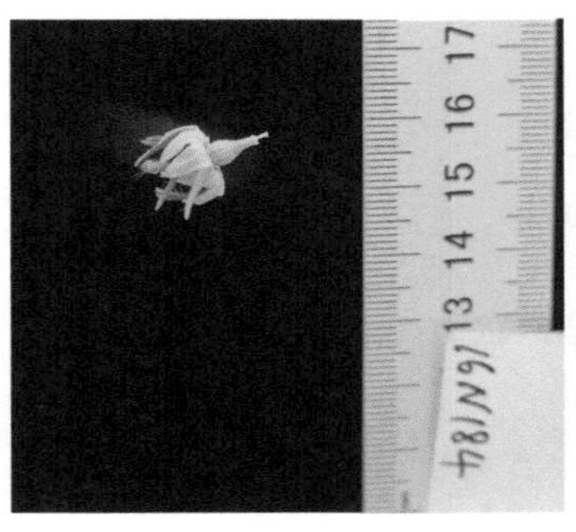

图3-85　FT-13（LA2093）

图3-86　FT-15（LA2715）

十四、FT-14（LA3006）

San Marzano背景，含高色素位点hp-2（high pigment2），番茄红素含量高。可用于培育高番茄红素番茄材料（图3-87）。

十五、FT-17（LA3132）

LA3132，含花青素缺乏位点aa（anthocyanin absent），幼苗表现为绿茎；同时含雄性不育突变位点ms10（male sterile10），雄蕊瘦小，柱头外露，100%不育。2个位点紧密连锁，可以在幼苗阶段选择绿茎的植株，从而辅助选择雄性不育株。可用于番茄雄性不育系转育，最终用于杂交制种（图3-88）。

十六、FT-18（LA3771）

Ailsa Craig背景，含高色素位点hp-1（high pigment1），番茄红素含量高。可用于培育高番茄红素番茄材料（图3-89）。

图3-87　FT-14（LA3006）

图3-88　FT-17（LA3132）

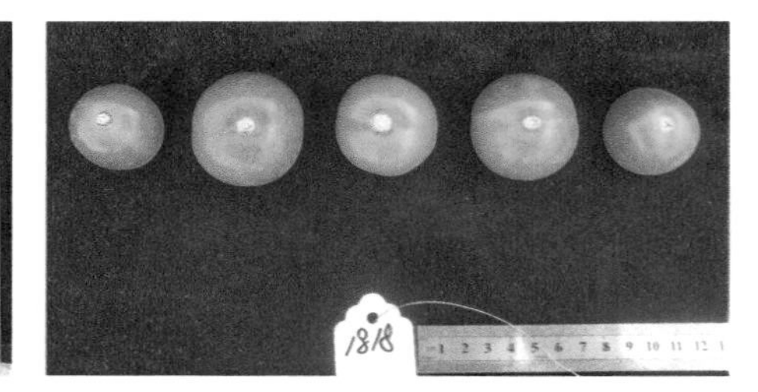

图3-89　FT-18（LA3771）

十七、FT-19（T909）

T909，大果番茄，含有lc（locule number）位点，果实心室数量多。可以用于培育汉堡包专用的番茄材料（图3-90）。

十八、FT-20（Yellow Pear）

Yellow Pear，樱桃番茄，黄色，含有ovate位点，果实呈鸭梨形。可以用于培育特色樱桃番茄材料（图3-91）。

十九、醋栗番茄早衰材料（P3）

早衰材料在植株生长期表现出显著的叶片快速衰老，并枯干，最终造成植株生长势变弱，开花坐果降低，但该材料可能具有显著的杂种优势，并对研究番茄等植物的生长发育和衰老等机制具有重要意义（图3-92）。

图3-90　FT-19（T909）

图3-91　FT-20（Yellow Pear）

图3-92　醋栗番茄早衰材料P3及对照

二十、醋栗番茄长花序材料（P20、P37、P172）

醋栗番茄长花序材料，花序长度最高可达100cm，每花序开花数量可达50朵以上。筛选鉴定出P20、P37和P172等3份长花序材料，其平均花序长度分别为49.65cm、55.84cm和46.06cm，显著高于普通番茄和醋栗番茄（图3-93）。

二十一、大花序（多岐复花序）醋栗番茄（P159、P259）

大花序（多岐复花序）醋栗番茄，每穗花序可有上百朵花（图3-94），并具有较高的坐果率，是提高番茄植株坐果数量和坐果率的优良材料。

图3-93　长花序醋栗番茄资源材料

图3-94　大花序醋栗番茄材料坐果与开花性状

二十二、抗晚疫病番茄材料（P1390730、LA1604和L03707）

晚疫病严重危害番茄及马铃薯等的生产，通过接种鉴定，获得对晚疫病T0，1和T1，2小种均具有较高抗性的野生番茄3份：P1390730、LA1604和L03707，并对抗病株系进行了SNP的聚类分析（图3-95）。

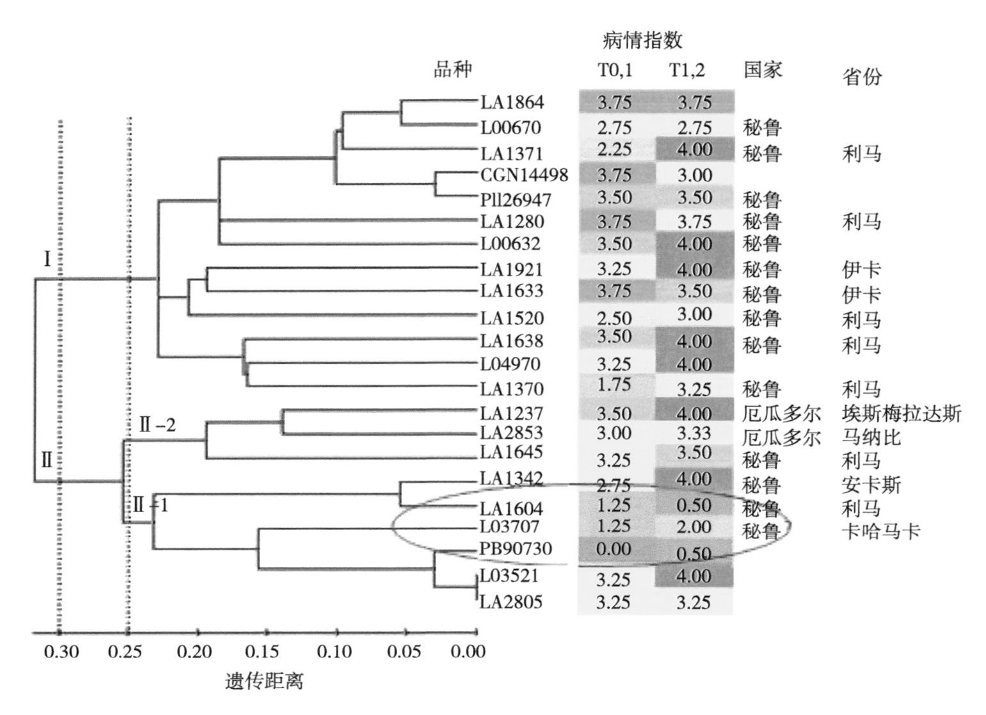

图3-95　抗晚疫病醋栗番茄资源SNP聚类

二十三、高固形物含量醋栗番茄材料

番茄果实固形物含量是影响番茄风味品质和加工番茄加工品质的主要性状，通过连续多年测定，获得稳定的高固形物含量醋栗番茄材料5份，P58、P101、P185、P275和P310，固形物含量可达9.0%～10.5%。

二十四、抗细菌性斑点病醋栗番茄材料

通过中国农业科学院蔬菜花卉研究所病害综合防治组合作，筛选到对细菌性斑点病接近免疫的醋栗番茄材料3份：P14、P130和P204，为后续的抗病育种奠定了基础。

第六节　筛选遗传背景清楚的辣椒优异种质

（2016YFD0100204-10 曹亚从）

对240份辣椒采用高效液相色谱测定辣椒素和辣椒红素含量，筛选到辣椒素含量高于4 000mg/kg（DW）的材料11份（表3-1）；辣椒红素高于650mg/kg（DW）的材料10份（表3-2）。

表3-1　高辣材料列表

编号	材料名称	种信息	辣椒素类物质含量（mg/kg）	来源地
53	永安黄指天椒	*Capsicum annuum*	4 216.12	中国，福建
55	永安小指天椒	*Capsicum frutescens*	5 958.99	中国，福建
65	同安细米椒	*Capsicum annuum*	4 112.43	中国，福建
84	朝天椒	*Capsicum frutescens*	5 373.88	中国，江西
97	大米辣	*Capsicum frutescens*	4 434.48	中国，云南
141	金鱼黄辣椒	*Capsicum annuum*	5 873.81	中国，广西
147	花县指天椒	*Capsicum frutescens*	5 319.12	中国，广东
168	非洲尖椒	*Capsicum annuum*	4 713.16	中国，吉林
196	贞丰白辣椒	*Capsicum frutescens*	5 469.75	中国，贵州
220	PBC142A	*Capsicum annuum*	5 040.78	AVRDC（亚洲蔬菜研发中心）
239	南朗河小米辣	*Capsicum frutescens*	4 280.37	中国，云南

表3-2　高辣椒红素材料列表

编号	材料名称	种信息	辣椒红素含量（mg/kg）	来源地
12	保山椒	*Capsicum annuum*	653.99	中国，云南
23	大椒	*Capsicum annuum*	881.77	中国，吉林
24	薄皮快椒	*Capsicum annuum*	966.23	中国，吉林
27	二十二号	*Capsicum annuum*	723.03	中国，山西
110	中顶尖椒	*Capsicum annuum*	834.80	中国，广东

（续表）

编号	材料名称	种信息	辣椒红素含量（mg/kg）	来源地
111	辣面子	*Capsicum annuum*	686.36	中国，广西
144	辣椒	*Capsicum annuum*	693.52	中国，山东
174	线辣椒	*Capsicum annuum*	670.97	中国，湖北
199	MSU121	*Capsicum annuum*	701.30	美国
231	辣椒	*Capsicum annuum*	748.21	国外引进

一、一年生栽培种辣椒（53）

永安黄指天椒，果实指形，单果重约5.31g，平均果实纵径约6.23cm，平均果实横径约1.48cm，平均果肉厚约0.14cm，商品成熟果浅绿色，生理成熟果黄色，辣椒素和二氢辣椒素总含量约4 216.12mg/kg（图3-96）。

二、灌木辣椒（55）

永安小指天椒为灌木辣椒种材料（*Capsicum frutescens*），果实指形，平均单果重约0.81g，平均果实纵径约3.14cm，平均果实横径约0.79cm，平均果肉厚约0.08cm，商品成熟果绿色，生理成熟果红色，辣椒素和二氢辣椒素总含量约5 958.98mg/kg（图3-96和图3-97）。

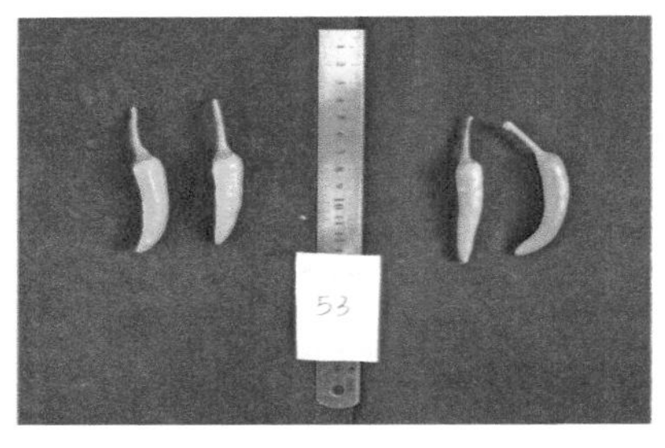

图3-96　高辣材料永安黄指天椒

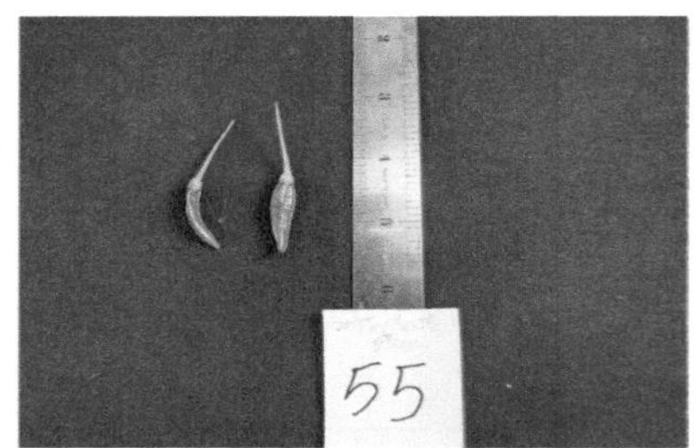

图3-97　高辣材料永安小指天椒

三、一年生栽培种辣椒（65）

同安细米椒，果实细指形，平均单果重约2.55g，平均果实纵径约7.28cm，平均果实横径约0.77cm，平均果肉厚约0.10cm，商品成熟果浅绿色，生理成熟果红色，辣椒素和二氢辣椒素总含量约4 112.43mg/kg（图3-98）。

四、灌木辣椒（84）

朝天椒，果实细指形，平均单果重约2.55g，平均果实纵径约7.28cm，平均果实横径约0.77cm，平均果肉厚约0.10cm，商品成熟果浅绿色，生理成熟果红色，辣椒素和二氢辣椒素总含量约5 373.88mg/kg（图3-99）。

五、灌木辣椒（97）

大米辣，果实指形，平均单果重约1.37g，平均果实纵径约4.16cm，平均果实横径约0.96cm，平均果肉厚约0.10cm，商品成熟果浅绿色，生理成熟果红色，辣椒素和二氢辣椒素总含量约4 434.48mg/kg（图3-100）。

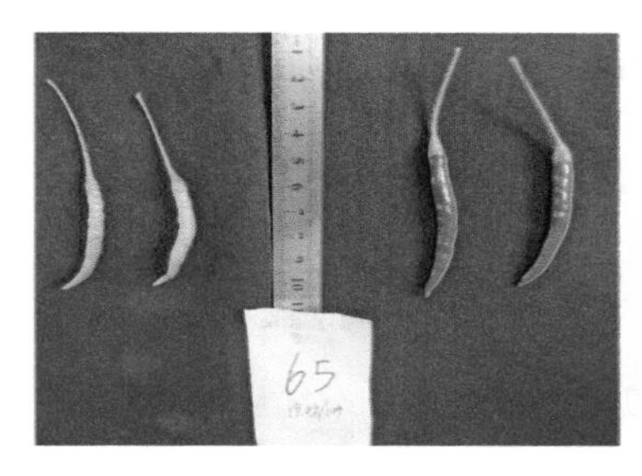

图3-98　高辣材料同安细米椒

图3-99　高辣材料朝天椒

图3-100　高辣材料大米椒

六、一年生栽培种辣椒（141）

金鱼黄辣椒，果实指形，平均单果重约10.84g，平均果实纵径约5.73cm，平均果实横径约1.16cm，平均果肉厚约0.16cm，商品成熟果浅绿色，生理成熟果黄色，辣椒素和二氢辣椒素总含量约5 873.81mg/kg（图3-101）。

七、灌木辣椒（147）

花县指天椒，果实指形，平均单果重约0.98g，平均果实纵径约3.88cm，平均果实横径约1.70cm，平均果肉厚约0.07cm，商品成熟果浅绿色，生理成熟果红色，辣椒素和二氢辣椒素总含量约5 319.12mg/kg（图3-102）。

八、一年生栽培种辣椒（168）

非洲尖椒，果实细指形，平均单果重约1.98g，平均果实纵径约4.83cm，平均果实横径约0.95cm，平均果肉厚约0.08cm，商品成熟果浅绿色，生理成熟果红色，辣椒素和二氢辣椒素总含量约4 713.16mg/kg（图3-103）。

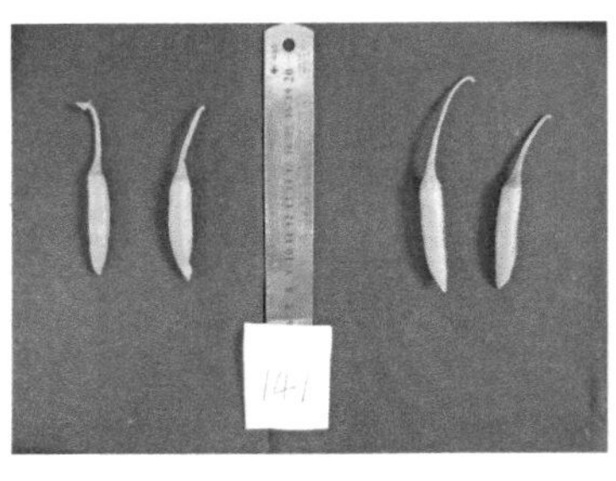

图3-101　高辣材料金鱼黄辣椒

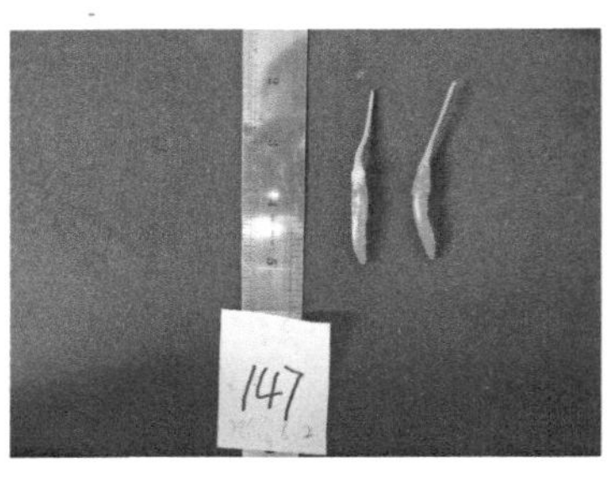

图3-102　高辣材料花县指天椒

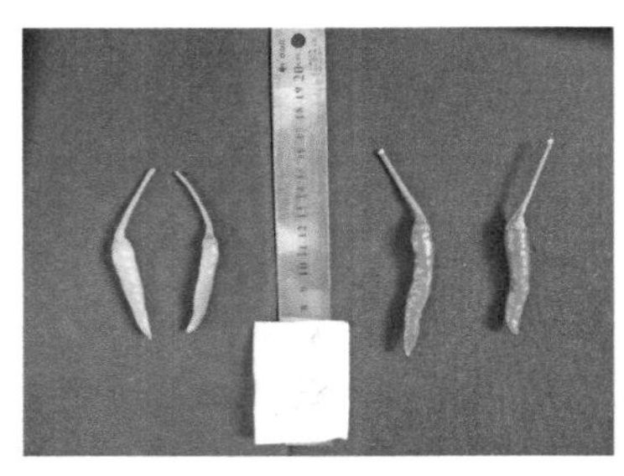

图3-103　高辣材料非洲尖椒

九、灌木辣椒（196）

贞丰白辣椒，果实细指形，平均单果重约2.06g，平均果实纵径约3.48cm，平均果实横径约0.81cm，平均果肉厚约0.07cm，商品成熟果浅绿色，生理成熟果红色，辣椒素和二氢辣椒素总含量约5 469.75mg/kg（图3-104）。

十、一年生栽培种辣椒（220）

PBC142A，果实细指形，平均单果重约1.88g，平均果实纵径约5.18cm，平均果实横径约0.85cm，平均果肉厚约0.07cm，商品成熟果黄白色，生理成熟果红色，辣椒素和二氢辣椒素总含量约5 040.78mg/kg（图3-105）。

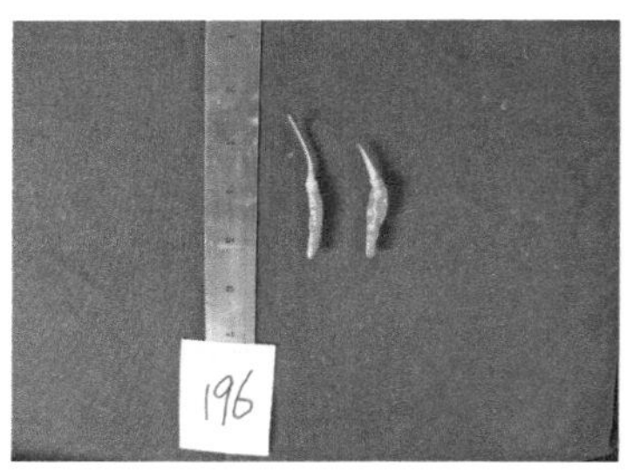

图3-104　高辣材料贞丰白辣椒

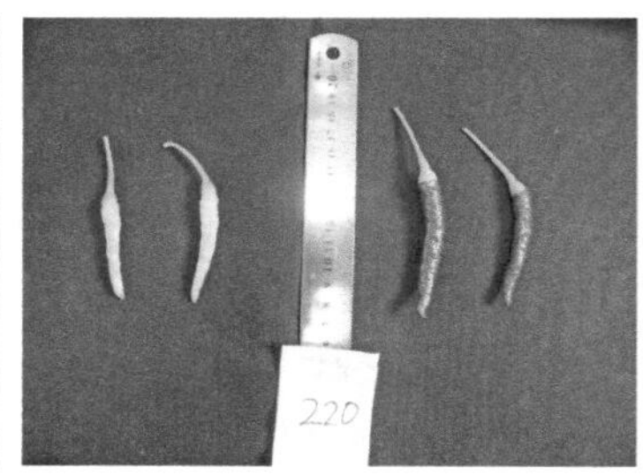

图3-105　高辣材料PBC142A

十一、灌木辣椒（239）

南朗河小米辣，果实指形，平均单果重约1.10g，平均果实纵径约3.33cm，平均果实横径约0.76cm，平均果肉厚约0.09cm，商品成熟果浅绿色，生理成熟果红色，辣椒素和二氢辣椒素总含量约4 280.37mg/kg（图3-106）。

十二、一年生栽培种辣椒（12）

保山椒，果实羊角形，平均单果重约43.12g，平均果实纵径约16.40cm，平均果实横径约2.78cm，平均果肉厚约0.31cm，商品成熟果浅绿色，生理成熟果红色，辣椒红素含量约653.99mg/kg（图3-107）。

十三、一年生栽培种辣椒（23）

大椒，果实锥形，平均单果重约31.24g，平均果实纵径约7.20cm，平均果实横径约4.97cm，平均果肉厚约0.23cm，商品成熟果绿色，生理成熟果红色，辣椒红素含量约881.77mg/kg（图3-108）。

图3-106　高辣材料南朗河小米辣

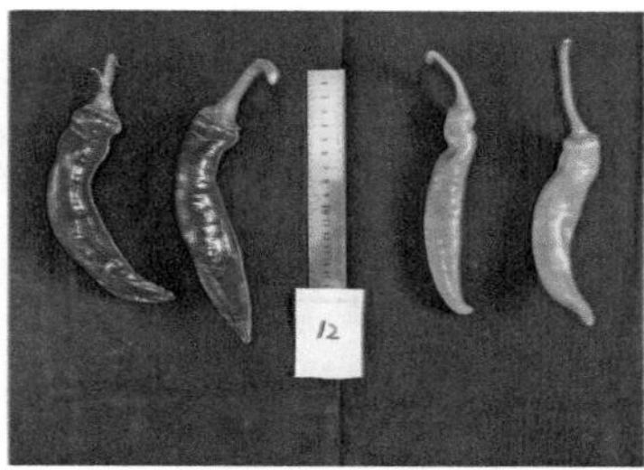

图3-107　高辣椒红素材料保山椒

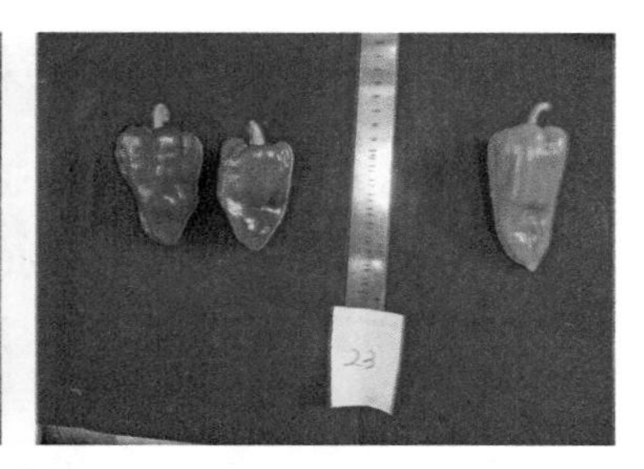

图3-108　高辣椒红素材料大椒

十四、一年生栽培种辣椒（24）

薄皮快椒，果实扁灯笼形，平均单果重约52.21g，平均果实纵径约6.22cm，平均果实横径约6.21cm，平均果肉厚约0.28cm，商品成熟果绿色，生理成熟果红色，辣椒红素含量约966.23mg/kg（图3-109）。

十五、一年生栽培种辣椒（27）

二十二号，果实羊角形，果肩部有褶皱，平均单果重约32.39g，平均果实纵径约19.18cm，平均果实横径约2.84cm，平均果肉厚约0.23cm，商品成熟果浅绿色，生理成熟果红色，辣椒红素含量约723.03mg/kg（图3-110）。

十六、一年生栽培种辣椒（110）

中顶尖椒，果实细羊角形，平均单果重约14.01g，平均果实纵径约13.99cm，平均果实横径约1.70cm，平均果肉厚约0.20cm，商品成熟果绿色，生理成熟果红色，辣椒红素含量约834.80mg/kg（图3-111）。

图3-109　高辣椒红素材料薄皮快椒

图3-110　高辣椒红素材料二十二号

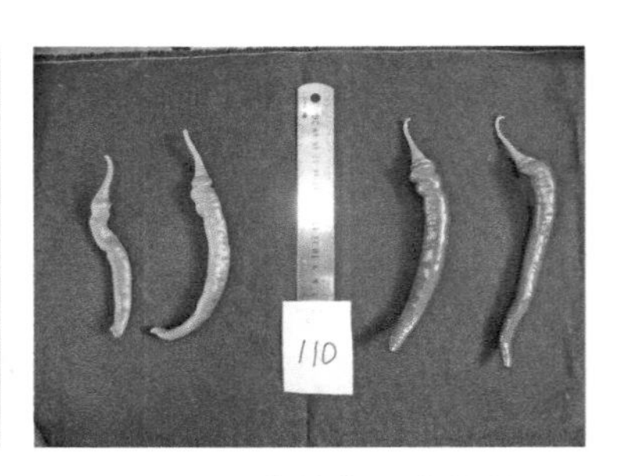

图3-111　高辣椒红素材料中顶尖椒

十七、一年生栽培种辣椒（111）

辣面子，果实短羊角形，平均单果重约24.75g，平均果实纵径约13.50cm，平均果实横径约2.76cm，平均果肉厚约0.23cm，商品成熟果深绿色，生理成熟果红色，辣椒红素含量约686.36mg/kg（图3-112）。

十八、一年生栽培种辣椒（144）

辣椒，果实筒形，平均单果重约28.27g，平均果实纵径约11.00cm，平均果实横径约3.69cm，平均果肉厚约0.20cm，商品成熟果绿色，生理成熟果红色，辣椒红素含量约693.52mg/kg（图3-113）。

十九、一年生栽培种辣椒（174）

线辣椒，果实筒形，平均单果重约31.26g，平均果实纵径约10.17cm，平均果实横径约3.90cm，平均果肉厚约0.26cm，商品成熟果浅绿色，生理成熟果红色，辣椒红素含量约670.97mg/kg（图3-114）。

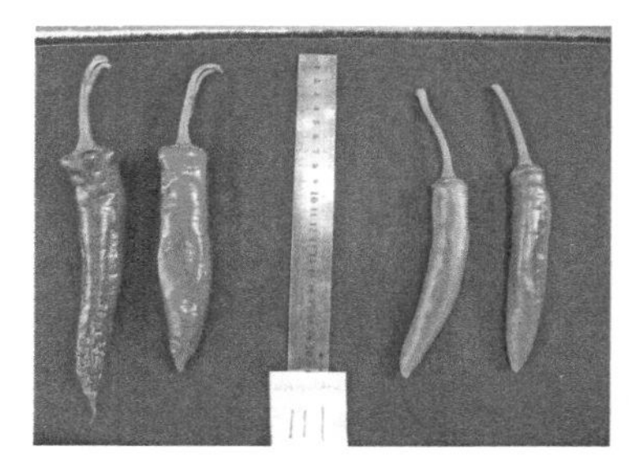

图3-112　高辣椒红素材料辣面子

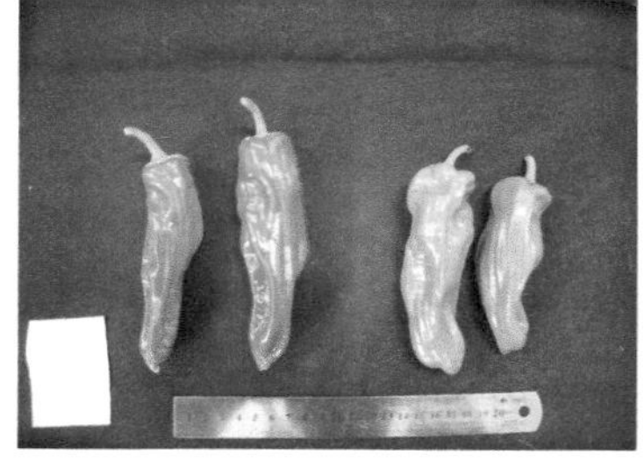
图3-113　高辣椒红素材料辣椒

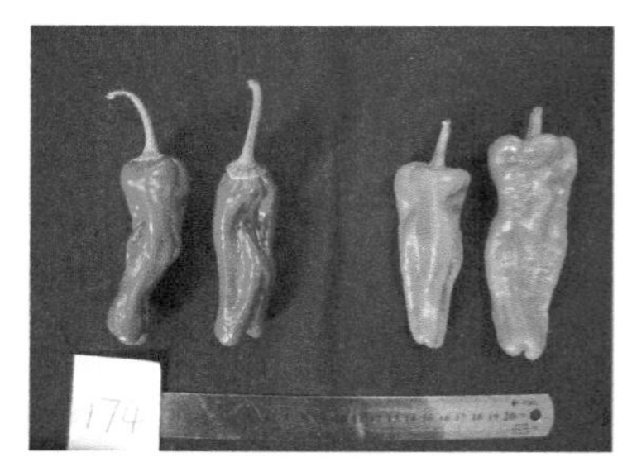

图3-114　高辣椒红素材料线辣椒

二十、一年生栽培种辣椒（199）

MSU121，果实锥形，平均单果重约23.80g，平均果实纵径约7.38cm，平均果实横径约3.02cm，平均果肉厚约0.39cm，商品成熟果深绿色，生理成熟果红色，辣椒红素含量约701.30mg/kg（图3-115）。

二十一、一年生栽培种辣椒（231）

辣椒，果实橄榄形（偏短锥形），平均单果重约19.86g，平均果实纵径约6.24cm，平均果实横径约2.52cm，平均果肉厚约0.44cm，商品成熟果深绿色，生理成熟果红色，辣椒红素含量约748.21mg/kg（图3-116）。

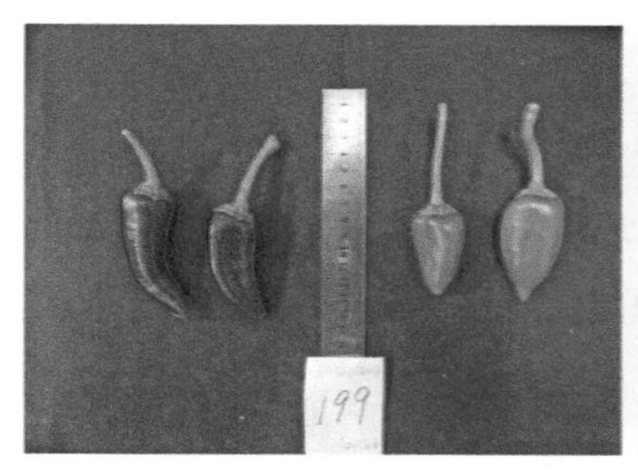

图3-115　高辣椒红素材料MSU121

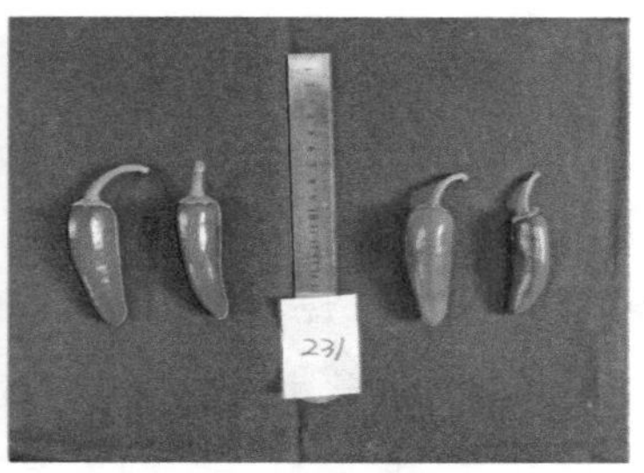

图3-116　高辣椒红素材料辣椒

第七节　筛选遗传背景清楚的豇豆优异种质

（2016YFD0100204-32 李国景）

一、豇豆G93

华南地区地方品种，粮用豇豆，植株蔓生，中熟，生长势较弱，不易早衰，分枝中等，单株分枝约2.2个，叶色绿，主侧蔓均可结荚，主蔓约第3.8节着生第一花序；单株结荚数20条以上，每花序可结2～3条；嫩荚绿色，平均荚长30.4cm；对锈病几乎免疫，抗白粉病，高抗枯萎病；具有Cowpea iSelect Consortium Array芯片完整基因型，含抗锈病基因*Ruv2*（图3-117）。

二、豇豆G82

引自菲律宾，地方品种，粮用豇豆，植株蔓生，中熟，生长势较强，不易早衰，分枝多，单株分枝约2.5个，叶色绿，主侧蔓均可结荚，主蔓约第3.5节着生第一花序；单株结荚数10条以上，每花序可结2～3条；嫩荚绿色，平均荚长13.27cm；高抗枯萎病，感锈病；具有Cowpea iSelect Consortium Array芯片完整基因型（图3-118）。

三、豇豆G84

我国南方地区地方品种，粮用豇豆，植株蔓生，中早熟，生长势一般，不易早衰，分枝多，单株分枝约2.5个，叶色绿，主侧蔓均可结荚，主蔓约第3.5节着生第一花序；单株结荚数20条以上，每花序可结2～3条；嫩荚绿色，平均荚长21.17cm；高抗枯萎病，感锈病；具有Cowpea iSelect Consortium Array芯片完整基因型（图3-119）。

四、豇豆X490

我国北方地区地方品种，粮用豇豆，植株蔓生，早中熟，生长势较强，不易早衰，分枝多，单株分枝约1.2个，叶色绿，主侧蔓均可结荚，主蔓约第1.0节着生第一花序；单株结荚数31.5条，每花序可结2～3条；嫩荚绿色，平均荚长28.35cm；枯萎病和锈病抗性一般；耐旱能力强，在土壤含水量为10.461%时尚能保持较大的蒸腾和呼吸，具有Cowpea iSelect Consortium Array芯片完整基因型（图3-120）。

五、豇豆X530

我国南方地区地方品种，菜用长豇豆，植株蔓生，中熟，生长势较强，不易早衰，分枝多，单株分枝约2.5个，叶色绿，主侧蔓均可结荚，主蔓约第6.7节着生第一花序；单株结荚数19条，每花序可结2～3条；嫩荚绿色，平均荚长48.50cm；耐旱能力强，在土壤含水量为10.487%时尚能保持较大的蒸腾和呼吸，具有Cowpea iSelect Consortium Array芯片完整基因型（图3-121）。

图3-117　G93

图3-118　G82

图3-119　G84

图3-120　X490

图3-121　X530

六、豇豆X427

我国北方地区地方品种，菜用长豇豆，植株蔓生，中熟，生长势较强，不易早衰，分枝多，单株分枝约2.5个，叶色绿，主侧蔓均可结荚，主蔓约第9节着生第一花序；单株结荚数10条以上，每花序可结2～3条；嫩荚绿色，平均荚长50.77cm；耐旱能力强，在土壤含水量为13.804%时仍能保持较大的蒸腾和呼吸，具有Cowpea iSelect Consortium Array芯片完整基因型（图3-122）。

七、豇豆X403

我国北方地区地方品种，菜用长豇豆，植株蔓生，中熟，生长势较强，不易早衰，分枝多，单株分枝约2.3个，叶色绿，主侧蔓均可结荚，主蔓约第7节着生第一花序；单株结荚数10条以上，每花序可结2～3条；嫩荚绿色，平均荚长63.7cm；具有Cowpea iSelect Consortium Array芯片完整基因型（图3-123）。

八、豇豆X419

我国北方地区地方品种，菜用长豇豆，植株蔓生，中早熟，生长势较强，不易早衰，分枝多，单株分枝约2.6个，叶色绿，主侧蔓均可结荚，主蔓约第7节着生第一花序；单株结荚数10条以上，每花序可结2～3条；嫩荚绿色，平均荚长67cm；具有Cowpea iSelect Consortium Array芯片完整基因型（图3-124）。

九、豇豆X420

我国北方地区地方品种，菜用长豇豆，植株蔓生，中早熟，生长势较强，不易早衰，分枝多，单株分枝约2.6个，叶色绿，主侧蔓均可结荚，主蔓约第8节着生第一花序；单株结荚数10条以上，每花序可结2～3条；嫩荚绿色，平均荚长65cm；具有Cowpea iSelect Consortium Array芯片完整基因型（图3-125）。

图3-122　X427

图3-123　X403

图3-124　X419

图3-125　X420

第八节　筛选遗传背景清楚的莲藕优异种质

（2016YFD0100204-29 刘正位）

针对株高、莲藕色泽、粉脆、熟性等性状，通过资源圃观察，以及连续3年以上深水池种植和相关性状考察，筛选出白皮长筒藕优异种质7份。其中，适合鲜食或炒食型脆质莲藕3份，衡山莲藕、长节三一、贵港覃塘白花藕；适合煨汤的粉质藕4份，有沔城藕、潭西镇藕、黄湾贡藕、巴河藕。从东北收集的温带型莲中筛选到极早熟矮秆优异种质兴凯湖野藕和西莲花村野莲。这些资源均进行了基因组测序与分析。衡山莲藕、北乡莲藕、沔城藕、兴凯湖野莲等已作为亲本在育种或分子标记开发中进行了应用。

一、衡山莲藕（V11A0631）

鲜食或炒食型优异藕莲种质，湖南衡山县地方品种，皮白，长筒，主藕4～5节，长80cm，单支藕重2kg左右，口感脆甜多汁，无渣，适合生食或炒食（图3-126）。

二、长节三一（V11A0047）

鲜食或炒食型优异藕莲种质，长节三一，中长筒，藕表皮白色，主藕4节，长80cm，中晚熟，皮白，主藕长60～80cm，单支藕重1.3kg，脆嫩多汁，适宜鲜食或炒食（图3-127）。

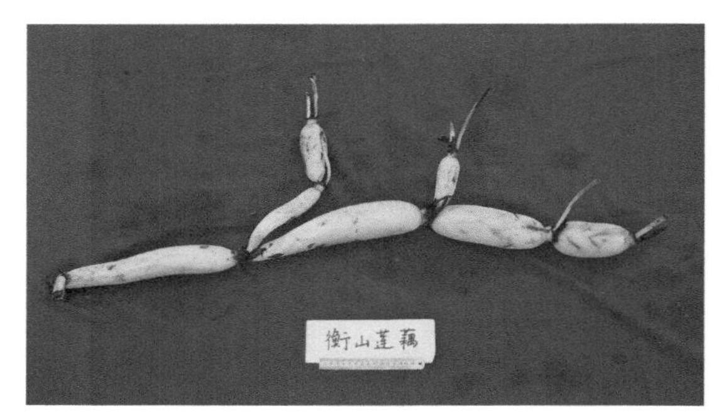

图3-126　衡山莲藕（V11A0631）

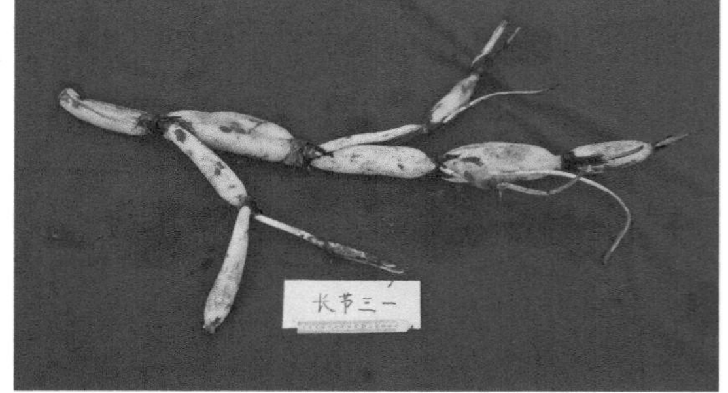

图3-127　长节三一（V11A0047）

三、贵港覃塘白花藕（V11A0449）

鲜食或炒食型优异藕莲种质，广西贵港地方品种，长筒，中晚熟，皮白，鲜食脆嫩多汁，主藕长4节，60～80cm，单支藕重1.2～2.0kg（图3-128）。

四、潭西镇藕（V11A0556）

煨汤型优异藕莲种质，广东陆丰市地方品种，皮白，中筒，主藕5节，长100cm，单支藕重2kg，适宜炒食（图3-129）。

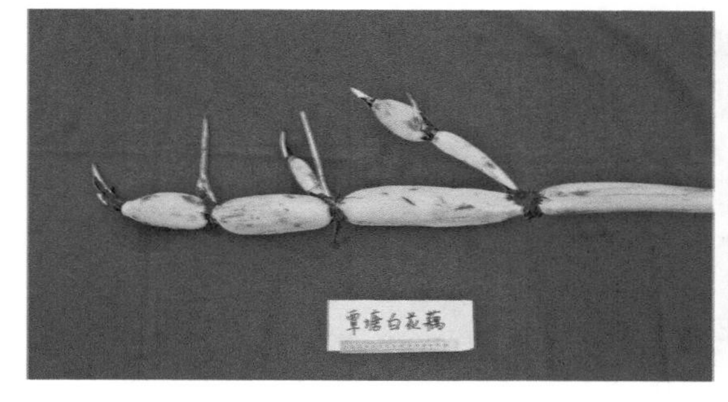

图3-128　贵港覃塘白花藕（V11A0449）

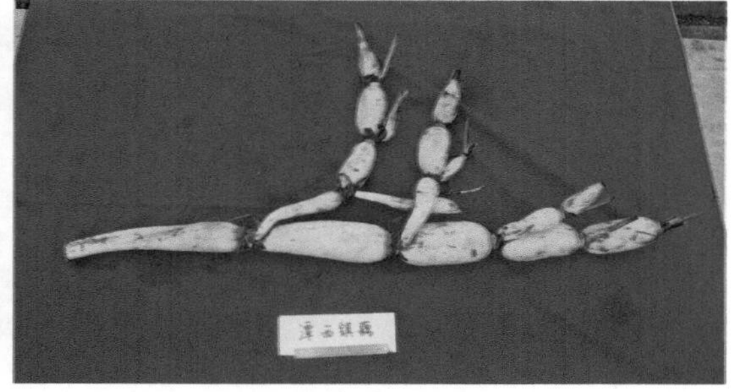

图3-129　潭西镇藕（V11A0556）

五、沔城藕（V11A0191）

煨汤型优异藕莲种质，湖北仙桃市地方品种，国家地理标志产品，皮色黄白，中晚熟，中长筒，主藕4～5节，长60～80cm，单支藕重1.9kg，煨汤粉（图3-130）。

六、黄湾贡藕（V11A0710）

煨汤型优异藕莲种质，湖北潜江地方品种，皮色黄白，中晚熟，中长筒，主藕3～4节，长60～80cm，单支藕重1.9kg，煨汤粉（图3-131）。

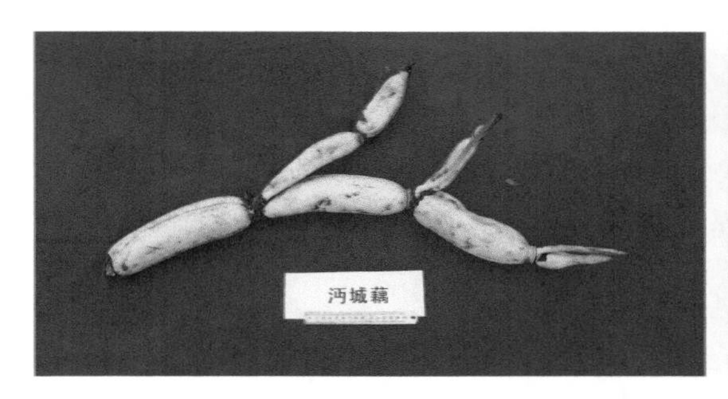

图3-130　沔城藕（V11A0191）

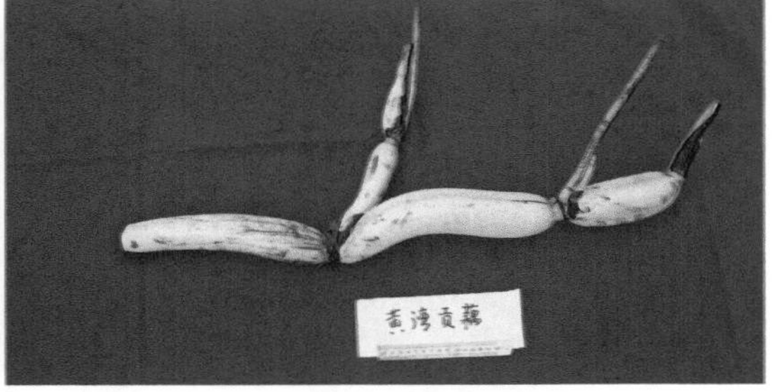

图3-131　黄湾贡藕（V11A0710）

七、巴河藕（V11A0055）

煨汤型优异藕莲种质，湖北浠水地方品种，中晚熟，皮白，中长筒，品质佳，煨汤粉，主藕3～5节，单支藕重1.8～3.0kg（图3-132）。

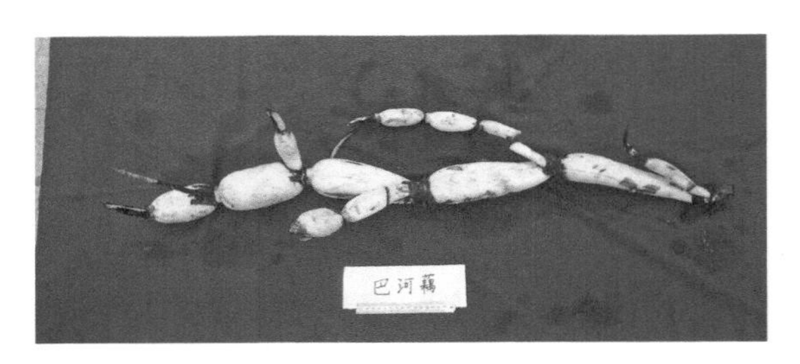

图3-132　巴河藕（V11A0055）

八、兴凯湖野莲（V11A0636）

极早熟矮秆型优异藕莲种质，东北黑龙江野莲资源，属温带生态型，在湖北地区株高40～50cm，一年结藕2次，藕2～3节，重0.1kg左右，首次结藕期为5月，极早熟（图3-133）。

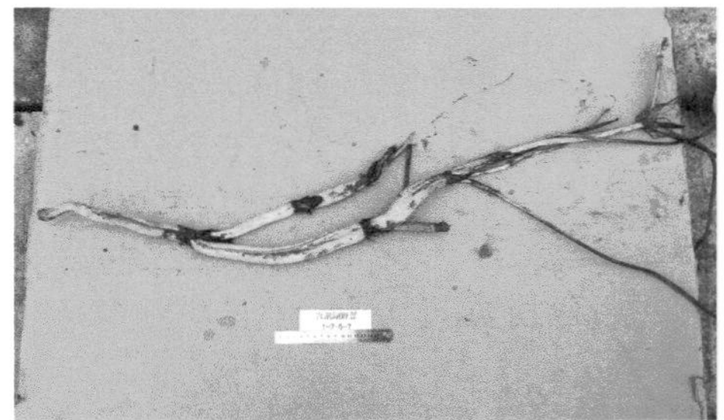

图3-133　兴凯湖野莲（V11A0636）

九、西莲花村野莲（V11A0625）

极早熟矮秆型优异藕莲种质，东北吉林省吉林市野莲资源，属温带生态型，在湖北地区株高50～60cm，一年结藕2次，藕2～3节，重0.15kg左右，首次结藕期为5月，极早熟（图3-134）。

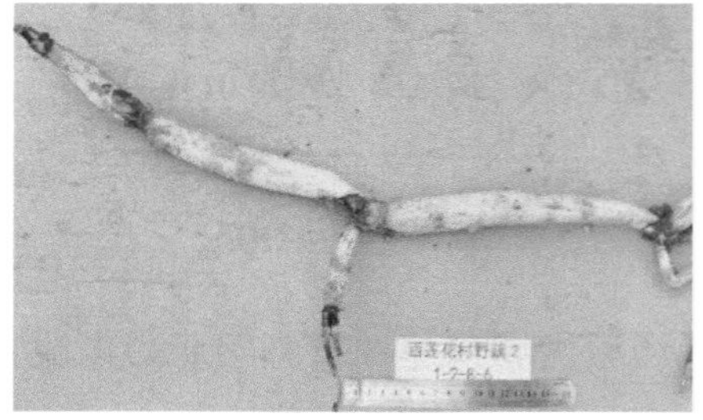

图3-134　西莲花村野莲（V11A0625）

第四章 分子鉴定确证的优异远缘育种杂交中间材料

通过远缘杂交等技术获得中间材料128份，其中包括黄瓜10份、西瓜2份、萝卜16份、白菜22份、甘蓝24份、番茄34份、茄子5份、辣椒10份、胡萝卜3份、莲藕2份，这些中间材料将为资源的创新和重要育种材料的遗传改良提供重要材料。

第一节 分子鉴定确证的黄瓜优异远缘育种杂交中间材料

（2016YFD0100204-25 娄群峰）

一、种间F1-1（NAU-InterS F1-1）

由野生酸黄瓜与栽培黄瓜北京截头杂交，经胚拯救获得，长势旺，多分枝，果实微酸，单性结果（图4-1）。

二、种间F1-2（NAU-InterS F1-2）

由栽培黄瓜7011与野生酸黄瓜杂交，经胚拯救获得，长势旺，多分枝，果实微酸，雌花为两性花（图4-2）。

三、种间F1-3（NAU-InterS F1-3）

由栽培黄瓜长春密刺与野生酸黄瓜杂交，经胚拯救获得，长势旺，多分枝，强雄，基本无雌花（图4-3）。

四、种间异源三倍体-1（NAU-Allotri-1）

由异源四倍体新种与栽培黄瓜北京截头杂交创制而成的，植株长势旺盛，其叶片大小、主蔓节间长与其亲本之一北京截头很接近，而叶片颜色、果刺疏密介于双亲之间，果实大小最大，果实微酸，维生素C含量高（图4-4）。

图4-1　种间F1-1

图4-2　种间F1-2

图4-3　种间F1-3

图4-4　种间异源三倍体-1

五、种间异源三倍体-2（NAU-Allotri-2）

由异源四倍体新种与栽培黄瓜EC1杂交创制而成的，植株长势旺盛，其叶片大小、主蔓节间长与其亲本之一EC1很接近，而叶片颜色、果刺疏密介于双亲之间，果皮颜色近似亲本EC1，果实微酸，维生素C含量高（图4-5）。

六、种间异源三倍体-3（NAU-Allotri-3）

由异源四倍体新种与栽培黄瓜长春密刺杂交创制而成的，植株长势旺盛，其叶片大小、主蔓节间长与其亲本之一长春密刺很接近，而叶片颜色、果刺疏密介于双亲之间，果实大小近似异源四倍体新种，果实微酸，维生素C含量高（图4-6）。

图4-5　种间异源三倍体-2

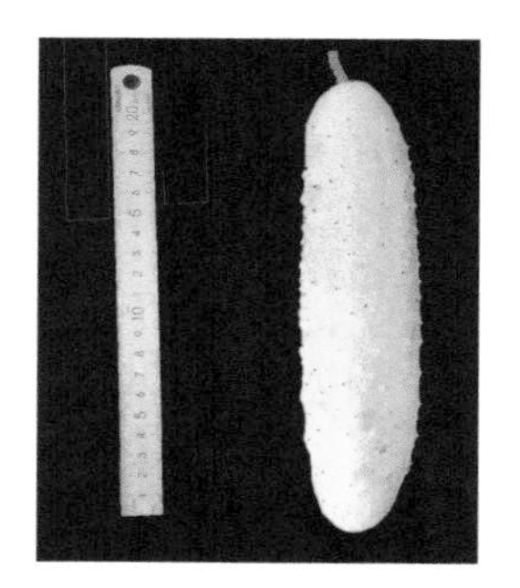
图4-6　种间异源三倍体-3

七、种间单体异附加系-1（NAU-Monosomic-1）

由野生酸黄瓜与栽培黄瓜北京截头杂交后获得的种间异源三倍体，再与农艺性状较好的水果型栽培黄瓜EC1杂交后获得的附加了一条酸黄瓜1号染色体的种间异附加系材料，生长势略弱于正常二倍体栽培黄瓜（图4-7）。

八、种间单体异附加系-2（NAU-Monosomic-2）

由野生酸黄瓜与栽培黄瓜北京截头杂交后获得的种间异源三倍体，再与农艺性状较好的水果型栽培黄瓜EC1杂交后获得的附加了一条酸黄瓜6号染色体的种间异附加系材料，叶片边缘呈波浪状，生长速率明显慢于正常二倍体黄瓜（图4-8）。

图4-7 种间单体异附加系-1

图4-8 种间单体异附加系-2

九、种间单体异附加系-3（NAU-Monosomic-3）

由野生酸黄瓜与栽培黄瓜北京截头杂交后获得的种间异源三倍体，再与农艺性状较好的水果型栽培黄瓜EC1杂交后获得的附加了一对酸黄瓜10号染色体的种间异附加系材料，生长初期常出现叶片不对称特征，生长势略弱于正常二倍体栽培黄瓜（图4-9）。

十、种间单体异附加系-4（NAU-Monosomic-4）

由野生酸黄瓜与栽培黄瓜北京截头杂交后获得的种间异源三倍体，再与农艺性状较好的水果型栽培黄瓜EC1杂交后获得的附加了一条酸黄瓜12号染色体的种间异附加系材料，叶片边缘呈锯齿状，生长速率慢于正常二倍体栽培黄瓜（图4-10）。

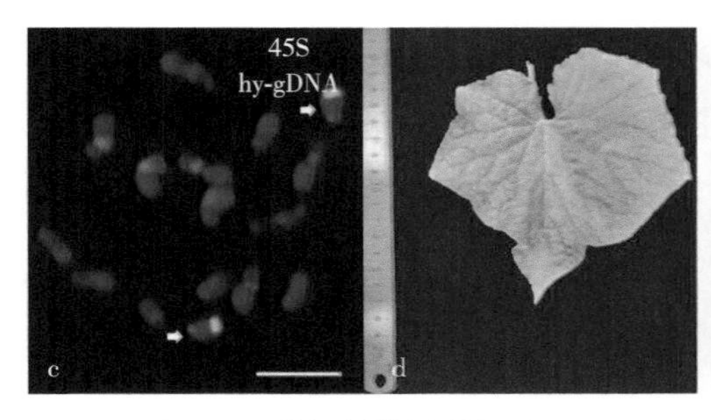

图4-9 种间单体异附加系-3

图4-10 种间单体异附加系-4

第二节　分子鉴定确证的西瓜优异远缘育种杂交中间材料

（2016YFD0100204-13 张洁）

一、西瓜（GR25）

在收集的近百份西瓜野生及半野生资源中，通过与栽培种杂交获得1份抗枯萎病中间材料GR25。亲本PI296341是1份高抗枯萎病的野生材料，如图第1列所示。GR25来源于97103与PI296341杂交后获得的RILs群体，苗期接种枯萎病生理小种1+2混合菌液，GR25表现抗病。通过分子标记鉴定，将抗性基因定位于西瓜1号染色体（图4-11）。

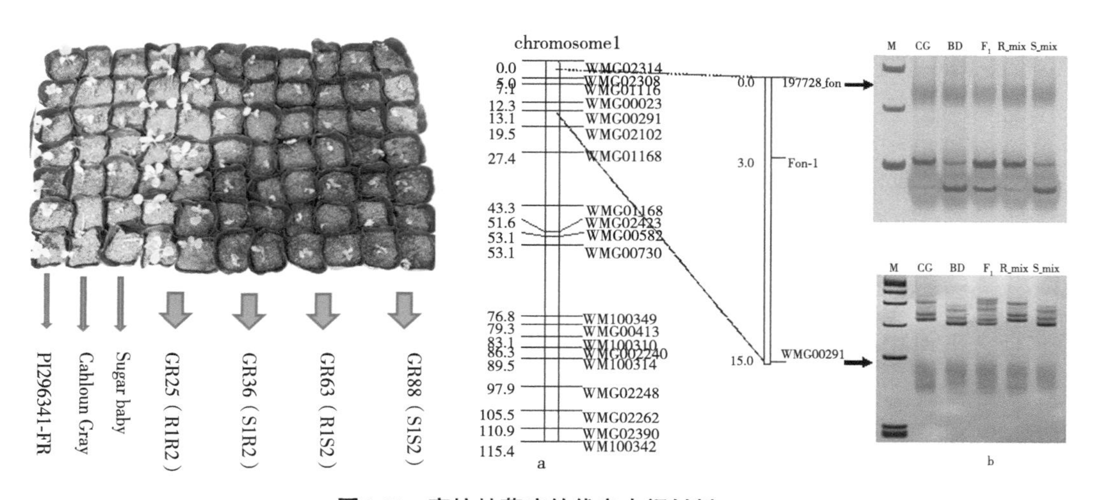

图4-11　高抗枯萎病的优良中间材料GR25

二、西瓜（RPM-2）

由从资源库中筛选出的高抗白粉病美洲西瓜资源GS100，通过与栽培东亚种L600长红杂交获得1份抗白粉病的中间材料RPM-2。通过分子标记鉴定，将抗性基因定位于西瓜2号染色体，并开发了相应的高通量的白粉病抗性检测标记PM-new（图4-12）。

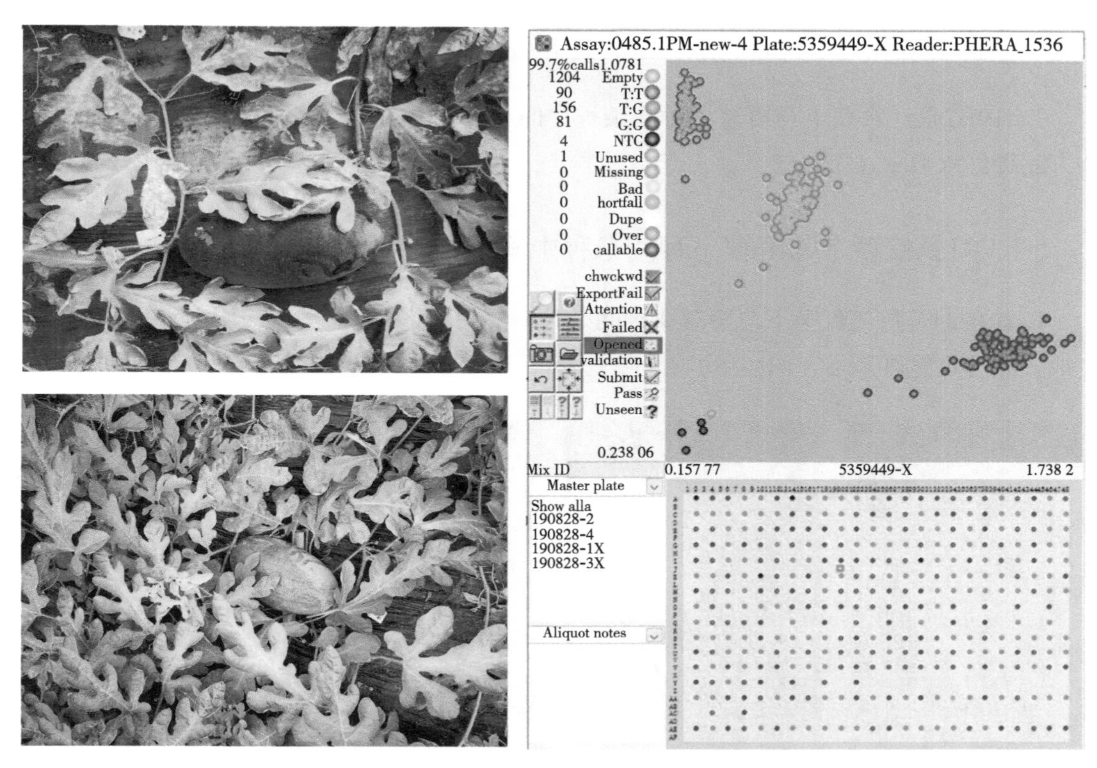

图4-12　高白粉病的优良中间材料RPM-2

第三节　分子鉴定确证的萝卜及近缘植物优异远缘育种杂交中间材料

（2016YFD0100204-7 张晓辉；2016YFD0100204-25 徐良）

一、心里美萝卜与野萝卜种间杂种中间材料（Lat19B104）

Lat19B104是心里美萝卜与野萝卜种间杂种中间材料，其父本为野萝，轮回母本为优良地方品种心里美萝卜（图4-13）。

二、二股长萝卜与野萝卜种间杂种中间材料（Lat19B45）

Lat19B45是二股长萝卜与野萝卜种间杂种中间材料，其父本为野萝卜，轮回母本为优良地方品种二股长萝卜（图4-14）。

三、红水萝卜与野萝卜种间杂种中间材料（Lat19B2）

Lat19B2是红水萝卜与野萝卜种间杂种中间材料，其父本为野萝卜，轮回母本为优良地方品种红水萝卜（图4-15）。

四、灯笼红萝卜与野萝卜种间杂种中间材料（Lat19B24）

Lat19B24是灯笼红萝卜与野萝卜种间杂种中间材料，其父本为野萝卜，轮回母本为优良地方品种灯笼红萝卜（图4-16）。

图4-13　中间材料 Lat19B104

图4-14　中间材料 Lat19B45

图4-15　中间材料 Lat19B2

图4-16　中间材料 Lat19B24

五、小辛庄青萝卜与野萝卜种间杂种中间材料（Lat19B23）

Lat19B23是小辛庄青萝卜与野萝卜种间杂种中间材料，其父本为野萝卜，轮回母本为优良地方品种小辛庄青萝卜（图4-17）。

六、小红袍水萝卜与野萝卜种间杂种中间材料（Lat19B38）

Lat19B38是小红袍水萝卜与野萝卜种间杂种中间材料，其父本为野萝卜，轮回母本为优良地方品种小红袍水萝卜（图4-18）。

七、五月红萝卜与野萝卜种间杂种中间材料（Lat19B29）

Lat19B29是五月红萝卜与野萝卜种间杂种中间材料，其父本为野萝卜，轮回母本为优良地方品种五月红萝卜（图4-19）。

八、乌萝卜与野萝卜种间杂种中间材料（Lat19B49）

Lat19B49是乌萝卜与野萝卜种间杂种中间材料，其父本为野萝卜，轮回母本为优良地方品种乌萝卜（图4-20）。

图4-17　中间材料 Lat19B23

图4-18　中间材料 Lat19B38

图4-19　中间材料 Lat19B29

图4-20　中间材料 Lat19B49

九、金线吊萝卜与野萝卜种间杂种中间材料（Lat19B57）

Lat19B57是金线吊萝卜与野萝卜种间杂种中间材料，其父本为野萝卜，轮回母本为优良地方品种金线吊萝卜（图4-21）。

十、白萝卜与野萝卜种间杂种中间材料（Lat19B14）

Lat19B14是白萝卜与野萝卜种间杂种中间材料，其父本为野萝卜，轮回母本为优良地方品种圈10萝卜（图4-22）。

十一、商丘坠肚萝卜与野萝卜种间杂种中间材料（Lat19B52）

Lat19B52是商丘坠肚萝卜与野萝卜种间杂种中间材料，其父本为野萝卜，轮回母本为优良地方品种商丘坠肚萝卜（图4-23）。

十二、新闸红萝卜与野萝卜种间杂种中间材料（Lat19B76）

Lat19B76是新闸红萝卜与野萝卜种间杂种中间材料，其父本为野萝卜，轮回母本为优良地方品种新闸红萝卜（图4-24）。

图4-21　中间材料 Lat19B57

图4-22　中间材料 Lat19B14

图4-23　中间材料 Lat19B52

图4-24　中间材料 Lat19B76

十三、大青萝卜与野萝卜种间杂种中间材料（Lat19B35）

Lat19B35是大青萝卜与野萝卜种间杂种中间材料，其父本为野萝卜，轮回母本为优良地方品种大青萝卜（图4-25）。

十四、浙大长萝卜与野萝卜种间杂种中间材料（Lat19B98）

Lat19B98是浙大长萝卜与野萝卜种间杂种中间材料，其父本为野萝卜，轮回母本为优良地方品种浙大长萝卜（图4-26）。

十五、青皮脆萝卜与野萝卜种间杂种中间材料（Lat19B103）

Lat19B103是青皮脆萝卜与野萝卜种间杂种中间材料，其父本为野萝卜，轮回母本为优良地方品种青皮脆萝卜（图4-27）。

十六、萝卜NAU-LB-YH19-18NAU-01

利用萝卜高代自交系NAU-LB（*Raphanus sativus* var. *sativus*）做母本，栽培种变种NAU-YH09（*Raphanus sativus* var. *radicula*）为父本，进行人工杂交，获得优异杂交中间材料NAU-LB-YH19，长势旺盛，株型半直立；肉质根短圆柱形，皮色上红下白，肉质白色，单根重0.4～0.5kg；半花叶，叶片绿色，叶柄绿色，基部微红；肉质根质地脆甜。目前对肉质根膨大初期的肉质根及其亲本进行了DNA甲基化与转录组分析，分离鉴定出双亲与杂种一代肉质根膨大初期的差异表达基因，以期解析萝卜杂种优势性状形成的分子机理（图4-28）。

图4-25　中间材料Lat19B35

图4-26　中间材料Lat19B98

图4-27　中间材料Lat19B103

图4-28　萝卜（NAU-LB-YH19-18NAU-01）

第四节　分子鉴定确证的白菜优异远缘育种杂交中间材料

（2016YFD0100204-15 赵岫云；2016YFD0100204-17 赵建军；2016YFD0100204-18 原玉香；2016YFD0100204-31 余小林）

一、分蘖白菜（金丝芥杂a-17.9-40）

17.9-40是金丝芥和改良28杂交后，经过2代自交提纯的中间材料。该材料叶色绿，叶片平展，椭圆形，叶柄长，耐热，抗病毒，分蘖性强（图4-29）。

二、分蘖白菜（金丝芥杂b-17.9-41）

17.9-41是金丝芥和抗热清江白杂交后，经过2代自交提纯的中间材料。该材料叶色绿，叶片稍内卷，叶形长椭圆，叶柄细，株型半直立，耐热，抗病，叶片多，分蘖性强（图4-30）。

三、分蘖白菜（金丝芥杂c-17.9-34）

17.9-34是金丝芥和苏州青杂交后，经过2代自交提纯的中间材料。该材料叶色深绿，叶片平展，长椭圆形，叶柄细长，较耐寒，叶数多，分蘖性强（图4-31）。

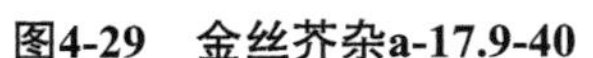

图4-29　金丝芥杂a-17.9-40

图4-30　金丝芥杂b-17.9-41

图4-31　金丝芥杂c-17.9-34

四、分蘖白菜（金丝芥杂d-17.9-39）

17.9-39是金丝芥和抗热605杂交后，经过2代自交提纯的中间材料。该材料叶色绿，叶片稍内卷，椭圆形，叶柄较短，耐病耐雨，分蘖性强（图4-32）。

五、分蘖白菜（金丝芥杂亮-17.9-36）

17.9-36是金丝芥和华冠杂交后，经过2代自交提纯的中间材料。该材料叶色绿，叶面有光泽，叶片椭圆形，叶柄细长且绿，叶数多，分蘖性强（图4-33）。

图4-32　金丝芥杂d-17.9-39

图4-33　金丝芥杂亮-17.9-36

六、大白菜远缘杂交中间材料DH1-18

从四倍体大白菜（AAAA）和二倍体甘蓝（CC）远缘杂交得到的异源三倍体（AAC）与二倍体大白菜85-1回交后代中，筛选出大白菜—甘蓝1号二体异附加系（AC_1D），对其小孢子培养DH系进行分子标记鉴定，从中获得含有甘蓝C03连锁群特异InDel标记C03-6、C03-44和C03-45的纯合材料DH1-18，叶球为圆球形，干物质、可溶性糖含量较大白菜亲本有所提高，粗纤维含量较低，早熟（图4-34）。

1：大白菜亲本；2：甘蓝亲本；3、4、6：AC_1D后代DH植株；5：DH1-18。

图4-34 DH1-18的InDel分子标记鉴定及植株营养生长性状

七、大白菜远缘杂交中间材料DH2-7

来源于添加甘蓝2号染色体的大白菜——甘蓝2号异附加系回交一代小孢子培养DH系，分子鉴定结果显示，该材料中含有甘蓝C09连锁群特异的InDel标记C09-4（图4-35），现蕾及抽薹较大白菜亲本晚10～20d。

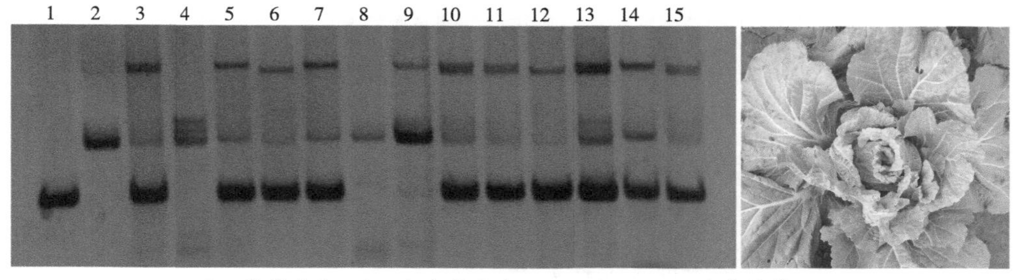

1：甘蓝亲本；2：大白菜亲本；3～15：DH2-7自交后代。

图4-35 DH2-7自交后代分子标记鉴定及植株营养生长性状

八、大白菜远缘杂交中间材料DH2-10

来源于添加甘蓝2号染色体的大白菜——甘蓝2号异附加系回交后代小孢子培养DH系，分子鉴定结果显示，该材料中含有甘蓝抽薹开花相关基因*BrFLC3*（图4-36），现蕾及抽薹较晚。

九、大白菜远缘杂交中间材料DH3-11

来源于添加甘蓝3号染色体的大白菜——甘蓝单体异附加系AC_3的小孢子DH系，分子鉴定结果显示，该材料中含有甘蓝C02连锁群特异的InDel标记C02-5（物理位置5 387 293bp），添加的甘蓝染色体片段大小约为1.03Mb（图4-37）。DH3-11叶色灰绿，叶面稍皱、叶球舒心，直筒形，维生素C含量高，平均为56.03mg/100g FW。

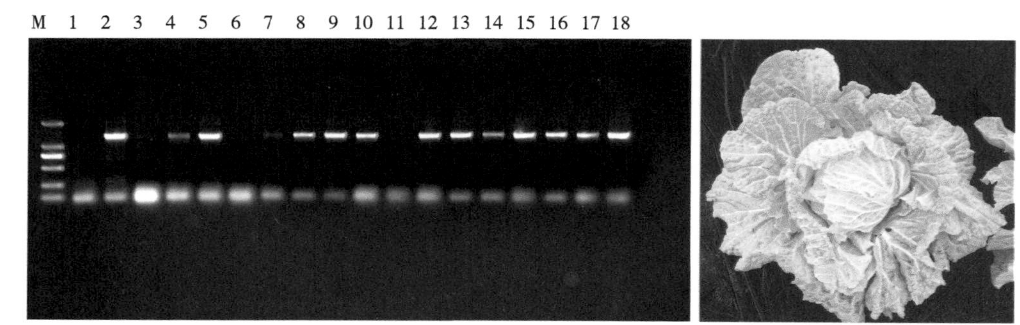

1：大白菜亲本；2：甘蓝亲本；3～18：DH2-10自交后代。

图4-36　DH2-10自交后代中*BrFLC3*基因扩增结果及植株营养生长性状

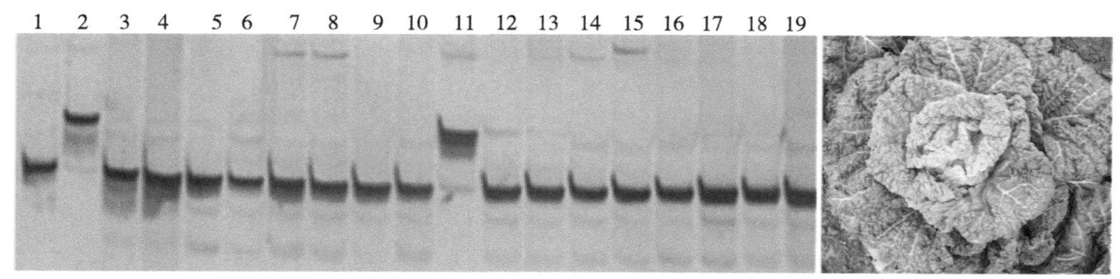

1：大白菜亲本；2：甘蓝亲本；3～11：AC3后代DH植株。

图4-37　甘蓝标记C02-5在小孢子植株中的扩增及DH3-11植株营养生长期性状

十、大白菜远缘杂交中间材料DH4-13

来源于添加甘蓝4号染色体的大白菜——甘蓝异附加系AC_4的小孢子DH系，分子鉴定结果显示，该材料中含有甘蓝C03连锁群特异的InDel标记C03-16（图4-38）。叶球舒心，直筒形，硫苷含量高。

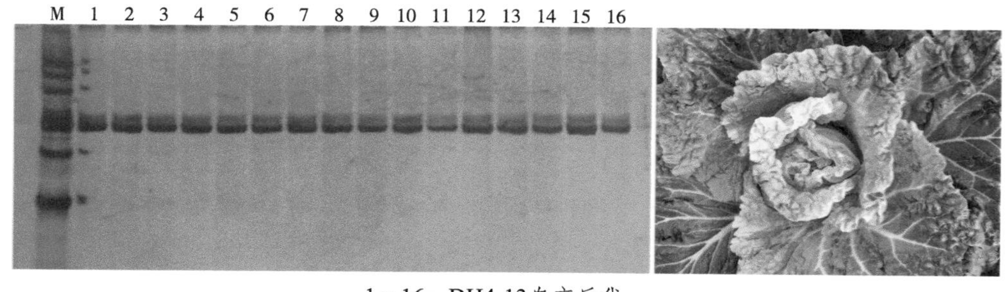

1～16：DH4-13自交后代。

图4-38　DH4-13自交后代植株分子标记鉴定及营养生长期性状

十一、大白菜远缘杂交中间材料DH4-29

来源于添加甘蓝4号染色体的大白菜——甘蓝单体异附加系AC_4的小孢子DH系，分子鉴定结果显示，该材料中含有甘蓝C04连锁群特异的InDel标记C04-26（图4-39）。叶球叠抱，直筒形，维生素C含量高。

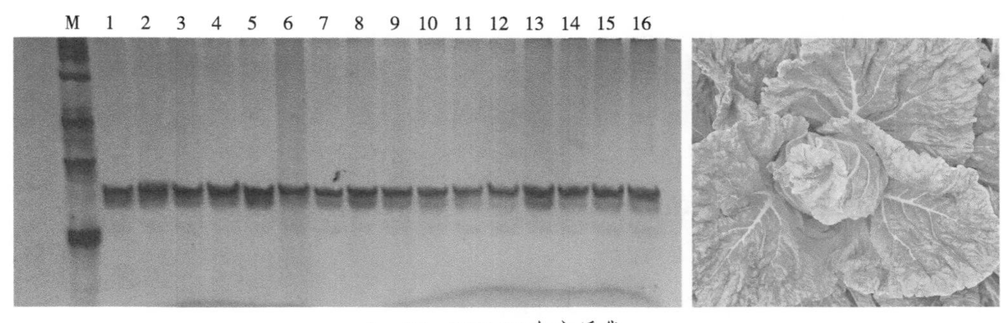

1～16：DH4-29自交后代。

图4-39　DH4-29自交后代植株分子标记鉴定及营养生长期性状

十二、大白菜远缘杂交中间材料DH4-52

来源于添加甘蓝4号染色体的大白菜——甘蓝单体异附加系AC_4的小孢子DH系，分子鉴定结果显示，该材料中含有甘蓝连锁群特异的InDel标记C04-26和C05-24（图4-40）。叶球叠抱，直筒形，耐抽薹。

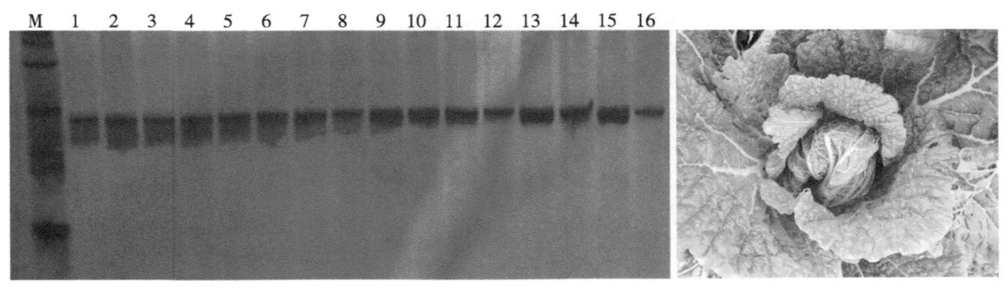

1～16：DH4-52自交后代。

图4-40　DH4-52自交后代植株分子标记鉴定及营养生长期性状

十三、大白菜远缘杂交中间材料DH7-2

来源于添加甘蓝7号染色体的大白菜——甘蓝异附加系AC_7回交后代小孢子培养DH系，含有甘蓝C01连锁群特异InDel标记C01-1和C01-2（图4-41）。可溶性糖和维生素C含量高。

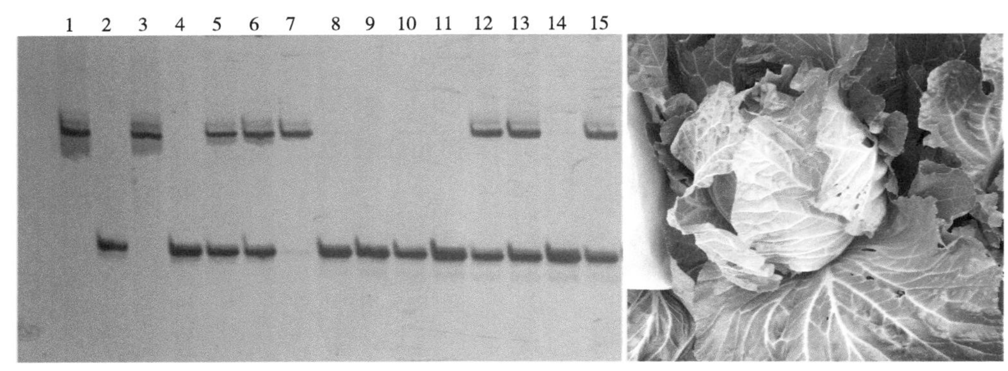

1：甘蓝亲本；2：大白菜亲本；3～15：AC7后代DH植株。

图4-41　DH7-2的InDel标记鉴定及植株营养生长性状

十四、大白菜远缘杂交中间材料DH7-3

来源于添加甘蓝7号染色体的大白菜——甘蓝异附加系AC_7回交后代小孢子培养DH系，含有甘蓝C01连锁群特异InDel标记C01-1、C01-2、C01-6、C01-7、C01-10和C01-31（图4-42）。可溶性糖和维生素C含量高。

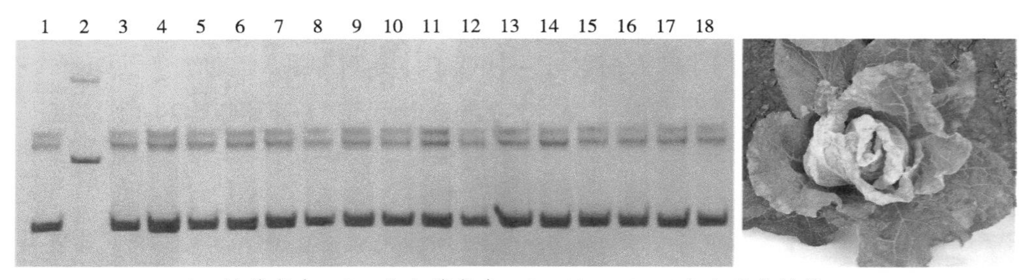

1：甘蓝亲本；2：大白菜亲本；3～18：DH7-3自交后代植株。

图4-42　DH7-3的InDel标记鉴定及植株营养生长性状

十五、大白菜远缘杂交中间材料DH8-1

来源于添加甘蓝8号染色体的大白菜——甘蓝异附加系AC_8回交后代小孢子培养DH系，含有甘蓝C03连锁群特异InDel标记C03-29～C03-38（图4-43）。维生素C含量高，平均为46mg/100g FW。

十六、大白菜$18BC_1$-4（$18BC_1$-4）

本研究前期以抗根肿病的芜菁甘蓝自交系ECD10-3-1（AACC）为父本（P_2），以结球大白菜DH系R16-11（AA）为母本（P_1），通过远缘杂交得到杂交种F_1代，经人工接种筛选抗根肿病单株；以抗根肿病的F_1代植株为母本，轮回亲本R16-11为父本，回交得到BC_1F_1。利用P_1、P_2和F_1为材料，筛选得到抗根肿病连锁的KASP分子标记1个（K1）。对2018年收获的2份BC_1材料$18BC_1$-3和$18BC_1$-4，经根肿病抗性鉴定，其中$18BC_1$-4抗感分离比为1：1，经分子标记验证抗病单株中含有杂合抗病位点，感病单株中含纯合感病位点，进而获得经分子标记确证的含有芜菁甘蓝中抗根肿病基因的大白菜优异远缘杂交中间材料1份：18BC1-4。

该材料除含有根肿病抗性位点外，形态学调查显示多数植株性状如开花期及叶形等偏向于大白菜。细胞学观察表明BC1代染色体数在F_1和大白菜之间，以22条居多（图4-44）。

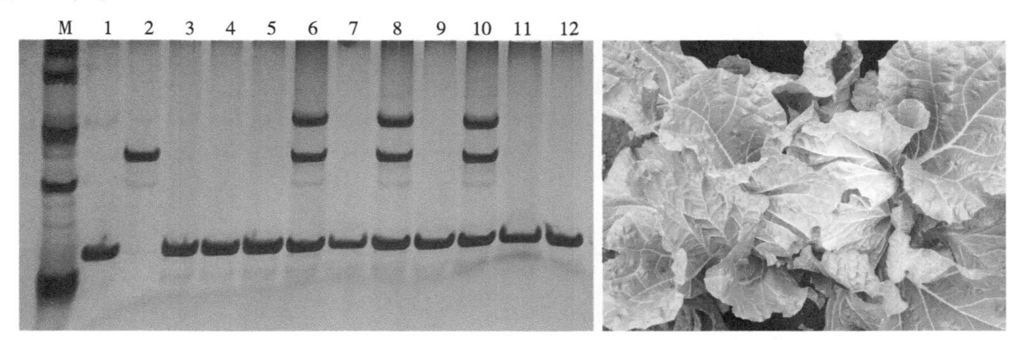

1：甘蓝亲本；2：大白菜亲本；3～12：DH8-1自交后代植株。

图4-43　DH8-1的InDel标记鉴定及植株营养生长性状

（a）细胞学鉴定　（b）分子鉴定

（c）根肿病抗性鉴定　（d）寄主田间性状

图4-44　白菜18BC1-4（18BC1-4）

十七、小白菜（195-04）

小白菜195-04是亲本186-37与根肿病抗性材料077-03杂交后代与186-37连续回交4代的中间材料，目前绝大部分农艺性状已趋于稳定。195-04材料的生长习性为半直立，植株中桩束腰，带抗根肿病标记*BrSSR133*，并抗芸薹根肿菌生理小种ECD16/0/0。叶片阔卵圆形叶，叶色深绿，有光泽，叶绿色。商品性好，品质佳。平均单株重为0.55kg（图4-45）。

图4-45　小白菜（195-04）

十八、小白菜（195-13）

小白菜195-13是亲本186-37与根肿病抗性材料077-03杂交后代与186-37连续回交4代的中间材料，目前绝大部分农艺性状已趋于稳定。195-04材料的生长习性为半直立，植株中桩束腰，带抗根肿病标记*BrSSR133*，并抗芸薹根肿菌生理小种ECD16/0/0。叶片倒卵圆形叶，叶色深绿，有光泽，叶柄浅绿色，商品性好。平均单株重为0.53kg（图4-46）。

图4-46　小白菜（195-13）

十九、异源六倍体（1812-07）

异源六倍体（AABBCC）1812-07是前期引进的桥梁材料。1812-07材料的生长习性为直立，植株高大，叶片花叶，长椭圆形叶，叶色紫色。生长势强，抗性好。主要用于小白菜的叶色和抗性的改良（图4-47）。

二十、小白菜（1812-04）

小白菜1812-04是亲本166-46与前期引进的绿叶类型的异源六倍体（AABBCC）桥梁

材料1612-03杂交所产生的F_1代。1812-04材料的生长习性为塌地型，植株矮小，叶片花叶，叶片长椭圆形，叶色黄绿。生长势弱，主要用于小白菜的抗性的改良。由于远缘杂交的不亲合性和不育性，仅获得少量的发育不好的干瘪种子。目前正在尝试使用胚挽救的方法获得其后代（图4-48）。

图4-47　异源六倍体（1812-07）

图4-48　小白菜（1812-04）

二十一、小白菜（176-05）

小白菜176-05是亲本166-04与前期引进的芥菜型异源四倍体（AABB）166-27杂交所产生的F_1代。176-05材料的生长习性为半直立类型，植株中桩，叶片版叶，叶片长椭圆形，叶片正反面均为紫色（图4-49）。

二十二、小白菜（1712-02）

小白菜1712-02是亲本166-08与前期引进的异源四倍体（AACC）甘蓝型油菜1612-06杂交所产生的F_1代。1712-02材料的生长习性为直立型，植株中桩，叶片板叶，叶片倒椭圆形，叶色绿。生长势较强，主要用于小白菜抗性的改良。由于远缘杂交的不亲合性和不育性，仅获得少量的发育不好的干瘪种子。目前正在尝试使用胚挽救的方法获得其后代（图4-50）。

图4-49　小白菜（176-09）

图4-50　小白菜（1712-02）

第五节　分子鉴定确证的甘蓝及近缘植物优异远缘育种杂交中间材料

（2016YFD0100204-11 吕红豪；2016YFD0100204-22 曾爱松；
2016YFD0100204-14 刘凡）

目前，国内甘蓝育种普遍缺乏多抗性或者具有新病害（根肿病等）抗性的材料，而国外公司普遍利用Ogura CMS不育系生产杂交种，更是对资源引进造成了困难。利用远缘杂交创制甘蓝Ogura CMS恢复系，可突破国外公司的垄断，引进具有新特性（如黑腐、根肿病抗性）的种质资源。

针对甘蓝类材料中缺乏Ogura CMS不育系的恢复系，利用Ogura CMS甘蓝类材料与恢复型油菜远缘杂交，通过胚挽救、恢复基因标记筛选逐步创制Ogura CMS甘蓝类材料的恢复系，为资源引进打下基础。

一、甘蓝Y16-1

本研究已在前期获得了芥蓝cms KL×恢复系油菜Y8823的F_1杂交种Y15。Y16-1是以Y15为父本，以cms KL为母本，通过远缘杂交、胚挽救和分子标记辅助筛选技术获得的Ogura细胞质不育恢复远缘杂交中间材料BC_1代，标记检测为*Rfo*阳性，田间表现为育性恢复，能够产生花粉，形态学性状调查显示单株多数植物学性状偏向油菜。利用流式细胞仪对其和亲本的DNA相对含量进行测定，荧光峰值位于330处，推测该BC_1代恢复材料仍为近三倍体单株（图4-51）。

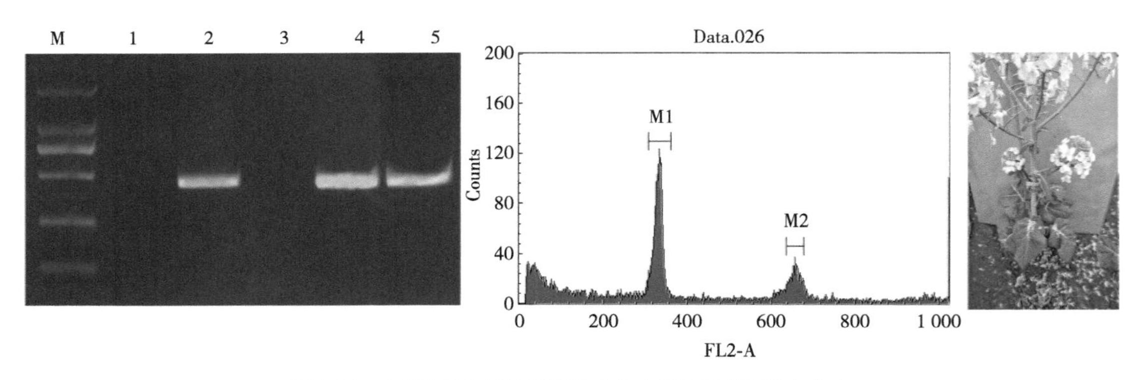

图4-51　甘蓝Y16-1分子鉴定（左）及田间性状（右）

二、甘蓝Y16-2

Y16-2是以Y15为父本，以cms KL为母本，通过远缘杂交、胚挽救和标记辅助筛选技术获得的Ogura细胞质不育恢复远缘杂交中间材料BC_1代，多数植物学性状偏向油菜，育性恢复，分子标记检测为阳性，有花粉产生，花粉活力较好，开花初期花药花粉较饱满，后期育性较差，平均花粉活力达60%（图4-52）。

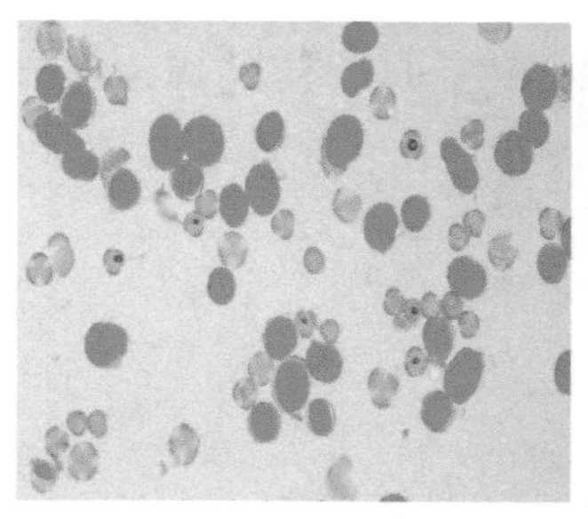

图4-52　甘蓝Y16-2花粉活力检测（左）及田间性状（右）

三、甘蓝Y16-3

Y16-3是以Y15为父本，以cms KL为母本，通过远缘杂交、胚挽救和分子标记辅助筛选技术获得的Ogura细胞质不育恢复远缘杂交中间材料BC_1代，利用流式细胞仪检测荧光峰值位于340处，同样为近三倍体单株。Y16-3多数植物学性状偏向油菜，有叶裂，株型较大，叶缘多锯齿，花期育性恢复，分子标记检测为阳性，有花粉产生，但花药附着花粉较少，花粉活力较低（图4-53）。

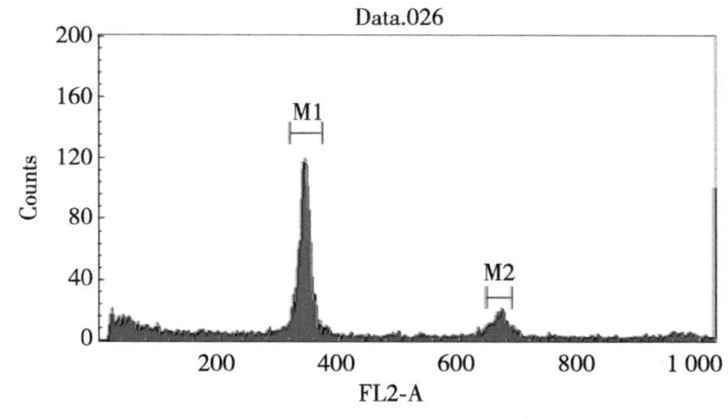

图4-53　甘蓝Y16-3分子鉴定（左）及田间性状（右）

四、甘蓝Y17-1

Y17-1是以Y16-1为父本，以cms KL为母本，通过远缘杂交、胚挽救和分子标记辅助筛选技术获得的Ogura细胞质不育恢复远缘杂交中间材料BC_2代，多数植物学性状偏向油菜，有叶裂，叶缘多锯齿等，少数性状偏向芥蓝，如叶形椭圆，叶色灰绿，植株株型半直立，*Rfo*分子标记检测为阳性，育性回复较好（图4-54）。

五、甘蓝Y17-2

Y17-2是以Y16-2为父本，以cms KL为母本，通过远缘杂交、胚挽救和分子标记辅助筛选技术获得的Ogura细胞质不育恢复远缘杂交中间材料BC_2代，多数植物学性状偏向油菜，少数性状偏向芥蓝，叶缘已无明显锯齿，花色白色，花直径略大于亲本芥蓝，*Rfo*分子标记检测为阳性，育性回复一般（图4-55）。

六、甘蓝Y18-1

Y18-1是以Y17-1为父本，以cms KL为母本，通过回交、大量授粉和分子标记辅助筛选技术获得的Ogura细胞质不育恢复远缘杂交中间材料BC_3代，多数植物学性状偏向芥蓝，整株形态半直立，花形与芥蓝花形一致，花色白色，叶形卵圆，叶面微皱，叶色灰绿，*Rfo*分子标记检测为阳性，育性回复较好（图4-56）。

七、甘蓝Y18-2

Y18-2是以Y17-2为父本，以cms KL为母本，通过回交、大量授粉和分子标记辅助筛选技术获得的Ogura细胞质不育恢复远缘杂交中间材料BC_3代，多数植物学性状偏向芥蓝，叶形椭圆，叶色灰绿，植株株型半直立，叶基部存在1～2个叶翼，叶片无明显叶裂，叶面有腊质覆盖，*Rfo*分子标记检测为阳性，育性回复一般（图4-57）。

图4-54　甘蓝Y17-1田间性状

图4-55　甘蓝Y17-2田间性状

图4-56　甘蓝Y18-1田间性状

图4-57　甘蓝Y18-2田间性状

八、甘蓝Y19-1

Y19-1是以Y18-1为父本，以cms KL为母本，通过远缘回交、大量授粉和分子标记辅助筛选技术获得的Ogura细胞质不育恢复远缘杂交中间材料BC_4代，多数植物学性状偏向芥蓝，育性恢复较好，可见花粉较多，*Rfo*分子标记检测为阳性，可初步用于甘蓝CMS恢复材料创制（图4-58）。

图4-58　甘蓝Y19-1田间性状

九、大白菜—甘蓝异源双二倍体（17-CCRb04）

17-CCRb04是以从韩国引进的含有抗根肿病*CRb*基因的大白菜材料青白02（早熟，携带*CRb*根肿病抗性基因）为母本，江苏结球甘蓝材料429（早熟，球形尖，耐抽薹，不抗根肿病）为父本进行远缘杂交，通过胚胎拯救技术，结合*CRb*基因分子标记鉴定技术、染色体加倍和倍性鉴定技术，获得的含有*CRb*基因的甘蓝—大白菜双二倍体。在营养生长期和生殖生长期，种间杂种双二倍体生长势旺盛，开展度大，在叶片、花蕾、花朵、种子大小，以及植株高度等方面具有明显的超亲优势；其叶片颜色、厚度，以及蜡粉多少偏向亲本甘蓝，花朵、种子颜色偏向亲本大白菜，叶表面及叶柄刺毛的多少介于双亲之间，双二倍体植株花期和蕾期自交亲和指数均较高（图4-59）。

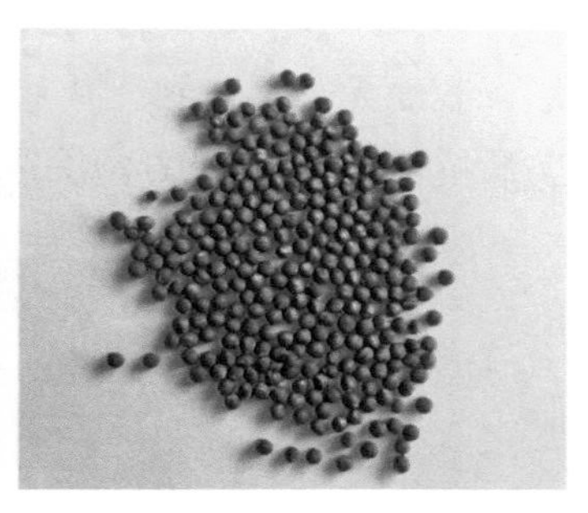

（a）营养生长期　　（b）生殖生长期　　（c）种子形态

图4-59　大白菜—甘蓝异源双二倍体（17-CCRb04）

十、花椰菜—黑芥种间体细胞杂种中间材料PFCN2 S3BC2-X-8

PFCN2 S3BC2-X-8，植株表型偏花椰菜，株高约38cm，生长势中，叶片深绿，戟形，表面无毛，平滑，叶基部羽裂，叶柄长，不形成花球，花冠黄色、大，染色体数26，黑腐病抗性指数24.44（图4-60）。

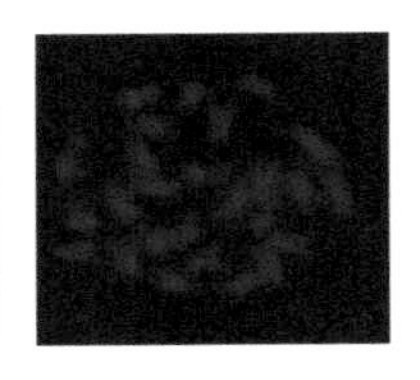

花椰菜Korso　PFCN2 S3BC2-X-8　黑芥

图4-60　PFCN2 S3BC2-X-8

十一、花椰菜—黑芥种间体细胞杂种中间材料PFCN5 S4-2-134

PFCN5 S4-2-134，植株表型为中间类型，株高约20cm，生长势强，叶片亮绿，长椭圆形，表面无毛，平滑，叶基部羽裂，叶柄长，不形成花球，花冠黄色、大，染色体30，黑腐病抗性指数1.76（图4-61）。

花椰菜Korso　PFCN5 S4-2-134　黑芥

图4-61　PFCN5 S4-2-134

十二、花椰菜—黑芥种间体细胞杂种中间材料PFCN9 S4-2-128

PFCN9 S4-2-128，植株表型为中间类型，株高约35cm，生长势中，叶片灰绿，卵圆形，表面无毛，略皱，叶基部羽裂，叶柄长，不形成花球，花冠黄色、中，染色体28，黑腐病抗性指数6.0（图4-62）。

花椰菜Korso　PFCN9 S4-2-128　黑芥

图4-62　PFCN9 S4-2-128

十三、花椰菜—黑芥种间体细胞杂种中间材料PFCN13-2 S1BC4-3-3

PFCN13-2 S1BC4-3-3，植株表型为中间偏花椰菜类型，株高约20cm，生长势强，叶片灰绿，长卵圆形，表面无毛，光滑，有蜡质，叶基部羽裂，叶柄长，不形成花球，花冠黄色、中，染色体数24，黑腐病抗性指数25.33（图4-63）。

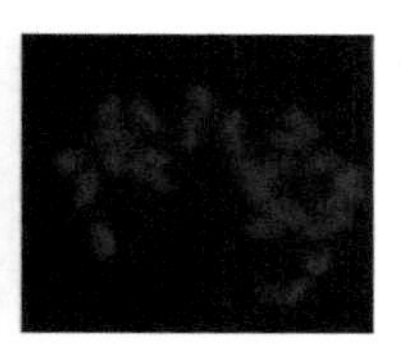

花椰菜Korso　PFCN13-2 S1BC4-3-3　黑芥

图4-63　PFCN13-2 S1BC4-3-3

十四、花椰菜—黑芥种间体细胞杂种中间材料PFCN13-2 S1BC4-117

PFCN13-2 S1BC4-117，植株表型为中间偏花椰菜类型，株高约40cm，生长势强，叶片灰绿，长卵圆形，表面无毛，光滑，叶基部羽裂，叶柄长，不形成花球，花冠黄色、小，染色体数30，黑腐病抗性指数6.5（图4-64）。

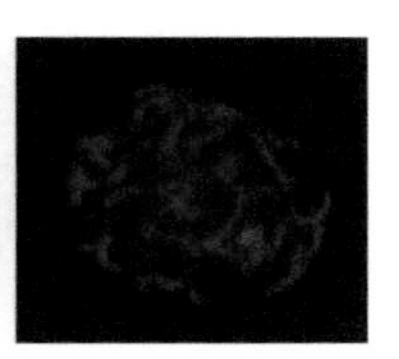

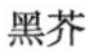

花椰菜Korso　PFCN13-2 S1BC4-117　黑芥

图4-64　PFCN13-2 S1BC4-117

十五、花椰菜—黑芥种间体细胞杂种中间材料PFCN14-1 S1BC4-123

PFCN14-1 S1BC4-123，植株表型为中间偏花椰菜类型，株高约25cm，生长势强，叶片绿，长卵圆形，表面无毛，光滑，叶基部羽裂，叶柄长，不形成花球，花冠黄色、中，染色体数26，黑腐病抗性指数6.4（图4-65）。

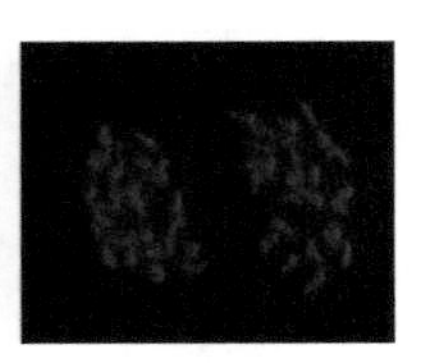

花椰菜Korso　PFCN14-1 S1BC4-123　黑芥

图4-65　PFCN14-1 S1BC4-123

十六、花椰菜—黑芥种间体细胞杂种中间材料PFCN14-1 S1BC4-124

PFCN14-1 S1BC4-124，植株表型为中间类型，株高约27cm，生长势强，叶片绿，长卵圆形，表面无毛，光滑，叶基部羽裂，叶柄较长，不形成花球，花冠黄色、中，染色体数32，黑腐病抗性指数6.4（图4-66）。

花椰菜Korso

PFCN14-1 S1BC4-124

黑芥

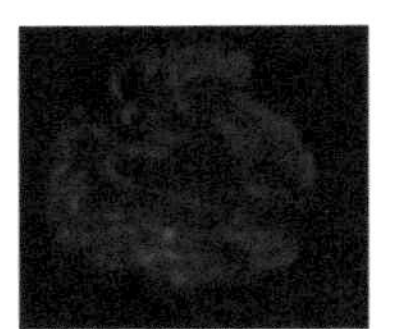

图4-66　PFCN14-1 S1BC4-124

十七、花椰菜—黑芥种间体细胞杂种中间材料PFCN15-2 S1BC4-3-4

PFCN15-2 S1BC4-3-4，植株表型为中间偏花椰菜类型，株高约23cm，生长势较弱，叶片灰绿，长卵圆形，表面无毛，光滑，有蜡质。叶基部羽裂，叶柄较长，不形成花球，花冠黄色、中，染色体数24，黑腐病抗性指数20.71（图4-67）。

花椰菜Korso

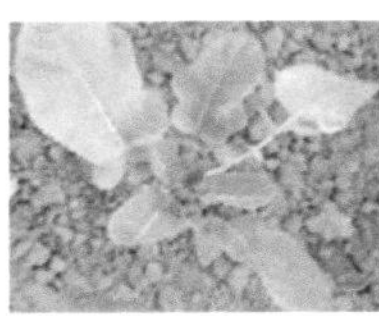
PFCN15-2 S1BC4-3-4

黑芥

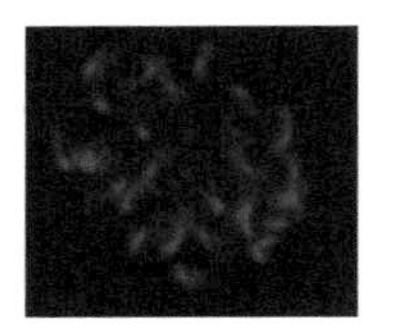

图4-67　PFCN15-2 S1BC4-3-4

十八、花椰菜—黑芥种间体细胞杂种中间材料PFCN15-2 S1BC4-5-2

PFCN15-2 S1BC4-5-2，植株表型为中间偏花椰菜类型，株高约17cm，生长势中，叶片灰绿，长卵圆形，表面无毛，光滑，有蜡质。叶基部羽裂，叶柄较长，不形成花球，花冠黄色、中，染色体数30，黑腐病抗性指数30.56（图4-68）。

花椰菜Korso

PFCN15-2 S1BC4-5-2

黑芥

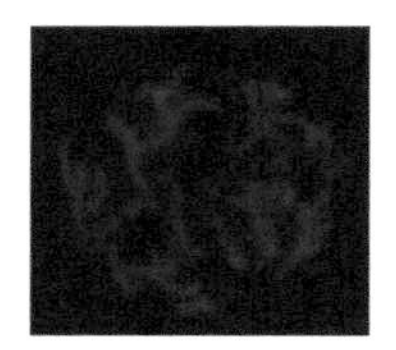

图4-68　PFCN15-2 S1BC4-5-2

十九、花椰菜—黑芥种间体细胞杂种中间材料PFCN15-2 S1BC4-6-2

PFCN15-2 S1BC4-6-2，植株表型为中间类型，株高约19cm，生长势强，叶片灰绿，近卵圆形，表面无毛，光滑，有蜡质。叶基部羽裂，叶柄长，不形成花球，花冠黄色、中，染色体数30，黑腐病抗性指数13.33（图4-69）。

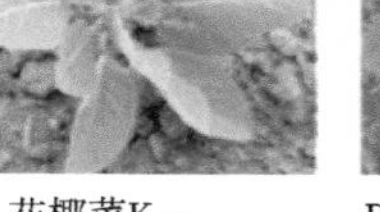

花椰菜Korso　PFCN15-2 S1BC4-6-2　黑芥

图4-69　PFCN15-2 S1BC4-6-2

二十、花椰菜—黑芥种间体细胞杂种中间材料PFCN16-1 S1BC2S1BC1-107

PFCN16-1 S1BC2S1BC1-107，植株表型为中间类型，株高约35cm，生长势中，叶片灰绿，近卵圆形，表面无毛，光滑，有蜡质。叶基部羽裂，叶柄长，不形成花球，花冠黄色、中，染色体数24，黑腐病抗性指数10.07（图4-70）。

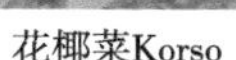

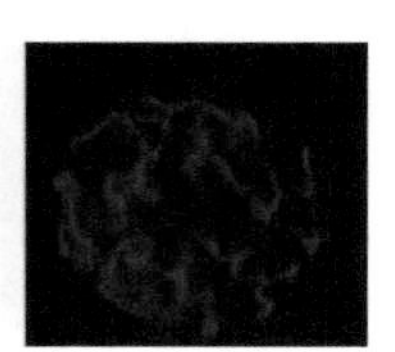

花椰菜Korso　PFCN16-1 S1BC2S1BC1-107　黑芥

图4-70　PFCN16-1 S1BC2S1BC1-107

二十一、花椰菜—黑芥种间体细胞杂种中间材料PFCN16-1 S1BC2S1BC1-103

PFCN16-1 S1BC2S1BC1-103，植株表型为中间偏花椰菜类型，株高约53cm，生长势中，叶片灰绿，近卵圆形，表面无毛，光滑，有蜡质。叶基部羽裂，叶柄较长，不形成花球，花冠黄色、中，染色体数32，黑腐病抗性指数10.07（图4-71）。

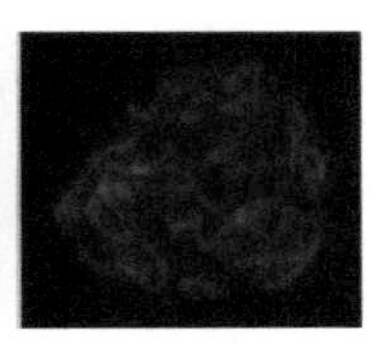

花椰菜Korso　PFCN16-1 S1BC2S1BC1-103　黑芥

图4-71　PFCN16-1 S1BC2S1BC1-103

二十二、花椰菜—黑芥种间体细胞杂种中间材料PFCN21-1 S1BC2-141

PFCN21-1 S1BC2-141，植株表型为中间类型，株高约34cm，生长势强，叶片灰绿，近卵圆形，表面无毛，光滑，有蜡质。叶基部羽裂，叶柄较长，不形成花球，花冠黄色、中，染色体数28，黑腐病抗性指数42.78（图4-72）。

花椰菜Korso

PFCN21-1 S1BC2-141

黑芥

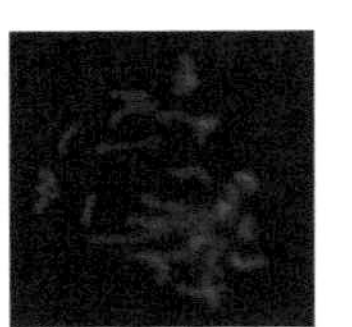

图4-72　PFCN21-1 S1BC2-141

二十三、花椰菜—黑芥种间体细胞杂种中间材料PFCN29 BC3-5-8

PFCN29 BC3-5-8，植株表型为中间类型，株高约24cm，生长势强，叶片灰绿，近卵圆形，表面无毛，光滑，有蜡质。叶基部羽裂，叶柄较长，不形成花球，花冠黄色、中，染色体数28，黑腐病抗性指数23.59（图4-73）。

花椰菜Korso

PFCN29 BC3-5-8

黑芥

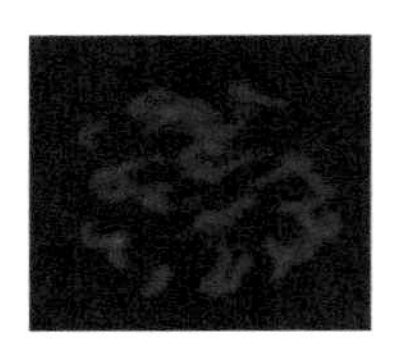

图4-73　PFCN29 BC3-5-8

二十四、花椰菜—黑芥种间体细胞杂种中间材料PFCN29 BC3-3-9

PFCN29 BC3-3-9，植株表型为中间类型，株高约17cm，生长势较弱，叶片灰绿，戟形，表面无毛，光滑，有蜡质。叶基部羽裂，叶柄长，不形成花球，花冠黄色、较小，染色体数26，黑腐病抗性指数3.33（图4-74）。

花椰菜Korso

PFCN29 BC3-3-9

黑芥

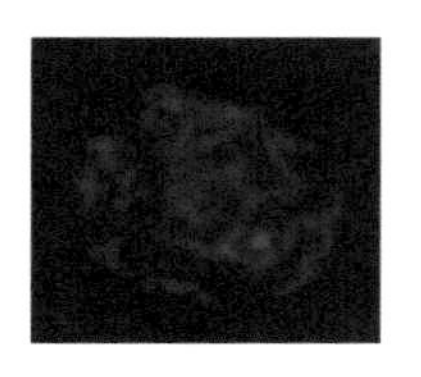

图4-74　PFCN29 BC3-3-9

第六节　分子鉴定确证的番茄优异远缘育种杂交中间材料

（2016YFD0100204-3 国艳梅；2016YFD0100204-21 张余洋；
2016YFD0100204-28 钱虹妹；2016YFD0100204-5 刘磊）

一、抗ToCV番茄

目前，国内番茄育种普遍缺乏具有番茄褪绿病毒病（ToCV）抗性的材料。利用远缘杂交创制番茄导入系，可有效预防ToCV的为害。本研究针对野生秘鲁番茄LA0444（ToCV抗病材料）与栽培番茄寿光11（ToCV感病材料）杂交，通过胚挽救、基因标记筛选逐步创制具有ToCV抗性的导入系。此外利用野生契梅留斯基番茄LA1028与寿光11杂交，再多代自交，利用基因标记筛选逐步创制具有ToCV抗性的重组自交系，为抗性资源创新打下基础。

（一）番茄192h-690

野生契梅留斯基番茄LA1028，抗ToCV，产量低，农艺性状差，栽培番茄寿光11高产，抗TY。以LA1028和寿光11为亲本获得了LA1028×寿光11的F_1杂交种18-ToCV。18-ToCV自交，并通过标记筛选，传至F_4，获得高产、抗TY、耐ToCV的高代材料192h-690（图4-75）。

（二）番茄192h-691

野生契梅留斯基番茄LA1028，抗ToCV，产量低，农艺性状差，栽培番茄寿光11高产，抗TY。以LA1028和寿光11为亲本获得了LA1028×寿光11的F_1杂交种18-ToCV。18-ToCV自交，并通过标记筛选，传至F_4，获得高产、抗TY、耐ToCV的高代材料192h-691（图4-76）。

（三）番茄192h-697

野生秘鲁番茄LA0444，抗ToCV，产量低，农艺性状差，与栽培番茄不亲合栽培番茄寿光11高产，抗TY。以栽培番茄寿光11为母本，野生秘鲁番茄（LA0444）为父本做杂交，授粉20～30d进行胚挽救试验。通过分子标记筛选将含有ToCV抗性基因的片段导入，利用LA044与栽培番茄杂交得到的F_1与轮回亲本寿光11回得BC_2材料，获得高产、抗TY、耐ToCV的高代材料192h-697（图4-77）。

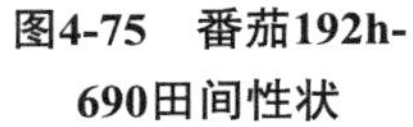

图4-75　番茄192h-690田间性状

图4-76　番茄192h-691田间性状

图4-77　18g-1489的胚挽救幼苗（左）、成苗（中）及田间性状192h-697（右）

（四）番茄192h-698

野生秘鲁番茄LA0444，抗ToCV，产量低，农艺性状差，与栽培番茄不亲合栽培番茄寿光11高产，抗TY。以栽培番茄寿光11为母本，野生秘鲁番茄（LA0444）为父本做杂交，授粉20～30d进行胚挽救试验。通过分子标记筛选将含有ToCV抗性基因的片段导入，利用LA044与栽培番茄杂交得到的F_1与轮回亲本寿光11回得BC_2材料，获得高产、抗TY、耐ToCV的高代材料192h-698（图4-78）。

图4-78　18g-1489的胚挽救幼苗（左）、成苗（中）及田间性状192h-698（右）

二、高AsA番茄

利用栽培番茄为背景材料，野生番茄潘那利为供体构建导入系24份。导入系覆盖了潘那利番茄基因组，在基因组和性状上表现出多样性。导入系经过分子标记多态性确定。对亲本及得到的渐渗系进行AsA含量的测定，结果显示IL8-1总的AsA含量显著性地高于M82。进一步构建亚系，其中IL8-1-3、IL8-1-2、IL8-1-4的总AsA含量和显著性地高于M82（图4-79、图4-80）。

三、醋栗番茄和栽培番茄杂交中间材料ISH

栽培番茄（*Solanum lycopersicum*）因传播过程中遗传多样性大量丧失及现代育种“筛

选”瓶颈效应，番茄特别是我国番茄种质资源遗传背景日趋匮乏；限制了番茄遗传改良进程。野生资源是番茄进行遗传改良取之不竭的基因库，携带大量优质基因。用野生醋栗番茄（LA1585）作花粉亲本，与栽培番茄骨干亲本如cv.P86（无限生长型红果，由青岛农业大学王富教授惠赠）、黄果的*yft1*、cv.*e9292*（源自红果有限生长型cv.M82，经快中子和EMS诱导的黄果突变体，由以色列希伯来大学Daniel Zamir教授惠赠）及本实验室保存黄果樱桃番茄*yft2*作为花柱亲本进行远缘杂交，创制番茄新种质。

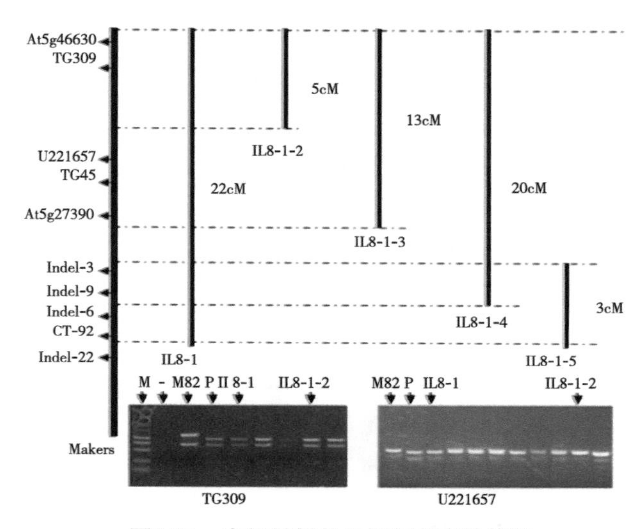

图4-79　中间材料分子标记多态性检测

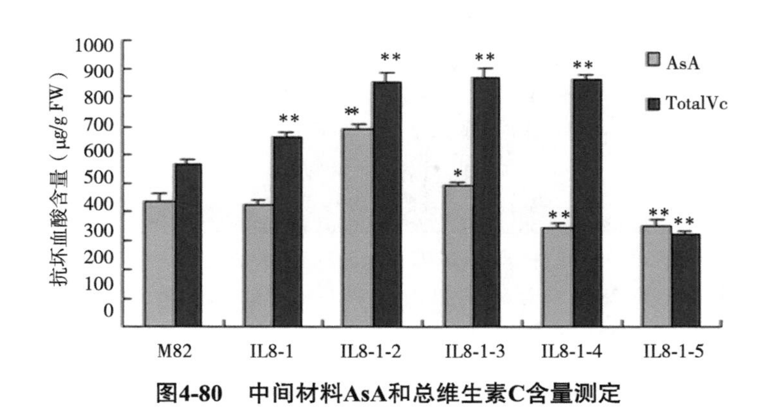

图4-80　中间材料AsA和总维生素C含量测定

（一）番茄（ISH-1）

番茄（interspecific hybrid-1，ISH-1）系以cv.*e9292*×LA1585远缘杂交中间材料，杂交一代为红果。*e9292*黄果色突变基因通过与LA1585杂交恢复红果。并通过F_2的遗传学分析确认*e9292*果色由单隐性基因控制，在F_2世代发生分离，不仅限于果色，株型、柱头外露、果实大小及品质均发生颠狂分离，杂交后代的果实大小表现参差不齐，但介于野生番

茄和栽培番茄之间（图4-81）。用CAPSs（cleaved amplified polymorphic sequences）标记对亲本及杂交后代进行分析（图4-82），确认远缘杂交后代的杂交属性及其主要农艺性状和基因型的依存关系。

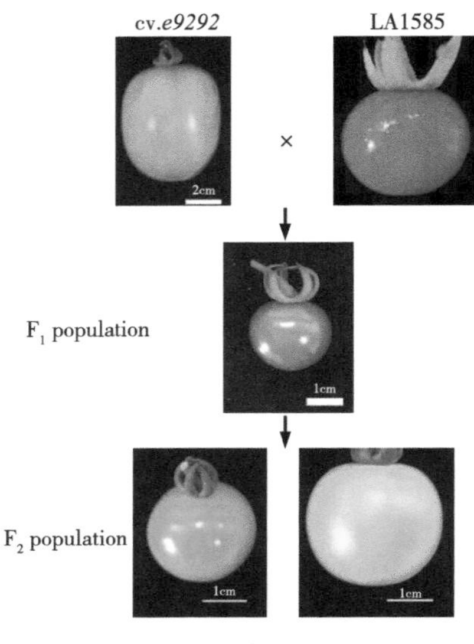

图4-81　番茄ISH-1

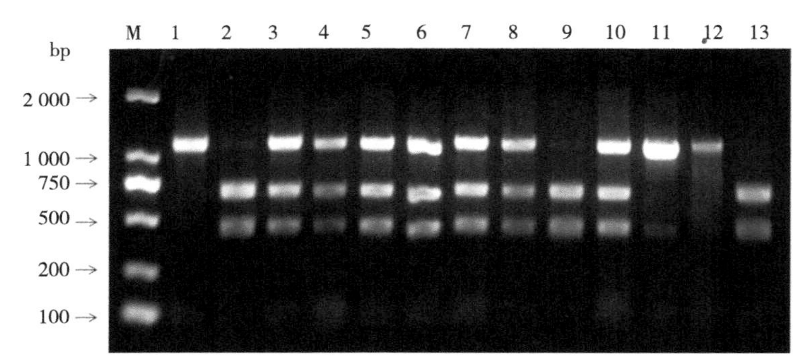

泳道M：DL2000分子量标准；泳道1：母本*e9292*；泳道2：父本LA1585；泳道3：*e9292*×LA1585F_1；泳道4：F_2-259；泳道5：F_2-280；泳道6：F_2-292；泳道7：F_2-318；泳道8：F_2-332；泳道9：F_2-253；泳道10：F_2-266；泳道11：F_2-299；泳道12：F_2-328；泳道13：F_2-330。

图4-82　cv.*e9292*×LA1585杂交各世代分子鉴定

（二）番茄ISH-2

远缘杂交中间材料番茄（ISH-2）系以cv.P86×LA1585杂交获得，杂交后代F_1和F_2均为红果（图4-83）。暗示在番茄果色形成途径相关基因在父、母本间未发生突变。株型、果实大小及品质和营养组分在分离的F_2世代发生颠狂分离。F_1代果实大小介于栽培与野生醋栗番茄之间，柱头遗传倾向于野生亲本表现外露。叶片形状也倾向于野生种醋栗番茄的叶片（小，同时叶表面平展）。通过CPASs标记鉴定了cv.P86×LA1585亲本、杂交后代（F_1和F_2）基因型（图4-84）。

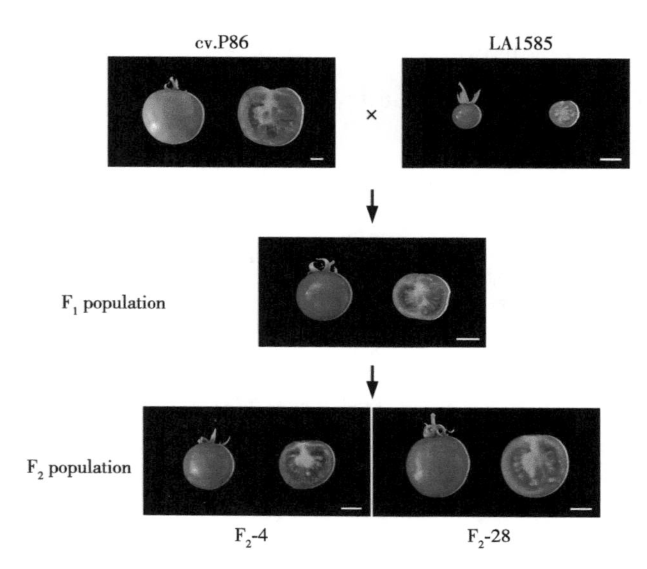

图4-83　番茄ISH-2（标尺：1cm）

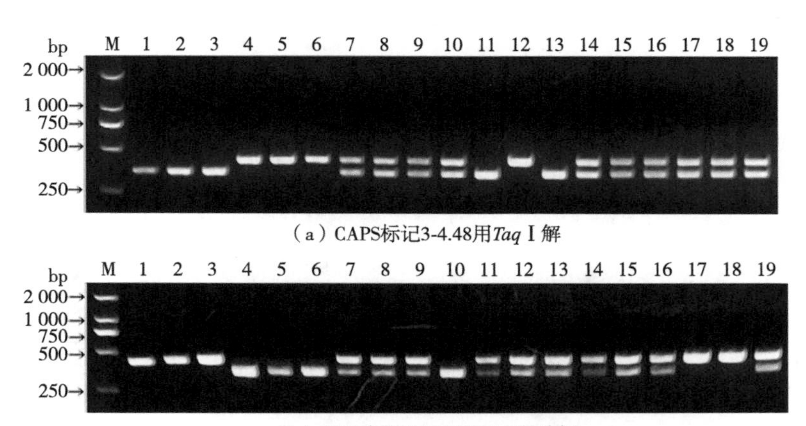

（a）CAPS标记3-4.48用*Taq* Ⅰ解

（b）CAPS标记7-1GZ用*Hind* Ⅲ酶解

泳道M：DL2000分子量标准；泳道1～3，父本LA1585；泳道4～6，母本cv.P86；泳道7～9：cv.P86×LA1585 F_1代株系；泳道10～19：F_2代株系。

图4-84　番茄ISH-2

（三）番茄ISH-3

黄果番茄突变体*n3122*（*yft1*）由以色列希伯来大学Daniel Zamir教授惠赠，是有限生长型的红果番茄cv.M82快中子辐射诱变所获得的突变体。远缘杂交番茄中间材料（ISH-3）系以*yft1*作母本，与LA1585杂交，获得远缘杂交中间材料。杂交F_1代果色为红色，而在分离的F_2世代出现红、黄分离的番茄；遗传学分析显示*yft1*果色（黄色）由单隐性基因*yft1*控制。杂交F_2果实大小介于两亲本之间，株型、果实营养、成熟期均发生颠狂分离（图4-85）。并用CAPSs标记技术对*yft1*、LA1585及*yft1*×LA1585杂交后代进行确认。标记9-29发现，在*yft1*×LA1585的F_2世代出现3种类型条带，与*yft1*和LA1585及两者杂交型条带一致，确定了杂交后代的属性（图4-86）。

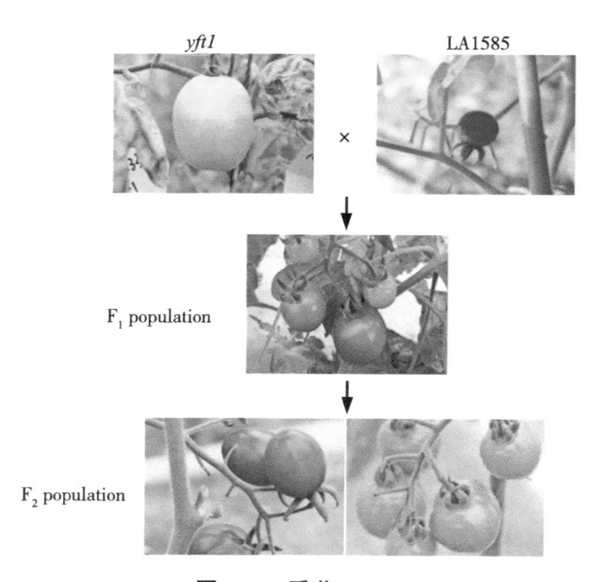

图4-85　番茄ISH-3

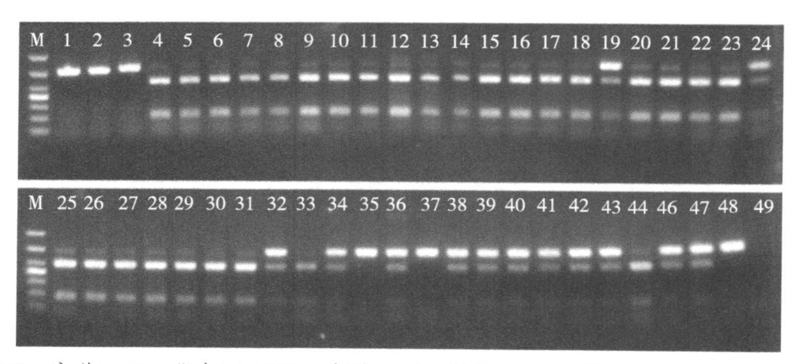

泳道M：DL2000；泳道1～3：父本LA1585；泳道4～6：母本*yft1*；泳道7～48：*yft1*×LA1585杂交群体F_2代株系；泳道49：空白对照；其中35、37、48带型和LA1585一致，记为0；19、24、32、34、36、38、39、40、41、42、43、46、47为杂合带型，记为2；其他F_2代株系带型和*yft1*一致，记为1。

图4-86　番茄ISH-3 F_2代植株鉴定

（四）番茄ISH-4

番茄远缘杂交中间材料（ISH-4）系黄果樱桃番茄（*yft2*，*S.lycopersicum* var. *cerasiforme*）作母本与LA1585作父本杂交。F_1世代果实均为红色；通过与LA1585杂交，

*yft2*黄果恢复成红果。F_2代果实果色发生分离，有红果和黄果（图4-87）。同时，果实大小、品质性状和株型发生明显分离。用CAPSs标记分析不同世代，标记9-29可以将杂交后代的各单株很好地区分开。

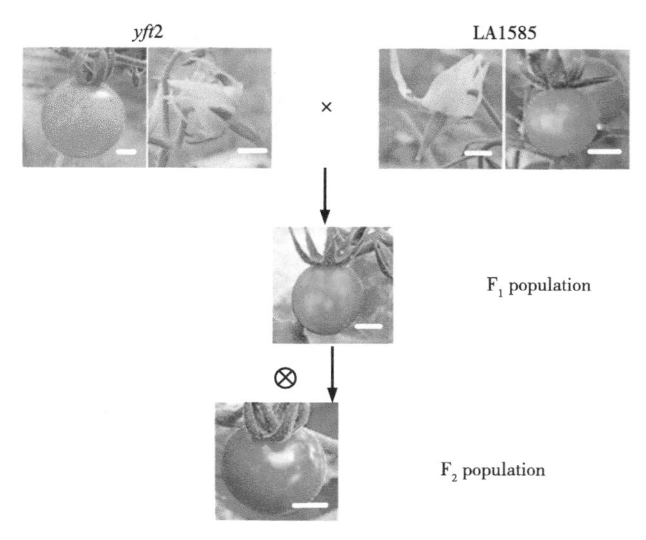

图4-87　番茄ISH-4

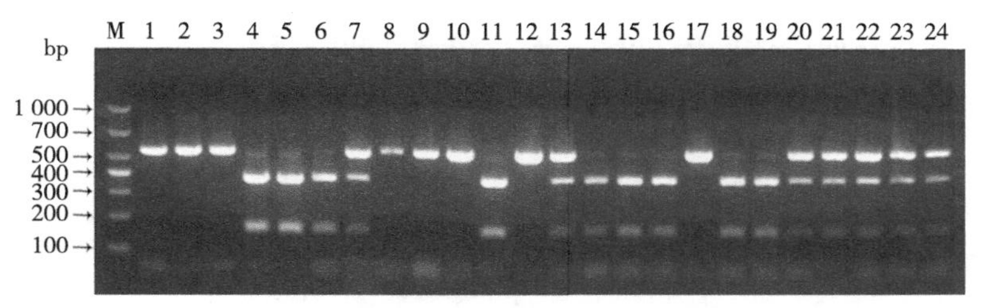

泳道M：DL1000分子量标准；泳道1～3：母本*yft2*；泳道4～6：父本LA1585；泳道7～24：*yft2*×LA1585F_2株系；F_2代中与母本*yft2*相同的酶切带型记作0（泳道8、9、10、12和17）；与父本LA1585带型相同的酶切带型记作1（泳道11、14、15、16、18和19）；同时包含父母本的酶切带型记作2（泳道7、13、20、21、22、23和24）。

图4-88　番茄ISH-4

四、抗TYLCV番茄

对经过温室自然接种白粉虱，筛选鉴定出的高抗TYLCV的智利番茄（*S. chilense*）材料，与来自美国番茄遗传资源中心（TGRC）、高产、广泛用于番茄基础研究的M82杂交，通过远缘杂交和回交获得中间材料3份，后代经分子鉴定高抗TYLCV（图4-89）。

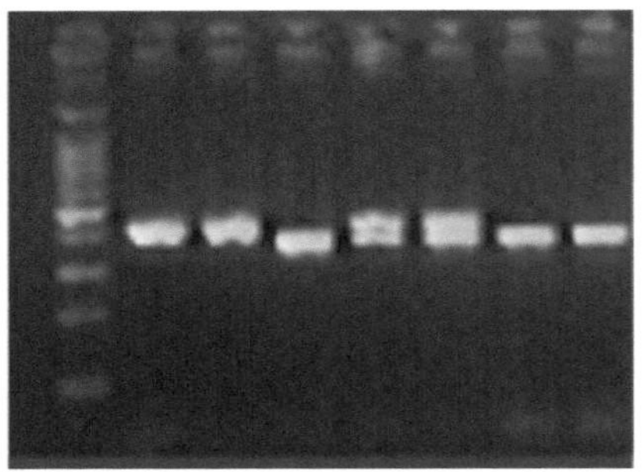

图4-89　抗TYLCV材料筛选与鉴定

第七节　分子鉴定确证的茄子优异远缘育种杂交中间材料

（2016YFD0100204-9 刘富中；2016YFD0100204-33 杨洋）

一、茄子体细胞杂种278-2-1

茄子体细胞杂交四倍体后代278-2，叶片浅缘，叶脉绿色，花瓣淡紫色，茎绿色，果实扁圆形，有棱，嫩果白色，老果橘色，萼片绿色（图4-90）。

（a）278-2嫩果

（b）278-2老果

图4-90　茄子四倍体体细胞杂种278-2-1

二、茄子体细胞杂种279-3-2

茄子体细胞杂交四倍体后代279-3-2叶片浅缘，叶脉绿色，花瓣淡紫色，茎紫色，果实圆形，嫩果浅绿色有深绿色条纹，老果橘色，萼片绿紫色（图4-91）。

（a）279-3嫩果

（b）279-3老果

图4-91　茄子四倍体体细胞杂种279-3-2

三、茄子si586

利用观赏红茄与栽培茄586杂交，通过系谱选择和回交获得，从系谱选择的第二代起出现部分植株花药瓣化的现象，取样未见花粉，对具有胞质不育的单株用亲本586进行回交获得F_2BC_2。随着回交次数的增加，si586与回交亲本586的植物学性状逐渐趋于一致，具有熟性早，首花节位低，节间密的特点，叶深绿色，茎秆深紫，花冠色深紫，花萼色深紫黑，花药瓣化，无花粉自交不挂果，用栽培亲本回交后挂果，果实为中长棒状，紫红色，纵径（25 ± 2.5）cm，横茎（6 ± 0.5）cm。

通过多代回交一方面有利于保持胞质不育性，形成稳定的胞质不育株系；另一方面也将其植物学性状逐步转变为亲本586的性状。586目前是课题组推广的紫红茄组合亲本之一，为了实现配套的不育系制种，减少劳动力，通过另一亲本与观赏红茄杂交后再与不育系进行配组，经多代选择可获得使si586育性恢复的恢复系亲本材料（图4-92）。

四、茄子aw586

aw586为观赏红茄与栽培茄品种586杂交第F_4代，通过对果实观赏特性的定向选择，获得具有一定观赏价值的远缘杂交中间材料。aw586株型披散，植株高大，植物学性状在群体内仍存在分离，在后代群体中茎干颜色部分单株表现为紫色，部分单株为绿色，叶片深绿色，穗状花，花冠色主要为浅紫。果实形状为椭圆或圆果，嫩果以绿色为主，带深绿色细条纹，成熟果实为橙红色，纵径（3 ± 0.5）cm，横径（2.5 ± 0.5）cm，坐果性强且色泽明艳，具有观赏性价值，需进一步选择紧凑株型。

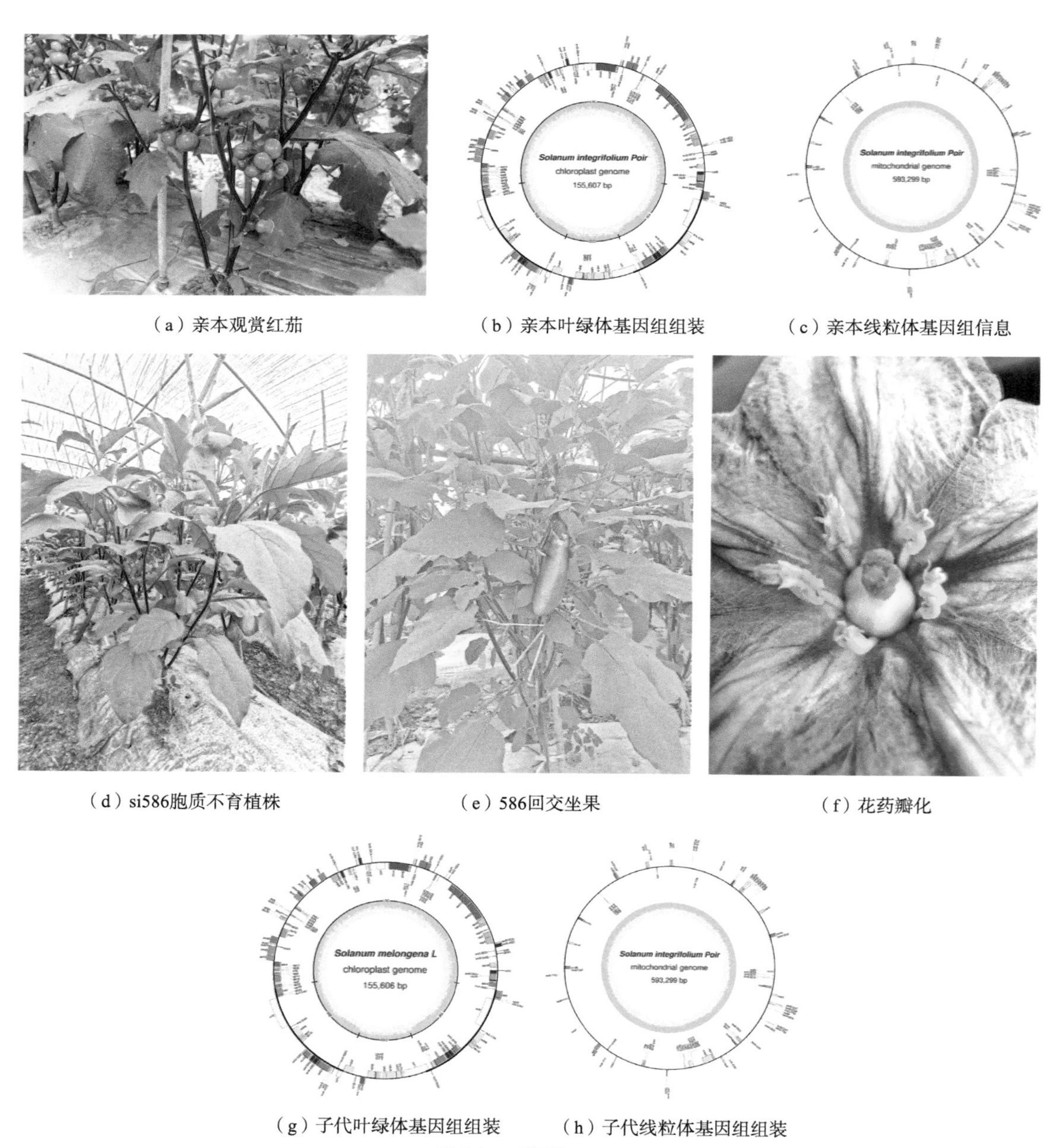

（a）亲本观赏红茄　（b）亲本叶绿体基因组组装　（c）亲本线粒体基因组信息

（d）si586胞质不育植株　（e）586回交坐果　（f）花药瓣化

（g）子代叶绿体基因组组装　（h）子代线粒体基因组组装

图4-92　茄子si586

si586和aw586分别为观赏红茄与栽培茄杂交的F_2BC_2和F_4，通过测定观赏红茄与栽培茄杂交分离子代的全基因组，叶绿体和线粒体基因组信息，并进行生物信息学的比对、组装和分析，由测定分析结果可知，子代叶绿体基因组信息发生了变化，而线粒体基因组信息仍来源于野生亲本观赏红茄，由此可以确认子代与野生亲本观赏红茄的亲缘关系（图4-93）

图4-93 茄子aw586的田间表现

五、茄子aw901

aw901为优良亲本901与非洲野茄的种间杂交材料，经过自交和杂交获得11个F_2和24个BC_1代株系的种子，进一步对F_2代和BC_1代进行调查和筛选，包花自交获得F_3和BC_1F_2代种子。BC_1代植株另用轮回亲本进行杂交，获得BC_2代种子。

在获得的11个F_2株系中，4株不育，7株可育，株型果形等植物学性状均偏向于野生亲本。而在得到的24株BC_1代株系中，6株不育，18株可育，株型、果形更趋于双亲中间类型。分别调查和记录各单株嫩果与老果的果形、株型、叶形、育性等性状，发现果形、果色、株型、叶形等性状均发生明显分离。继续选择观察BC_1F_2代株系，同样发生了明显的性状分离（图4-94）。

与亲本901比较，杂交后代生长旺盛，根系发达且不易早衰。目前获得aw901中间材料BC_1F_3代群体，其主要植物学性状仍在分离。aw901选育目标为带有父本非洲野茄的叶片和根系性状，叶片上覆盖浅层细绒，根系发达，具备较好的综合抗性，同时具有较强的坐果性，其果实性状向栽培茄方向逐步选择。

非洲野茄根系发达，田间表现为抗潜叶蝇，为了有效利用其优点，考虑将其优异性状转入青枯病抗性材料中，筛选出具有综合抗性材料，由于非洲野茄与栽培茄杂交很困难，目前仅有901一个亲本材料成功获得杂交后代，利用aw901为桥梁，经过苗期和田间重病圃筛选，我们成功将亚蔬中心引进的高抗青枯病材料BW2的抗性转入非洲野茄中，获得新的抗源材料19wh，为提高栽培茄的综合抗性提供了材料基础。利用分布于茄子12条染色体上的219对SSR引物，对野生茄父本非洲野茄、栽培茄母本901和以栽培亲本回交分离BC_1F_3代aw901样品进行检测。除去没有扩增出来以及父母本无差异的条带，统计亲本间有扩增差异的引物对为163对，子代样品在多数位点上与回交栽培茄亲本901带型相同，有52对引物扩增出父本野生茄特有的条带，证明经杂交并经历回交选择的子代在这些位点保留了非洲野茄的遗传信息。

（a）F_1与栽培亲本的株型比较

（b）F_1果实

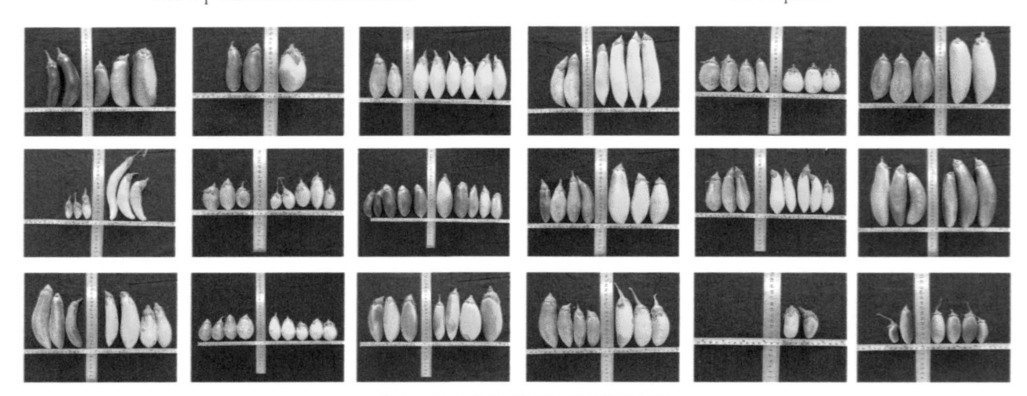

（c）BC_1F_2代分离群体的果形比较

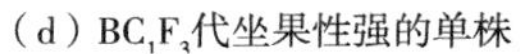

（d）BC_1F_3代坐果性强的单株

（e）BC_1F_3代生长旺盛单株

图4-94　茄子aw901

第八节　分子鉴定确证的辣椒优异远缘育种杂交中间材料

（2016YFD0100204-10 曹亚从；2016YFD0100204-23 刁卫平；
2016YFD0100204-20 除学军）

一、抗炭疽病辣椒

采用人工辅助授粉的方法，将抗炭疽病材料PBC932（*Capsicum chinense*）与一年生优质大果形材料（*Capsicum annuum*）进行杂交得到杂交F_1代，采用一年生大果形材料（*Capsicum annuum*）进行回交，目前已完成F_1的回交授粉工作。本课题组开发的抗炭疽病材料PBC932绿熟期炭疽病抗性基因紧密连锁的Kaspar标记UN27353_1781，作为所用材料*chinense*的标记，用于筛选回交后代，确认后代为远缘杂交材料，此标记对抗炭疽病鉴定的准确率达到90%以上，目前得到了BC_3材料。此抗炭疽病材料PBC932的利用将极大推动我国辣椒抗炭疽病育种（图4-95）。

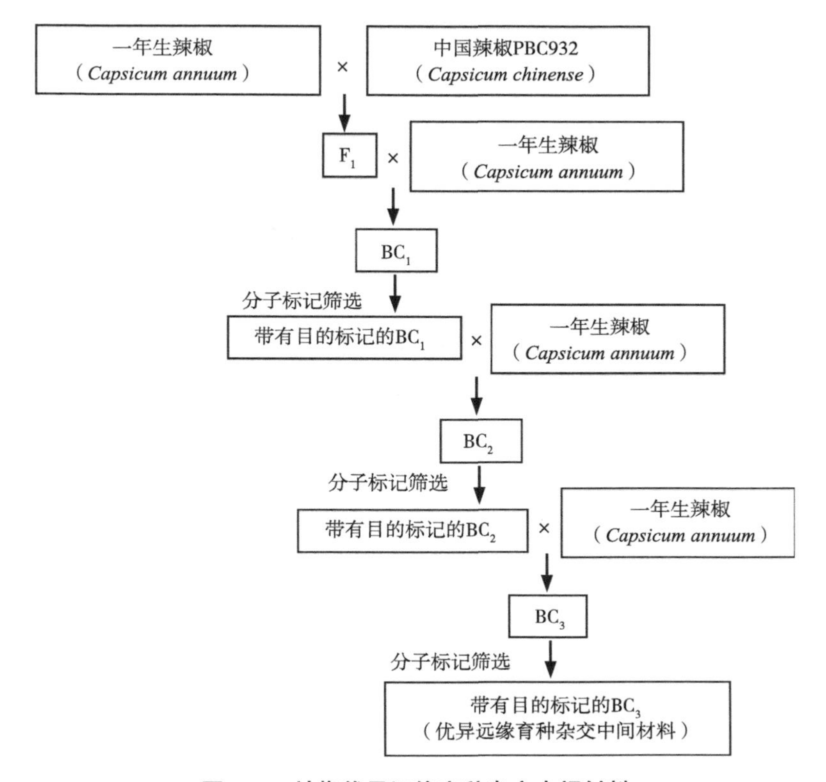

图4-95　辣椒优异远缘育种杂交中间材料

二、辣椒2020CMV001

抗CMV，味辣，早熟，果实羊角形，果面光滑，色泽艳丽，果长6.0cm左右，果肩宽2.0cm左右，单果重25～30g，青熟果绿色，成熟果红色，综合抗病能力强（图4-96）。

三、辣椒2020CMV002

抗CMV，味辣，早中熟，果实纺锤形，果面光滑亮度高，果长4.0cm左右，果肩宽1.5cm左右，单果重15～20g，青熟果绿色，成熟果红色，综合抗病能力强（图4-97）。

四、辣椒2020CMV003

抗CMV，味辣，早熟，果实短羊角形，果面光滑亮度高，连续坐果能力强，果长5.0cm左右，果肩宽1.5cm左右，单果重20g左右，青熟果绿色，成熟果红色，综合抗病能力强（图4-98）。

五、辣椒2020CA-35-2

辣味香浓，早中熟，果实方灯笼，连续结果能力强，果长7cm左右，果肩宽4cm左右，单果重30g左右，青熟果淡黄色，老熟果亮黄色，综合抗病能力强（图4-99）。

图4-96　辣椒2020CMV001

图4-97　辣椒2020CMV002

图4-98　辣椒2020CMV033

图4-99　辣椒2020CA-35-2

六、辣椒2020CA-102

辣味香浓，早中熟，果实长灯笼，生长势强，连续结果能力佳，果面光亮，果长6cm左右，果肩宽3.5cm左右，单果重25g左右，青熟果绿色，老熟果红色，综合性状好（图4-100）。

七、辣椒B005

辣椒种间杂交（*Capsicum annuum* × *C. frutescens*）后代经多代自交选育出的自交系。株高63.0cm，始花节位第15～17节，茎色绿，茎节紫色，茎表茸毛少，青熟果绿色，老熟果红色，小灯笼形，果长3.8cm，果宽3.9cm，单果重27.5g，果肉厚度4.0mm，轻辣（图4-101）。

八、辣椒B006

辣椒种间杂交（*Capsicum annuum* × *C. frutescens*）后代经多代自交选育出的自交系。株高50.0cm，始花节位第13节，茎色绿，茎节紫色，茎表茸毛少，青熟果绿色，老熟果红色，锥形，果长2.9cm，果宽2.6cm，单果重11.2g，果肉厚度2.7mm，微辣（图4-102）。

九、辣椒中71-2

辣椒种间杂交（*Capsicum annuum* × *C. frutescens*）后代经多代自交选育出的自交系。株高28.0cm，始花节位第1～3节，茎色绿，茎节紫色，茎表茸毛少，青熟果黄绿色，老熟果红色，羊角形，果长7.5cm，果宽2.7cm，单果重13.0g，果肉厚度2.5mm，微辣（图4-103）。

十、辣椒ZJ33

辣椒种间杂交（*Capsicum chinense* × *C. annuum*）后代经多代自交选育出的自交系。株高52.0cm，始花节位第10～12节，茎色绿，茎表茸毛少，青熟果黄绿色，老熟果黄色，羊角形，果长8.3cm，果宽2.8cm，单果重13.3g，果肉厚度2.1mm，强辣（图4-104）。

图4-100　辣椒2020CA-102

图4-101　辣椒B005

图4-102　辣椒B006

图4-103　辣椒中71-2

图4-104　辣椒ZJ33

第九节　分子鉴定确证的胡萝卜优异远缘育种杂交中间材料

（2016YFD0100204-4 赵志伟）

一、宿州野生（C1701）

该野生资源从我国安徽宿州地区收集而来，叶绿色，叶形细叶型，最大叶长25.8cm，叶片着生角度平展；肉质根为未膨大的木质化根，侧根较多，根长20.8cm，根宽13.6cm，肉质根表皮颜色、肉色、形成层颜色和心柱色均为白色（图4-105）。

二、十堰野生（C1702）

该野生资源从我国湖北十堰地区收集而来，叶绿色，叶形细叶型，最大叶长29.2cm，叶片着生角度平展；肉质根为未膨大的木质化根，侧根较多，根长21.7cm，根宽13.3cm，肉质根表皮颜色、肉色、形成层颜色和心柱色均为白色（图4-106）。

图4-105　宿州野生

图4-106　十堰野生

三、缅甸胡萝卜（C1705）

该资源从缅甸引进而来，叶深绿色，叶形细叶型，最大叶长60.6cm，叶片着生角度半直立；肉质根膨大，根长23.3cm，根宽14.7cm，肉质根表皮颜色为紫色或浅黄色，肉色、形成层颜色和心柱色均为白色（图4-107）。

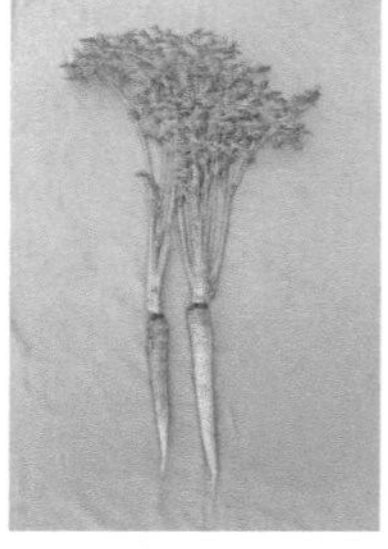

图4-107　缅甸胡萝卜

第十节　分子鉴定确证的莲藕优异远缘育种杂交中间材料

（2016YFD0100204-29 刘正位）

美洲黄莲（*Nelumbo lutea* Gaertn.）花黄色，分子证据表明其与主要位于亚洲的莲（*Nelumbo nucifera* Gaertn.）存在生殖隔离。然而近年来在美洲黄莲资源中发现了不落粒、无叶（花）柄刺优异性状，为了对这些性状进行利用，以美洲黄莲为父本，优异子莲材料满天星为母本，进行杂交，筛选获得了2份远缘育种杂交中间材料：一份为无叶（花）柄刺类型（M1743），可应用与培育相关性状，减少农事操作时叶（花）柄刺划伤；另一份为不落粒类型（M1768），可减少莲子落粒。

一、M1743莲

父本为美洲黄莲类型尤福拉野生黄莲，花黄色，无叶柄刺；母本为子莲品种满天星，花红色，叶（花）柄刺多且通过远缘杂交结合胚胎拯救，获得杂交F_1株系，通过单株无性繁殖和3年性状考察，筛选出莲蓬数多且无叶（花）柄刺中间材料M1743（图4-108）。

二、M1798莲

父本为美洲黄莲类型尤福拉野生黄莲，花黄色，不落粒；母本为子莲品种满天星，花红色，落粒；通过远缘杂交结合胚胎拯救获得F_1株系，通过株系单株无性繁殖和3年性状考察，筛选出莲蓬数多且不落粒中间材料M1798（图4-109）。

图4-108　M1743莲

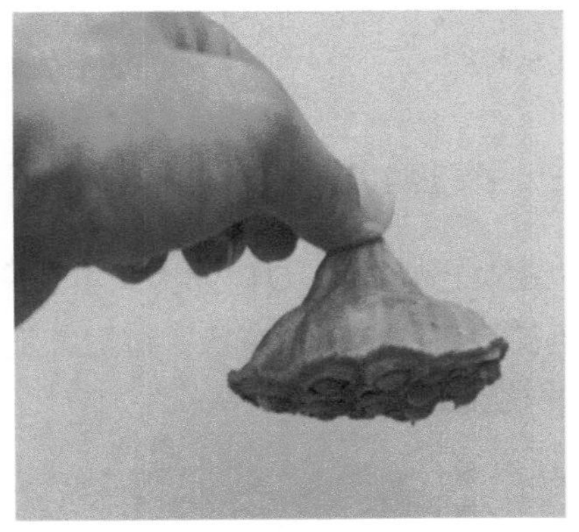

图4-109　M1798莲

第五章 有育种利用价值的地方品种纯系和导入系

创制有育种利用价值的地方品种纯系和导入系310份，其中包括黄瓜45份、西瓜8份、萝卜53份、白菜52份、甘蓝26份、番茄30份、茄子21份、辣椒40份、胡萝卜8份、豇豆19份、莲藕8份，这些资源将可直接作为育种的亲本材料，为重要蔬菜的育种和产业发展奠定基础。

第一节　有育种利用价值的黄瓜地方品种纯系和导入系

（2016YFD0100204-1 王海平；2016YFD0100204-12 毛爱军；
2016YFD0100204-16 林毓娥；2016YFD0100204-25 娄群峰）

一、黄瓜20ABCF5-59

以BN11为母本，QT498为父本杂交，经过1次杂交和5次回交，获得导入系20ABCF5-59，生长势强，瓜纺锤形，短把，瓜皮浅绿色，中刺瘤，中等密度，白刺，肉脆嫩，风味佳（图5-1）。

二、黄瓜20ABCF4-29

以BN11为母本，QT498为父本杂交，经过1次杂交和5次回交，获得导入系20ABCF5-59，生长势强，瓜短圆筒状，短把，瓜皮白色，小刺瘤，密度稀，白刺，瓜内种子非常容易发芽（图5-2）。

三、黄瓜20SF6-17

BN11与QT498杂交再经多代自交选育而成的高代自交系20SF6-17，生长势强，瓜短圆筒状，短把，瓜皮褐色，网状斑纹，无刺瘤中密，心腔中，白瓜肉（图5-3）。

图5-1　黄瓜20ABCF5-59

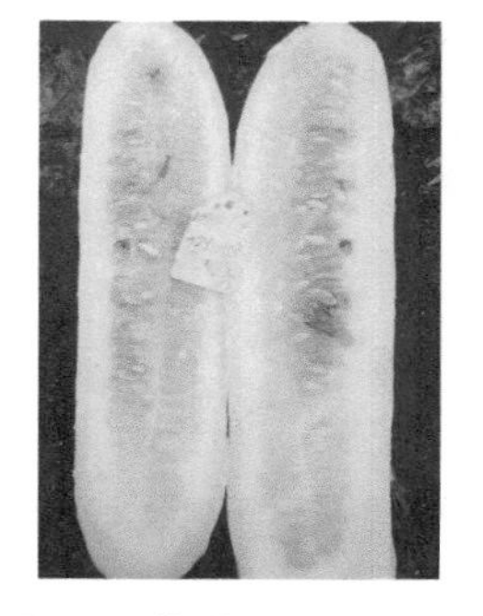

图5-2　黄瓜20ABCF4-29

图5-3　黄瓜20SF6-17

四、黄瓜20SF6-64

BN11与QT498杂交再经多代自交选育而成的高代自交系20SF6-64，生长势强，瓜短圆筒状，短把，瓜皮乳白色，浅黄色斑纹，小刺瘤，密度中，白刺，瓜底部短纵裂，心腔中，白瓜肉（图5-4）。

五、黄瓜20SF6-79

BN11与QT498杂交再经多代自交选育而成的高代自交系20SF6-79，生长势强，瓜椭圆形，短把，水果型，瓜皮乳白色，小刺瘤，密度稀，白刺，心腔中，白瓜肉（图5-5）。

六、黄瓜20SF6-137

BN11与QT498杂交再经多代自交选育而成的高代自交系20SF6-137，生长势强，瓜椭圆形，短把，瓜皮黄绿色，无刺瘤，瓜斑纹网状，心腔大，黄肉（图5-6）。

图5-4　黄瓜20SF6-64

图5-5　黄瓜20SF6-79

图5-6　黄瓜20SF6-137

七、黄瓜20SF6-141

BN11与QT498杂交再经多代自交选育而成的高代自交系20SF6-141。生长势强，瓜短棒状，短把，瓜皮黄白色，小刺瘤，密度稀，白刺，心腔大，黄白肉（图5-7）。

八、黄瓜20SBN-54-5

对收集的版纳黄瓜经过多年田间种植、调查、纯化，获得地方种纯系20SBN-54-5，瓜椭圆形，瓜把短，瓜皮绿色，无刺瘤，瓜粗网裂纹，心腔大，橙色肉，肉脆嫩，风味佳（图5-8）。

九、黄瓜20SBN-98-1

对收集的版纳黄瓜经过多年田间种植、调查、纯化，获得地方种纯系20SBN-98-1。瓜椭圆形，瓜把短，皮绿色，瓜斑纹网状，分布于大部分瓜面，中刺瘤，密度中，心腔大，橙色肉（图5-9）。

图5-7　黄瓜20SF6-141

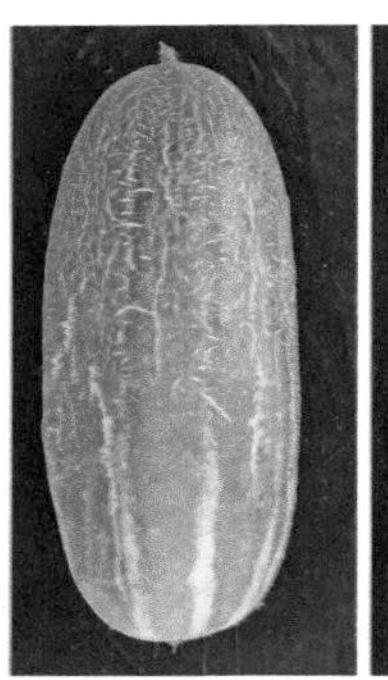

图5-8　黄瓜20SBN-54-5

图5-9　黄瓜20SBN-98-1

十、黄瓜20SBN-97-3

对收集的版纳黄瓜经过多年田间种植、调查、纯化，获得地方种纯系20SBN-97-3。瓜球形，瓜把短，青瓜绿色，无刺瘤，心腔大，橙色肉（图5-10）。

十一、黄瓜BN-5

对收集的版纳黄瓜经过多年田间种植、调查、纯化，获得地方种纯系BN-5。瓜圆形，皮黄绿色，瓜斑纹网状，分布于大部分瓜面，无瓜刺瘤，心腔中，瓜肉白绿色（图5-11）。

十二、黄瓜BN-6

对收集的版纳黄瓜经过多年田间种植、调查、纯化，获得地方种纯系BN-6。瓜卵圆形，皮黄色，瓜斑纹网状，无瓜刺瘤，心腔大，瓜肉黄白色（图5-12）。

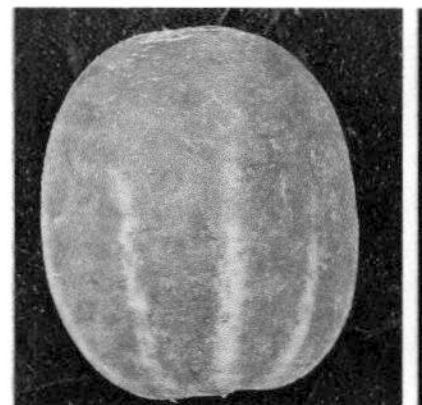
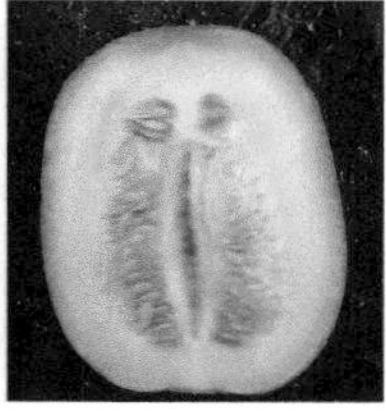

图5-10　黄瓜20SBN-97-3

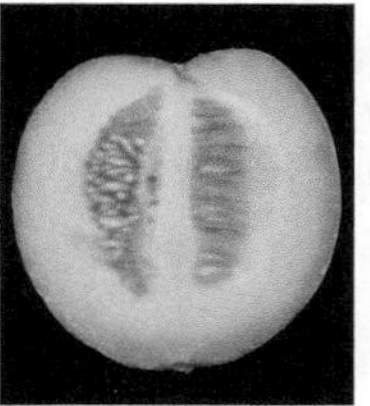

图5-11　黄瓜BN-5

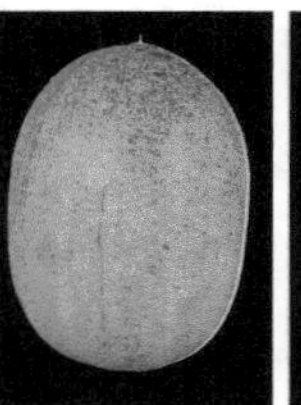
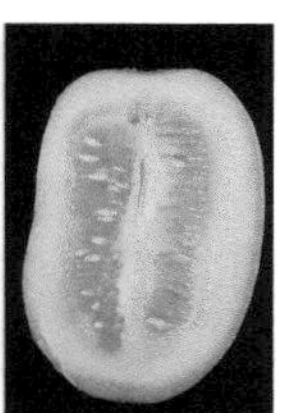

图5-12　黄瓜BN-6

十三、黄瓜BN-53

对收集的版纳黄瓜经过多年田间种植、调查、纯化，获得地方种纯系BN-53。瓜卵圆形，皮白绿色，瓜斑纹网状，无瓜刺瘤，心腔大，瓜肉黄白色（图5-13）。

十四、黄瓜SWCC-A（NAUSWCC-A）

材料来源于由西双版纳为亲本之一的高代重组自交系群体，株型整齐，节间较短，植株矮壮。雌花和雄花开花都很早，果形类似华南型绿皮短棒状，主茎和侧枝上的雌花都很多（图5-14）。

十五、黄瓜SWCC-B（NAUSWCC-B）

材料来源于由西双版纳为亲本之一的高代重组自交系群体，雄花开花很早，而且很多，果形为华南型绿皮短棒状，橙色果肉（图5-15）。

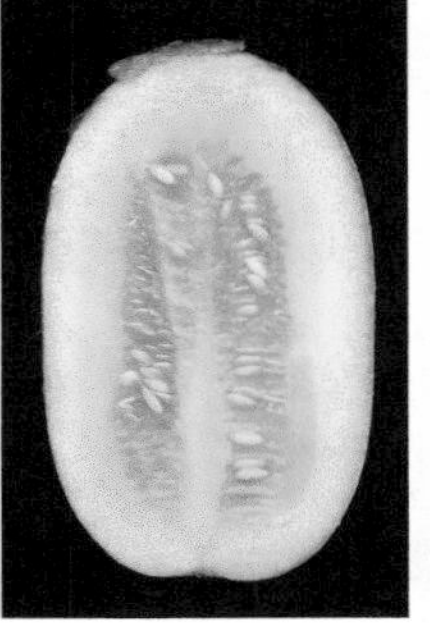

图5-13　黄瓜BN-53

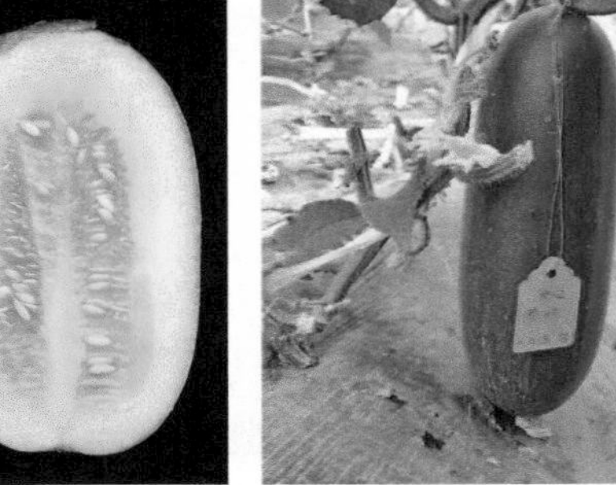

图5-14　黄瓜SWCC-A

图5-15　黄瓜SWCC-B

十六、黄瓜SWCC-C（NAUSWCC-C）

材料来源于由西双版纳为亲本之一的高代重组自交系群体，植株生长旺盛，雌雄花开花均早，果形类似西双版纳黄瓜，橙色果肉（图5-16）。

十七、黄瓜SWCC-D（NAUSWCC-D）

材料来源于由西双版纳为亲本之一的高代重组自交系群体，开花很早，花瓣数很多，可达9～10瓣，橙色果肉（图5-17）。

十八、黄瓜SWCC-E（NAUSWCC-E）

材料来源于由西双版纳为亲本之一的高代重组自交系群体，雄花开花较早，而且很多，植株长势旺盛，叶片很大，生育期长，可用作嫁接材料（图5-18）。

十九、黄瓜SWCC-F（NAUSWCC-F）

材料来源于由西双版纳为亲本之一的高代重组自交系群体中类胡萝卜素含量高的家系与华北型北京截头回交后代。植株长势旺盛（类似西双版纳），雄花和雌花开花都较早，果形类似西双版纳，结果率高。果皮乳白色，果肉浅橙色（图5-19）。

图5-16　黄瓜SWCC-C

图5-17　黄瓜SWCC-D

图5-18　黄瓜SWCC-E

图5-19　黄瓜SWCC-F

二十、黄瓜CG11（NAU-CG11）

地方品种纯系，早熟，生长势强，全雌且单性结实，主侧蔓均可结瓜，商品瓜长10～12cm，单果重为70～80g，瓜条顺直，无刺，心腔小，肉质清脆（图5-20）。

二十一、黄瓜品种纯系CG16（NAU-CG16）

材料来源于欧洲温室型的Thamin beit alpha黄瓜，雌雄同株，植株分枝性强，果实顺直，口感香脆，果实不具备单性结实能力，是研究单性结实的优良材料（图5-21）。

二十二、黄瓜品种纯系CG19（NAU-CG19）

华南型地方品种经多代自交后的纯系，植株长势旺盛，分枝性强，果皮为白色，瓜条顺直，果肉甜脆，风味足（图5-22）。

二十三、黄瓜品种纯系CG20（NAU-CG20）

华南型地方品种经多代自交后的纯系，植株长势旺盛，分枝性强，果皮为白色，瓜条顺直（图5-23）。

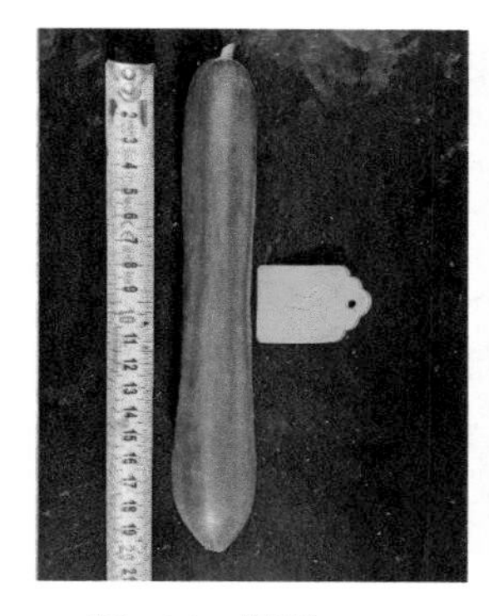

图5-20　黄瓜CG11

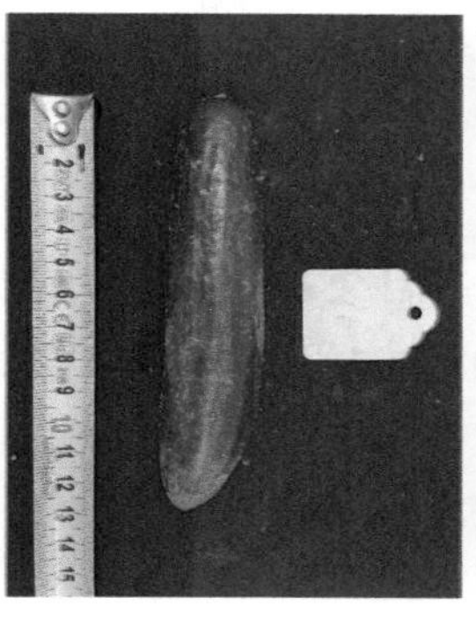

图5-21　黄瓜CG16

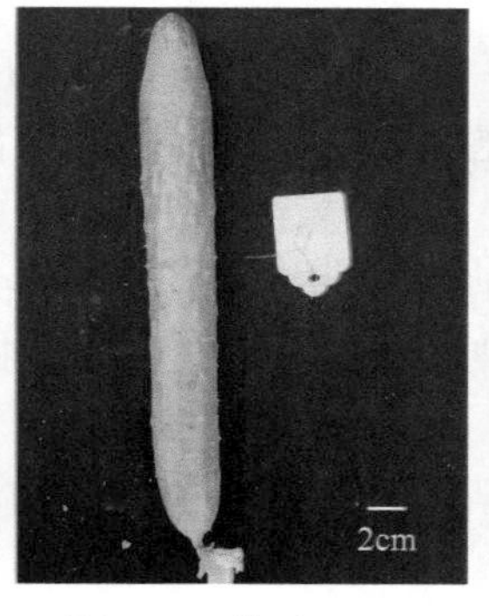

图5-22　黄瓜CG19

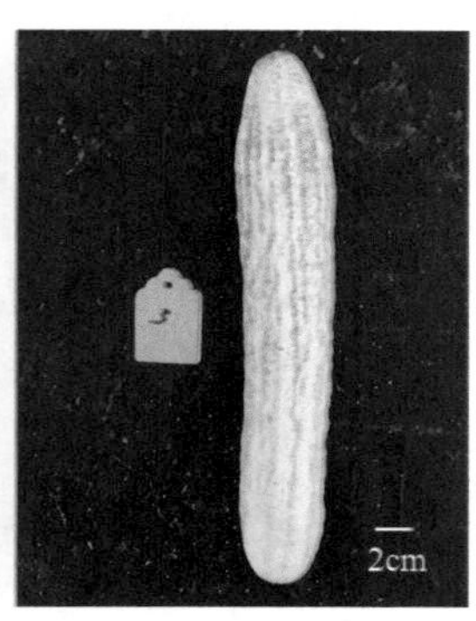

图5-23　黄瓜纯系CG20

二十四、黄瓜品种纯系CG31（NAU-CG31）

材料为引进的美国腌渍型黄瓜经多代自交后的纯系，植株长势旺盛，每节位有多个雌花，果实肉质偏硬，适合作为腌渍型黄瓜改良亲本（图5-24）。

二十五、黄瓜品种纯系CG35（NAU-CG35）

材料为美国引进品种经多代自交后的纯系，两性花，果形近似球形，多心室（图5-25）。

二十六、黄瓜品种纯系CG42（NAU-CG42）

材料为日本引进品种自交多代后的纯系，植株形态较小，叶片夹角较小，直立向上，叶片形状小巧，全雌，长势旺盛（图5-26）。

二十七、黄瓜-酸黄瓜渐渗系CG44（NAU-CG44）

材料为黄瓜-酸黄瓜渐渗系经多代自交后的自交系材料，植株长势旺盛，经接种鉴定为高抗霜霉病、白粉病材料（图5-27）。

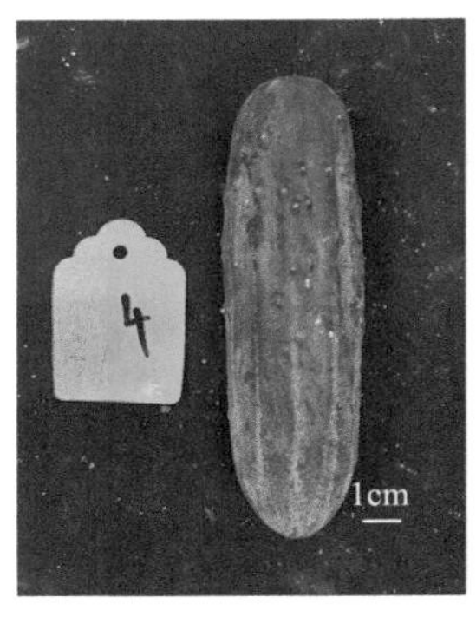

图5-24　黄瓜CG31

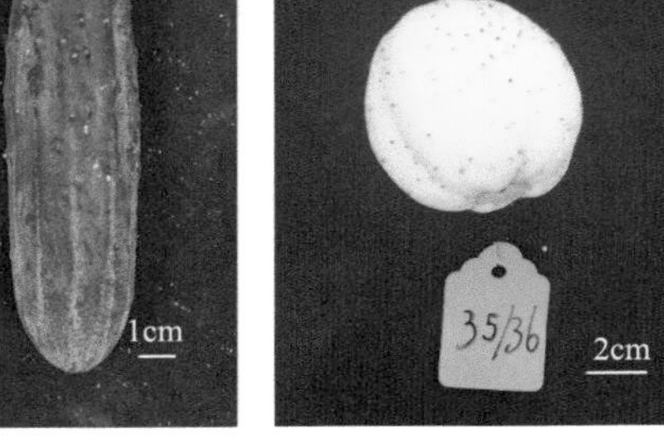

图5-25　黄瓜CG35

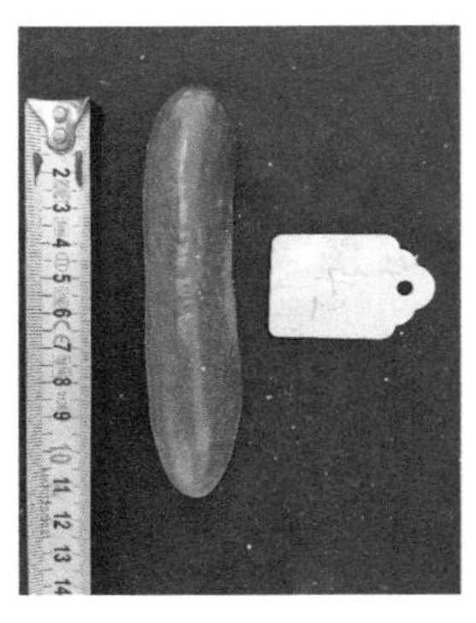

图5-26　黄瓜CG42

图5-27　黄瓜CG44

二十八、黄瓜-酸黄瓜渐渗系CG45（NAU-CG45）

材料为黄瓜-酸黄瓜渐渗系经多代自交后的自交系材料，植株长势旺盛，分枝少，经过南方根结线虫病接种鉴定，对南方根结线虫病有较好的、稳定的抗性（图5-28）。

二十九、黄瓜品种纯系CG50（NAU-CG50）

材料为美国引进品种，自交多代，分枝性强，主侧蔓均能结瓜，植株长势旺盛，抗白粉病，可用于抗性育种材料之一（图5-29）。

三十、二早子黄瓜（71011）

地方品种纯系，生长势中，叶色绿，普通系，瓜长筒形，长约31cm，钝圆把，青瓜浅绿色，小刺瘤，密度稀，少蜡粉，白刺，心室小，肉硬，风味浓，较耐热，感白粉病（图5-30）。

图5-28　黄瓜CG45

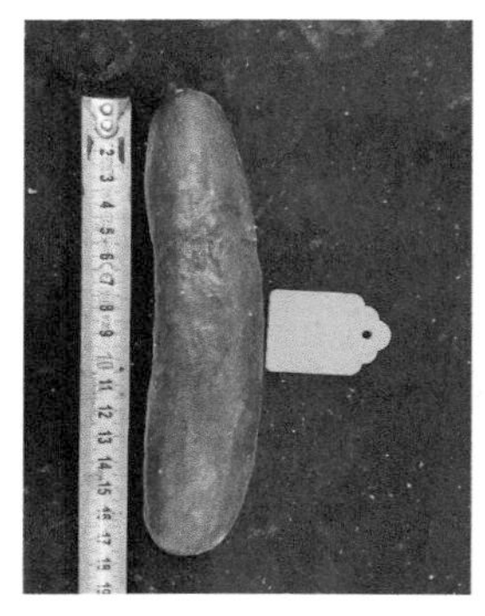

图5-29　黄瓜CG50

图5-30　二早子黄瓜（71011）

三十一、叶儿三旱黄瓜（71060）

地方品种纯系，生长势中，叶色绿，普通系，瓜椭圆形，长约31cm，钝圆把，青瓜白色，小刺瘤，密度稀，少蜡粉，黑刺，心室小，肉硬，风味浓，较耐热，感白粉病（图5-31）。

三十二、洛带镇黄瓜（810138）

地方品种纯系，生长势强，叶色绿，普通系，瓜长筒形，长约32cm，钝圆把，青瓜浅绿色，中刺瘤，密度稀，少蜡粉，白刺，心腔小，肉硬，风味浓（图5-32）。

三十三、小白黄瓜（810141）

地方品种纯系，生长势强，叶色绿，普通系，瓜短筒形，长约18cm，钝圆把，青瓜乳白色，无刺瘤，心腔小，肉硬，风味浓（图5-33）。

图5-31　叶儿三旱黄瓜（71060）

图5-32　洛带镇黄瓜（810138）

图5-33　小白黄瓜（810141）

三十四、江陵白黄瓜（810157）

地方品种纯系，生长势强，叶色绿，普通系，瓜棒状，长约32cm，钝圆把，青瓜乳白色，中刺瘤，密度稀，心腔小，肉硬，风味浓（图5-34）。

三十五、榔梨早黄瓜（810164）

地方品种纯系，生长势强，叶色绿，普通系，瓜棒状，长约34cm，短把，青瓜浅绿色，小刺瘤，密度稀，黑刺，心腔小，肉硬，风味浓（图5-35）。

三十六、黄瓜GB56H54（AD20052）

导入欧洲长瓜Gar雌性基因，美国雌性系材料Gar与华北密刺材料56H54杂交再经多代自交选育而成的高代自交系。生长势强，叶色绿，雌性系，瓜长棒状，长约38cm，短把，青瓜绿色，中刺瘤，密刺，白刺，心腔小，浅绿肉，肉脆嫩，风味佳（图5-36）。

三十七、黄瓜GB6306（AD20056）

导入Gar雌性基因，以华北材料63为轮回亲本，经过一次杂交和4次回交，再经过多代自交获得连续结瓜性能优良的高产育种材料。生长势强，叶色绿，雌性系，瓜棒状，长约32cm，短把，青瓜绿色，中小刺瘤，刺密，白刺，心腔小，浅绿肉，肉硬，风味佳（图5-37）。

图5-34　江陵白黄瓜（810157）

图5-35　榔梨早黄瓜（810164）

图5-36　黄瓜GB56H54（AD20052）

图5-37　黄瓜GB6306（AD20056）

三十八、黄瓜GB564824（AD20059）

导入Gar雌性基因，以华北材料564824为轮回亲本，经过一次杂交和4次回交，再经过多代自交获得连续结瓜性能优良的高产育种材料。生长势强，叶色绿，雌性系，瓜长棒状，长约36cm，短把，青瓜绿色，中刺瘤，刺瘤密，白刺，心腔小，浅绿肉，肉脆嫩，风味佳（图5-38）。

三十九、黄瓜GB6303（AD20053）

导入Gar雌性基因，以华北材料63为轮回亲本，经过一次杂交和4次回交，再经过多代自交获得连续结瓜性能优良的高产育种材料。生长势强，叶色绿，雌性系，瓜棒状，长约35cm，短把，青瓜绿色，小刺瘤，密刺，白刺，心腔小，浅绿肉，肉脆嫩，风味佳（图5-39）。

图5-38　黄瓜GB564824（AD20059）

图5-39　黄瓜GB6303（AD20053）

四十、韶关黄瓜（g2-1）

广东韶关黄朗地方品种，经多代自交纯化的资源材料，生长势强，早熟，瓜多，主侧蔓结果，耐热性好，较抗枯萎病（图5-40）。

四十一、连州黄瓜（C17125-2-1）

广东连州地方品种，经过5代自交纯化，表现生长势强，分枝较强，瓜条顺直（图5-41）。

四十二、揭阳黄瓜（g32-1-4）

从广东揭阳收集的地方品种，经多代自交纯化，生长势强，雌性强，植株后半株均为雌花，分枝较弱，瓜短圆筒性，抗病抗逆性强（图5-42）。

图5-40　韶关黄瓜（g2-1）

图5-41　连州黄瓜（C17125-2-1）

图5-42　揭阳黄瓜（g32-1-4）

四十三、澄海黄瓜（g6-1）

从广东澄海收集的乌皮吊瓜，地方品种，生长势强，瓜条圆筒形，皮色浅绿有条斑、点花斑，抗病抗逆性强，耐热（图5-43）。

四十四、黄瓜（JB-1）

利用JSH与从亚蔬中心引进的优质华北型材料B80杂交回交，创制抗病导入系，经过3代回交，4代自交，获得导入系JB-1。JB-1：华北型，白刺，皮色深绿，黄线，瓜条顺直，田间表现抗病抗逆性强（图5-44）。

四十五、黄瓜（JB-2）

利用JSH与从亚蔬中心引进的优质华北型材料B80杂交回交，创制抗病导入系，经过3代回交，4代自交，获得导入系JB-2。JB-2：华北型，白刺，皮色乳白，皮薄肉脆，田间表现结果性强（图5-45）。

图5-43　澄海黄瓜（g6-1）

图5-44　黄瓜（JB-1）

图5-45　黄瓜（JB-2）

第二节　有育种利用价值的西瓜地方品种纯系和导入系

（2016YFD0100204-13 张洁）

一、西瓜97103（GS1）

东亚栽培类型西瓜，单瓜重5～8kg，果实圆形，糖度高，口感酥脆，有香味，外观好。该份材料是西瓜全基因组测序材料，具有较高的研究价值（图5-46）。

二、西瓜ZZJM（GS64）

东亚栽培类型西瓜，单瓜重6～10kg，果实圆形，糖度高瓤色红，中心含糖量可达10%～12%，外观好（图5-47）。

三、西瓜HDZ（GS103）

籽用西瓜类型，单瓜重8～12kg，果实圆形，高抗白粉病（图5-48）。

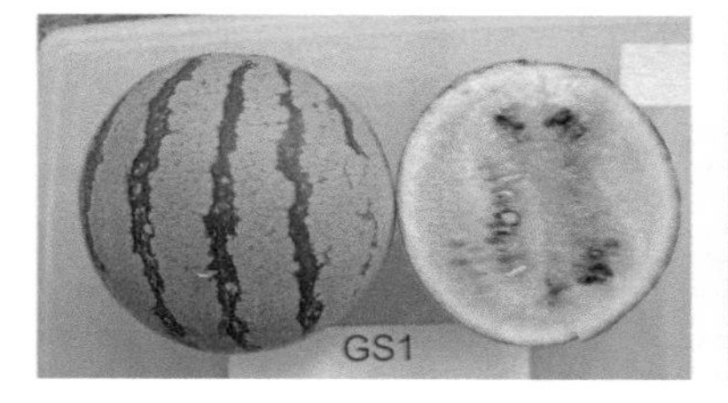

图5-46　西瓜全基因组测序品种97103（GS1）

图5-47　抗性好配合力高的地方纯系ZZJM（GS64）

图5-48　高抗白粉病籽瓜纯系HDZ（GS103）

四、西瓜Arka Manik（GS100）

来源于印度的栽培类型西瓜，圆瓜，虎皮红瓤，经过具有高抗白粉病的特性（图5-49）。

五、西瓜182母本（GS4）

东亚栽培西瓜类型，单瓜重8～10kg，果实圆形，中心含糖量达11%～13%，配合力好（图5-50）。

六、西瓜AUSweetScarlet（GS111）

美洲栽培西瓜类型，单瓜重8～12kg，果实圆形，皮色墨绿色，瓤色大红，番茄红素含量高（图5-51）。

图5-49　高抗白粉病优异种质Arka Manik（GS100）

图5-50　高糖度纯系材料182母本（GS4）

图5-51　1AUSweetScarlet（GS111）

七、黑蹦筋（HBJ）

东亚栽培类型西瓜，黑皮橙瓤，中心含糖量8%～10%，果实中β-胡萝卜素含量高（图5-52）。

八、小籽Sugarlee（RXS）

有育种利用价值的导入系，通过对已有的品种Sugarlee进行转育，获得了小籽，早熟，抗枯萎病等优良性状，单瓜重10～12kg，果实圆形（图5-53）。

图5-52　高β-胡萝卜素优异种质黑蹦筋（HBJ）

图5-53　高抗早熟导入系小籽Sugarlee（RXS）

第三节　有育种利用价值的萝卜及近缘植物地方品种纯系和导入系

（2016YFD0100204-7 张晓辉；2016YFD0100204-19 甘彩霞；
2016YFD0100204-25 徐良；2016YFD0100204-27 刘贤娴）

一、大青萝卜导入系（Lat20B118-6）

Lat20B118-6：大青萝卜导入系，大青萝卜为轮回亲本，导入耐抽薹野萝卜染色体片段（图5-54）。

二、大青皮萝卜导入系（Lat20B303-4）

Lat20B303-4：大青皮萝卜导入系，大青皮萝卜为轮回亲本，导入耐抽薹野萝卜染色体片段（图5-55）。

三、灯笼红萝卜导入系（Lat20B85-5）

Lat20B85-5：灯笼红萝卜导入系，灯笼红萝卜为轮回亲本，导入耐抽薹野萝卜染色体片段（图5-56）。

四、红水萝卜导入系（Lat20B2-1）

Lat20B2-1：红水萝卜导入系，红水萝卜为轮回亲本，导入耐抽薹野萝卜染色体片段（图5-57）。

图5-54　大青萝卜导入系（Lat20B118-6）

图5-55　大青皮萝卜导入系（Lat20B303-4）

图5-56　灯笼红萝卜导入系（Lat20B85-5）

图5-57　红水萝卜导入系（Lat20B2-1）

五、金线吊萝卜导入系（Lat20B190-1）

Lat20B190-1：金线吊萝卜导入系，金线吊萝卜为轮回亲本，导入耐抽薹野萝卜染色体片段（图5-58）。

六、炼丝萝卜导入系（Lat20B146-4）

Lat20B146-4：炼丝萝卜导入系，炼丝萝卜为轮回亲本，导入耐抽薹野萝卜染色体片段（图5-59）。

七、青皮脆萝卜导入系（Lat20B319-4）

Lat20B319-4：青皮脆萝卜导入系，青皮脆萝卜为轮回亲本，导入耐抽薹野萝卜染色体片段（图5-60）。

八、白萝卜导入系（Lat20B25-8）

Lat20B25-8：白萝卜导入系，白萝卜为轮回亲本，导入耐抽薹野萝卜染色体片段（图5-61）。

图5-58　金线吊萝卜导入系（Lat20B190-1）

图5-59　炼丝萝卜导入系（Lat20B146-4）

图5-60　青皮脆萝卜导入系（Lat20B319-4）

图5-61　白萝卜导入系（Lat19B25-8）

九、商丘坠肚萝卜导入系（Lat20B168-5）

Lat20B168-5：商丘坠肚萝卜导入系，商丘坠肚萝卜为轮回亲本，导入耐抽薹野萝卜染色体片段（图5-62）。

十、乌萝卜导入系（Lat20B156-4）

Lat20B156-4：乌萝卜导入系，乌萝卜导为轮回亲本，导入耐抽薹野萝卜染色体片段（图5-63）。

十一、五月红萝卜导入系（Lat20B102-4）

Lat20B102-4：五月红萝卜导入系，五月红萝卜为轮回亲本，导入耐抽薹野萝卜染色体片段（图5-64）。

十二、小红袍萝卜导入系（Lat20B131-4）

Lat20B131-4：小红袍萝卜导入系，小红袍萝卜为轮回亲本，导入耐抽薹野萝卜染色体片段（图5-65）。

图5-62　商丘坠肚萝卜导入系（Lat20B168-5）

图5-63　乌萝卜导入系（Lat20B156-4）

图5-64　五月红萝卜导入系（Lat20B102-4）

图5-65　小红袍萝卜导入系（Lat20B131-4）

十三、小辛庄青萝卜导入系（Lat20B66-2）

Lat20B66-2：小辛庄青萝卜导入系，小辛庄青萝卜为轮回亲本，导入耐抽薹野萝卜染色体片段（图5-66）。

十四、心里美萝卜导入系（Lat20B53-1）

Lat20B53-1：心里美萝卜导入系，心里美萝卜为轮回亲本，导入耐抽薹野萝卜染色体片段（图5-67）。

十五、新闸红萝卜导入系（Lat20B225-9）

Lat20B225-9：新闸红萝卜导入系，新闸红萝卜为轮回亲本，导入耐抽薹野萝卜染色体片段（图5-68）。

图5-66　小辛庄青萝卜导入系（Lat20B66-2）

图5-67　心里美萝卜导入系（Lat20B53-1）

图5-68　新闸红萝卜导入系（Lat20B225-9）

十六、浙大长萝卜导入系（Lat20B229-12）

Lat20B229-12：浙大长萝卜导入系，浙大长萝卜为轮回亲本，导入耐抽薹野萝卜染色体片段（图5-69）。

十七、白萝卜自交系（BCXSF4-3-5）

BCXSF4-3-5：白萝卜自交系，利用耐热白萝卜品种自交选育的高代自交系，是白萝卜CMS不育系的保持系。与CMS不育系配套，制种产量高（图5-70）。

十八、白萝卜CMS不育系萝卜（CMSBC4-3-1）

CMSBC4-3-1：白萝卜CMS不育系，利用CMS胞质转育耐热白萝卜品种选育的高代不育系，该CMS不育系的雄不育彻底，制种产量高（图5-71）。

图5-69　浙大长萝卜导入系（Lat20B229-12）

图5-70　白萝卜高代自交系（BCXSF4-3-8）

图5-71　CMS不育系（CMSBC4-3-1）

十九、五月红萝卜高代自交系（BCXSF4-13-22）

BCXSF4-13-22：五月红萝卜高代自交选育的纯系（图5-72）。

二十、五月红萝卜高代自交系（BCXSF4-13-11）

BCXSF4-13-11：五月红萝卜高代自交选育的纯系（图5-73）。

二十一、青皮脆萝卜高代自交系（BCXSF4-27-8）

BCXSF4-27-8：青皮脆萝卜高代自交选育的纯系（图5-74）。

图5-72　五月红萝卜高代自交系（BCXSF4-13-22）

图5-73　五月红萝卜高代自交系（BCXSF4-13-11）

图5-74　青皮脆萝卜高代自交系（BCXSF4-27-8）

二十二、青皮脆萝卜高代自交系（BCXSF4-27-10）

BCXSF4-27-10：青皮脆萝卜高代自交选育的纯系（图5-75）。

二十三、青皮脆萝卜高代自交系（BCXSF4-27-12）

BCXSF4-27-12：青皮脆萝卜高代自交选育的纯系（图5-76）。

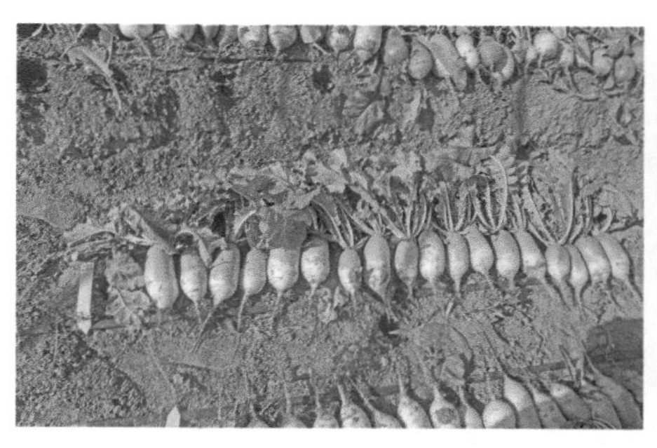

图5-75　青皮脆萝卜高代自交系（BCXSF4-27-10）

图5-76　青皮脆萝卜高代自交系（BCXSF4-27-12）

二十四、安陆南乡萝卜

根形短圆柱形，绿皮白肉，叶深裂，椭圆形，叶脉有毛，茎绿色，种子黄色（图5-77）。

二十五、黄陂脉地湾萝卜

根形卵圆，白皮白肉，叶浅裂，匙形，叶脉有毛，茎白色，种子黄色（图5-78）。

二十六、黄陂杨柳萝卜

根形长圆柱形，绿皮白肉，叶深裂，倒卵形，叶脉有毛，茎绿色，种子黄色（图5-79）。

二十七、黄冈黄州萝卜

根形短圆柱，绿皮白肉，叶深裂，倒卵形，叶脉有毛，茎绿色，种子黄色（图5-80）。

图5-77　安陆南乡萝卜

图5-78　黄陂脉地湾萝卜

图5-79　黄陂杨柳萝卜

图5-80　黄冈黄州萝卜

二十八、京山丁家冲

根形卵圆形，红皮白肉，叶浅裂，椭圆形，叶脉有毛，茎红色，种子暗红色（图5-81）。

二十九、罗田削根萝卜

根形卵圆形，绿皮白肉，叶深裂，倒卵形，叶脉有毛，茎绿色，种子黄色（图5-82）。

三十、随州半头青

根形长圆锥形，绿皮白肉，叶深裂，倒卵形，叶脉有毛，茎绿色，种子黄色（图5-83）。

三十一、随州红

根形卵圆形，红皮白肉，叶深裂，倒卵形，叶脉有毛，茎红色，种子暗红色（图5-84）。

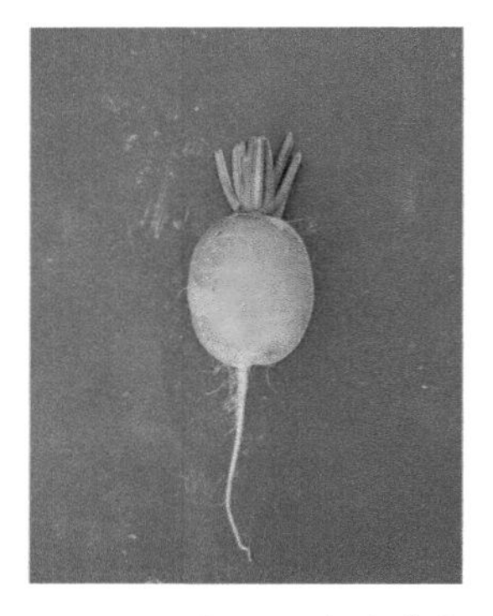

图5-81　京山丁家冲萝卜

图5-82　罗田削根萝卜

图5-83　随州半头青

图5-84　随州红

三十二、白将军与露头青

白将军和露头青分别抗、感根肿病威廉姆斯4号生理小种。以白将军为母本，露头青为轮回父本连续回交构建导入系。经研究认为白将军对根肿病的抗性为微效多基因控制的数量性状，在前期定位的主效QTL内开发InDel分子标记，筛选回交世代中含有抗病分子标记的单株继续转育，每世代同时进行抗病表型鉴定，最终获得抗根肿病的导入系。导入系为BC_3，其根形为圆柱形，绿皮白肉，叶浅裂，叶形椭圆形，茎绿色，种子黄色（图5-85）。

三十三、白将军与喜诺青

白将军和喜诺青分别抗、感根肿病威廉姆斯4号生理小种。以白将军为母本，喜诺青为轮回父本连续回交构建导入系。经研究认为白将军对根肿病的抗性为微效多基因控制的数量性状，在前期定位的主效QTL内开发InDel分子标记，筛选回交世代中含有抗病分子标记的单株继续转育，每世代同时进行抗病表型鉴定，最终获得抗根肿病的导入系。导入系为BC_4，抗根肿病，其根形为短圆柱形，绿皮绿肉，叶深裂，叶形倒卵形，茎绿色，种子黄色（图5-86）。

三十四、干理想与露头青

干理想和露头青分别抗、感长阳火烧坪根肿病Pb10生理小种（SCD）。以干理想为母本，露头青为轮回父本连续回交构建导入系。经研究发现干理想抗根肿病由显性单基因控制，在定位区间内开发InDel分子标记，筛选回交世代中含有抗病分子标记的单株继续转育，每世代同时进行抗病表型鉴定，最终获得抗根肿病的导入系。导入系为BC_3，根形为圆柱形，绿皮白肉，叶浅裂，叶形椭圆形，茎绿色，种子黄色（图5-87）。

三十五、干理想与嫩头青

干理想和嫩头青分别抗、感长阳火烧坪根肿病Pb10生理小种（SCD）。以干理想为母本，嫩头青为轮回父本连续回交构建导入系。经研究发现干理想抗根肿病由显性单基因控制，在定位区间内开发InDel分子标记，筛选回交世代中含有抗病分子标记的单株继续转育获得抗根肿病的导入系。导入系为BC_4，根形为短圆柱形，绿皮绿肉，叶深裂，叶形倒卵形，茎绿色，种子黄色（图5-88）。

图5-85　白将军与露头青

图5-86　白将军与喜诺青

图5-87　干理想与露头青

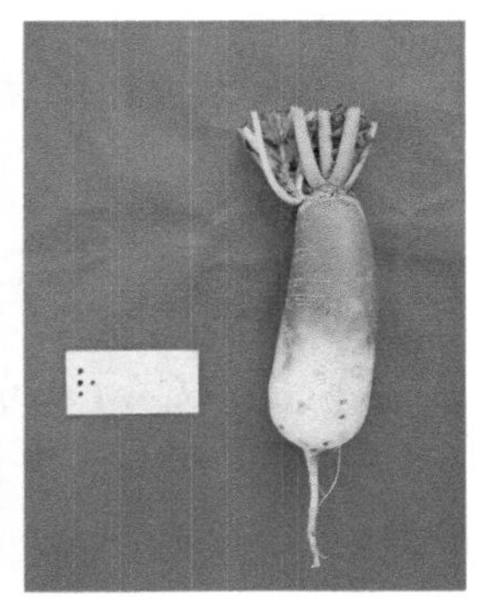

图5-88　干理想与嫩头青

三十六、萝卜YXYB（19NAU-8362）

本品种收集于安徽安庆，为地方品种纯系。本品种株型半直立，肉质根圆球形，白皮白肉，单根重0.15～0.19kg；花叶，叶片与叶柄绿色；适于生食（图5-89）。

三十七、萝卜LH2（20NAU-T4）

本品种收集于山东青岛，绿皮绿肉，株型半直立；肉质根圆柱形，绿皮绿肉，单根重0.8～1.1kg；花叶，叶片与叶柄绿色；适于生食（图5-90）。

三十八、萝卜LH3（20NAU-T5）

本品种收集于江苏南京，绿皮绿肉，株型直立；肉质根圆柱形，绿皮绿肉，单根重0.7～1.0kg；花叶，叶片与叶柄绿色；适于生食（图5-91）。

三十九、萝卜LH4（20NAU-T9）

本品种收集于江苏徐州，绿皮绿肉，株型半直立；肉质根长圆柱形，绿皮绿肉，单根重0.8～1.1kg；花叶，叶片与叶柄绿色；适于生食（图5-92）。

图5-89　YXYB（19NAU-8362）

图5-90　LH2（20NAU-T4）

图5-91　LH3（20NAU-T5）

图5-92　LH4（20NAU-T9）

四十、萝卜LH5（20NAU-T14）

本品种收集于山东潍坊，绿皮绿肉，株型直立；肉质根长圆柱形，绿皮绿肉，单根重0.7～0.9kg；花叶，叶片与叶柄绿色；适于生食（图5-93）。

四十一、萝卜LH6（20NAU-T16）

本品种收集于江苏淮安，绿皮绿肉，株型直立；肉质根圆柱形，绿皮绿肉，单根重0.6～0.8kg；花叶，叶片与叶柄绿色；适于生食（图5-94）。

四十二、萝卜LH7（20NAU-T18）

本品种收集于江苏常州，红皮白肉，干物质含量高，株型半直立；肉质根倒卵圆形，红皮白肉，单根重0.3～0.5kg；叶片绿，叶柄红；适于鲜食、加工（图5-95）。

四十三、萝卜YZYB（20M-12）

本品种收集于江苏扬州，白皮白肉，株型直立；肉质根圆球形，白皮白肉，单根重0.15～0.2kg；花叶，叶片与叶柄绿色；适于生食（图5-96）。

图5-93　LH5（20NAU-T14）

图5-94　LH6（20NAU-T16）

图5-95　LH7（20NAU-T18）

图5-96　YZYB（20M-12）

四十四、萝卜DT-YDH1（20NAU-T22）

本品种收集于江苏东台，株型直立，肉质根卵圆形，上红下白，白肉；单根重0.2～0.3kg；板叶，叶片绿色、叶柄绿色，下部稍红；适于生食（图5-97）。

四十五、潍县青萝卜（16-01-3）

纯系，山东潍坊地方品种，山东省的名优特产。花叶，叶片少，半直立；肉质根细长圆柱形，皮深绿，白锈多；肉质较硬，肉质翠绿，耐储藏。微甜，微辣，风味好；配合力高；是培育绿皮绿肉萝卜的优良亲本（图5-98）。

四十六、翘头青（16-02-1）

纯系，山东地方品种。花叶，叶片少，半直立；肉质根圆柱形，皮绿较光滑；肉质翠绿，微甜，抗性好，产量高；是培育高产抗病萝卜的优良亲本（图5-99）。

四十七、泰安心里美萝卜（16-03-6）

纯系，山东泰安地方品种，是泰安市的名优特产；花叶，半直立；肉质根短圆柱形，绿皮，皮光滑，肉质鲜红，质脆，微甜，辣味轻；是培育紫皮紫肉及绿皮红肉萝卜的优良亲本（图5-100）。

图5-97　DT-YDH 1（20NAU-T22）

图5-98　潍县青萝卜（16-01-3）

图5-99　翘头青（16-02-1）

图5-100　泰安心里美萝卜（16-03-6）

四十八、卫青萝卜（16-04-2）

纯系，天津地方品种，是天津市的名优特产。花叶，叶片少，半直立；肉质根长圆筒形，尾部稍弯，表现耐热、耐涝、抗病等优良品质；是培育绿皮绿肉萝卜的优良亲本（图5-101）。

四十九、大红袍萝卜（16-05-5）

纯系，北京农家品种，是北京市的名优特产。耐热，耐储藏，盐渍品质好，适合加工，可以用来测配盐渍杂交组合（图5-102）。

五十、短叶十三（16-06-9）

纯系，广东地方品种，是广东的名优特产。引入山东省栽培已有20多年的历史，经抗病、耐旱、耐抽薹筛选后形成的地方品种。板叶，直立；倒卵圆形，生长期短，早熟性好，抗性好，适合配制早熟白萝卜品种（图5-103）。

图5-101　卫青萝卜（16-04-2）

图5-102　大红袍萝卜（16-05-5）

图5-103　短叶十三（16-06-9）

五十一、萝卜CMS-7-2（16-07-4）

以高抗病毒病的萝卜材料（WR07-1）为供体，以不育材料（10-02A）为受体，通过杂交、回交，不育性鉴定，选育高抗病毒病的不育中间材料，通过连续多代回交，将来源于WR07-1中的高抗病毒病基因导入，创制抗病毒病的不育新种质，获得导入系1份（图5-104）。

五十二、萝卜CMS-C-4（16-08-1）

以高抗软腐病的萝卜材料（WR10-C）为供体，以不育材料（10-02A）为受体，通过杂交、回交，不育性鉴定，选育高抗软腐病的不育中间材料，通过连续多代回交，将来源于WR10-C中的高抗软腐病基因导入，创制抗软腐病的不育新种质，获得导入系1份（图5-105）。

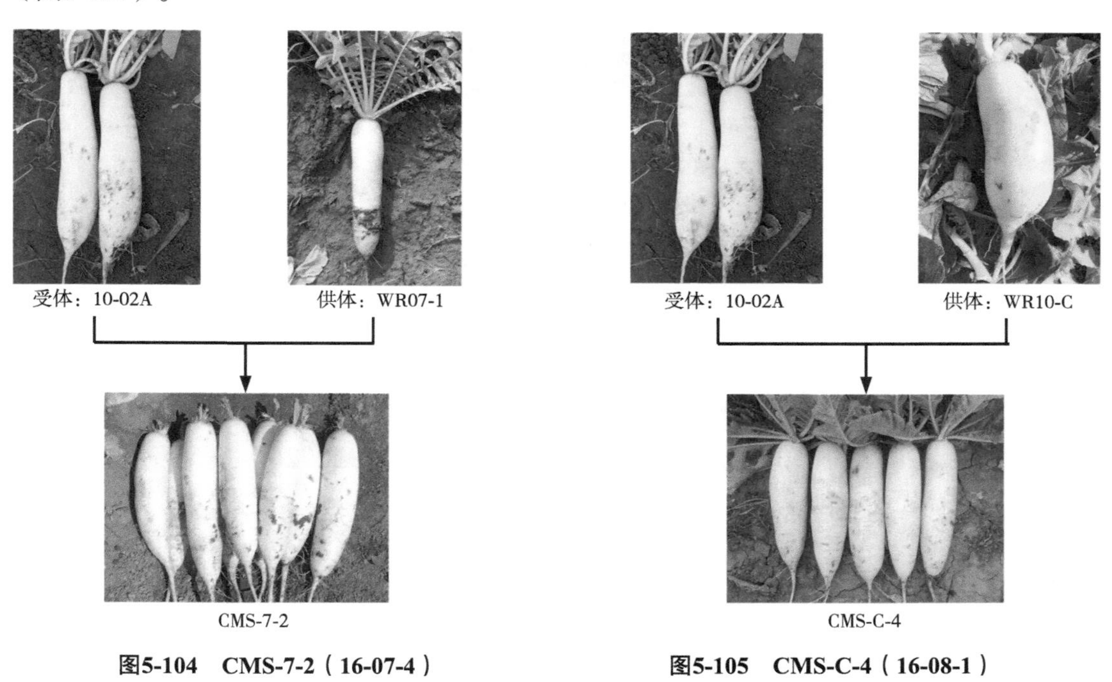

图5-104　CMS-7-2（16-07-4）　　**图5-105　CMS-C-4（16-08-1）**

五十三、萝卜LB-C-3（16-09-12）

以中小型全白萝卜材料（WR07-3）为供体，以极耐抽薹的青首大型材料（纯系07-C）为受体，通过杂交、回交，耐抽薹性鉴定，选育耐抽薹的中型全白中间材料，通过连续多代回交，将来源于WR07-3中的中小型全白基因导入，创制耐抽薹中型全白萝卜新种质，获得导入系1份（图5-106）。

图5-106　LB-C-3（16-09-12）

第四节　有育种利用价值的白菜地方品种纯系和导入系

（2016YFD0100204-6 章时蕃；2016YFD0100204-15 赵岫云；2016YFD0100204-17 赵建军；2016YFD0100204-18 原玉香；2016YFD0100204-31 余小林）

一、白菜234（1616022）

秋大白菜二包尖类型，生长期93d左右。植株直立，叶片长卵圆形、浅绿，叶面稍皱、无毛，叶柄扁平、绿白，叶球长炮弹形，叶球内叶浅黄色，叶球高40.0cm，叶球宽15.6cm，单株重2.1kg，单球重1.0kg，可溶性固形物4.1%，纤维少，口感稍甘（图5-107）。

二、2012包尖府-205-202（1616033）

秋大白菜小包尖类型，生长期78d左右。植株直立，叶片长卵圆形、深绿色，叶面稍皱、无毛，叶柄扁平、浅绿，叶球炮弹形，叶球内叶浅黄色，叶球高28.9cm，叶球宽12.2cm，单株重1.9kg，单球重1.3kg，可溶性固形物3.7%，纤维少，口感稍甘（图5-108）。

三、小包尖07-205（1616035）

秋大白菜小包尖类型，生长期63d左右。植株直立，叶片长卵圆形、深绿色，叶面稍皱、多毛，叶柄扁平、浅绿，叶球炮弹形，叶球内叶浅黄色，叶球高28.5cm，叶球宽11.5cm，单株重1.8kg，单球重1.2kg，可溶性固形物4.5%，纤维少，口感稍甘（图5-109）。

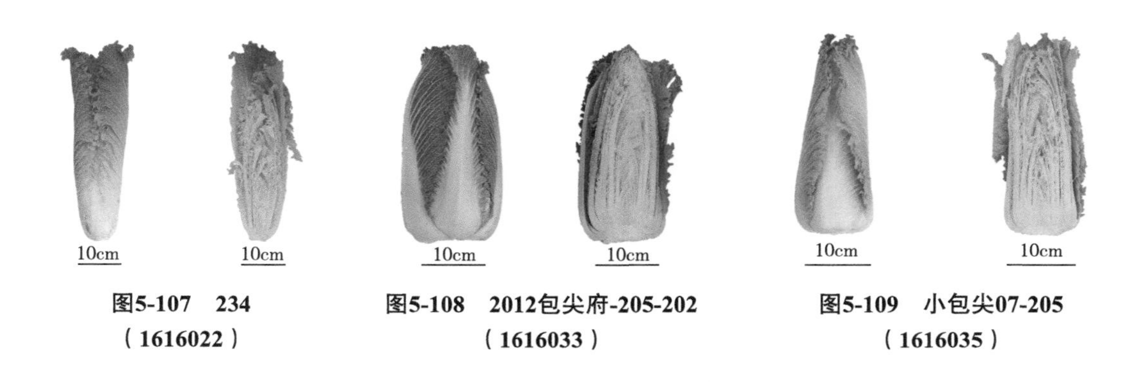

图5-107　234（1616022）

图5-108　2012包尖府-205-202（1616033）

图5-109　小包尖07-205（1616035）

四、胶县二叶（1616051）

秋大白菜合抱类型，生长期98d左右。植株半直立，叶片卵圆形、浅绿色，叶面皱少、有毛，叶柄扁平、绿白，叶球炮弹形，叶球内叶黄白色，叶球高31.0cm，叶球宽13.7cm，单株重2.2kg，单球重1.4kg，可溶性固形物3.1%，纤维少，口感较好（图5-110）。

五、辽阳牛心（1616056）

秋大白菜合抱类型，生长期75d左右。植株半直立，叶片卵圆形、浅绿色，叶面稍皱、无毛，叶柄扁平、绿白，叶球炮弹形，叶球内叶黄白色，叶球高24.9cm，叶球宽14.2cm，单株重2.1kg，单球重1.4kg，可溶性固形物3.7%，纤维少，口感较好（图5-111）。

六、石FSH（1616061）

秋大白菜叠抱类型，生长期82d左右。植株平展，叶片宽倒卵圆形、浅绿色，叶面稍皱、无毛，叶柄扁平、绿白，叶球头球形，叶球内叶黄白色，叶球高29.7cm，叶球宽18.1cm，单株重2.5kg，单球重1.5kg，可溶性固形物3.6%，纤维少，口感较好，抗病性强（图5-112）。

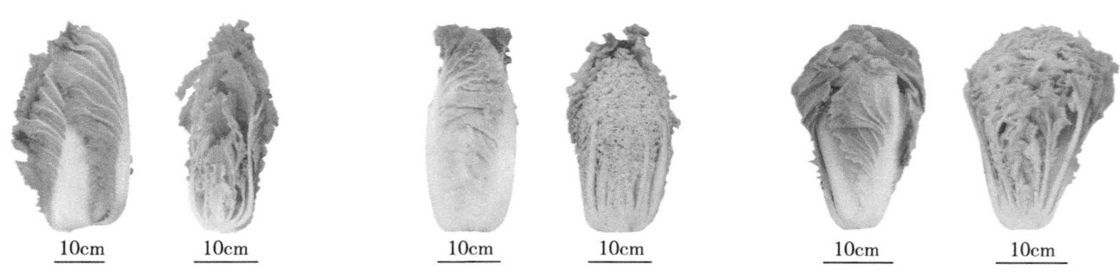

图5-110　胶县二叶（1616051）　**图5-111　辽阳牛心（1616056）**　**图5-112　石FSH（1616061）**

七、天津大白麻叶（1616070）

秋大白菜拧抱类型，生长期85d左右。植株直立，叶片长卵圆形、浅绿色，叶面稍皱、无毛，叶柄扁平、绿白，叶球直筒舒心形，叶球内叶黄白色，叶球高31.0cm，叶球宽13.7cm，单株重2.2kg，单球重1.4kg，可溶性固形物3.1%，纤维少，口感较好（图5-113）。

八、超级上海青（1616079）

小白菜类型，耐热，生长期45d左右。植株直立，叶片卵圆形、深绿色，叶面平、无毛，叶柄稍鼓、浅绿，株高17.9cm，单株重0.9kg，可溶性固形物1.8%，稍有纤维（图5-114）。

图5-113　天津大白麻叶（1616070）　**图5-114　超级上海青（1616079）**

九、黑叶青大头（1616082）

小白菜类型，耐寒、耐抽薹，生长期45d左右。植株直立，叶片卵圆形、深绿色，叶面平、无毛，叶柄稍鼓、浅绿，株高21.7cm，单株重0.9kg，可溶性固形物3.6%，稍有纤维（图5-115）。

十、吴江青香青菜（1616086）

小白菜类型，耐寒、耐抽薹、有特殊芳香味，生长期55d左右。植株较直立，叶片卵圆形、深绿色，叶面稍皱、无毛，叶柄稍鼓、绿白，单株重0.8kg，可溶性固形物6.0%，稍有纤维（图5-116）。

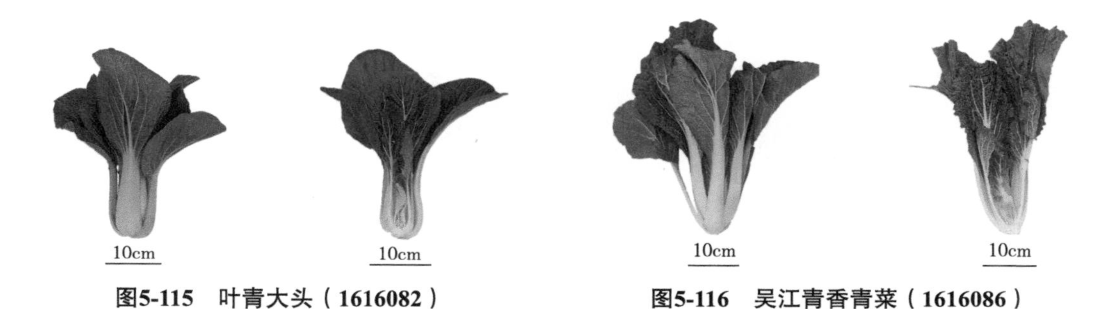

图5-115　叶青大头（1616082）　　**图5-116　吴江青香青菜（1616086）**

十一、马耳朵（1616090）

小白菜类型，耐寒、分蘖性强，生长期50d左右。植株半直立，叶片长椭圆形、深绿色，叶面光滑、有光泽、无毛，叶柄扁圆狭长、浅绿色，株高25～30cm，单株重0.7kg，可溶性固形物3.2%，纤维少（图5-117）。

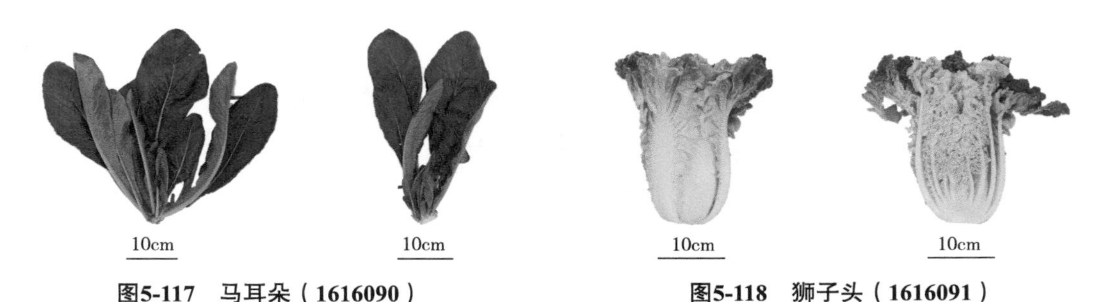

图5-117　马耳朵（1616090）　　**图5-118　狮子头（1616091）**

十二、狮子头（1616091）

秋大白菜翻心黄类型，生长期77d左右。植株半直立，叶片卵圆形、浅绿色，叶面多皱、无毛，叶柄扁平、绿白，叶球直筒舒心形，叶球内叶浅黄色，叶球高26.2cm，叶球宽15.7cm，单株重2.8kg，单球重1.8kg，可溶性固形物2.7%，纤维少，口感较好（图5-118）。

十三、大白菜（金锦-19AC3）

19AC3是由日本引进的金锦，经过5代自交提纯。该材料抗根肿病，耐抽薹，株型半直立，叶片有毛、中等绿色，叶球合抱炮弹形，心叶黄（图5-119）。

十四、大白菜（鲁信CR1573-QB37）

19AC20是由山东引进的鲁信CR1573，经过5代自交提纯。该材料抗根肿病；株型半直立，叶片有毛、中等绿色，叶球合抱炮弹形（图5-120）。

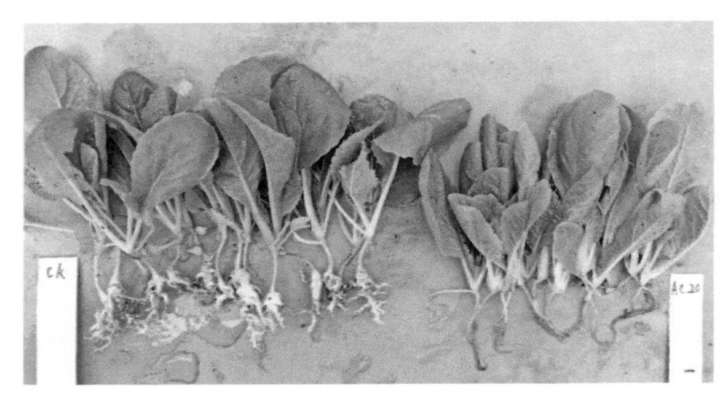

图5-119　大白菜（金锦-19AC3）

图5-120　大白菜（鲁信CR1573-QB37）

十五、大白菜（CR为民-19AC56）

19AC56是由云南引进的CR为民与北京新三号亲本832172杂交一代，回交一代，然后经过5代自交提纯。该材料抗根肿病；株型较直立，叶片无毛、中等绿色，叶球叠抱直筒形（图5-121）。

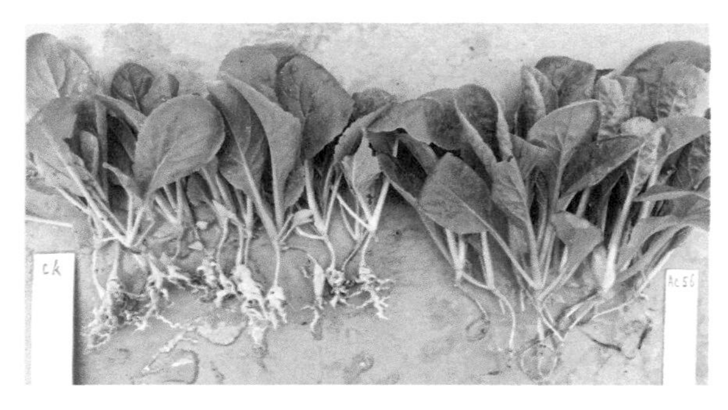

图5-121　大白菜（CR为民-19AC56）

十六、普通白菜（抗热清江白-17R9-3）

17R9-3是由广东引进的抗热清江白，经过5代自交提纯地方品种纯系。该材料叶色绿，叶面平展，叶片倒卵形，叶柄浅绿有蜡粉，耐热性较强，北京地区夏季栽培，病害发生较轻（图5-122）。

十七、普通白菜（改良28-17R9-53）

17R9-53是由福建引进的改良28，经过5代自交提纯。该材料株型直立，长势旺，叶色绿，叶面稍内卷，叶片较厚，叶柄宽绿，耐热耐雨性强，北京地区夏季栽培，软腐病发生极轻（图5-123）。

十八、抗软腐病大白菜-sr-1

利用甲基磺酸乙酯（Ethyl methylsulfonate，EMS）诱变大白菜高感软腐病野生型WT，筛选获得一个抗软腐病突变体-sr-1。通过离体及活体接种软腐病菌（*Pectobacterium carotovorum*）鉴定，大白菜抗软腐病突变体sr-1表现为高抗软腐病（图5-124）。

图5-122　抗热清江白-17R9-3

图5-123　改良28-17R9-53

图5-124　大白菜（抗软腐病-sr-1）

十九、抗软腐病大白菜-sr-2

利用EMS诱变大白菜高感软腐病野生型WT，筛选获得一个抗软腐病突变体-sr-2。通过离体及活体接种软腐病菌（*Pectobacterium carotovorum*）鉴定，大白菜抗软腐病突变体sr-2表现为抗软腐病（图5-125、表5-1）。

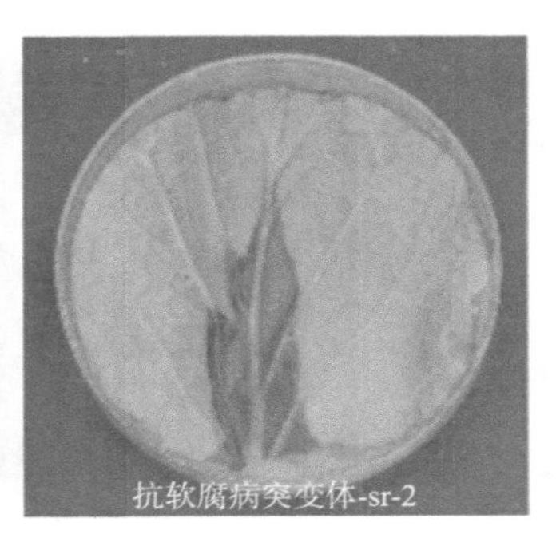

图5-125　大白菜（抗软腐病-sr-2）

二十、有益硫苷RAA含量高的大白菜—结球甘蓝导入系

亲本大白菜RAA含量为0μmol/g，甘蓝RAA含量为0.24μmol/g，筛选到4份有益硫苷RAA含量高于0.2μmol/g导入系（图5-126、表5-1）。

（a）15B3-20

（b）15A-3

（c）15C5-26

（d）15F3-13

图5-126　大白菜—结球甘蓝导入系

表5-1　高RAA含量大白菜—结球甘蓝导入系

编号	PRO	RAA	NAP	4OH	GBN	GBC	NAS	4ME	NEO
15B3-20	6.25	0.24	2.78	0.02	0.60	4.11	4.20	2.69	0.15
15A-3	4.96	0.22	3.76	0.01	0.67	7.98	2.11	1.42	0.06
15C5-26	3.25	0.23	2.99	0.02	0.69	6.04	3.05	2.31	0.12
15F3-13	3.19	0.21	3.39	0.00	0.43	1.69	1.44	1.08	0.03

二十一、耐抽薹大白菜—结球甘蓝导入系

参考余阳俊等大白菜晚抽薹性快速评价方法，综合考虑显蕾、抽薹、开花性状，采用6级抽薹调查分级标准、5个抽薹评价等级，以抽薹指数评价抽薹性，获得了3份耐抽薹大白菜—甘蓝导入系（图5-127）。

（a）B4-19

（b）I1-3

（c）K-18

图5-127　大白菜—结球甘蓝导入系

二十二、2个叶球发育性状不同的地方品种纯系

一个是沧州地方品种（叶色绿、半结球、束心），另一个是玉田包尖白菜（叶色深绿、保定地区半结球，叠抱或合抱）（图5-128）。

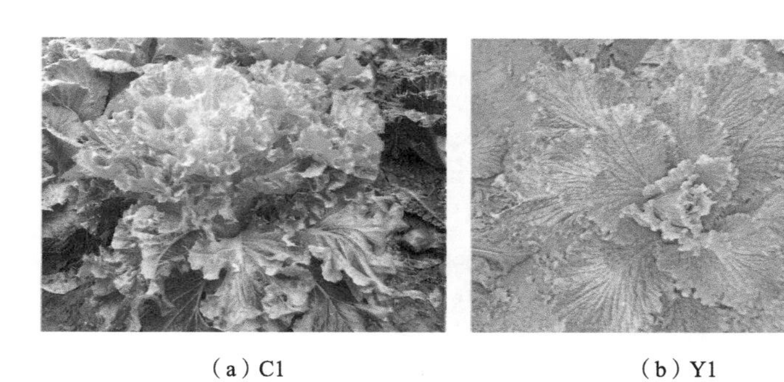

（a）C1　　（b）Y1

图5-128　2个叶球发育性状不同的地方品种纯系

二十三、大白菜1E519DH-2

以欧洲芜菁ECD01-1（抗根肿病）和大白菜DH系Y510-9（感根肿病）（由商品种夏阳303经游离小孢子培养获得）为亲本，杂交获得F_1，田间根肿病抗性鉴定F_1，将抗病F_1单株与Y510-9回交获得BC_1F_1，然后再对BC_1F_1进行田间根肿病抗性鉴定，将抗病单株自交获得1E519BC_1F_2群体，同时经小孢子培养获得多个DH系。以1E519BC_1F_2为群体开发共显性KASP标记Crr5-K1。对获得的DH系1E519DH-2经Crr5-K1标记检测含有纯合CR位点，该系叶部无缺刻和根部不膨大性状已接近大白菜。可将CR抗性导入其他育种材料中（图5-129）。

（a）抗病DH系　　（b）感病DH系对照　　（c）田间表现

图5-129　大白菜1E519DH-2的根肿病抗性及田间表现

二十四、大白菜1E519DH-15

以欧洲芜菁ECD01-1（抗根肿病）和大白菜DH系Y510-9（感根肿病）（由商品种夏阳303经游离小孢子培养获得）为亲本，杂交获得F_1，田间根肿病抗性鉴定F_1，将抗病F_1

单株与Y510-9回交获得BC_1F_1，然后再对BC_1F_1进行田间根肿病抗性鉴定，将抗病单株自交获得1E519BC_1F_2群体，同时经小孢子培养获得多个DH系。以1E519BC_1F_2为群体开发共显性KASP标记Crr5-K1。对获得的DH系1E519DH-15经Crr5-K1标记检测含有纯合CR位点，该系叶部有缺刻类芜菁、根部不膨大像大白菜。可将CR抗性导入其他育种材料中（图5-130）。

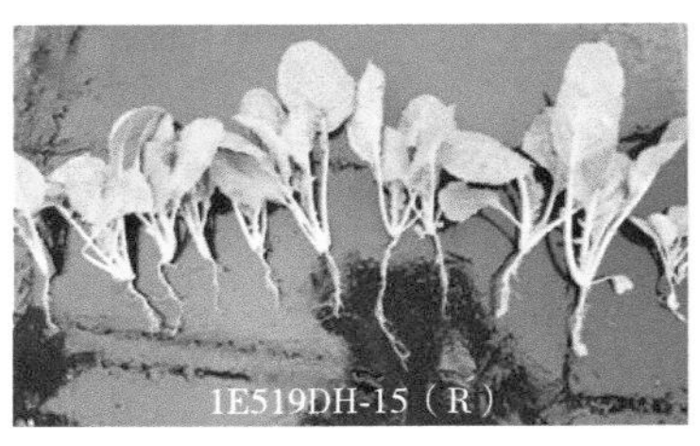

（a）抗病DH系

（b）感病DH系对照

（c）田间表现

图5-130　大白菜1E519DH-15的根肿病抗性及田间表现

二十五、大白菜1E519DH-21

以欧洲芜菁ECD01-1（抗根肿病）和大白菜DH系Y510-9（感根肿病）（由商品种夏阳303经游离小孢子培养获得）为亲本，杂交获得F_1，田间根肿病抗性鉴定F_1，将抗病F_1单株与Y510-9回交获得BC_1F_1，然后再对BC_1F_1进行田间根肿病抗性鉴定，将抗病单株自交获得1E519BC_1F_2群体，同时经小孢子培养获得多个DH系。以1E519BC_1F_2为群体开发共显性KASP标记Crr5-K1。对获得的DH系1E519DH-21经Crr5-K1标记检测含有纯合CR位点，该系叶基部稍有缺刻类芜菁、根部不膨大像大白菜。可将CR抗性导入其他育种材料中（图5-131）。

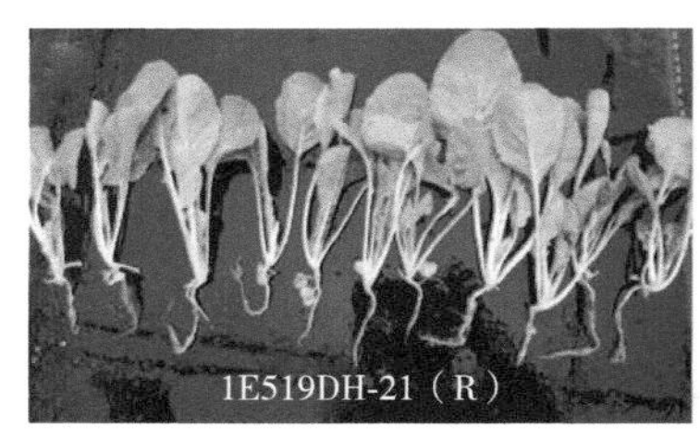

（a）抗病DH系

（b）感病DH系对照

（c）田间表现

图5-131　大白菜1E519DH-21的根肿病抗性及田间表现

二十六、大白菜1E177DH-24

以欧洲芜菁ECD01-1（抗根肿病）和大白菜DH系Y510-9（感根肿病）（由商品种夏阳303经游离小孢子培养获得）为亲本，杂交获得F_1，田间根肿病抗性鉴定F_1，将抗病F_1单株与Y510-9回交获得BC_1F_1，然后再对BC_1F_1进行田间根肿病抗性鉴定，选抗病单株与Y177-12杂交得到BC_2F_1代1E177B2F1，自交两代得到BC_2F_3代1E177B2F3的株系，或经小孢子培养获得多个1E177来源DH系。用开发的共显性KASP标记Crr5-K对获得的DH系1E177DH-24检测，含有纯合CR位点，该系叶部、根部性状像大白菜。可将CR抗性导入其他育种材料中（图5-132）。

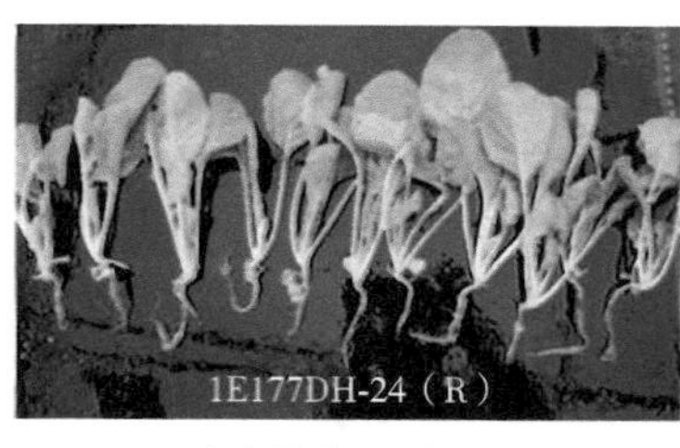

（a）抗病DH系

（b）感病DH系对照

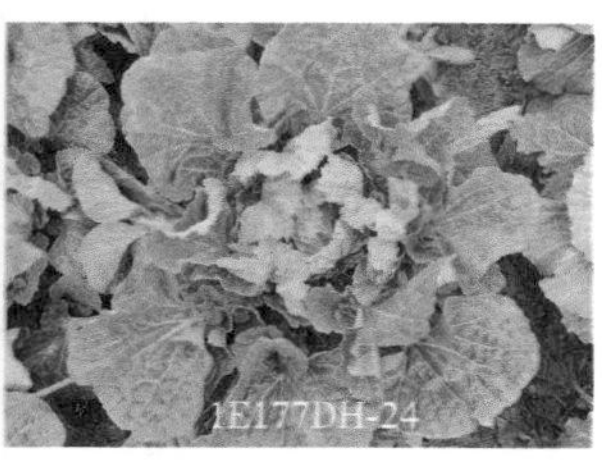

（c）田间表现

图5-132　大白菜1E177DH-24的根肿病抗性及田间表现

二十七、大白菜1E177DH-38

以欧洲芜菁ECD01-1（抗根肿病）和大白菜DH系Y510-9（感根肿病）（由商品种夏阳303经游离小孢子培养获得）为亲本，杂交获得F_1，田间根肿病抗性鉴定F_1，将抗病F_1单株与Y510-9回交获得BC_1F_1，然后再对BC_1F_1进行田间根肿病抗性鉴定，选抗病单株与Y177-12杂交得到BC_2F_1代1E177B2F1，自交两代得到BC_2F_3代1E177B2F3的株系，或经小孢子培养获得多个1E177来源DH系。用开发的共显性KASP标记Crr5-K对获得的DH系1E177DH-38检测，含有纯合CR位点，该系叶部、根部性状像大白菜。可将CR抗性导入其他育种材料中（图5-133）。

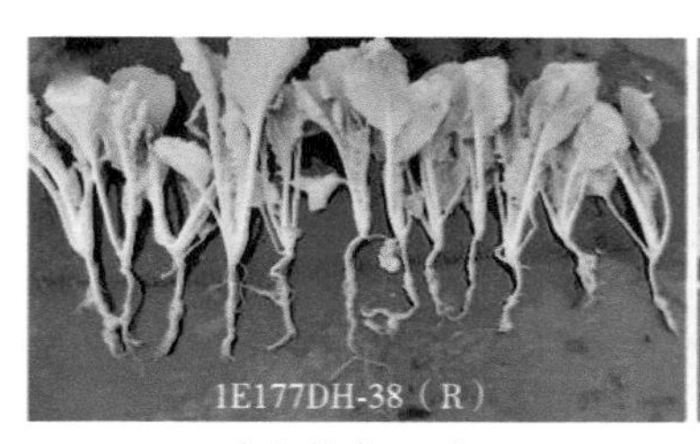

（a）抗病DH系

（b）感病DH系对照

（c）田间表现

图5-133　大白菜1E177DH-38的根肿病抗性及田间表现

二十八、大白菜1E177DH-39

以欧洲芜菁ECD01-1（抗根肿病）和大白菜DH系Y510-9（感根肿病）（由商品种夏阳

303经游离小孢子培养获得）为亲本，杂交获得F_1，田间根肿病抗性鉴定F_1，将抗病F_1单株与Y510-9回交获得BC_1F_1，然后再对BC_1F_1进行田间根肿病抗性鉴定，选抗病单株与Y177-12杂交得到BC_2F_1代1E177B2F1，自交两代得到BC_2F_3代1E177B2F3的株系，或经小孢子培养获得多个1E177来源DH系。用开发的共显性KASP标记Crr5-K对获得的DH系1E177DH-39检测，含有纯合CR位点，该系叶部缺刻性状偏芜菁、根部性状像大白菜。可将CR抗性导入其他育种材料中（图5-134）。

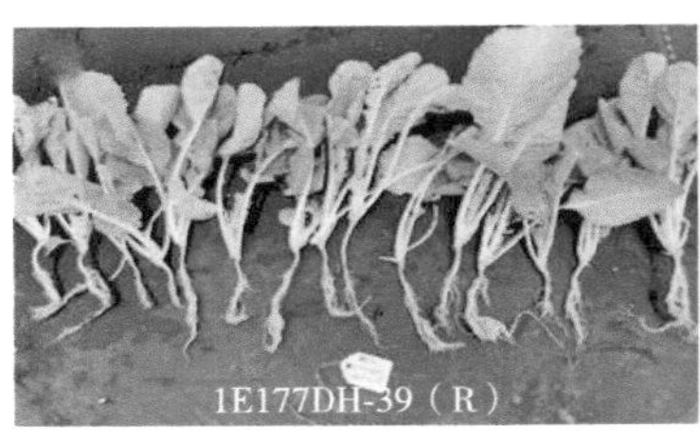

（a）抗病DH系

（b）感病DH系对照

（c）田间表现

图5-134　大白菜1E177DH-39的根肿病抗性及田间表现

二十九、大白菜1E177DH-40

以欧洲芜菁ECD01-1（抗根肿病）和大白菜DH系Y510-9（感根肿病）（由商品种夏阳303经游离小孢子培养获得）为亲本，杂交获得F_1，田间根肿病抗性鉴定F_1，将抗病F_1单株与Y510-9回交获得BC_1F_1，然后再对BC_1F_1进行田间根肿病抗性鉴定，选抗病单株与Y177-12杂交得到BC_2F_1代1E177B2F1，自交两代得到BC_2F_3代1E177B2F3的株系，或经小孢子培养获得多个1E177来源DH系。用开发的共显性KASP标记Crr5-K对获得的DH系1E177DH-40检测，含有纯合CR位点，该系叶部、根部性状均像大白菜。可将CR抗性导入其他育种材料中（图5-135）。

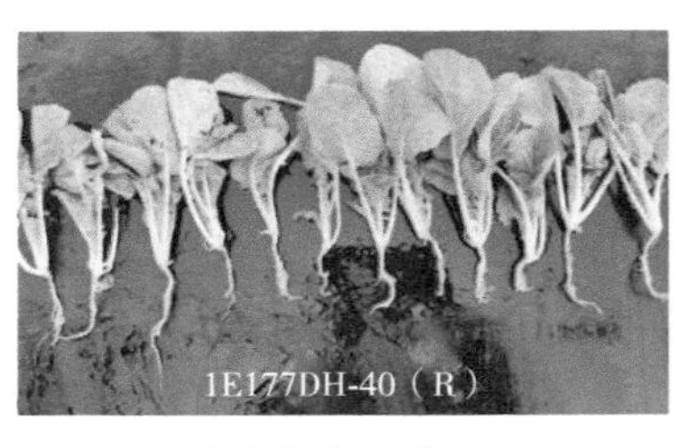

（a）抗病DH系

（b）感病DH系对照

（c）田间表现

图5-135　大白菜1E177DH-40的根肿病抗性及田间表现

三十、大白菜1E177DH-55

以欧洲芜菁ECD01-1（抗根肿病）和大白菜DH系Y510-9（感根肿病）（由商品种

夏阳303经游离小孢子培养获得）为亲本，杂交获得F_1，田间根肿病抗性鉴定F_1，将抗病F_1单株与Y510-9回交获得BC_1F_1，然后再对BC_1F_1进行田间根肿病抗性鉴定，选抗病单株与Y177-12杂交得到BC_2F_1代1E177B2F1，自交两代得到BC_2F_3代1E177B2F3的株系，或经小孢子培养获得多个1E177来源DH系。用开发的共显性KASP标记Crr5-K对获得的DH系1E177DH-55检测，含有纯合CR位点，该系叶基部缺刻性状偏芜菁、根部性状均像大白菜。可将CR抗性导入其他育种材料中（图5-136）。

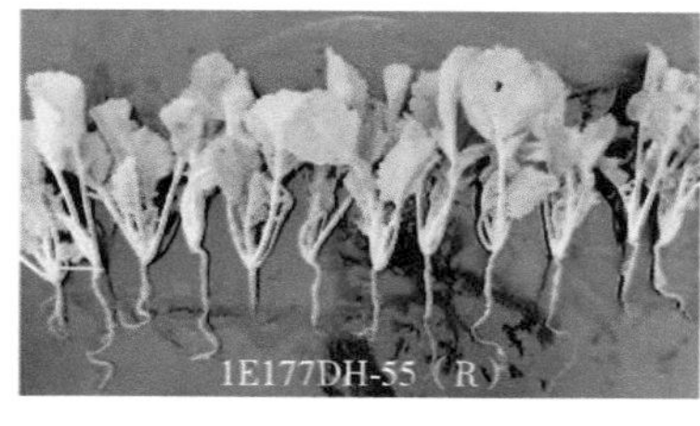

（a）抗病DH系

（b）感病DH系对照

（c）田间表现

图5-136　大白菜1E177DH-55的根肿病抗性及田间表现

三十一、大白菜1E177B2F3-140

以欧洲芜菁ECD01-1（抗根肿病）和大白菜DH系Y510-9（感根肿病）（由商品种夏阳303经游离小孢子培养获得）为亲本，杂交获得F_1，田间根肿病抗性鉴定F_1，将抗病F_1单株与Y510-9回交获得BC_1F_1，然后再对BC_1F_1进行田间根肿病抗性鉴定，选抗病单株与Y177-12杂交得到BC_2F_1代1E177B2F1，自交两代得到BC_2F_3代1E177B2F3的株系，或经小孢子培养获得多个1E177来源DH系。用开发的共显性KASP标记Crr5-K对获得的BC_2F_3代株系1E177B2F3-140检测，含有纯合CR位点，该系叶部、根部性状均像大白菜。可将CR抗性导入其他育种材料中（图5-137）。

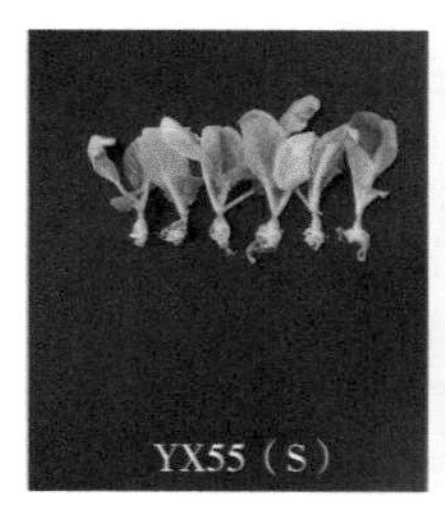

（a）感病CK

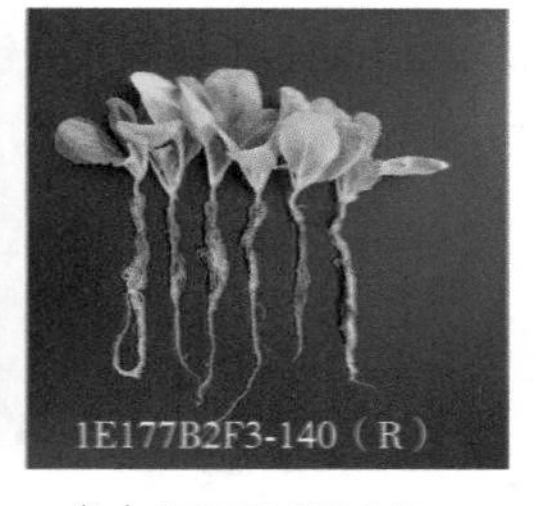

（b）1E177B2F3-140

图5-137　大白菜1E177B2F3-140的根肿病抗性表现

三十二、小白菜173-23

从上海引进的新选992-24表现出植株矮桩，直立，叶色亮绿、叶面平滑、板叶；株型束腰美观、耐抽薹等特点。通过回交转育的途径，将新选992-24与甘蓝型油菜*Ogura* CMS杂交，以前者为轮回亲本经7代回交获得苗期不黄化的稳定的CMS系——173-23（图5-138）。

图5-138　小白菜173-23

三十三、小白菜173-42

173-42为矮青系列小白菜的单株选择所获得的优良自交系。植株矮桩，半直立，整体表现为叶色亮绿，叶片倒卵圆形，叶面平滑、板叶。株型束腰美观、维生素C含量高等特点。叶柄绿色，商品性好，品质佳。单株重平均为0.4～0.5kg（图5-139）。

三十四、小白菜173-68

173-68为浙江衢州的地方品种，植株中高桩，直立，叶片椭圆形，叶色深绿、板叶、叶面平滑，叶脉较为明显。株型束腰，帮叶比大，净菜率高。叶柄绿色，较厚，商品性好，风味浓，品质佳。叶片紧凑，可适当密植。单株重平均为0.6～0.7kg（图5-140）。

三十五、小白菜176-02

176-02为浙江温州的地方品种，植株中矮桩，叶片倒卵圆形，叶色绿、叶面平滑。束腰性好，叶帮比大，净菜率高，叶脉较为明显。叶柄绿色，较厚，商品性好，品质佳。硝酸盐含量低。单株重平均为0.5～0.6kg（图5-141）。

图5-139　小白菜173-42

图5-140　小白菜173-68

三十六、小白菜176-12

176-12为浙江金华的地方品种，植株高桩类型，半直立，叶片长椭圆形，叶色绿、叶面平滑、花叶，叶脉较为明显。株型束腰，帮叶比大，净菜率高。叶柄白色，较厚，商品性好，主要做腌制用。单株重平均为1.2～1.5kg（图5-142）。

图5-141　小白菜176-02

图5-142　小白菜176-12

三十七、小白菜176-25

176-25为江苏省地方品种，植株矮桩类型，叶片近圆形，叶色浓绿、叶面多皱、板叶，叶缘下卷，叶脉不明显。束腰性好，耐寒性好，晚抽薹。叶柄浅绿色，商品性好，风味佳。单株重平均为0.3～0.5kg（图5-143）。

三十八、小白菜186-05

186-05为紫色小白菜品种，由日本千叶引进。植株中矮桩类型，半直立，叶片倒卵圆形，叶正面紫色，叶背面绿色，叶面平滑、板叶，叶缘平直，叶脉不明显。不束腰，耐寒性好，晚抽薹。叶柄浅绿色，商品性好，赏食兼用。单株重平均为0.4～0.5kg（图5-144）。

三十九、小白菜186-29

186-29为浙江省小白菜地方品种。植株中矮桩类型，半直立，叶片卵圆形，叶色绿，叶面平滑、板叶，叶缘平直，叶脉不明显。束腰性好，头大。耐寒性差，早抽薹。叶柄浅绿色，商品性好。单株重平均为0.4～0.5kg（图5-145）。

图5-143　小白菜176-25

图5-144　小白菜186-05

四十、小白菜186-31

186-31是从日本引进的水菜品种。植株中矮桩类型，株型半塌地，叶片披针形，叶色深绿，叶面平滑、板叶，叶缘平直，叶脉不明显。不束腰，分蘖性强。耐寒性好，晚抽薹。叶柄绿色，商品性好。单株重平均为0.3～0.4kg（图5-146）。

图5-145　小白菜186-29

图5-146　小白菜186-31

四十一、小白菜186-67

186-67是江苏苏北地区的地方品种。植株矮桩类型，株型塌地，叶片披针形，叶色深绿，叶面平滑、板叶，叶缘平直，叶脉不明显。不束腰，分蘖性强。耐寒性好，晚抽薹。叶柄绿色，商品性好。单株重平均为0.3～0.4kg（图5-147）。

四十二、小白菜186-17

186-17是上海地方品种。植株矮桩类型，株型半塌地，叶片长倒卵圆形，叶色深绿，叶面平滑、板叶，叶缘平直，叶脉不明显。束腰性好。可密植。叶柄绿色，商品性好。单株重平均为0.3～0.4kg（图5-148）。

图5-147　小白菜186-67

图5-148　小白菜186-17

四十三、小白菜196-62

196-62是安徽铜陵地方品种。植株矮桩类型，株型半塌地，叶片近圆形，叶色深绿，有光泽，叶面多皱、板叶，叶缘下卷，叶脉不明显。束腰性好。可密植。叶柄绿色，商品性好。单株重平均为0.3～0.4kg（图5-149）。

四十四、小白菜196-44

196-44是浙江绍兴地方品种。植株中桩类型，株型半塌地，株幅大。叶片近圆形，叶色绿，有光泽，叶面多皱、板叶，叶缘下卷，叶脉不明显。束腰性一般。叶柄绿色，商品性好。单株重平均为0.6～0.7kg。该自交系生长势强，品质好，维生素C含量高达58.2mg/100g FW，粗纤维0.4%，灰分为1.3g/100g FW。抗病毒病和霜霉病，感软腐病（图5-150）。

图5-149　小白菜196-62

图5-150　小白菜196-44

四十五、小白菜196-55

196-55是江苏无锡地方品种。植株中桩类型，株型半塌地，株幅大。叶片近圆形，叶色深绿，叶面微皱、板叶，叶缘平直，叶脉不明显。束腰性一般。叶柄绿色，商品性好。单株重平均为0.5～0.7kg。该自交系生长势强，品质好，维生素C含量高。抗性较强，耐抽薹（图5-151）。

四十六、小白菜196-60

196-60为浙江省地方品种，植株高桩类型，半直立，叶片长椭圆形，叶色绿、叶面平滑、碎花叶，叶脉较为明显。株型束腰，帮叶比大，净菜率高。叶柄白色，较厚，商品性好，主要做腌制用。单株重平均为1.3～1.6kg（图5-152）。

图5-151　小白菜196-55

图5-152　小白菜196-60

第五节　有育种利用价值的甘蓝及近缘植物地方品种纯系和导入系

（2016YFD0100204-11 吕红豪；2016YFD0100204-22 曾爱松；
2016YFD01002004-14 刘凡）

传统的育种材料中高抗材料（如黑腐病、枯萎病）、抗新病害（如根肿病）的材料严重缺乏，目前亟待利用地方纯系、引进的资源等材料结合标记辅助筛选等技术创制新的具有黑腐病、枯萎病、根肿病等抗性的导入系；同时，需要利用聚合育种技术将这些抗性和优良性状（球形圆正、球色亮绿、高产、耐裂等）聚合到一起。

通过收集、引进和鉴定具有新抗性（如枯萎病、黑腐病、根肿病）的甘蓝类材料（特别是具有直接或者间接利用价值的地方品种纯系），将这些新种质材料所具有的高抗或者多抗的特性通过回交转育、人工接种鉴定和标记辅助筛选等导入育种材料中，创制具有新抗性（枯萎病或黑腐病抗性）的导入系。

一、甘蓝BI-16（2123）

引自美国的地方品种Badger inbred 16选育出的纯系，高抗枯萎病镰刀菌2个生理小种，抗黑腐病，人工接种病情指数分别为2.0和15.0，圆球形，中熟，叶色灰绿，可将抗性通过回交转育、人工接种鉴定和标记辅助筛选等导入育种材料中，创制具有新抗性（枯萎病或黑腐病抗性）的导入系（图5-153）。

二、甘蓝SG643（KB4）

引自荷兰的地方品种Muketeer选育出的纯系，抗枯萎病镰刀菌1号生理小种，人工接种病情指数20.0。球色亮绿，品质好，耐抽薹，可直接应用于抗病育种（图5-154）。

图5-153　甘蓝BI-16（2123）田间表现

图5-154　甘蓝SG643（KB4）田间表现

三、甘蓝WGA（2124）

引自美国的地方品种Wisconsin golden acre选育出的纯系，高抗枯萎病镰刀菌1号生理小种，人工接种病情指数5.0，中早熟，圆球形，叶色绿，可将抗性通过回交转育、人工接种鉴定和标记辅助筛选等导入育种材料中（图5-155）。

四、甘蓝YC205（KB39）

引自韩国的地方品种K112选育出的纯系，高抗枯萎病，抗黑腐病，人工接种病情指数分别为6.0和28.0，球形圆正，球色绿，可直接应用于抗病育种，或通过回交转育、人工接种鉴定和标记辅助筛选等导入育种材料中（图5-156）。

左为抗病对照；中为WGA；右为感病对照。

图5-155　甘蓝WGA（2124）枯萎病抗性鉴定

左为YC205；右为对照。

图5-156　甘蓝YC205（KB39）黑腐病抗性鉴定

五、甘蓝YC207（KB43）

引自韩国的地方品种K114选育出的纯系，高抗枯萎病，抗黑腐病，人工接种病情指数分别为6.0和30.0，球形圆正，球色绿，耐抽薹，可直接应用于抗病育种，或通过回交转育、人工接种鉴定和标记辅助筛选等导入育种材料中（图5-157）。

六、甘蓝88-62（KB37）

引自荷兰的地方品种Grendier选育出的纯系，高抗枯萎病、抗黑腐病，人工接种病情指数分别为7.0和28.0，球形圆正，球色绿，品质好，可直接应用，或者将抗性通过回交转育、人工接种鉴定和标记辅助筛选等导入育种材料中，创制双抗的导入系（图5-158）。

图5-157　甘蓝YC207（KB43）黑腐病抗性鉴定

图5-158　甘蓝88-62（KB37）黑腐病抗性鉴定

七、甘蓝01-20-1（LX18）

引自加拿大的地方品种VES选育出的纯系，并进一步以D134作为枯萎病抗源，通过回交转育、人工接种鉴定和分子标记辅助筛选创制的导入系01-20-1，球色绿、品质好、耐抽薹，高抗枯萎病镰刀菌1号生理小种，人工接种病情指数5.0（图5-159）。

八、甘蓝87-534-1（LX27-1）

引自德国的地方品种FLS选育出的纯系，并进一步以D134作为枯萎病抗源，通过回交转育、人工接种鉴定和分子标记辅助筛选创制的导入系87-534-1，球形圆正、耐抽薹，高抗枯萎病镰刀菌1号生理小种，人工接种病情指数7.0（图5-160）。

图5-159　甘蓝01-20-1（LX18）田间枯萎病抗性鉴定

图5-160　甘蓝87-534-1（LX27-1）田间枯萎病抗性鉴定

九、甘蓝01-20-2（LX19）

引自加拿大的地方品种VES选育出的纯系，并进一步以D134作为枯萎病抗源，通过回交转育、人工接种鉴定和分子标记辅助筛选创制的导入系01-20-2，球色绿、球形圆正，高抗枯萎病镰刀菌1号生理小种，人工接种病情指数4.0（图5-161）。

十、甘蓝87-534-2（LX27-2）

引自德国的地方品种FLS选育出的纯系，并进一步以D134作为枯萎病抗源，通过回交转育、人工接种鉴定和分子标记辅助筛选创制的导入系87-534-2，球色绿，品质优，高抗枯萎病镰刀菌1号生理小种，人工接种病情指数5.0（图5-162）。

十一、甘蓝XW721-1（LX28-1）

引自日本的地方品种XW选育出的纯系，并进一步以D134作为枯萎病抗源，通过回交转育、人工接种鉴定和分子标记辅助筛选创制的导入系XW721-1，球色绿、球形高圆，高抗枯萎病镰刀菌1号生理小种，人工接种病情指数4.0（图5-163）。

图5-161　甘蓝01-20-2（LX19）成株期表现

图5-162　甘蓝87-534-2（LX27-2）田间表现

十二、甘蓝XW721-2（LX28-2）

引自日本的地方品种XW选育出的纯系，并进一步以D134作为枯萎病抗源，通过回交转育、人工接种鉴定和分子标记辅助筛选创制的导入系XW721-2，球色亮绿、品质优良，高抗枯萎病镰刀菌1号生理小种，人工接种病情指数5.0（图5-164）。

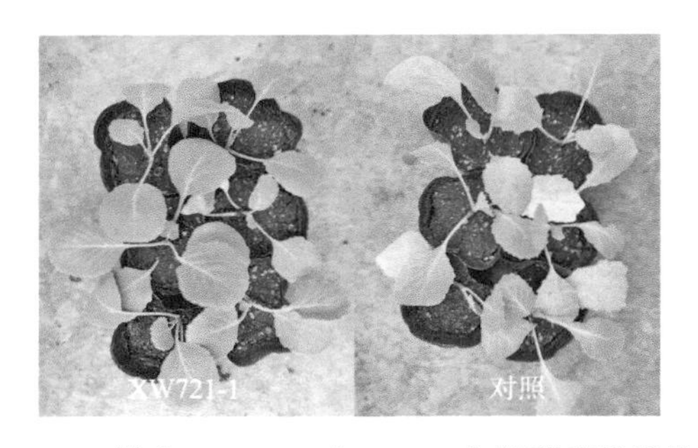

图5-163　甘蓝XW721-1（LX28-1）枯萎病抗性鉴定

图5-164　甘蓝XW721-2（LX28-2）

十三、甘蓝Q2358（2358-1）

引自云南的地方品种NM选育出的纯系Q2358，抗枯萎病、根肿病、黑腐病，人工接种病情指数分别为10.0、4.0、29.0。球形扁圆，丰产，配合力好，可直接用于抗病育种，或者作为抗源将抗性通过回交转育、人工接种鉴定和标记辅助筛选等导入育种材料中（图5-165）。

十四、甘蓝BRcb516（BR98）

引自泰国的地方品种N2359选育出的纯系，并进一步以BR1039为黑腐病抗源，通过交转育、人工接种鉴定和分子标记辅助筛选创制的导入系BRcb516，人工接种黑腐病病情指数为20.0。球形圆正，品质优，配合力高，可直接用于抗病育种（图5-166）。

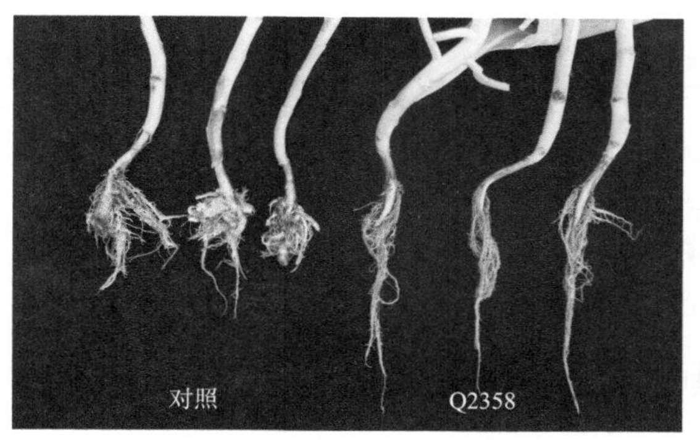

图5-165　甘蓝Q2358（2358-1）根肿病抗性鉴定

图5-166　甘蓝BRcb516（BR98）黑腐病抗性鉴定

十五、甘蓝纯系429

从江苏地方资源小鸡心经自交纯化获得的纯系材料。该材料极耐抽薹，在长江流域及其以南地区可于10月10日前后播种；耐寒，口感甜，综合抗性好。早熟，球形尖，球色绿，株型半直立，开展度58cm × 60cm，外叶数9片，单球重0.8kg，叶球纵径18cm，叶球横茎15cm，中心柱长7cm（图5-167）。

十六、甘蓝纯系433

从江苏地方资源金早生经自交纯化获得的纯系材料。该材料极耐抽薹，在长江流域及其以南地区可于10月10日前后播种。早熟，球形圆，球色绿，株型半直立，开展度49cm × 50cm，外叶数12片，单球重0.65kg，叶球纵径13.5cm，叶球横茎14cm，中心柱长6.5cm（图5-168）。

十七、甘蓝纯系2465

从湖南地方资源806经自交纯化获得的纯系材料。该材料耐寒性好，在长江流域及其以南地区可于8月15日前后播种露地结球越冬。中晚熟，球形高扁圆，球色绿，株型半直立，开展度56cm × 54cm，外叶数10片，单球重1.05kg，叶球纵径15cm，叶球横茎16.5cm，中心柱长6.5cm（图5-169）。

图5-167　甘蓝纯系429

图5-168　甘蓝纯系433

图5-169　甘蓝纯系（2465）

十八、甘蓝导入系18-404

上海资源少叶大牛心与抗黑腐病资源黑叶小平头杂交后，少叶大牛心做父本连续多代回交获得的导入系。该材料抗黑腐病，苗期接种鉴定病情指数9.2；耐抽薹，在长江流域及其以南地区可于10月20日前后播种。中熟，球形尖，球色绿，株型半直立，开展度62cm×58cm，外叶数9片，单球重1.25kg，叶球纵径25cm，叶球横茎17cm，中心柱长9cm（图5-170）。

十九、甘蓝导入系19-430

江苏地方资源430与抗黑腐病资源黑叶小平头杂交后，430做父本连续多代回交获得的导入系。该材料抗黑腐病，苗期接种鉴定病情指数8.5；耐抽薹，在长江流域及其以南地区可于10月20日前后播种。早熟，球形圆，球色灰绿，株型半直立，开展度55cm×43cm，外叶数7片，单球重0.95kg，叶球纵径13.5cm，叶球横茎15cm，中心柱长4.5cm（图5-171）。

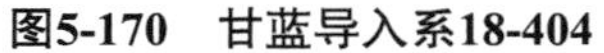

图5-170　甘蓝导入系18-404

图5-171　甘蓝导入系19-430

二十、花椰菜—黑芥体细胞杂种导入系PFCN2-14-4

PFCN2-14-4，叶长椭圆形，无叶裂，叶色灰绿，黄白花球，松、硬，花粒小，花梗淡绿，抗黑腐病（图5-172）。

图5-172　花椰菜受体Korso（左）及导入系2-14-4（右）

二十一、花椰菜—黑芥体细胞杂种导入系PFCN15-117

PFCN15-117，株型紧凑直立（亲本Korso的叶夹角34°，15-117叶夹角21°），花球颜色浅黄绿，花梗长、绿色，花球表面较平整，花粒细（图5-173）。

图5-173　花椰菜受体Korso（左）及导入系15-117（右）

二十二、花椰菜—黑芥体细胞杂种导入系PFCN13-8

PFCN13-8，叶长椭圆形，无叶裂，叶柄长，叶色绿，浅黄绿花球，松软，花粒小，花梗绿、长（图5-174）。

图5-174　花椰菜受体Korso（左）及导入系13-8（右）

二十三、花椰菜—黑芥体细胞杂种导入系PFCN15-50

PFCN15-50，浅黄花球，松、较硬，花粒细，抗黑腐病（图5-175）。

图5-175　花椰菜受体Korso（左）及导入系15-50（右）

二十四、花椰菜—黑芥体细胞杂种导入系PFCN15-116

PFCN15-116，叶片绿色，具叶裂，叶梗长，花球颜色绿，花梗长、绿色，花球表面平整，花粒细软（图5-176）。

图5-176　花椰菜受体Korso（左）及导入系15-116（右）

二十五、花椰菜—黑芥体细胞杂种导入系PFCN19028

PFCN19028，叶长椭圆形，无叶裂，叶色灰绿，乳白花球，扁平，松散，花粒中，花球着球位高，为30cm（图5-177）。

图5-177　花椰菜受体Korso（左）及导入系19028（中、右）

二十六、花椰菜—黑芥体细胞杂种导入系PFCN18119

PFCN18119，叶长椭圆形，无叶裂，叶色灰绿，乳白花球，扁圆，紧硬，花粒中，隐性雄性核不育（图5-178）。

图5-178　花椰菜受体Korso（左）及导入系18119（右）

第六节　有育种利用价值的番茄地方品种纯系和导入系

（2016YFD0100204-3 国艳梅；2016YFD0100204-28 钱虹妹；
2016YFD0100204-21 张余洋；2016YFD0100204-5 刘磊）

一、抗ToCV番茄导入系

目前，国内番茄育种普遍缺乏具有番茄褪绿病毒病（ToCV）抗性的材料。创制番茄导入系，可有效预防ToCV的为害，构建具有ToCV与TY抗性的番茄导入系将有效降低病毒的为害。针对野生契梅留斯基番茄LA1028与寿光11杂交，再多代自交，利用基因标记筛选逐步创制具有ToCV抗性的自交系，为抗性资源创新打下基础。

（一）番茄192h-679

野生契梅留斯基番茄LA1028，抗ToCV，产量低，农艺性状差，栽培番茄寿光11高产，抗TY。以LA1028和寿光11为亲本获得了LA1028×寿光11的F_1杂交种18-ToCV。18-ToCV自交，并通过标记筛选，传至F_4，获得高产、抗TY、耐ToCV的高代材料192h-679（图5-179）。

（二）番茄192h-680

野生契梅留斯基番茄LA1028，抗ToCV，产量低，农艺性状差，栽培番茄寿光11高产，抗TY。以LA1028和寿光11为亲本获得了LA1028×寿光11的F_1杂交种18-ToCV。18-ToCV自交，并通过标记筛选，传至F_4，获得高产、抗TY、耐ToCV的高代材料192h-680（图5-180）。

（三）番茄192h-681

野生契梅留斯基番茄LA1028，抗ToCV，产量低，农艺性状差，栽培番茄寿光11高产，抗TY。以LA1028和寿光11为亲本获得了LA1028×寿光11的F_1杂交种18-ToCV。18-ToCV自交，并通过标记筛选，传至F_4，获得高产、抗TY、耐ToCV的高代材料192h-681（图5-181）

（四）番茄192h-682

野生契梅留斯基番茄LA1028，抗ToCV，产量低，农艺性状差，栽培番茄寿光11高产，抗TY。以LA1028和寿光11为亲本获得了LA1028×寿光11的F_1杂交种18-ToCV。18-ToCV自交，并通过标记筛选，传至F_4，获得高产、抗TY、耐ToCV的高代材料192h-682（图5-182）。

（五）番茄192h-683

野生契梅留斯基番茄LA1028，抗ToCV，产量低，农艺性状差，栽培番茄寿光11高产，抗TY。以LA1028和寿光11为亲本获得了LA1028×寿光11的F_1杂交种18-ToCV。18-ToCV自交，并通过标记筛选，传至F_4，获得高产、抗TY、耐ToCV的高代材料192h-683（图5-183）。

图5-179　番茄192h-679

图5-180　番茄192h-680

图5-181　番茄192h-681

图5-182　番茄192h-682

图5-183　番茄192h-683

二、番茄优异地方纯系

为了获得番茄地方品种纯系和导入系，对221份番茄地方品种进行田间多年多点种植和分析，并选育获得具有育种价值的地方纯系19个。

（一）Black from Tula（2013-002）

Black from Tula（2013-002）是引自美国的传家宝资源，扁平深红色大果番茄，果肉平均厚度7.75mm，心室数10，单果重平均189.2g；果实硬度平均2.27kg/cm^2，番茄红素平均值为841.22μg/g（图5-184）。

（二）Brad's Black Heart'（2013-005）

Brad's Black Heart'（2013-005）是引自美国的红果，有绿肩、多心室大果番茄，口感较好；田间生长势中等（图5-185）。

（三）Indian Stripe（2013-011）

Indian Stripe（2013-011）是引入美国的番茄品种，深红色带绿肩多心室（10）大果番茄，口感佳（图5-186）。

图5-184　Black from Tula（2013-002）

图5-185　Brad's Black Heart'（2013-005）

图5-186　Indian Stripe（2013-011）

（四）Berkeley Tie-Dye（2013-018）

Berkeley Tie-Dye（2013-018）是2013年引自美国的大果番茄品种，果色黄底绿条扁平形杂色品种；单果重391.2g，叶绿素平均含量54.37μg/g，果实硬度3.72kg/cm^2（图5-187）。

（五）Berkeley Tie-Dye Heart（2013-019）

Berkeley Tie-Dye Heart（2013-019）是2013年引自美国的红底绿纹番茄品种，多花药，心室数7，田间生长较弱；口感较好（图5-188）。

（六）Large Barred Boar（2013-023）

Large Barred Boar（2013-023）是2013年引自美国的红底带少量绿色条纹的多心室（12）中度大小的番茄品种，花器中花药数多个，不同于平常番茄的5～6个花药；口感较好（图5-189）。

图5-187　Berkeley Tie-Dye（2013-018）

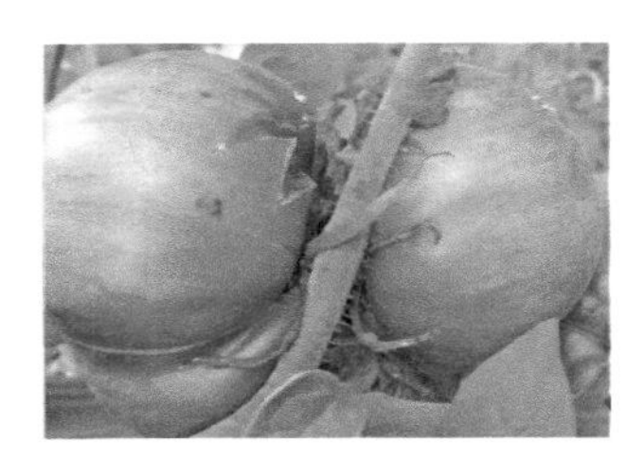
图5-188　Berkeley Tie-Dye Heart（2013-019）

图5-189　Large Barred Boar（2013-023）

（七）黑娇女（2014-012）

黑娇女（2014-012）是2014年引自陕西的中果番茄，其果色为红底暗绿色条纹，平均单果重31.2g，果肉厚子5.49mm；心室数2，硬度4.53kg/cm^2，耐储存；番茄红素高，为1 549.21μg/g FW；可溶性固形物5.2%（图5-190）。

（八）紫玫瑰（2014-014）

紫玫瑰（2014-014）是2014年引自陕西的红底带绿条纹的中等大小番茄地方品种，心室数3；果肉红色，果实鲜食口感佳；田间生长势中等（图5-191）。

（九）紫星2号（2014-026）

紫星2号（2014-026）是2014年引自陕西的中小果番茄地方品种，成熟果深红色，带绿肩，果肉红色，胎座绿色；田间生长势中等，果实口感佳（图5-192）。

图5-190　黑娇女（2014-012）

图5-191　紫玫瑰（2014-014）

图5-192　紫星2号（2014-026）

（十）PL12403787G1（USA-009）

PL12403787G1（USA-009）是2014年从美国引入的中大型红果番茄品种，单果重123.2g，扁圆、红果无绿肩；果肉5.18mm，心室数10，花柱不外露且口感较佳（图5-193）。

（十一）PL12912806G1（USA-016）

PL12912806G1（USA-016）是2014年引自美国的大果番茄品种，果色红色，果形扁圆；单果重188.3g，果肉厚4.21mm，心室数3；可溶性固形物5.2%，维生素C含量130μg/g FW；花柱不外露自花授粉；田间生长旺盛，口感较佳（图5-194）。

（十二）PL15799368A1（USA-019）

PL15799368A1（USA-019）是2014年从美国引入番茄地方品种，单果重279.7g，花柱不外露自花授粉；扁平粉红大果番茄，果肉5.13mm，心室数14；品质和口感较佳（图5-195）。

图5-193　PL12403787G1（USA-009）

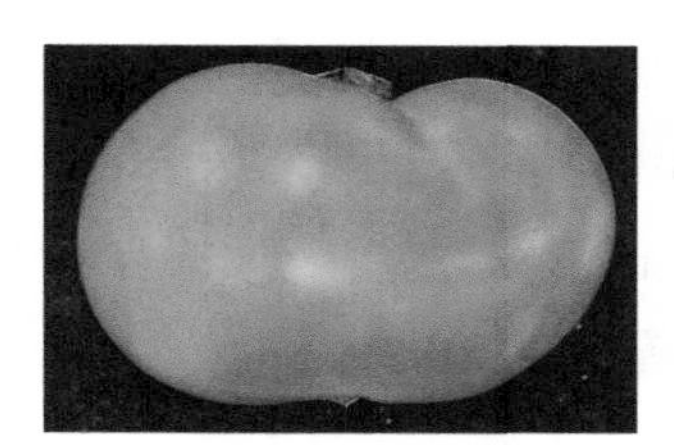

图5-194　PL12912806G1（USA-016）

图5-195　PL15799368A1（USA-019）

（十三）PL27040861A1（USA-027）

PL27040861A1（USA-027）是2014年从美国引入的番茄地方品种。单果重119.0g，花柱不外露自花授粉；扁圆红果番茄，果肉厚4.41mm；口感和品质佳；田间生长较旺盛，无限生长型（图5-196）。

（十四）PL28155506G1（USA-030）

PL28155506G1（USA-030）是2014年从美国引入的番茄品种，小果型，单果重35.9g，扁圆粉红果，果实纵径26.01mm，横径41.97，果肉厚3.57mm，心室数11；田间生长势中等（图5-197）。

（十五）G3300811G1（USA-093）

G3300811G1（USA-093）是2014年从美国引入的番茄品种，果实单果重242.6g，扁圆浅黄色大果番茄，果肉厚3.54mm，心室数16，果实纵径60.26mm，横径74.18mm，柱头不外露自花授粉，田间长势中等（图5-198）。

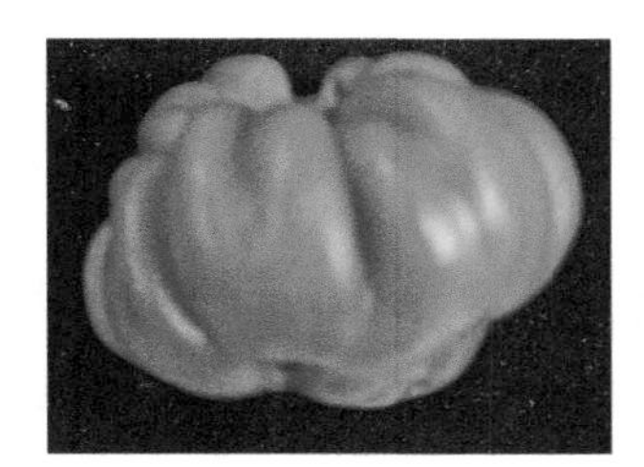

图5-196　PL27040861A1（USA-027）

图5-197　PL28155506G1（USA-030）

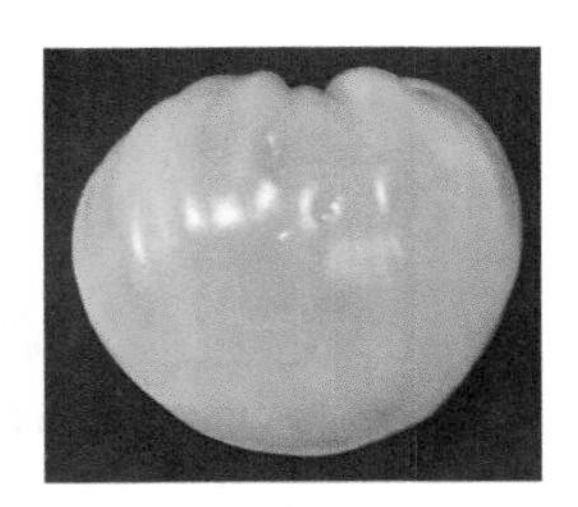

图5-198　G3300811G1（USA-093）

（十六）PL63630203G1（USA-101）

PL63630203G1（USA-101）是2014年引自美国的番茄品种，单果重222.8g，花柱不外露自花授粉；扁圆形，大黄果，品质和口感较佳；果实纵径60.97mm，横径76.00mm；田间生长较旺盛（图5-199）。

（十七）PL64731698G1（USA-131）

PL64731698G1（USA-131）是2014年从美国引入的番茄品种，单果重达436.4g，扁平红色大果番茄，果实纵径150.93mm，横径175.24mm；柱头不外露自花授粉；果肉厚度5.96mm，心室数11；可溶性固形物4.2%，维生素C含量130μg/g FW；番茄红素含量1 083.71μg/g FW，田间生长势中等（图5-200）。

（十八）PL60141187u0（USA-142）

PL60141187u0（USA-142）是2014年从美国引入的番茄品种，单果重148.9g，高圆浅黄果，花柱不外露自花授粉，果肉厚7.89mm，心室数3；果实纵径61.62mm，横径53.50mm；田间生长势中等（图5-201）。

（十九）PL64730510G1（USA-154）

PL64730510G1（USA-154）是2014年从美国引入的番茄品种，果实圆形，大红果，单果重277.8g，果实纵径51.13mm，横径58.41mm；维生素C含量100μg/g FW；番茄红素含量1 291.74μg/g FW；果实口感和品质俱佳（图5-202）。

图5-199 PL63630203G1（USA-101）

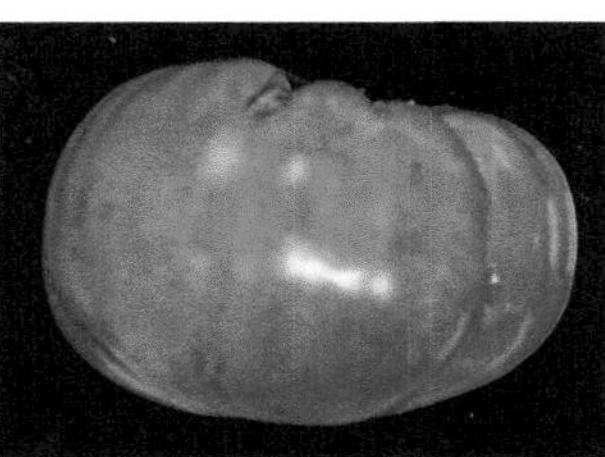

图5-200 PL64731698G1（USA-131）

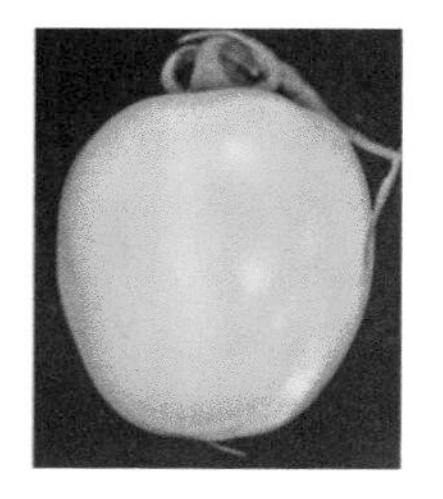

图5-201 PL60141187u0（USA-142）

图5-202 PL64730510G1（USA-154）

三、番茄高抗和高维生素C纯系

开展了番茄地方资源的收集引进。收集了广西野生番茄资源60余份，分析了其主要农艺性状，发现具有多种特异抗性和优异品质（图5-203）。部分优异材料具有多种抗性和高维生素C含量（图5-204）。对其基因组进行分析，发现广西番茄种质和醋栗番茄处于2

个分支，亲缘关系较近，其与起源于非南美的其他樱桃番茄相近，醋栗番茄与起源于南美的樱桃番茄相近（图5-205）。

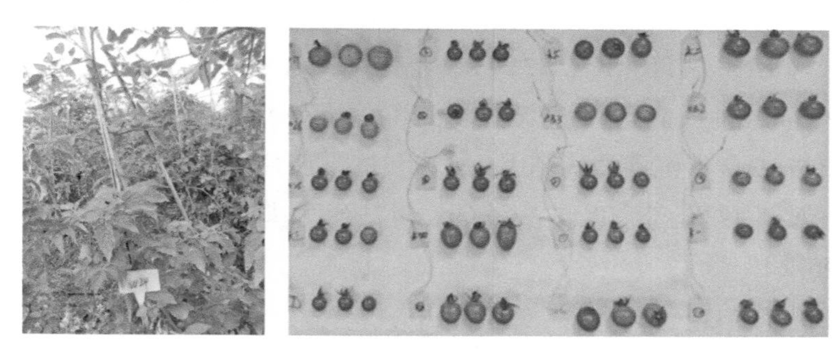

图5-203　广西收集番茄资源

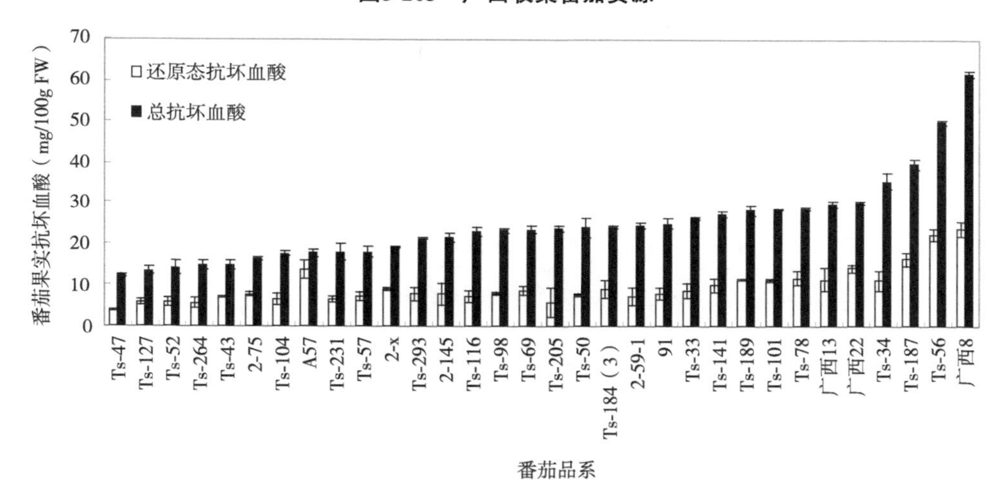

图5-204　优异材料抗坏血酸含量

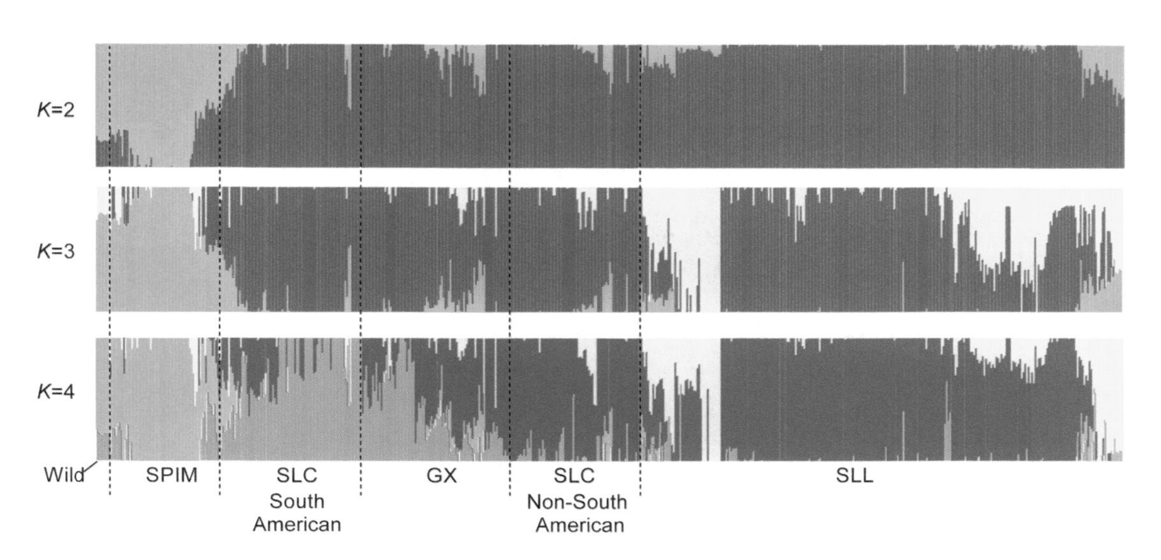

图5-205　广西番茄种质和醋栗番茄亲缘关系分析

四、番茄高抗纯系和导入系

由台湾亚蔬中心（AVRDC）获得有育种利用价值的地方品种纯系和导入系FMTT1733D，CLN3241R和CLN3212C等3份，该品系对青枯病、番茄花叶病毒病（TMV）和番茄黄化曲叶病毒病（TYLCV）等病害具有较好的抗性，并具有较好的耐热性。引进CLN3078G含有抗青枯病基因*Bwr12*和抗番茄黄化曲叶病毒病基因*Ty-1*、*Ty-2*、*Ty-3*；CLN3699A含有抗番茄灰叶斑基因*Sm*、抗枯萎病基因*I-2*和番茄黄化曲叶病毒病基因*Ty-2*、*Ty-3*（表5-2）。

表5-2　引进地方纯系特征

品系	耐热性	生长类型	果肩	果色	抗病性	抗病基因
FMTT1733D	好	无限	绿色	红色	青枯病、枯萎病、TMV、TYLCV	*Bwr12*、*I-2*、$Tm2^2$、*Ty-3*、*Ty-2*
CLN3241R	好	自封顶	无	红色	晚疫病、灰叶斑病、青枯病、枯萎病、TMV、TYLCV	*Ph-2*、*Ph-3*、*Sm*、*Bwr12*、*I-2*、$Tm2^2$、*Ty-1*、*Ty-3*
CLN3212C	好	自封顶	无	红色	青枯病、TMV、TYLCV	*Bwr12*、$Tm2^2$、*Ty-5*
CLN3078G	好	自封顶	无	红色	青枯病、TYLCV	*Bwr12*、*Ty-1*、*Ty-2*、*Ty-3*
CLN3699A	好	自封顶	无	红色	灰叶斑病、枯萎病、TYLCV	*Sm*、*I-2*、*Ty-2*、*Ty-3*
CLN3125O	好	自封顶	绿色	红色	青枯病、枯萎病、TMV、TYLCV	*Bwr12*、*I-2*、$Tm2^2$、*Ty-1*、*Ty-3*

第七节　有育种利用价值的茄子地方品种纯系和导入系

（2016YFD0100204-9 刘富中；2016YFD0100204-33 杨洋）

一、河北圆茄（cw7-1）

河北茄子品种，经多年纯化获得cw7-1，果实卵圆形，果皮黑亮，萼片绿色，在露地和保护地都发育良好，耐低温弱光，果实颜色好，可用作保护地圆茄新品种的育种亲本（图5-206）。

二、枣庄圆茄（20-1126）

枣庄茄子品种，经多年纯化获得20-1126，萼片紫色，扁圆形，果实紫黑色，早熟，适合早春大棚和露地早熟品种的选育（图5-207）。

三、山东长棒茄（18-32）

山东茄子品种，经多年鉴定纯化获得18-32，果实紫黑色棒状，萼片紫色，萼片下淡紫色，保护地着色好，果顶顿尖，露地和保护地栽培均可（图5-208）。

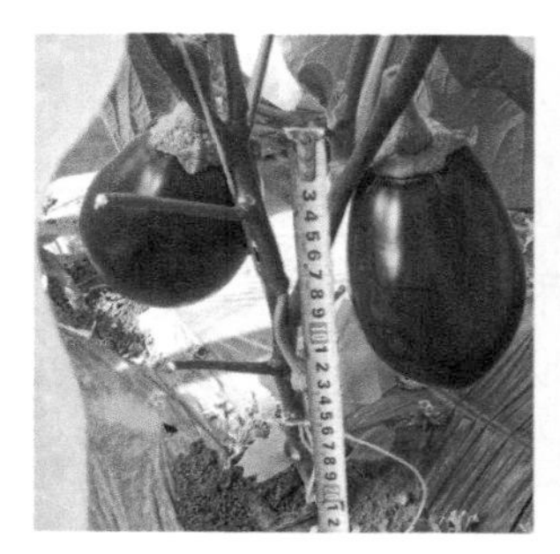

图5-206　河北圆茄cw7-1

图5-207　枣庄圆茄20-1126

图5-208　山东长棒茄18-32

四、山东长棒茄（18-38）

山东茄子品种，经多年鉴定纯化获得18-38，果实紫黑色棒状，萼片紫色，萼片下淡紫色，保护地着色好，果顶尖，适合保护地栽培（图5-209）。

五、东北绿茄（16-135）

东北地区绿茄品种，经过多年多代纯化筛选获得有育种利用价值的纯系16-135，其口感好，茄子风味浓厚，干物质含量高，果表光滑，商品果颜色鲜绿、有光泽，连续坐果性好，可作为育种的亲本材料（图5-210）。

六、耐弱光紫萼圆茄（18-367-2）

华北地区本土圆茄品种，果形果色好，但不耐弱光，弱光下着色不好。现将耐弱光但果形不好品种与紫萼片圆茄杂交，再与紫萼圆茄回交再自交，将耐弱光性状导入华北地区紫萼圆茄品种，得耐弱光紫萼品种18-367-2（图5-211）。

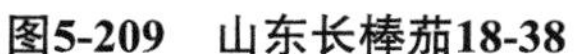
图5-209　山东长棒茄18-38

图5-210　东北绿茄16-135

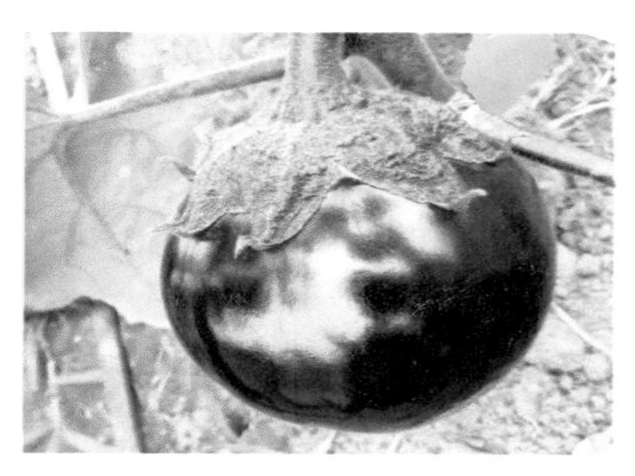
图5-211　紫萼圆茄18-367-2

七、圆茄（18-387-2）

华北地区本土圆茄品种，早熟，果实扁圆易有棱，现将扁圆品种与引进正圆品种杂交，再与华北品种回交再自交，筛选获得正圆形圆茄品种18-387-2，萼片紫色，果皮黑亮（图5-212）。

八、绿萼圆茄（18QW8）

我国传统圆茄品种主要是紫萼圆茄，绿萼圆茄品种着色好，不受光照影响，但果形不好，现将绿萼片圆茄与紫萼片圆茄杂交，再与绿萼圆茄回交，再自交筛选，获得绿萼片圆茄导入系18QW8（图5-213）。

九、长茄（285-537）

我国茄子本土品种食用品质优良，但是不耐低温弱光，在设施条件下着色不良。通过杂交、自交和生态筛选的方法，将欧洲茄子品种耐弱光特性导入本土品种中，改善了耐弱光性，获得耐弱光细长导入系长茄285-537，果实纵径22～25cm，横径4～5cm（图5-214）。

十、荣昌墨茄（896-1-1）

对收集得到的地方种质资源鉴定，在重庆荣昌收集的墨茄中经多代观察及农艺性状筛选纯化得到896-1-1。该地方品种纯系属于中晚熟；耐热能力较强，植株长势较旺盛，株型直立紧凑；始花节位13节，株高90cm，开展度62cm×68cm；叶浅紫绿色，果深紫色，长棒状，果上下均匀，果尾钝圆，果肉绿白，纵径29～31cm，横径6.5～7cm，平均单果重300g，果肉较疏松。适合配制果肉疏松、黑紫色长棒状的茄子杂交品种（图5-215）。

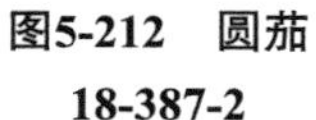
图5-212　圆茄 18-387-2

图5-213　绿萼圆茄 18QW8

图5-214　长茄 285-537

图5-215　荣昌墨茄（896-1-1）

十一、南充墨茄（86）

从四川南充收集的墨茄中经多代适应性和农艺性状筛选并纯化得到86，属于中晚熟，具有深紫果色、长势强的特点。株型直立性较好，分枝角度小；株高115cm，开展度77cm×78cm；首花节位在13～14节；叶绿色，花蕾较一般品种显得细长；果萼下绿白色；果形长棒状，纵径34～36cm，横径约5cm，果尾尖，果肉较疏松，品质较好（图5-216）。

十二、三月茄（142）

从重庆巴南收集的三月茄资源中经多代适应性和农艺性状筛选并纯化得到142，具有早熟、耐贫瘠、品质好的特性。长势强，株高90cm，开展度75cm×70cm；叶紫绿色，茎色黑紫，果深紫，长棒状，果尾较钝圆，纵径28～30cm，横径5.5～6.0cm，果肉较疏松；适宜于作为早熟型紫黑色品种（图5-217）。

十三、六月茄（110-2）

从重庆茄子地方品种六月茄的一个突变株经多代自交获得的纯合品系。其属于中熟类型，耐热能力中，始花节位11节，长势较旺盛，株型较直立，分枝角相对较大，株高110cm，开展度75cm×70cm；叶浅紫绿色，果深紫色，长棒状，果尾较钝圆，纵径33～35cm，横径5.5～6.0cm，平均单果重280g，果肉较疏松（图5-218）。

十四、SDH（S241）

S241为本地材料歌乐山墨茄901的果色改良高代经花药培养筛选的DH系，具有果黑紫色、高温下不易褪色的特点。长势旺，株型直立，分支角度小，株高98cm，开展度72cm × 76cm，叶紫绿花浅紫，熟性中晚熟，长棒状，果形稍弯，果萼下紫色，果尾微尖，纵径37 ~ 40cm，横径6.0 ~ 6.5cm，适宜于配制紫黑色长棒状茄子品种（图5-219）。

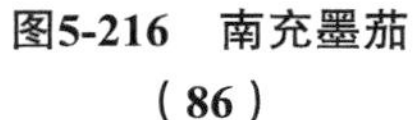

图5-216　南充墨茄（86）

图5-217　三月茄（142）

图5-218　六月茄（110-2）

图5-219　SDH（S241）

十五、乐山早茄（98）

从四川宜宾收集的红茄中经多代适应性和农艺性状筛选并纯化得到98，株型半直立，株高64cm，开展度64cm × 70cm；绿叶深紫色茎，花间间隔小，2节约18cm，花冠色紫色，紫红色果实，果面无光泽，果顶凸出，果长（31.5 ± 2.3）cm，果粗（6.8 ± 0.3）cm，顺直长筒状，果肉白色，适宜于配制红紫色白肉软肉类型品种（图5-220）。

十六、铜梁圆茄（8）

从重庆铜梁收集的红圆茄，株型紧凑，长势强，植株较矮小，株高72cm，开展度86cm × 76cm，首花节位7 ~ 9节；绿叶浅紫色茎，花间间隔小，2节约15.5cm，花冠色浅紫色，早中熟，紫红色果实，果长（12.5 ± 0.72）cm，果粗（11.8 ± 0.36）cm，果顶凹圆球状，有光泽，萼片下绿色，果肉绿白色，果肉紧，适宜配制红紫色卵圆形品种（图5-221）。

十七、青安茄01（21-3-8-2）

以亚蔬中心引进青枯病抗性材料BW10为母本，本地纯化材料142为父本的杂交分离后代，导入青枯病的抗性基因。株型直立，株高107cm，株幅67cm × 69cm，果实为深紫红果，阴阳面中等，果萼下绿色，果实无条纹顺直，长棒形果，果尾钝圆，纵径（25.5 ± 2.18）cm，横径（5.2 ± 0.27）cm，苗期接种青枯病的病情指数为0.119，田间统计青枯病病情指数0.03，高抗青枯病（图5-222）。

十八、青安茄02（37-5-3-1）

以竹丝茄115B为母本，亚蔬中心引进青枯病抗性材料BW2为父本进行杂交后获得的分离后代，导入青枯病的抗性基因。37-5-3-1株高101cm，株幅57cm × 88cm，果实为淡紫红果，阴阳面明显，果萼下绿色，短棒形果，果尾钝圆，纵径（19.3 ± 1.57）cm，横径（5.16 ± 0.23）cm，苗期接种青枯病的病情指数为0.082，田间统计青枯病病情指数0.02，高抗青枯病（图5-223）。

图5-220　乐山早茄（98）

图5-221　铜梁圆茄（8）

图5-222　青安茄01（21-3-8-2）

十九、青安茄03（22-11-2-3-1）

以亚蔬中心引进青枯病抗性材料BW10为母本，三月茄142为父本进行杂交并回交后获得的分离后代，导入青枯病的抗性基因。22-11-2-3-1株高94cm，株幅50cm × 65cm，双花较多，叶色绿，心叶紫绿，果实为深紫红果，无阴阳面，果萼下绿色，无明显条纹，长棒形果，果尾钝圆，纵径（27.17 ± 4.62）cm，横径（5.5 ± 0.1）cm，单果重180g，苗期接种青枯病的病情指数为0.162，田间统计青枯病病情指数0.02，抗青枯病（图5-224）。

二十、青安茄04（40-13-1）

以六月茄为母本，亚蔬中心引进青枯病抗性材料BW2为父本进行杂交后获得的分离后代。40-13-1株高105cm，株幅92cm × 93cm，叶色与心叶色均为绿，果萼色绿，光泽度光亮，阴阳面无，果肉色白绿，短棒形果，果尾钝圆，纵径（14.2 ± 1.68）cm，横径（4.98 ± 0.78）cm，苗期接种青枯病的病情指数为0.11，田间统计青枯病病情指数0，高抗青枯病（图5-225）。

二十一、青安茄05（37-4-3-1）

以竹丝茄115B为母本，亚蔬中心引进青枯病抗性材料BW2为父本进行杂交后获得的分离后代，导入青枯病的抗性基因。37-4-3-1株高130cm，株幅104cm×116cm，叶色与心叶色均为绿，果萼色紫绿，果色淡紫红，果面光亮，阴阳面中，果萼下色白绿，有淡色条纹，果肉色绿，短棒形果，果尾钝圆，纵径（23.75±0.50）cm，横径（4.95±0.37）cm，苗期接种青枯病的病情指数为0.104，田间统计青枯病病情指数0，高抗青枯病（图5-226）。

图5-223　青安茄02（37-5-3-1）

图5-224　青安茄03（22-11-2-3-1）

图5-225　青安茄04（40-13-1）

图5-226　青安茄05（37-4-3-1）

第八节　有育种利用价值的辣椒地方品种纯系和导入系

（2016YFD0100204-20 李雪峰；2016YFD0100204-23 刁卫平；2016YFD0100204-24 陈学军）

一、湖南双峰辣椒

株高43～50cm，开张度38cm×41cm，主茎首花结位6～9节，主茎高10.6cm，粗0.9cm，绿褐色。叶卵圆形，绿色，4.5cm×10cm。青果绿色，成熟果红色，果形羊角形，微弯，果面多皱，果长15cm，横径1.4cm，果肉厚0.23cm，单果重15g。露地生育期120d左右。突出特点：早熟，肉厚（图5-227）。

二、湖南湘阴樟树港辣椒

株高40～45cm，主茎深绿色，高10cm，开张度35cm，嫩果浅绿色，成熟果深红色，果表有带纵棱，横径0.6～0.8cm，果肉厚0.16cm，果顶钝尖，果皮有皱，果长5cm，果形牛角形，单果重6g。4月上旬始收青果，全生育期280d左右。突出特点：特早熟，皮薄，皮肉不分离，口感细腻（图5-228）。

图5-227　湖南双峰辣椒

图5-228　湖南湘阴樟树港辣椒

三、湖南沅江黄辣椒

株高70～72cm，开展度100cm×90cm，主茎首花结位16～18节，主茎高30.6cm，粗0.9cm，绿褐色。叶卵圆形，绿色，4.5cm×10cm。青果绿色，成熟果黄色，果形线条形，微弯，果面多皱，果长16～17cm，横径1.3cm，果重8.2～8.5g。突出特点：果实黄色，加工泡制专用，抗病抗逆性强，高抗CMV、TMV、疫病、炭疽病、白绢病（图5-229）。

四、湖南宜章小米辣

株高70～80cm，开张度60cm×70cm，主茎高10cm，粗0.8～0.9cm，绿褐色。青果绿色，单生，朝天，成熟果深红色，果长4.5～5.0cm，横径1.2cm，果肉厚0.12cm，果表光亮，单果重6～7g。露地生育期220d左右，5月下旬始收，7—8月盛收。突出特点：辣椒素含量高，生育期长，适合干制和泡制（图5-230）。

五、湖南泸溪玻璃椒

株高55～65cm，开张度42cm×42cm，主茎高15cm，粗0.9～1.0cm，绿褐色。叶卵圆形，绿色。青果绿色，成熟果红色，果长16cm，果宽2.0cm，果肉厚0.22cm，果表光亮，无皱褶，似透明状，口感极佳，单果重20g。露地生育期180d左右。5月中旬始收，6—7月底盛收。突出特点：中熟品种，辣味强，产量高，抗性好，鲜食干制兼用（图5-231）。

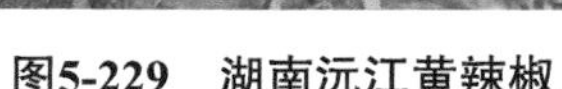
图5-229　湖南沅江黄辣椒

图5-230　湖南宜章小米辣

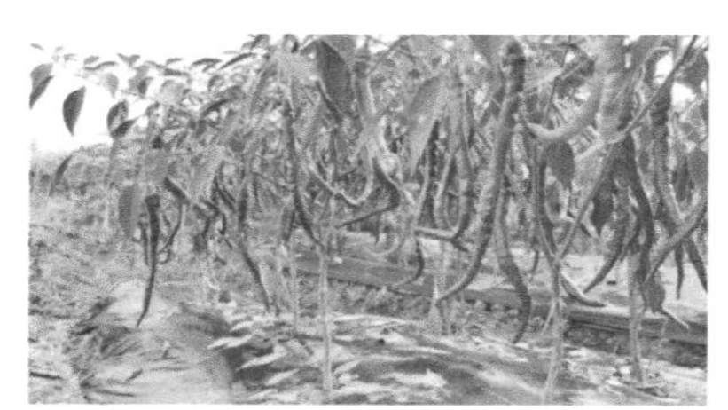
图5-231　湖南泸溪玻璃胶

六、湖南长沙东山光皮椒

株高65～75cm，主茎高25cm，主茎深绿色，开张度83cm×89cm；矮株型，株高52cm，主茎22cm，开张度65cm×65cm；嫩果浅绿色，成熟果朱红色，果皮光滑，果长12～13cm，横径2.8cm，果肉厚0.32cm，果肉致密，果顶钝尖，果形长圆锥形或炮弹形，单果重37～39g，叶卵圆形，绿色。全生育期300d左右。突出特点：肉厚、产量高，早熟（图5-232）。

七、高红色素基因材料17L712

高色价辣椒（色价13.2），突出特点果实红色素含量高，坐果性好，植株生长势旺，抗病抗逆能力强，果实25.5cm×3.5cm，无辣味，易干制，干制后不易褪色，对炭疽病和枯萎病有较强的抗性。突出特点：导入高红色素基因（图5-233）。

八、黄色基因材料HJ14-2-5

果皮纯黄色，剁制颜色好，辣味很浓，口感好，抗性好。植株生长势旺，抗病抗逆能力强，果实26.5cm×1.7cm，坐果能力强，产量高，耐干旱能力较强，未来适合于剁制和酱制加工。突出特点：适合制作黄色辣椒酱（图5-234）。

图5-232　湖南长沙东山光皮椒

图5-233　高红色素材料17L712

图5-234　黄色基因材料HJ14-2-5

九、恢复基因材料10H19-2-3-1

恢复能力好，植株生长势旺，挂果能力好，产量高。辣味很浓，口感好，抗病抗逆能力强，果实25.4cm×1.5cm，耐水涝能力较强，适合于剁制和酱制加工或鲜食。突出特点：导入强恢复基因（图5-235）。

十、高干物质含量材料SJ16-12-1-4

优良制干辣椒材料，突出特点干制率很高（22.9%），果实直顺，匀称，尾部马嘴，皮薄易干制，辣味很浓，果实23.5cm×2.8cm，植株耐高温能力强，对疮痂病和炭疽病有较强的抗性（图5-236）。

十一、不育系材料HJ182A

不育系辣椒，突出特点不育性100%，且低温下无微粉。果实直顺光亮，匀称，商品性好。果实19.8cm×3.2cm，植株耐高温能力强，对疫病和炭疽病有较强的抗性（图5-237）。

图5-235　恢复材料10H19-2-3-1

图5-236　高干物质材料SJ16-12-1-4

图5-237　不育系HJ182A

十二、矮生辣椒

纯系2017D004，早熟，簇生，有限生长型，味微辣，单果重50g，始花节位4～6节（图5-238a）。利用该早熟纯系与长季节栽培材料2017D543（图5-238b）进行杂交，对杂交后代进行定向选择，在F_5代获得3份性状优良、早熟性好的导入系材料：D43-1-1，早熟，味辣，羊角形，始花节位5～7节，生长势强，果长10cm左右，果肩宽2.5cm左右，单果重60g左右，连续结果能力强，色泽艳丽（图5-238c）；D50-2-1，早熟，味辣，羊角形，簇生，始花节位4～6节，果长8cm左右，果肩宽2.5cm左右，单果重40g左右，色泽艳丽，观赏性强（图5-238d）；D86-1-1，早熟，味辣，锥形椒，始花节位4～6节，生长势强，果长7cm左右，果肩宽2cm左右，单果重40g左右，连续结果能力强，色泽艳丽（图5-238e）。

（a）2017D004

（b）2017D543

（c）D43-1-1

（d）D50-2-1

（e）D86-1-1

图5-238　矮生辣椒纯系及导入系

十三、淡绿果色辣椒

纯系2017G008，灯笼椒，味辣，果长10～12cm，单果重35g左右，青果淡绿色，始花节位6～8节（图5-239a）。利用该纯系与南京早椒2017G085（图5-239b）进行杂交，对杂交后代进行定向选择，在F_5代获得1份性状优良育种材料2020D118，早熟性好，味辣，始花节位5～7节，果实淡绿，果长8cm左右，果肩宽2cm左右，单果重30g左右，综合性状优良（图5-239c）。

（a）纯系2017G008

（b）导入系亲本2017G085

（c）导入系2020D118

图5-239　淡绿果色辣椒纯系及导入系

十四、抗TMV辣椒

纯系2017GW473，短粗牛角，味微辣，果长12～14cm，果宽1.5～2.0cm，抗TMV，含有抗性基因*L3*（图5-240a）。利用该纯系与羊角椒材料2017GW485（图5-240b）杂交，对杂交后代进行定向选择，在F_5代获得1份综合性状优良、生长势强、抗TMV的优异辣椒育种材料2020GW488，早中熟，味辣，始花节位8～10节，果实羊角形，果长16～18cm，果肩宽3cm左右，果重100g左右，含有抗性基因*L3*（图5-240c）。

(a) 抗TMV纯系2017GW473

(b) 导入系亲本2017GW485

(c) 导入系2020GW488

图5-240　抗TMV辣椒材料纯系及导入系

十五、耐涝辣椒

纯系2017G001，朝天椒，味辣，果长7.5～8.0cm，果肩宽0.6～0.8cm，单果重8～10g，抗病性强，田间表现耐涝性强（图5-241a）。利用该耐涝纯系与大果甜椒材料2017D47（图5-241b）杂交，对杂交后代进行定向选择，露地种植观察植株表现，在F_5代获得2份综合性状优良、耐涝性和抗病能力强的辣椒育种材料：2020D324，中早熟，味辣，果形纺锤形，果长4.5～5cm，果肩宽3cm左右，单果重30g左右，抗病性强，田间表现耐涝性强（图5-241c）；2020D351，早中熟，味辣，果形短小羊角，果长5cm左右，果肩宽2.5cm左右，单果重15g左右，坐果能力强，色泽艳丽，抗病性强，田间表现耐涝性强（图5-241d)。

(a) 耐涝辣椒纯系2017G001

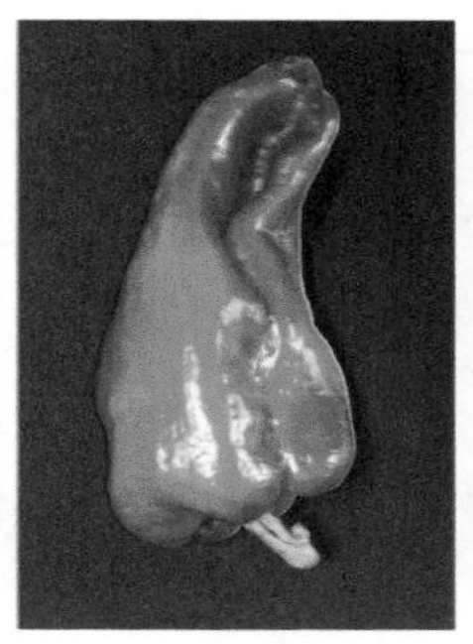
(b) 导入系亲本2017D47

(c) 导入系2020D324

(d) 导入系2020D351

图5-241　耐涝辣椒纯系及导入系

十六、雄性不育系辣椒

纯系2017G078A：细胞质雄性不育系，羊角椒，果长15cm左右，果肩宽3cm左右，单果重120g左右（图5-242a）。导入系2020G080A：细胞质雄性不育系，细羊角形，果长20cm左右，果肩宽2cm左右，单果重100g左右，不育率100%（图5-242b）。

（a）纯系2017G078A

（b）导入系2020G080A

图5-242　雄性不育系辣椒

十七、枫田辣椒

江西地方品种。植株株高55.0cm，始花节位第10节，茎色绿，茎节紫色，茎表茸毛少，青熟果深绿色，老熟果红色，灯笼形，果长7.25cm，果宽4.23cm，单果重34.20g，果肉厚度3.18mm，微辣（图5-243）。

十八、乐平灯笼椒

江西地方品种。植株株高67.0cm，叶色绿色，茎表茸毛少，绿色，始花节位第11～13节，青熟果绿色，老熟果红色，灯笼形，果长8.1cm，果宽5.57cm，单果重52.84g，果肉厚度3.1mm，中辣（图5-244）。

十九、余干辣椒（B007）

江西地方品种。植株株高50.0cm，始花节位第9～10节，茎色绿，茎节紫色，茎表茸毛少，青熟果深绿色，老熟果红色，羊角形，果长6.7cm，果宽2.4cm，单果重9.3g，果肉厚度1.8mm，鲜辣（图5-245）。

图5-243　枫田辣椒

图5-244　乐平灯笼椒

图5-245　余干辣椒（B007）

二十、广丰牛角椒（B175）

江西地方品种。植株株高60.0cm，始花节位第8～10节，茎色绿，茎节淡紫色，茎表茸毛少，青熟果绿色，老熟果红色，牛角形，果长15.2cm，果宽3.5cm，单果重34.0g，果肉厚度3.4mm，味辣（图5-246）。

二十一、抚州本地椒（B177）

江西地方品种。植株株高52.0cm，始花节位第11～12节，茎色绿，茎节绿色，茎表茸毛少，青熟果绿色，老熟果红色，羊角形，果长12.6cm，果宽2.4cm，单果重15.2g，果肉厚度2.6mm，轻辣（图5-247）。

二十二、樱桃椒（B210）

江西地方品种。植株株高56.0cm，始花节位第6节，茎色带紫，茎节紫色，茎表茸毛中，青熟果绿色，老熟果红色，樱桃形，果长2.3cm，果宽2.3cm，单果重14.0g，果肉厚度2.3mm，中辣（图5-248）。

二十三、羊角椒（B250）

江西地方品种。植株株高82.0cm，始花节位第8节，茎色绿，茎节紫色，茎表茸毛少，青熟果绿色，老熟果红色，羊角形，果长12.0cm，果宽2.2cm，单果重18.3g，果肉厚度3.3mm，轻辣（图5-249）。

图5-246　广丰牛角椒（B175）

图5-247　抚州本地椒（B177）

图5-248　樱桃椒（B210）

图5-249　羊角椒（B250）

二十四、辣椒（B307）

江西地方品种。植株株高58.0cm，始花节位第12节，茎色绿，茎节紫色，茎表茸毛少，青熟果绿色，老熟果红色，牛角形，果长16.5cm，果宽3.1cm，单果重38.3g，果肉厚度3.6mm，味辣（图5-250）。

二十五、辣椒（B308）

江西地方品种。植株株高57.0cm，始花节位第9节，茎色绿，茎节绿色，茎表茸毛少，青熟果绿色，老熟果红色，牛角形，果长17.0cm，果宽3.0cm，单果重37.0g，果肉厚度3.7mm，中辣（图5-251）。

二十六、辣椒（B309）

江西地方品种。植株株高58.0cm，始花节位第7节，茎色绿，茎节紫色，茎表茸毛少，青熟果绿色，老熟果红色，牛角形，果长18.2cm，果宽2.7cm，单果重39.3g，果肉厚度3.3mm，轻辣（图5-252）。

二十七、辣椒（A107A）

不育系。植株株高57.0cm，始花节位第11节，茎色绿，茎表茸毛多，青熟果绿色，老熟果红色，灯笼形，果长10.3cm，果宽5.8cm，单果重92.0g，果肉厚度2.0mm，不辣（图5-253）。

图5-250　辣椒（B307）

图5-251　辣椒（B308）

图5-252　辣椒（B309）

图5-253　辣椒（A107A）

二十八、辣椒（A119A）

不育系。植株株高42.0cm，始花节位第12节，茎色绿，茎表茸毛少，青熟果绿色，老熟果红色，马蹄形，果长7.2cm，果宽3.2cm，单果重18.2g，果肉厚度2.1mm，轻辣（图5-254）。

二十九、辣椒（A196A）

不育系。植株株高52.0cm，始花节位第11～13节，茎色绿，茎节紫色，茎表茸毛多，青熟果绿色，老熟果红色，羊角形，果长11.5cm，果宽2.5cm，单果重15.0g，果肉厚度2.3mm，味辣（图5-255）。

三十、辣椒（B011A）

不育系。株高55.0cm，始花节位第7节，茎色绿，茎节紫色，茎表茸毛少，青熟果绿色，老熟果黄色，羊角形，果长18.0cm，果宽2.0cm，单果重29.4g，果肉厚度4.0mm，中辣（图5-256）。

三十一、辣椒（B346A）

不育系。植株株高58.0cm，始花节位第8～10节，茎色绿，茎节绿色，茎表茸毛少，青熟果绿色，老熟果红色，牛角形，果长14.5cm，果宽2.8cm，单果重27.3g，果肉厚度3.1mm，中辣（图5-257）。

图5-254　辣椒（A119A）

图5-255　辣椒（A196A）

图5-256　辣椒（B011A）

图5-257　辣椒（B346A）

三十二、辣椒（C005A）

不育系。植株株高61.0cm，始花节位第9节，茎色绿，茎节紫色，茎表茸毛少，青熟果浅绿色，老熟果红色，牛角形，果长20.5cm，果宽2.6cm，单果重37.2g，果肉厚度3.0mm，中辣（图5-258）。

三十三、辣椒（C025A）

不育系。植株株高60.0cm，始花节位第8～10节，茎色绿，茎节绿色，茎表茸毛少，青熟果绿色，老熟果红色，牛角形，果长18.0cm，果宽2.8cm，单果重48.3g，果肉厚度2.6mm，中辣（图5-259）。

三十四、辣椒（WY75A）

不育系。植株株高52.0cm，始花节位第9～10节，叶深绿，茎表茸毛少，绿色带紫，青熟果绿色，老熟果红色，羊角形，果表微皱。果长10.4cm，果宽2.1cm，单果重12.5g，果肉厚度2.6mm，味辣（图5-260）。

三十五、辣椒（中2-1）

特早熟自交系。植株株高35.0cm，始花节位第1～3节，叶色绿色，茎表茸毛少，绿色带紫，青熟果绿色，老熟果红色，羊角形。果长12.1cm，果宽2.2cm，单果重16.5g，果肉厚度2.1 mm，味轻辣（图5-261）。

图5-258　辣椒（C005A）

图5-259　辣椒（C025A）

图5-260　辣椒（WY75A）

图5-261　辣椒（中2-1）

第九节　有育种利用价值的胡萝卜地方品种纯系和导入系

（2016YFD0100204-4 赵志伟）

一、潜山红胡萝卜（B004）

叶片绿色，叶形宽，最大叶长46.6cm，叶重140g；根形长圆柱形，根尖钝尖，根长19.5cm，根肩宽3.55cm，根中部宽3.13cm，单根重116.1g，根表皮、韧皮部、木质部颜色为橘色；高抗黑斑病（抗性指数为0.25）（图5-262）。

二、竹料胡萝卜（B021）

叶片深绿色，叶形中等，最大叶长48.2cm，叶重200g；根形短圆柱形，根尖钝，根长13.7cm，根肩宽3.56cm，根中部宽3.23cm，单根重103.2g，根表皮、韧皮部、木质部颜色为橘色；抗黑斑病（抗性指数为0.5）（图5-263）。

图5-262　潜山红胡萝卜（B004）

图5-263　竹料胡萝卜（B021）

三、金黄色胡萝卜（B120）

叶片绿色，叶形中等，最大叶长68.2cm，叶重540g；根形长圆锥形，根尖尖，根长25.1cm，根肩宽2.99cm，根中部宽2.74cm，单根重104.1g，根表皮、韧皮部、木质部颜色为黄色；抗黑斑病（抗性指数为0.5）（图5-264）。

四、本地红（B243）

叶片绿色，叶形中等，最大叶长58.8cm，叶重270g；根形长圆锥形，根尖尖，根长21.1cm，根肩宽2.10cm，根中部宽2.42cm，单根重83.3g，根表皮、韧皮部、木质部颜色为红色；抗黑斑病（抗性指数为0.5）（图5-265）。

图5-264　金黄色胡萝卜（B120）

图5-265　本地红（B243-1）

五、胡萝卜（E0903）

该材料是以近缘野生种松滋野生为受体亲本，橘色栽培种Amsterdam为供体亲本，获得的高代导入系；叶色深绿，叶形宽，最大叶长71.5cm，叶重93.3g；根形短圆柱形，根长14.2cm，根肩宽4.32cm，根中部宽3.97cm，单根重116.8g，根表皮、韧皮部、木质部颜色为浅橘色（图5-266）。

六、胡萝卜（E4203）

该材料是以近缘野生种松滋野生为受体亲本，橘色栽培种Amsterdam为供体亲本，获得的高代导入系；叶色深绿，叶形中等，最大叶长71.5cm，叶重93.3g；根形圆柱形，根长15.6cm，根肩宽4.98cm，根中部宽4.03cm，单根重180.6g，根表皮、韧皮部、木质部颜色为橘黄色（图5-267）。

图5-266　胡萝卜（E0903）

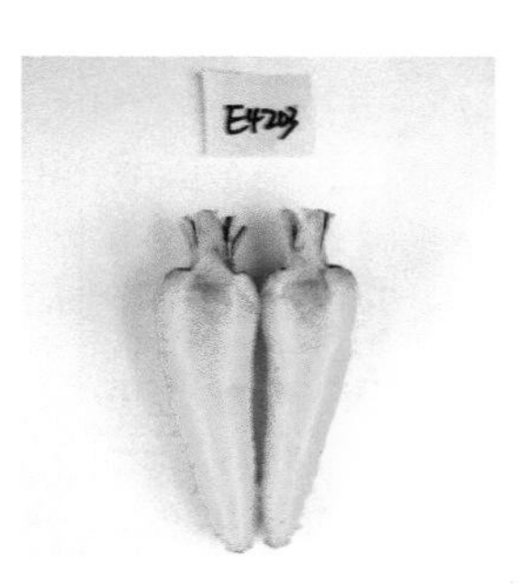

图5-267　胡萝卜（E4203）

七、胡萝卜（E5102）

该材料是以近缘野生种松滋野生为受体亲本，橘色栽培种Amsterdam为供体亲本，获得的高代导入系；叶色绿，叶形宽，最大叶长61.7cm，叶重193.3g；根形圆锥形，根长20.7cm，根肩宽6.07cm，根中部宽4.76cm，单根重293.3g，根表皮、韧皮部、木质部颜色为浅黄色（图5-268）。

八、胡萝卜（19759）

该材料是以近缘野生种松滋野生为受体亲本，橘色栽培种Amsterdam为供体亲本，获得的高代导入系；叶色绿，叶形中等，最大叶长58.3cm，叶重75.0g；根形圆柱形，根长19.2cm，根肩宽4.75cm，根中部宽3.88cm，单根重179.4g，根表皮、韧皮部、木质部颜色为白色（图5-269）。

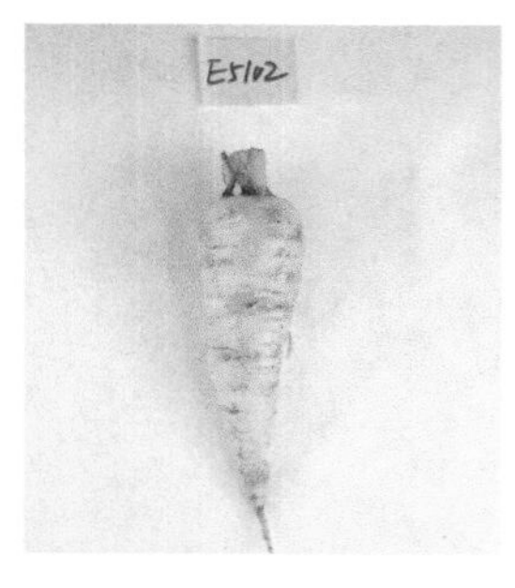

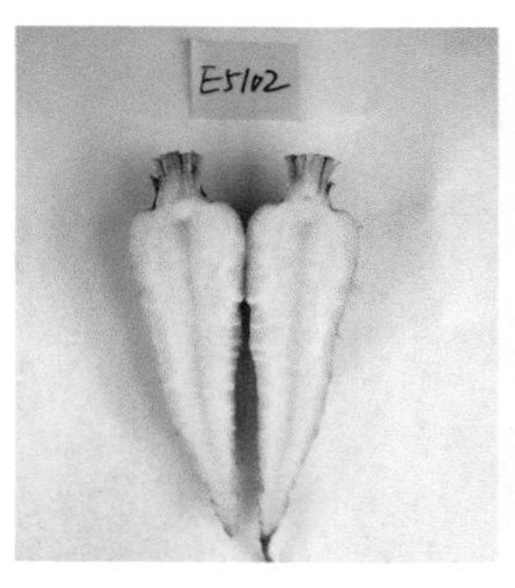

图5-268　胡萝卜（E5102）

图5-269　胡萝卜（19759）

第十节　有育种利用价值的豇豆地方品种纯系和导入系

（2016YFD0100204-32 李国景）

一、八月更（2017333077）

地方品种纯系。植株蔓生，迟衰。花紫色，每花序花朵数2.3个，花序柄绿色，长12.0cm，叶片大小14.5cm×7.3cm，叶深绿色，长卵菱形，叶柄长7.7cm，节间长16.7cm，茎绿色，单株分枝数2.7个，初荚节位5.3节，嫩荚紫红色，喙绿色，软荚，荚面凸，嫩荚长38.7cm，嫩荚宽0.7cm，嫩荚厚0.8cm，单荚重11.0g，荚面纤维极少，背缝线紫红色，腹缝线绿色，单荚粒数9.7粒，单花梗荚数2.3个，平均单株结荚数30.3个，成熟荚紫红色，长圆条形，种子肾形，种皮红色，脐环黑色，百粒重17.5g。对日照不敏感，全生育期83d。锈病轻，病毒病轻，白粉病中等（图5-270）。

二、新之豇1号（CA301）

高代纯系。蔓生，中熟，迟衰。分枝少，单株分枝约1.6个，始花节位低，单株结荚数10条以上，商品性佳，嫩荚油绿色，荚长约63cm。耐热性好，枯萎病抗性强（图5-271）。

三、新之豇2号（CA302）

高代纯系。蔓生，中熟，迟衰。花紫色，嫩荚油绿色，粗壮，长65cm，成熟荚黄橙色，种子肾形，种皮红色。枯萎病抗性强（图5-272）。

图5-270　八月更

图5-271　新之豇1号

图5-272　新之豇2号

四、新之豇3号（CA303）

高代纯系。蔓生，中熟，迟衰。花紫色，嫩荚油绿色，长67cm，成熟荚黄橙色，种子肾形，种皮红色，结荚性好。病毒病抗性强（图5-273）。

五、迟梗豆（2017334055）

地方品种纯系。植株蔓生，早衰。花白色，每花序花朵数3.3个，花序柄绿色，长16.5cm，叶片大小14.5cm×7.3cm，叶深绿色，长卵菱形，叶柄长7.0cm，节间长18.0cm，茎绿色，单株分枝数2.0个，初荚节位5.0节，嫩荚浅红色，喙黄绿色，软荚，荚面较平，嫩荚长29.7cm，嫩荚宽0.7cm，嫩荚厚0.7cm，单荚重9.2g，荚面无纤维，背缝线绿色，腹缝线绿色，单荚粒数20.0粒，单花梗荚数2.0个，平均单株结荚数29.7个，成熟荚褐色，长圆条形，种子肾形，种皮橙色，脐环褐色，百粒重22.1g。对日照敏感，全生育期80d。锈病轻，病毒病重，白粉病轻（图5-274）。

六、红摘豇（2017334065）

地方品种纯系。植株蔓生，迟衰。花紫色，每花序花朵数1.3个，花序柄绿色，长46.0cm，叶片大小9.8cm×7.8cm，叶绿色，卵圆形，叶柄长10.5cm，节间长12.0cm，茎绿色，单株分枝数6.3个，初荚节位4.0节，嫩荚深绿色，喙黄绿色，硬荚，荚面凸，嫩荚长12.7cm，嫩荚宽0.8cm，嫩荚厚0.7cm，单荚重7.6g，荚面纤维多，背缝线深绿色，腹缝线深绿色，单荚粒数13.3粒，单花梗荚数1.3个，平均单株结荚数15.7个，成熟荚黄白色，圆筒形，种子球形，种皮红色，脐环红色，百粒重22.5g。对日照敏感，全生育期90d。锈病轻，病毒病中等，白粉病轻（图5-275）。

七、八月豇（2017335037）

地方品种纯系。植株蔓生，早衰。花紫色，每花序花朵数3.3个，花序柄绿色，长20.3cm，叶片大小14.8cm×9.7cm，叶绿色，长卵菱形，叶柄长11.2cm，节间长13.5cm，茎绿色，单株分枝数4.0个，初荚节位5.0节，嫩荚浅红色，喙绿色，软荚，荚面微凸，嫩荚长46.0cm，嫩荚宽0.8cm，嫩荚厚0.9cm，单荚重18.8g，荚面纤维多，背缝线浅绿色，腹缝线浅绿色，单荚粒数21.3粒，单花梗荚数1.7个，平均单株结荚数18.3个，成熟荚黄白色，圆筒形，种子肾形，种皮红色，脐环黑色，百粒重17.1g。对日照敏感，全生育期83d。锈病轻，病毒病中等，白粉病重（图5-276）。

图5-273　新之豇3号

图5-274　迟梗豆

图5-275　红摘豇

图5-276　八月豇

八、万豇（2018331030）

地方品种纯系。植株蔓生，中衰。花紫色，每花序花朵数2.3个，花序柄绿色，长11.7cm，叶片大小11.3cm×7.2cm，叶绿色，卵菱形，叶柄长8.7cm，节间长10.3cm，茎绿色，单株分枝数5.0个，初荚节位3.3节，嫩荚深绿色，喙绿色，硬荚，荚面微凸，嫩荚长13.3cm，嫩荚宽0.8cm，嫩荚厚0.7cm，单荚重7.4g，荚面纤维多，背缝线深绿色，腹缝线深绿色，单荚粒数10.3粒，单花梗荚数1.7个，平均单株结荚数15.5个，成熟荚黄白色，圆筒形，种子近三角形，种皮橙色，脐环褐色，百粒重27.5g。对日照敏感，全生育期92d。锈病轻，病毒病中等，白粉病轻（图5-277）。

九、寒露豇（2018331089）

地方品种纯系。植株蔓生，中衰。花紫色，每花序花朵数3.7个，花序柄紫色，长25.3cm，叶片大小11.2cm×8.3cm，叶深绿色，长卵菱形，叶柄长9.8cm，节间长8.7cm，茎绿色，单株分枝数4.3个，初荚节位4.0节，嫩荚深红色，喙绿色，软荚，荚面凸，嫩荚长25.8cm，嫩荚宽0.9cm，嫩荚厚0.8cm，单荚重13.2g，荚面纤维多，背缝线深红色，腹缝线深红色，单荚粒数15.3粒，单花梗荚数1.7个，平均单株结荚数21.0个，成熟荚紫红色，圆筒形，种子肾形，种皮红色，脐环黑色，百粒重15.5g。对日照敏感，全生育期103d。锈病轻，病毒病中等，白粉病重（图5-278）。

十、白豇豆（2018331090）

地方品种纯系。植株蔓生，迟衰。花紫色，每花序花朵数2.3个，花序柄绿色，长17.0cm，叶片大小10.3cm×6.8cm，叶绿色，长卵菱形，叶柄长7.3cm，节间长9.5cm，茎绿色，单株分枝数5.0个，初荚节位3.7节，嫩荚深绿色，喙深绿色，硬荚，荚面凸，嫩荚长15.3cm，嫩荚宽1.1cm，嫩荚厚1.0cm，单荚重9.0g，荚面纤维极多，背缝线深绿色，腹缝线深绿色，单荚粒数15.7粒，单花梗荚数1.7个，平均单株结荚数7.8个，成熟荚黄橙色，圆筒形，种子近三角形，种皮橙色，脐环褐色，百粒重29.3g。对日照敏感，全生育期90d。锈病轻，病毒病中等，白粉病中等（图5-279）。

十一、黑豇豆（2018331100）

地方品种纯系。植株蔓生，早衰。花紫色，每花序花朵数4.0个，花序柄绿色，长11.0cm，叶片大小13.5cm×9.0cm，叶深绿色，长卵菱形，叶柄长8.2cm，节间长14.0cm，茎绿色，单株分枝数2.0个，初荚节位3.0节，嫩荚浅绿色，喙红色，软荚，荚面较平，嫩荚长58.3cm，嫩荚宽0.9cm，嫩荚厚0.8cm，单荚重23.0g，荚面无纤维，背缝线浅绿色，腹缝线浅绿色，单荚粒数17.7粒，单花梗荚数2.7个，平均单株结荚数20.0个，成熟荚黄白色，长圆条形，种子肾形，种皮黑色，脐环黑色，百粒重19.5g。对日照不敏感，全生育期79d。锈病轻，病毒病轻，白粉病轻（图5-280）。

图5-277　万豇

图5-278　寒露豇

图5-279　白豇豆

图5-280　黑豇豆

十二、宁波绿带（X372）

地方品种纯系。植株蔓生，迟衰。花紫色，每花序花朵数2.3个，花序柄绿色，长22.0cm，叶片大小11.0cm×7.5cm，叶深绿色，长卵菱形，叶柄长8.3cm，节间长10.7cm，茎绿紫色，单株分枝数4.0个，初荚节位5.7节，嫩荚浅红色，喙黄绿色，软荚，荚面凸，嫩荚长56.26cm，嫩荚宽0.9cm，嫩荚厚0.8cm，单荚重12.8g，荚面纤维少，背缝线浅红色，腹缝线浅红色，单荚粒数11.0粒，单花梗荚数1.3个，平均单株结荚数28.0个，成熟荚浅红色，圆筒形，种子肾形，种皮红色，脐环黑色，百粒重15.5g。对日照敏感，全生育期84d。锈病轻，病毒病中等，白粉病中等（图5-281）。

十三、泥鳅豇（2018334424）

地方品种纯系。植株蔓生，迟衰。花紫色，每花序花朵数3.0个，花序柄绿色，长22.8cm，叶片大小12.2cm×8.5cm，叶深绿色，卵菱形，叶柄长8.8cm，节间长13.3cm，茎绿色，单株分枝数2.3个，初荚节位7.7节，嫩荚紫红色，喙绿色，软荚，荚面凸，嫩荚长16.8cm，嫩荚宽0.5cm，嫩荚厚0.5cm，单荚重8.6g，荚面纤维少，背缝线紫红色，腹缝线紫红色，单荚粒数15.0粒，单花梗荚数1.3个，平均单株结荚数42.5个，成熟荚紫红色，圆筒形，种子椭圆形，种皮红色，脐环黑色，百粒重15.5g。对日照敏感，全生育期87d。锈病中等，病毒病中等，白粉病重（图5-282）。

十四、花豇豆（2018335213）

地方品种纯系。植株蔓生，早衰。花紫色，每花序花朵数2.7个，花序柄绿色，长21.7cm，叶片大小12.3cm×8.8cm，叶绿色，卵菱形，叶柄长8.8cm，节间长13.7cm，茎绿色，单株分枝数3.7个，初荚节位4.3节，嫩荚斑纹色，喙黄绿色，软荚，荚面微凸，嫩荚长41.2cm，嫩荚宽0.6cm，嫩荚厚0.5cm，单荚重12.2g，荚面纤维少，背缝线浅绿色，腹缝线浅绿色，单荚粒数17.7粒，单花梗荚数3.3个，平均单株结荚数18.3个，成熟荚浅红色，长圆条形，种子肾形，种皮紫红色，脐环黑色，百粒重11.5g。对日照不敏感，全生育期86d。锈病轻，病毒病重，白粉病轻（图5-283）。

十五、紫豇豆（2018335423）

地方品种纯系。植株蔓生，迟衰。花紫色，每花序花朵数2.0个，花序柄绿色，长11.8cm，叶片大小11.3cm×8.5cm，叶绿色，卵菱形，叶柄长8.5cm，节间长9.8cm，茎紫色，单株分枝数2.6个，初荚节位5.7节，嫩荚紫红色，喙绿色，软荚，荚面凸，嫩荚长

20.3cm，嫩荚宽0.9cm，嫩荚厚0.9cm，单荚重10.6g，荚面纤维多，背缝线紫红色，腹缝线紫红色，单荚粒数14.7粒，单花梗荚数2.0个，平均单株结荚数22.5个，成熟荚浅红色，圆筒形，种子肾形，种皮红色，脐环黑色，百粒重14.5g。对日照敏感，全生育期90d。锈病轻，病毒病中等，白粉病轻（图5-284）。

图5-281　宁波绿带

图5-282　泥鳅豇

图5-283　花豇豆

图5-284　紫豇豆

十六、架菜豆（G314）

地方品种纯系。蔓生，中熟，迟衰。花紫色，嫩荚油绿色，粗壮，长12cm，成熟荚黄橙色，种子肾形，种皮红色。枯萎病抗性强（图5-285）。

十七、黑子牙草（G34）

地方品种纯系。蔓生，中熟，迟衰。花紫色，嫩荚油绿色，粗壮，长17.5cm，成熟荚黄橙色，种子肾形，种皮红色。枯萎病抗性强（图5-286）。

十八、珠岩豇豆（G15）

地方品种纯系。蔓生，中熟，迟衰。花紫色，嫩荚油绿色，粗壮，长42.9cm，成熟荚黄橙色，种子肾形，种皮红色。枯萎病抗性强（图5-287）。

十九、七叶仔（G13）

地方品种纯系。蔓生，中早熟，迟衰。花紫色，嫩荚油绿色，粗壮，长46.8cm，成熟荚黄橙色，种子肾形。高抗枯萎病（图5-288）。

图5-285　架菜豆

图5-286　黑子牙草

图5-287　珠岩豇豆

图5-288　七叶仔

第十一节　有育种利用价值的莲藕地方品种纯系和导入系

（2016YFD0100204-29 刘正位）

莲主要以地下茎无性繁殖，种质杂合度高。为获得具有某一优良性状的莲藕自交纯系，筛选具有优异性状的子莲、藕莲和野莲，通过5～7代自交，获得了8个综合性状优良的纯合株系。性状考察表明自交后代性状基本稳定，基因组测序分析表明基因组纯合度均在90%以上。

一、白玉藕自交（by_c）

白玉藕多代自交获得，皮色白，主藕4节，中筒，整藕重3kg，入泥浅，煨汤粉（图5-289）。

二、鄂莲5号自交（e5_c）

鄂莲5号多代获得，皮色黄白，主藕6～7节，中短筒，整藕重2.5kg左右（图5-290）。

三、建选17自交（jx17_c）

建选17多代自交获得，花爪红色，心皮数30枚，鲜莲子粒重3.8g，结实率70%（图5-291）。

四、满天星自交（mtx_c）

满天星多代自交获得，花红色，心皮数30枚，鲜莲子粒重4g，口感脆甜（图5-292）。

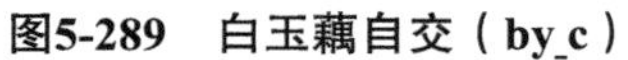
图5-289　白玉藕自交（by_c）

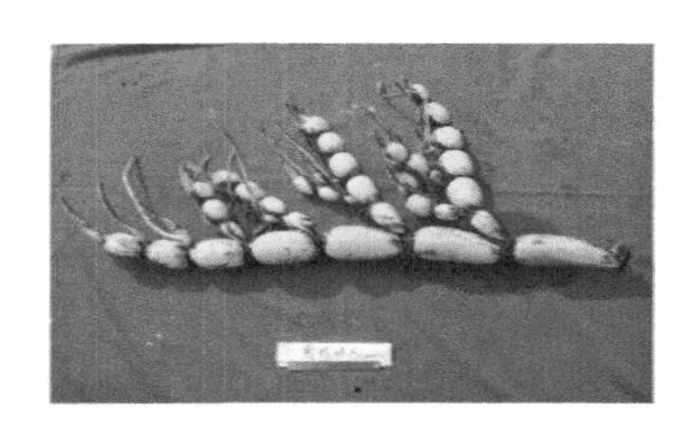

图5-290　鄂莲5号纯系（e5_c）

图5-291　建选17纯系（jx17_c）

五、太空36自交（t36_c）

太空36多代自交获得，花红色，心皮数20枚，莲子粒重3.3g左右，口感脆甜，结实率高（图5-293）。

六、白花建莲自交（bhjl_c）

花白色，心皮数22枚，鲜莲子粒重3.5g（图5-294）。

图5-292　满天星纯系（mtx_c）

图5-293　太空36纯系（t36_c）

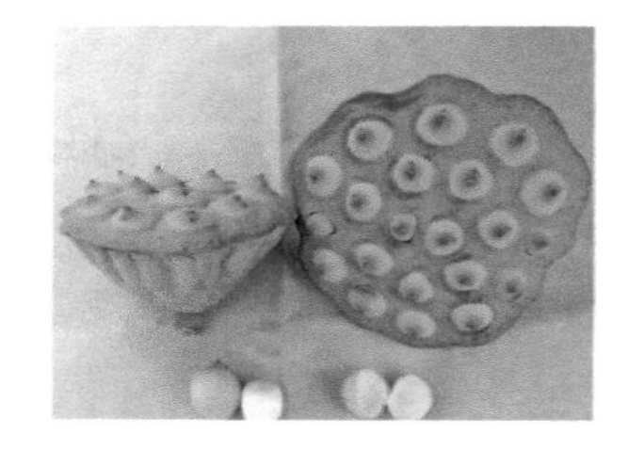

图5-294　白花建莲纯系（bhjl_c）

七、广昌白花莲自交（gcl_c）

花红色，心皮数20枚，果皮内部分红色，鲜莲子粒重3.3g（图5-295）。

八、中间湖野莲纯系（zjh_c）

由武汉中间湖野莲自交获得，红花，地下茎长条形，为长江流域代表性野莲（图5-296）。

图5-295　广昌白花莲纯系（gcl_c）

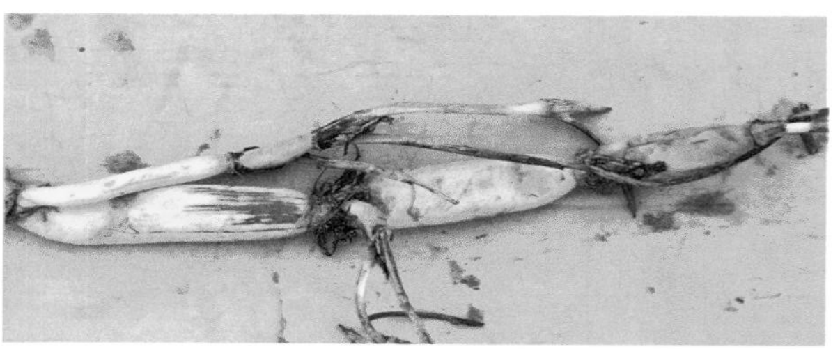

图5-296　中间湖野莲纯系（zjh_c）

第六章 创新目标性状突出且综合性状较好的优异种质

创制目标性状突出且综合性状较好的优异种质135份，其中包括黄瓜13份、西瓜5份、萝卜15份、白菜22份、甘蓝17份、番茄22份、茄子9份、辣椒20份、大蒜6份、胡萝卜4份、莲藕2份，这些资源不但综合性状优良，且目标性状突出，直接针对产业问题，解决产业中的重要或者关键性问题。

第一节　创新目标性状突出且综合性状较好的黄瓜优异种质

（2016YFD0100204-25 娄群峰；2016YFD0100204-12 毛爱军；2016YFD0100204-16 林毓娥）

一、黄瓜SK-1（霜抗1号）

以野生种酸黄瓜为母本，黄瓜栽培种北京截头为父本进行种间杂交，获得杂种F_1，并对种间杂种F_1进行胚胎拯救、染色体加倍创制了异源四倍体，并以此为“桥梁”与栽培种北京截头进行多代回交、自交，获得了一系列携带有酸黄瓜基因组不同片段的种间渐渗育种材料，通过苗期和田间接种鉴定、细胞学、分子标记等手段，利用多年多点鉴定，成功的选育了高抗霜霉病的黄瓜种间杂交渐渗系（5211），再与华北全雌密刺型黄瓜P01杂交，并经过回交、自交获得了一个高抗霜霉病黄瓜新品种。本品种为全雌密刺型黄瓜，植株生长势强，高抗霜霉病，中抗蔓枯病（图6-1）。

二、黄瓜SK-2（霜抗2号）

以华北全雌型黄瓜高代自交系材料P01为母本，以欧洲温室型全雌黄瓜EC1为父本杂交，所得F_1再用父本进行回交7代，在回交后代中选择单性结实率高的性状较好的单株继续自交，最后选择BC7S2中单性结实率高的性状较好的株系，把该株系黄瓜混合授粉，获得生长势强、抗逆性好、优质高产的华北型单性结实黄瓜新品种霜抗2号（图6-2）。

图6-1　黄瓜SK-1（霜抗1号）

图6-2　黄瓜SK-2（霜抗2号）

三、黄瓜NK-2（南抗2号）

以野生种酸黄瓜为母本，黄瓜栽培种北京截头为父本进行种间杂交，获得杂种F_1，并对种间杂种F_1进行胚胎拯救、染色体加倍创制了异源四倍体，并以此为“桥梁”与栽培种北京截头进行多代回交、自交，获得了一系列携带有酸黄瓜基因组不同片段的种间渐渗育种材料。通过人工接种根结线虫并鉴定其抗性，从黄瓜/酸黄瓜渐渗系中筛选出抗根结线虫材料102261S后进行多代自交，获得了稳定纯合的黄瓜抗根结线虫育种材料南抗2号（图6-3）。

四、黄瓜NK-2（宁抗2号）

以野生种酸黄瓜为母本，黄瓜栽培种北京截头为父本进行种间杂交，获得杂种F_1，并对种间杂种F_1进行胚胎拯救、染色体加倍创制了异源四倍体，并以此为“桥梁”与栽培种北京截头进行多代回交、自交，获得了一系列携带有酸黄瓜基因组不同片段的种间渐渗育种材料。选取其中经多年多点鉴定获得的高抗霜霉病材料IL52作为父本，以华北型栽培黄瓜长春密刺为母本，进行杂交。所得F_1自交得到F_2，F_2随机选取单株，单株自交产生株系，每株系保留一个单株，连续自交6代，再从群体中选出优良株系，把该株系黄瓜混合授粉，获得生长势强、优质高产的华北型新品种宁抗2号（图6-4）。

五、黄瓜NK-3（宁抗3号）

以野生种酸黄瓜为母本，黄瓜栽培种北京截头为父本进行种间杂交，获得杂种F_1，并对种间杂种F_1进行胚胎拯救、染色体加倍创制了异源四倍体，并以此为“桥梁”与栽培种北京截头进行多代回交、自交，获得了一系列携带有酸黄瓜基因组不同片段的种间渐渗育种材料。经过多年、多点、多种方法进行抗病性鉴定，筛选获得了高抗蔓枯病的黄瓜-酸黄瓜渐渗系宁抗3号（图6-5）。

图6-3　黄瓜NK-2（南抗2号）

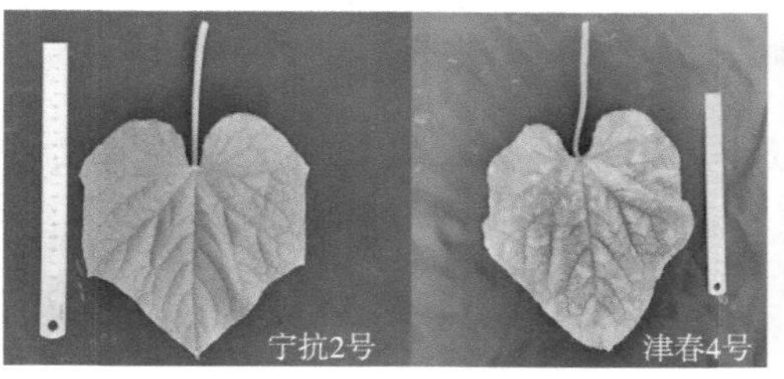

图6-4　黄瓜NK-2（宁抗2号）

图6-5　黄瓜NK-3（宁抗3号）

六、黄瓜SC9105、黄瓜SC91031和黄瓜SC91030

通过春秋温室、大棚和露地多年田间种植定向选择，辅助分子标记选择（Dm、Pm、Foc和ZYMV等）育成抗病突出且商品性优良的黄瓜创新种质3份：SC9105、SC91031和SC91030。

黄瓜SC9105：生长势中，叶色绿；普通系；瓜棒状，长约34cm，中把，青瓜皮绿色，中刺瘤，密刺，少蜡粉，白刺；心腔中，浅绿肉，肉脆；抗黄瓜霜霉病、白粉病。作为优良的母本自交系获得强优势组合（图6-6）。

黄瓜SC91031：生长势中，叶色绿；普通系；瓜棒状，长约28cm，短把，青瓜皮绿色，小刺瘤，密刺，少蜡粉，白刺；心腔中，浅绿肉，肉脆，味浓；抗黄瓜霜霉病、白粉病（图6-7）。

黄瓜SC91030：生长势中，叶色绿；普通系；瓜棒状，长约34cm，中把，青瓜皮绿色，中刺瘤，密刺，少蜡粉，白刺；心腔中，浅绿肉，肉脆，风味浓；抗黄瓜霜霉病、白粉病（图6-8）。

图6-6　黄瓜SC9105

图6-7　黄瓜SC91031

图6-8　黄瓜SC91030

七、黄瓜L5-1-1

从日本引进的小胡瓜252，经过7代自交分离筛选得到，生长势中等，分枝弱，瓜条顺直，皮色深绿绿条斑短，品质佳（图6-9）。

八、黄瓜PE13-1

强雌材料，从200份资源中筛选，经过6代自交纯化得到，生长势中等，瓜长约13cm，属于荷兰迷你水果黄瓜类型，植株在同类材料中表现最抗白粉病（图6-10）。

九、黄瓜g71-4

从泰国引进的资源LK5811经过多代自交纯化，表现生长势中，连续结果性强，瓜条整齐，畸形瓜少，耐热性强（图6-11）。

十、黄瓜g64-142-2

从东北农业大学引进的品种东龙850，在广东经过自然抗病筛选获得，属于旱黄瓜类型，经多代自交纯化选育，抗性比同类材料明显提高（图6-12）。

十一、黄瓜（P146）

属于荷兰迷你水果黄瓜类型，生长势较强，分枝性强，瓜长约14cm，较抗白粉病、枯萎病，表现耐湿性较强（图6-13）。

图6-9　黄瓜（L5-1-1）

图6-10　黄瓜（PE13-1）

图6-11　黄瓜（g71-4）

图6-12　黄瓜（g64-142-2）

图6-13　黄瓜（P146）

第二节　创新目标性状突出且综合性状较好的西瓜优异种质

（2016YFD0100204-13　张洁）

一、改良美父（RMF）

高抗枯萎病的改良美都类型的优异种质材料，圆瓜，单瓜重8～10kg，中心可溶性固形物含量达10%～12%（图6-14）。

二、JLM（GS6）

东亚栽培黄瓤西瓜类型，单瓜重8～10kg，果实圆形，浅绿条纹，黄瓤，中心含糖量达10%～11%（图6-15）。

图6-14 改良美父（RMF）

图6-15 黄瓤高糖优异材料JLM（GS6）

三、籽瓜94（ZG94）

籽用类型西瓜，大黑籽，经过转育高抗炭疽病（图6-16）。

四、改良伊选（RXY）

东亚栽培类型西瓜，果实圆形，大红瓤，中心可溶性固形物含量达10%～12%。配合力好，经过转育高抗枯萎病（图6-17）。

五、京籽6（ZG8）

籽用类型西瓜，大黑籽，经过转育高抗枯萎病（图6-18）。

图6-16 高抗炭疽病籽瓜优异种质籽瓜94（ZG94）

图6-17 高抗枯萎病西瓜优异种质改良伊选（RXY）

图6-18 高抗枯萎病的西瓜优异种质京籽6（ZG8）

第三节　创新目标性状突出且综合性状较好的萝卜及近缘植物优异种质

（2016YFD0100204-7 张晓辉；2016YFD0100204-25 徐良；
2016YFD0100204-27 刘贤娴；2016YFD0100204-19 甘彩霞）

一、制种产量高、综合性状较好的心里美保持系（BCXSF5-28-19）

以短柱形心里美为原始材料，多代筛选纯化，与CMS不育系协同选育，选育出壁蜂授粉产量高，CMS保持率100%的材料。该材料综合性状较好，抗病，耐裂，品质佳（图6-19）。

二、制种产量高、综合性状较好的心里美不育系（CMSBC5-28-24）

以短柱形心里美为原始材料，转育CMS不育胞质，与心里美保持系系协同选育，选育出壁蜂授粉产量高，CMS不育度100%的材料。该材料综合性状较好，抗病，耐裂，品质佳（图6-20）。

三、萝卜NAUIL-DSH20-19NAU-W01

对种质资源库中500余份白萝卜种质进行耐抽薹性、抗病性（霜霉病、病毒病、黑腐病）等园艺性状鉴定评价，筛选获得晚抽薹、白皮萝卜抗病品系NAU-DSH，通过优良单株连续自交，获得晚抽薹、抗病、配合力高的白萝卜优异种质NAUIL-DSH20（图6-21）。

图6-19　心里美保持系（BCXSF5-28-19）

图6-20　心里美不育系（CMSBC5-28-24）

四、萝卜NAUIL-Hr-W02-6-19NAU-W02

对种质资源库中500余份白萝卜种质进行耐抽薹性、抗病性（霜霉病、病毒病、黑腐病）等园艺性状鉴定评价，筛选获得耐热、抗病种质材料NAU-Hr-W02-6，对优良单株连续8代以上自交，结合抗热性、抗病性鉴定评价，创制出耐热、抗病白萝卜优异种质NAUIL-Hr-W02-6（图6-22）。

五、萝卜NAUIL-R-ZQH03-19NAU-R01

从种质资源库400多份红萝卜种质中通过耐抽薹性、抗病性（霜霉病、病毒病、黑腐病）、育性等重要园艺性状进行鉴定评价筛选获得耐热、抗病种质材料NAU-R-ZQH03，对优良单株连续10代以上自交，结合抗热性、抗病性鉴定评价，创制出耐热、抗病红萝卜优异种质NAUIL-R-ZQH03（图6-23）。

图6-21　萝卜NAUIL-DSH20-19NAU-W01

图6-22　萝卜NAUIL-Hr-W02-6-19NAU-W02

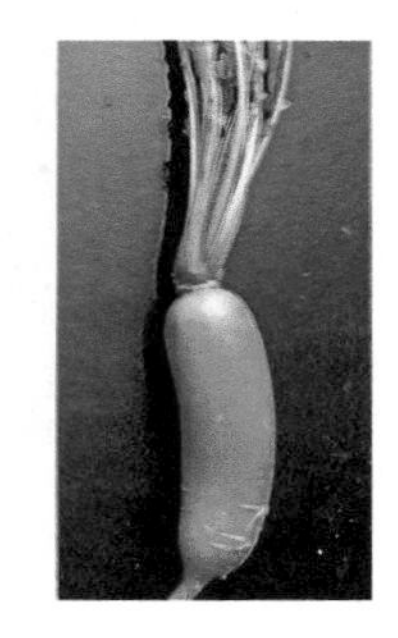

图6-23　萝卜NAUIL-R-ZQH03-19NAU-R01

六、萝卜NAU-YBLB4X-19NAU-T06

利用0.2%（m/v）秋水仙素溶液活体诱导法，成功创制了同源四倍体萝卜种质NAU-YBLB4X（2n=4x=36），见图6-24b、d、e。同源四倍体种质在花器官、叶片、气孔与花粉粒等部位的面积与体积明显大于二倍体，且叶片肥厚，叶色深；长势健壮，抽薹明显晚于对照植株，见图6-24a、c、e。

七、HP-ZZ-1（16-10-5）

完善了萝卜离体小孢子培养技术体系，其中枣庄大红袍突变体高光合基因型获得胚状体。对胚状体的再生及再生株的移栽进行了研究，研究表明0.2mg/L的6-BA处理获得再生芽的数量和质量最好，IBA促进再生苗生根效果显著，最佳浓度为0.5mg/L。获得高光合的新种质1份（图6-25）。

图6-24　萝卜（NAU-YBLB4X-19NAU-T06）

图6-25　HP-ZZ-1（16-10-5）

八、HP-ZZ-2（16-11-7）

完善了萝卜离体小孢子培养技术体系，其中崂山青突变体高光合基因型获得胚状体。对胚状体的再生及再生株的移栽进行了研究，研究表明0.2mg/L的6-BA处理获得再生芽的数量和质量最好，IBA促进再生苗生根效果显著，最佳浓度为0.5mg/L。获得高光合的新种质1份（图6-26）。

图6-26　HP-ZZ-2（16-11-7）

九、DR-17-6（16-12-11）

以高抗病毒病的中型萝卜材料（WR07-1）为母本材料，高抗软腐病的中型萝卜材料（WR10-C）为父本材料，通过杂交、连续回交，选育双抗材料。创制抗病毒病及软腐病的新种质1份（图6-27）。

十、JY-17-1（16-133-1）

以淡绿叶丛浓密的板叶小型萝卜材料（JY06-1）为母本材料，淡绿叶丛稀少的板叶中型萝卜材料（JY05-3）为父本材料，通过杂交、连续回交，选育淡绿色叶丛浓密板叶，且叶部粗纤维含量<1.4的中型材料。创制的新种质1份（图6-28）。

十一、德日二号

根形长圆柱形，白皮白肉带绿肩；叶深裂，倒卵形；叶脉有毛，茎白色，种子黄色（图6-29）。

图6-27　DR-17-6（16-12-11）　　**图6-28　JY-17-1（16-133-1）**

十二、高糖青

根形长圆柱形，绿皮绿肉；叶深裂，倒卵形；叶脉有毛，茎绿色；种子黄色（图6-30）。

十三、红罐

根形卵圆形，红皮白肉；叶形板叶，椭圆形；茎红色；种子暗红色（图6-31）。

十四、南京红

根形梨形，红皮白肉；叶形板叶，椭圆形；茎红色；种子暗红色（图6-32）。

十五、玉堂春

根形长柱形，白皮白肉；叶深裂，倒卵形；叶脉有毛，茎绿色；种子黄色（图6-33）。

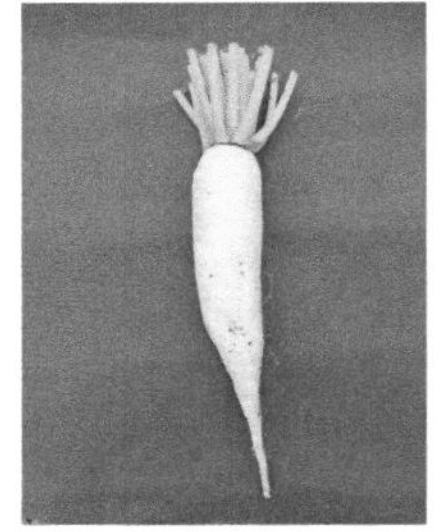

图6-29　德日二号

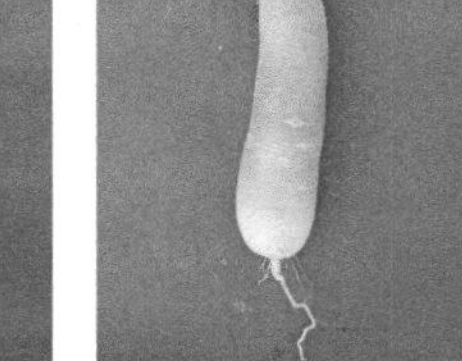

图6-30　高糖青

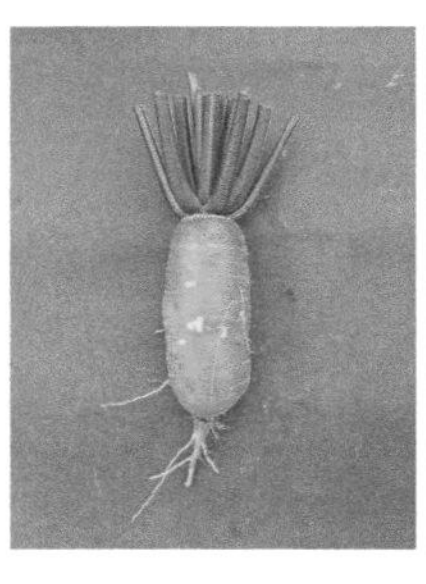

图6-31　红罐

图6-32　南京红

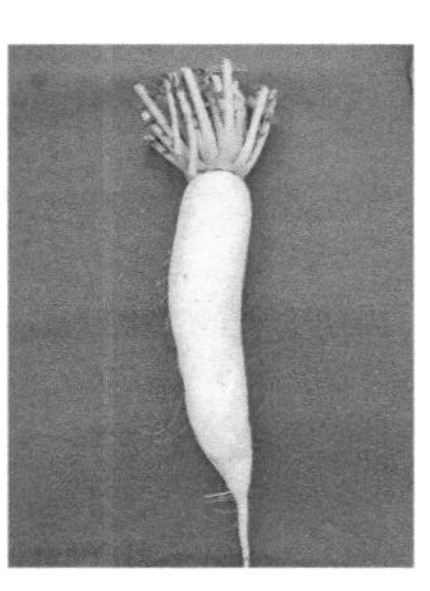

图6-33　玉堂春

第四节　创新目标性状突出且综合性状较好的白菜优异种质

（2016YFD0100204-6 章时蕃；2016YFD0100204-15 赵岫云；2016YFD0100204-17 赵建军；2016YFD0100204-18 原玉香；2016YFD0100204-31 余小林）

一、（玉田包尖X塔青）-201-201（1616031）

秋大白菜橘红心小包尖类型，生长期73d左右。植株直立，叶片长卵圆形、深绿色，叶面稍皱、无毛，叶柄扁平、浅绿，叶球炮弹形，叶球内叶橘黄色（见光后呈橘红色），叶球高29.8cm，叶球宽12.7cm，单株重1.3kg，单球重1.5kg，可溶性固形物3.5%，稍有纤维，口感甘脆（图6-34）。

二、黄心（大和农艺）-1-4-2（1616081）

秋大白菜合抱类型，生长期82d左右。植株半直立，叶片卵圆形、深绿色，叶面稍皱、有毛，叶柄扁平、绿白，叶球卵圆形，叶球内叶鲜黄色，叶球高24.0cm，叶球宽16.4cm，单株重2.7kg，单球重1.8kg，可溶性固形物2.8%，纤维少，口感有鲜味（图6-35）。

图6-34　（玉田包尖X塔青）-201-201（1616031）

图6-35　黄心（大和农艺）-1-4-2（1616081）

三、普通白菜（夏萍-17H9-81）

17H9-81株系是北京引进的夏萍，自交后代经过耐热耐雨单株选择而成的具有耐热耐雨特性的普通白菜种质。该株系株型较直立，夏季栽培长势旺，叶色绿，叶面较舒展，耐热耐雨性强，软腐病发生极轻。北京7月露地栽培产量高于对照清江白45%（图6-36）。

四、普通白菜（新上海青-19R9-103）

17H9-103株系是上海引进的新上海青，自交后代经过耐热耐雨单株选择而成的具有耐热耐雨特性的普通白菜种质。该株系株型半直立，开展度大，叶色深绿，叶面较平展，夏季栽培长势旺，耐热耐雨性强，软腐病发生轻。北京7月露地栽培产量高于对照清江白42%（图6-37）。

五、普通白菜（夏帝-19R9-396）

17H9-396株系是日本引进的夏帝，自交后代经过耐热筛选而成的具有耐热，抗病毒、抗干烧特性的普通白菜种质。该株系株型半直立，叶色浅绿，北京8月大棚栽培表现为长势旺、耐热、病毒病、干烧心发生极轻（图6-38）。

六、大白菜（抗软腐病大白菜-sr-1）

利用EMS诱变大白菜高感软腐病野生型WT，筛选获得一个抗软腐病突变体-sr-1。通过离体及活体接种软腐病菌（*Pectobacterium carotovorum*）鉴定，大白菜抗软腐病突变体sr表现为高抗软腐病（图6-49）。

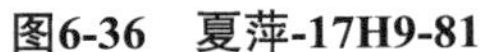

图6-36　夏萍-17H9-81　　图6-37　新上海青-19R9-103　　图6-38　夏帝-19R9-396

（a）对照野生型　　（b）抗软腐病突变体-sr-1

图6-39　大白菜（抗软腐病-sr-1）

七、大白菜（抗软腐病大白菜-sr-2）

利用EMS诱变大白菜高感软腐病野生型WT，筛选获得一个抗软腐病突变体-sr-2。通过离体及活体接种软腐病菌（*Pectobacterium carotovorum*）鉴定，大白菜抗软腐病突变体sr表现为抗软腐病（图6-40）。

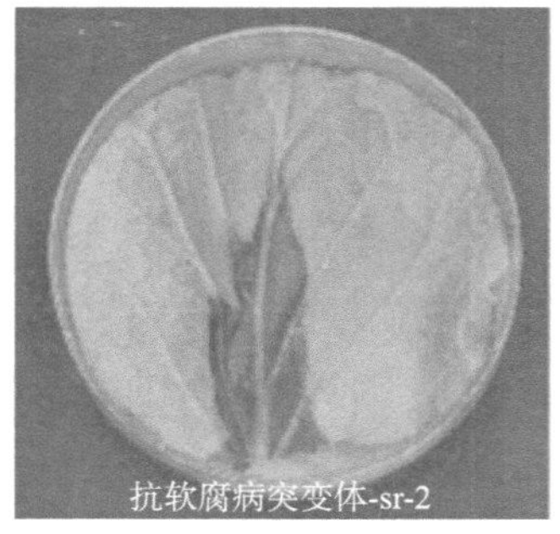

图6-40　大白菜（抗软腐病-sr-2）

八、大白菜叶片合抱突变体ic1

大白菜叶片合抱突变体ic1的叶片顶端向内弯曲抱合，叶面平展全缘、叶色稍浅、中肋脆易折断、球叶薄而松散。纤维素含量测定发现，ic1含量显著低于野生型（A03）（图6-41）。

图6-41 大白菜叶片合抱突变体ic1不同生长时期的植株形态

九、大白菜（叶色深绿大白菜-dg）

利用EMS诱变大白菜叶色浅绿野生型WT，筛选获得一个叶色深绿突变体dg。叶色深绿突变体dg在生殖生长期和营养生长期叶色皆为深绿色，叶绿素含量显著高于野生型，捕光能力强，光合速率及光合系统实际光能转换效率高于野生型（图6-42）。

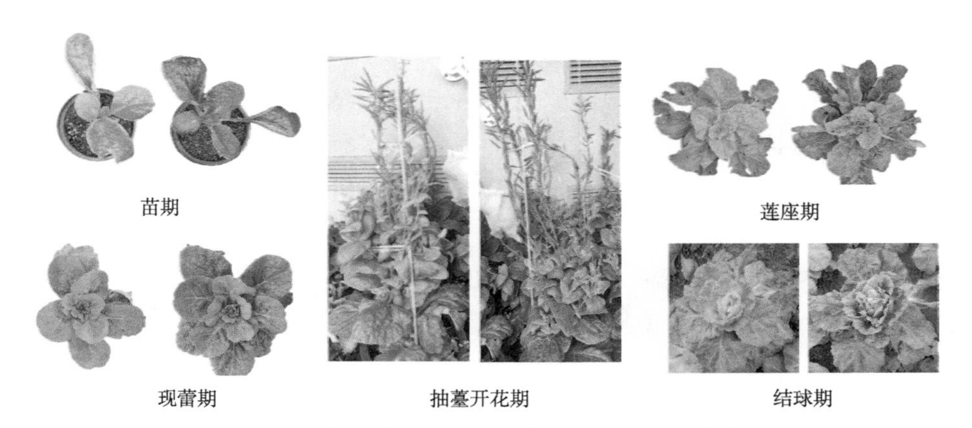

图6-42 大白菜（叶色深绿-dg）（左为野生型，右为dg）

十、大白菜叶片金黄色突变体gl1

大白菜叶片金黄色突变体gl1可舒心结球，且随着不同生长发育时期，叶片见光部位的黄色逐渐加深：苗期和莲座期，叶色呈黄绿色；而结球期，莲座叶和球叶的软叶部分（即叶片见光部位）为金黄色（图6-43）。

A03 野生型舒心结球，叶片绿色　*gl1* 突变体舒心结球，叶片金黄色　F_1（*gl1* × A03）

图6-43　结球期野生型A03和叶片黄色EMS突变体植株*gl1*

（F_1为M5代黄色叶片突变体与野生型的杂交植株，叶色性状与野生型一致）

十一、RAA含量提高的大白菜—结球甘蓝导入系

亲本大白菜有益硫苷RAA含量为0μmol/g，甘蓝RAA含量为0.24μmol/g，大白菜—结球甘蓝导入系15B3-20RAA含量达0.24umol/g（表6-1，图6-44）。

表6-1　高RAA含量大白菜—结球甘蓝导入系

编号	PRO	RAA	NAP	4OH	GBN
15B3-20	6.25	0.24	2.78	0.02	0.60
编号	GBC	NAS	4ME	NEO	
15B3-20	4.11	4.20	2.69	0.15	

图6-44　15B3-20

十二、大白菜DH系（Y636-9）

以韩国大白菜品种四季皇Y636商品种F_1为试材，利用游离小孢子培养结合根肿病抗性分子标记和根肿病抗性接种鉴定，创制出的抗根肿病大白菜DH系Y636-9，该DH系含有*CRb*连锁标记GC2360-2，抗河南新野根肿病病原XY-1。合抱炮弹形、早熟、球心黄色、配合力好（图6-45）。

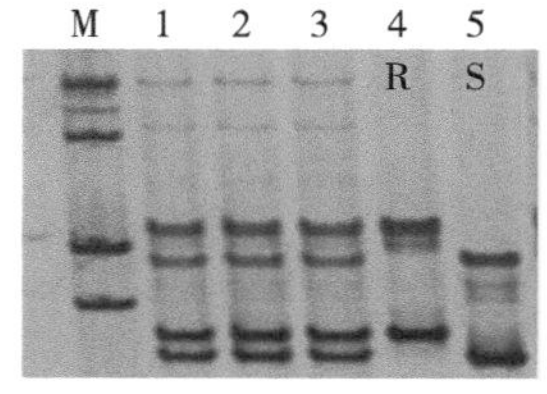

（a）抗性分子标记*CRb*连锁标记鉴定结果（1～3：F_1；4：抗病DH系；5：感病DH系）

（b）根肿病抗性田间病圃鉴定

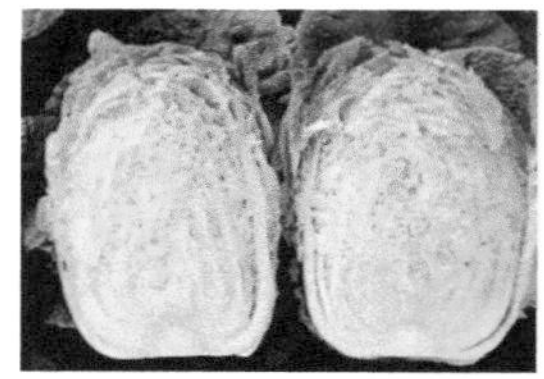

（c）DH系Y636-9球型

（d）根肿病抗性室内接种鉴定

图6-45　游离小孢子培养结合分子标记和抗性接种鉴定创制大白菜抗根肿病DH系Y636-9

十三、大白菜DH系（Y639M-3）

以荷兰大白菜品种CST-黄芯春白菜Y639商品种F_1为试材，利用游离小孢子培养结合根肿病抗性接种鉴定，创制出的抗根肿病大白菜DH系Y639M-3，该DH系抗河南新野根肿病病原XY-2。合抱炮弹形、早熟、球心黄色（图6-46）。

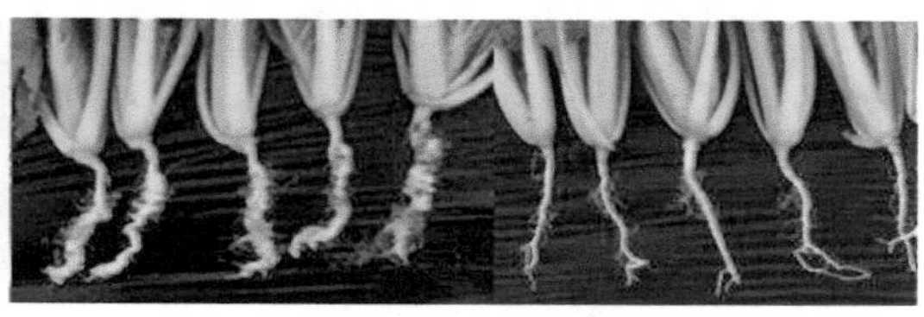

Y639M-3　　　　YX55（S）　VS　Y639M-3（R）

图6-46　游离小孢子培养结合抗性接种鉴定创制大白菜抗根肿病DH系Y639M-3

十四、大白菜DH系（Y635-10）秋利皇

以日本大白菜品种秋利皇Y635商品种F_1为试材，利用游离小孢子培养结合根肿病抗性接种鉴定，创制出的抗根肿病大白菜DH系Y635-10，该DH系抗河南新野根肿病病原XY-1。合抱炮弹形、中熟、球心白色（图6-47）。

Y635-10　　　　YX55（S）　VS　Y635-10（R）

图6-47　游离小孢子培养结合抗性接种鉴定创制大白菜抗根肿病DH系Y635-10

十五、大白菜DH系（Y895-4）

以韩国大白菜品种改良金童春秋Y895商品种F_1为试材，利用游离小孢子培养技术创制出的晚抽薹大白菜DH系Y895-4，该DH系合抱炮弹形，早熟性好，外叶深绿，球心深黄色，抗干烧心。耐抽薹性强，较同期播种的其他材料抽薹期晚20d，是配制晚抽薹春白菜品种的理想材料（图6-48）。

十六、大白菜Y706-1

以国内春秋兼用大白菜品种津秀2号Y706商品种F_1为试材，利用游离小孢子培养技术创制出晚抽薹大白菜DH系Y706-1，该DH系株型半直立，外叶部分白化，球心黄色。耐抽薹性强，较同期播种的其他材料抽薹期晚15d左右（图6-49）。

（a）温室越冬后抽薹情况

（b）露地越冬后抽薹情况

图6-48　游离小孢子培养技术创制大白菜耐抽薹DH系Y895-4

图6-49　游离小孢子培养技术创制大白菜耐抽薹DH系Y706-1

十七、大白菜YW81-1

以韩国耐抽薹大白菜品种YW81商品种F_1为试材，利用游离小孢子培养技术创制出晚抽薹大白菜DH系YW81-1，该DH系株型半直立，外叶深绿，球心黄色。耐抽薹性强，较同期播种的其他材料抽薹期晚22d左右（图6-50）。

图6-50　游离小孢子培养技术创制大白菜耐抽薹DH系YW81-1

十八、小白菜钱塘青（C01）

通过回交转育的途径，将引进的新选992-24与甘蓝型油菜*Ogura* CMS杂交，以前者为轮回亲本经7代回交获得苗期不黄化的稳定的CMS系。同时，从国内地方品种矮抗青中经多代自交选择，于2009年育成稳定的自交系Bakq05-6-14。将母本Ogu28-11-3ACMS系与父本Bakq05-6-14进行配组，C01组合（暂命名钱塘青）具有如下特征特性：生长习性直立，矮桩，株型束腰，商品性好，味甜口感好，抗性好，耐抽薹；叶片阔卵圆形，叶色绿，有光泽；叶柄浅绿色；适宜秋冬季栽培，播种后70～75d采收；单株重平均为0.4～0.5kg。目前钱塘青已经在国家DUS测试中心开展DUS测定，拟申请新品种权保护（图6-51）。

图6-51 小白菜钱塘青（C01）

十九、小白菜浙大青（C02）

通过回交转育的途径，将引进的新选992-24与甘蓝型油菜*Ogura* CMS杂交，以前者为轮回亲本经7代回交获得苗期不黄化的稳定的CMS系。同时，从国内地方品种杭州油冬儿中经多代自交选择，于2010年育成稳定的自交系Byde06-2-1-2。将母本Ogu28-13-2ACMS系与父本Byde06-2-1-2进行配组，C02组合（命名浙大青）具有如下特征特性：生长习性直立，中桩，株型束腰，商品性好，维生素C含量高，味甜口感好，抗性好，耐抽薹；叶片长倒卵圆形，叶色深绿，有光泽，叶柄浅绿色；适宜秋冬季栽培，播种后70～75d采收；单株重平均为0.5～0.6kg。2019年浙大青已通过浙江省农作物品种审定委员会认定（浙认蔬2019005）（图6-52）。

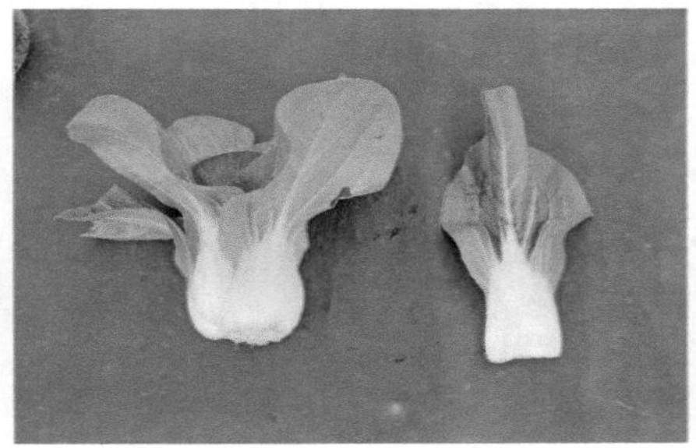

图6-52 小白菜浙大青（C02）

二十、小白菜196-09

196-09材料的生长习性为半直立类型，植株中桩，叶片版叶，叶片长椭圆形，叶片正反面均为紫色。该自交系生长势强，品质好，维生素C含量高达54.7mg/100g FW，粗纤维0.4%，灰分为1.3g/100g FW。抗病毒病和霜霉病，感软腐病。单株重平均为0.4～0.5kg（图6-53）。

图6-53　小白菜176-09

二十一、小白菜196-58

196-58是江苏宜兴的地方品种。植株中桩类型，株型半塌地，株幅大；叶片近圆形，叶色深绿，叶面平滑、板叶，叶缘平直，叶脉不明显；束腰性差；叶柄绿色，商品性好；单株重平均为0.5～0.7kg。该自交系生长势强，品质好，维生素C含量高达55.5mg/100g FW，粗纤维0.5%，灰分为1.3g/100g FW。抗病毒病和霜霉病，感软腐病（图6-54）。

二十二、小白菜199-25

199-25是将母本Ogu28-13-2ACMS系与父本Bajq-29-1-12进行配组，C12组合（暂命名紫金青）具有如下特征特性：生长习性直立，中桩，株型束腰，商品性好，维生素C含量高，头大、味甜口感好，抗性好，耐抽薹；叶片长倒卵圆形，叶色深绿，有光泽，叶柄浅绿色。适宜秋冬季栽培，播种后70～75d采收。产量高，单株重平均为0.6～0.8kg（图6-55）。

图6-54　小白菜196-58

图6-55　小白菜199-25

第五节　创新目标性状突出且综合性状较好的甘蓝及近缘植物优异种质

（2016YFD0100204-11 吕红豪；2016YFD0100204-22 曾爱松；2016YFD0100204-14 刘凡）

一、甘蓝100-301（100-301）

目前亟待培育抗2种主要病害以上（枯萎病、黑腐病、根肿病）且聚合多个优良性状（球形圆正、球色亮绿、高产、耐裂等）的优异种质，为培育优质多抗品种提供材料基础。根据杂交组合配制原则，双亲应尽可能具有较多的优良性状。因此，通过聚合育种（人工接种、小孢子培养和标记筛选相结合）可创制高抗1种病害（枯萎病或黑腐病）或抗至少2种病害（枯萎病、黑腐病、霜霉病等）且综合性状好的种质。

100-301是由从印度引进的种质资源经系统选择、抗性鉴定、标记筛选获得的甘蓝优异种质，表现为球形高圆、耐裂球、配合力高，高抗枯萎病、霜霉病，病指均小于10.0；突出性状为高抗枯萎病，人工接种病指5.0（图6-56）。

二、甘蓝100-312（100-312）

100-312是由从印度引进的种质资源经系统选择、抗性鉴定、标记筛选获得的甘蓝优异种质，表现为球形圆正、球色绿、耐抽薹，高抗枯萎病、霜霉病，病指均小于10.0；突出性状为高抗枯萎病，人工接种病指5.0（图6-57）。

图6-56　甘蓝100-301田间表现

图6-57　甘蓝100-312枯萎病抗性鉴定

三、甘蓝KB49-JS（KB49）

KB49-JS是由从日本引进的种质资源经系统选择、抗性鉴定、标记筛选获得的甘蓝优异种质，表现为高抗枯萎病、抗黑腐病，球形圆正、耐裂、高产；突出性状为抗黑腐病，人工接种病指18.0（图6-58）。

四、甘蓝KB10-QD（KB10）

KB10-QD是由从日本引进的种质资源经抗性鉴定、标记筛选获得的甘蓝优异种质，表现为高抗枯萎病、抗黑腐病；球形圆正、高产、耐裂；突出性状为抗黑腐病，人工接种病指17.0（图6-59）。

五、甘蓝KB23-HB34（KB23）

KB23-HB34是由从日本引进的种质资源经抗性鉴定、标记筛选获得的甘蓝优异种质，表现为高抗枯萎病、抗黑腐病；球形圆正、球色亮绿、品质好；突出性状为抗黑腐病，人工接种病指19.0（图6-60）。

图6-58　甘蓝KB49-JS（KB49）黑腐病抗性鉴定（左为KB49-JS；右为对照）

图6-59　甘蓝KB10-QD（KB10）黑腐病抗性鉴定（左为KB10-QD，右为对照）

图6-60　甘蓝KB23-HB34（KB23）田间表现

六、甘蓝18BR60-MD（BR60）

18BR60-MD是由从日本引进的种质资源经系统选择、抗性鉴定、标记筛选获得的甘蓝优异种质，表现为高抗枯萎病、抗黑腐病；球形圆正、高产、耐裂；突出性状为抗黑腐病，人工接种病指18.0（图6-61）。

七、甘蓝19BR37-2025（BR37）

19BR37-2025是由从中国西北地区的种质资源经单株选择、抗性鉴定获得的甘蓝优异种质，表现为高抗黑腐病；品质优良、产量高、球形扁圆；突出性状为高抗黑腐病，人工接种病指9.0（图6-62）。

图6-61　甘蓝18BR60-MD（BR60）黑腐病抗性鉴定（右为18BR60-MD，左为对照）

图6-62　甘蓝19BR37-2025（BR37）田间表现

八、甘蓝（17-427）

从上海收集资源427经自交分离筛选后获得的自交系。该材料极耐抽薹，在长江流域及其以南地区可于10月10日前后播种；耐寒，口感脆甜。极早熟，球形尖，球色绿，株型直立，开展度57cm×55cm，外叶数9片，单球重0.9kg，叶球纵径16.5cm，叶球横茎15.5cm，中心柱长8.5cm（图6-63）。

九、甘蓝（17-165）

从进口资源Green express（瑞士先正达公司品种）与耐抽薹资源430杂交后经游离小孢子培养获得的DH系。该材料耐抽薹，在长江流域及以南地区可于10月20日前后播种；耐寒，耐裂球。中早熟，球形高圆，球色灰绿，株型直立，开展度55cm×54cm，外叶数11片，单球重1.05kg，叶球纵径15.5cm，叶球横茎15cm，中心柱长6.5cm（图6-64）。

十、甘蓝（2919）

从进口资源寒玉37（日本野绮公司品种）经游离小孢子培养获得的DH系。该材料晚熟，耐寒，耐抽薹，耐裂球，在长江流域及其以南地区可于8月15日前后播种露地结球越冬。晚熟，球形扁圆，球色绿，株型半平铺，开展度75cm×74cm，外叶数11片，单球重1.35kg，叶球纵径18cm，叶球横茎22cm，中心柱长7.0cm（图6-65）。

图6-63　甘蓝（17-427）

图6-64　甘蓝（17-165）

图6-65　甘蓝（2919）

十一、甘蓝（18-397）

从日本资源397经自交分离筛选获得自交系。该材料耐抽薹，在长江流域及其以南地区可于10月20日前后播种；耐寒，耐裂球，口感甜。中熟，球形扁圆，球色绿，株型半平铺，开展度70cm×72cm，外叶数11片，单球重1.3kg，叶球纵径16cm，叶球横茎20cm，中心柱长6.5cm（图6-66）。

十二、甘蓝（364）

从韩国资源韩国心生经自交分离筛选获得株系经游离小孢子培养获得的DH系。该材料极耐抽薹，在长江流域及其以南地区可于10月10日前后播种；耐寒，耐裂球。中早熟，球形尖，球色深绿，株型半平铺，开展度68cm×65cm，外叶数12片，单球重1.2kg，叶球纵径20cm，叶球横茎15cm，中心柱长6.5cm（图6-67）。

十三、甘蓝（19-2659）

从日本资源2659与耐寒资源寒玉五号杂交后经游离小孢子培养获得的DH系。该材料晚熟，耐寒，耐抽薹，耐裂球，在长江流域及其以南地区可于8月15日前后播种露地结球越冬。晚熟，球形扁圆，球色绿，株型半平铺，开展度72cm×71cm，外叶数12片，单球重1.25kg，叶球纵径17cm，叶球横茎21cm，中心柱长7.0cm（图6-68）。

图6-66　甘蓝（18-397）

图6-67　甘蓝（364）

图6-68　甘蓝（19-2659）

十四、花椰菜—黑芥体细胞杂种导入系PFCN2-14-4

PFCN2-14-4，叶长椭圆形，无叶裂，叶色灰绿，黄白花球，松、硬，花粒小，花梗淡绿，抗黑腐病（图6-69）。

十五、花椰菜—黑芥体细胞杂种导入系PFCN15-116

PFCN15-116，叶片绿色，具叶裂，叶梗长，花球颜色绿，花梗长、绿色，花球表面平整，花粒细软（图6-70）。

图6-69　花椰菜受体Korso（左）及导入系2-14-4（右）

图6-70　花椰菜受体Korso（左）及导入系15-116（右）

十六、花椰菜—黑芥体细胞杂种导入系PFCN15-117

PFCN15-117，株型紧凑直立（亲本Korso叶夹角34°，15-117叶夹角21°），花球颜色浅黄绿，花梗长、绿色，花球表面较平整，花粒细（图6-71）。

图6-71　花椰菜受体Korso（左）及导入系15-117（右）

十七、花椰菜—黑芥体细胞杂种导入系PFCN19028

PFCN19028，叶长椭圆形，无叶裂，叶色灰绿，乳白花球，扁平，松散，花粒中，花球着球位高（30cm）（图6-72）。

图6-72　花椰菜受体Korso（左）及导入系PFCN19028（中、右）

第六节　创新目标性状突出且综合性状较好的番茄优异种质

（2016YFD0100204-3 国艳梅；2016YFD0100204-21 张余洋；2016YFD0100204-28 钱虹妹；2016YFD0100204-30 张颜；2016YFD0100204-5 刘磊）

一、番茄18g-1409

目前亟待培育抗2种主要病害以上［TYLCV（TY）、根结线虫（Mi）、叶霉病（Sm）］且聚合多个优良性状（高产、耐裂等）的优异种质，为培育优质多抗品种提供材料基础。根据杂交组合配制原则，双亲应尽可能具有较多的优良性状。因此，通过聚合育种可创制高抗1种病害或抗至少2种病害且综合性状好的种质。

18g-1409是经抗性鉴定、标记筛选等方式获得的自主创制的番茄优异种质，表现为抗多种病害、高产，含有多种抗性标记Ty1、Ty3、Mi、Ty2；突出性状为抗TYLCV（图6-73）。

二、番茄18g-1411

18g-14011是经抗性鉴定、标记筛选等方式获得的自主创制的番茄优异种质，表现为抗多种病害，含有多种抗性标记Ty1、Ty3、Mi、Ty2；突出性状为抗TYLCV（图6-74）。

三、番茄18g-1412

18g-1412是经抗性鉴定、标记筛选等方式获得的自主创制的番茄优异种质，表现为高产、品质好；突出性状为抗TYLCV（图6-75）。

图6-73　番茄18g-1409田间表现

图6-74　番茄18g-1411田间表现

图6-75　抗感TY田间表现，感病（左），抗病（右）

四、番茄18g-1413

18g-1413是经抗性鉴定、标记筛选等方式获得的自主创制的番茄优异种质，表现为抗多种病害，含有多种抗性标记Ty1、Ty3、Mi、Ty2；突出性状为抗TYLCV（图6-76）。

五、优异种质Fz13

优异种质Fz13，田间栽培无病虫害，田间表现优良，口感好，含*Ty*基因，作为亲本之一参与杂交组合比较试验有2个组合，经过田间观察，1个组合田间性状表现优良（图6-77）。

图6-76　番茄18g-1413田间表现

图6-77　番茄优异种质Fz13

六、优异种质Y21

优异种质Y21含有*Ty-2*、$Tm\text{-}2^a$、*Cf-9*抗病基因，无限生长型，果实粉红色，扁圆形，耐裂果；长势较好，花序长度28.5cm，单花序结果数5～40个，平均单花序结果数15.8；可溶性固形物含量4.7%，可滴定酸含量0.40%，固酸比11.72，甜多酸少（图6-78）。

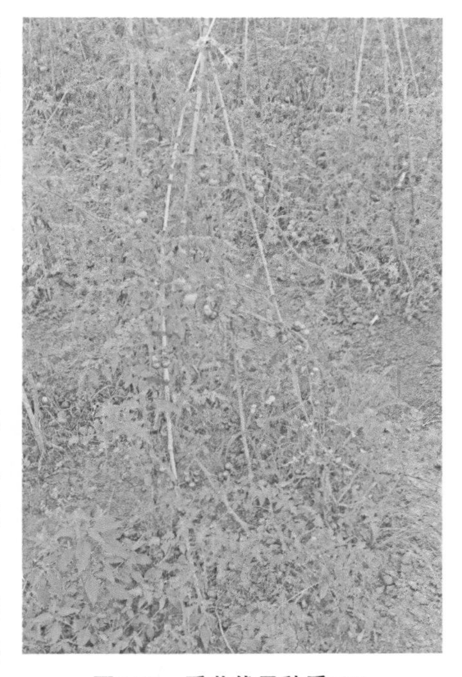

图6-78　番茄优异种质Y21

七、番茄F2-17

基于栽培番茄骨干材料（*Solanum lycopersicum*，cv.P86和cv.*e9292*），以野生醋栗番茄LA1585为父本进行远缘杂交，创制综合性状较好特别是品质优良（包括糖、酸、维生素C、硬度、类胡萝卜素和挥发性物质）优异品质。

番茄F2-17是以cv.P86作母本与野生醋栗番茄LA1585远缘杂交获得的优质番茄种质。果糖和葡萄糖含量分别为（13.16±0.85）mg/g FW和（5.74±0.39）mg/g FW，总糖含量（19.47±1.31）mg/g FW。其中果糖含量表现出超亲cv.P86［（7.45±0.13）mg/g FW］和LA1585［（10.21±1.42）mg/g FW］。糖/酸比为6.05，均

高于双亲cv.P86（4.04）和LA1585（2.96）。可溶性固形物为（5.84 ± 0.51）%，显著高于栽培番茄cv.P86亲本［（3.72 ± 0.27）%］，而不及LA1585［（7.78 ± 0.57）%］。番茄红素含量为（152.15 ± 28.60）μg/g FW，显著高于栽培亲本cv.P86［（63.20 ± 13.29）μg/g FW］，与野生番茄亲本LA1585的［（189.43 ± 10.48）μg/g FW］差异不显著（图6-79）。

八、番茄F2-18

番茄F2-18是cv.P86 × LA1585远缘杂交后代。果糖、葡萄糖和总糖含量分别为（6.49 ± 0.51）mg/g FW、（13.12 ± 1.26）mg/g FW和（19.67 ± 1.77）mg/g FW。葡萄糖含量表现出超双亲cv.P86［（7.45 ± 0.13）mg/g FW］和LA1585［（10.21 ± 1.42）mg/g FW］；总含糖含量与高含量的LA1585［（19.71 ± 2.06）mg/g FW］相近。糖/酸比为3.24，高于LA1585（2.96）。可溶性固形物（6.27 ± 0.60）%显著高于栽培番茄cv.P86［（3.72 ± 0.27）%］，接近LA1585［（7.78 ± 0.57）%］。番茄红素含量为（147.42 ± 8.26）μg/g FW显著高于cv.P86［（63.20 ± 13.29）μg/g FW］，而不及野生亲本LA1585［（189.43 ± 10.48）μg/g FW］（图6-80）。

九、番茄F2-28

番茄F2-28是cv.P86 × LA1585远缘杂交后代。果糖、葡萄糖和总糖含量分别为（9.31 ± 0.51）mg/g FW、（12.17 ± 2.22）mg/g FW和（22.80 ± 2.83）mg/g FW。果糖和总糖含量均表现出超双亲cv.P86［（7.45 ± 0.13）mg/g FW和（14.27 ± 2.24）mg/g FW］和LA1585［（10.21 ± 1.42mg/g FW和（19.71 ± 2.06）mg/g FW］优势。糖/酸比6.11，也表现出超双亲cv.P86（4.04）和LA1585（2.96）。可溶性固形物（6.00 ± 0.14）%，优于栽培番茄cv.P86［（3.72 ± 0.27）%］，而不及LA1585［（7.78 ± 0.57）%］。番茄红素含量为（153.01 ± 17.17）μg/g FW，显著高于栽培亲本cv.P86［（63.20 ± 13.29）μg/g FW］，与野生番茄亲本LA1585［（189.43 ± 10.48）μg/g FW］相近（图6-81）。

十、番茄F2-46

番茄F2-46是cv.P86 × LA1585远缘杂交后代。果糖、葡萄糖和总糖含量分别为（7.45 ± 1.53）mg/g FW、（8.30 ± 1.30）mg/g FW和（15.80 ± 2.82）mg/g FW。果糖、葡萄糖和总糖含量均表现出高于cv.P86［（7.45 ± 0.13）mg/g FW、（6.54 ± 1.94）mg/g FW和（14.27 ± 2.24）mg/g FW］，而不及野生LA1585［（10.21 ± 1.4）mg/g FW、

（9.51±0.64）mg/g FW和（19.71±2.06）mg/g FW］。糖/酸比为4.36，高于双亲cv.P86（4.04）和LA1585（2.96）。可溶性固形物（5.04±0.51）%，优于cv.P86亲本［（3.72±0.27）%］，而不及LA1585［（7.78±0.57）%］。维生素C含量（37.34±0.95）mg/100g FW，显著高于cv.P86［（17.05±0.17）mg/100g FW］，而不及LA1585［（46.26±4.51）mg/100g FW］。番茄红素含量为（155.28±15.62）μg/g FW，显著高于栽培亲本cv.P86［（63.20±13.29）μg/g FW］，不及野生番茄亲本LA1585［（189.43±10.48）μg/g FW］（图6-82）。

图6-79　番茄F2-17

图6-80　番茄F2-18

图6-81　番茄F2-28

图6-82　番茄F2-46

十一、番茄F2-280

番茄F2-280是cv.*e9292*×LA1585通过远缘杂交而获得一个优良家系。果糖、葡萄糖和总糖含量分别为（20.43±1.20）mg/g FW、（12.51±0.48）mg/g FW和（32.94±1.68）mg/g FW。果糖、葡萄糖和总糖含量均超双亲cv.*e9292*［（18.10±0.9mg/g FW、（12.12±0.24）mg/g FW和（30.22±1.16）mg/g FW］和LA1585［（9.45±0.74）mg/g FW、（9.48±0.16）mg/g FW和（18.93±0.90）mg/g FW］。糖/酸比为6.90，高于LA1585（3.57）而不及cv.*e9292*（9.70）。可溶性固形物（6.24±0.54）%，优于栽培番茄cv.*e9292*［（4.44±0.24）%］，而不及LA1585［（8.12±1.45）%］。维生素C含量（53.28±0.39）mg/100g FW，表现出超双亲*cv.e9292*［（14.21±0.23）mg/100g FW］和野生LA1585（43.93±0.28mg/100g FW）。番茄红素含量（203.55±6.28）μg/g FW，也表现出超双亲cv.*e9292*［（27.84±0.27）μg/g FW］和LA1585［（174.39±1.70）μg/g FW］（图6-83）。

十二、番茄F2-299

番茄F2-299通过cv.*e9292*×LA1585远缘杂交获得的黄果优质家系。果糖、葡萄糖和总糖含量分别为（21.93±0.66）mg/g FW、（14.16±0.04）mg/g FW和（36.09±0.70）mg/g FW。果糖、葡萄糖和总糖含量均表现出超双亲cv.*e9292*［（18.10±0.9）mg/g FW、

（12.12±0.24）mg/g FW和（30.22±1.16）mg/g FW］和LA1585［（9.45±0.74）mg/g FW、（9.48±0.16）mg/g FW和（18.93±0.90）mg/g FW］。糖/酸比为9.32，高于LA1585（3.57）而不及cv.*e9292*（9.70）。可溶性固形物（7.22±0.13）%，优于栽培番茄亲本cv.*e9292*［（4.44±0.24）%］，而不及野生亲本LA1585［（8.12±1.45）%］。维生素C含量（55.12±0.50）mg/100g FW，表现出超双亲*cv.e9292*［（14.21±0.23）mg/100g FW］和野生LA1585［（43.93±0.28）mg/100g FW］。番茄红素含量（34.71±2.03）μg/g FW，高于黄果栽培亲本cv.*e9292*［（27.84±0.27）μg/g FW］而不及野生番茄亲本LA1585［（174.39±1.70）μg/g FW］（图6-84）。

十三、番茄F2-328

番茄F2-328是cv.*e9292*×LA1585通过远缘杂交创制优质番茄家系。果糖、葡萄糖和总糖含量分别为（21.76±1.33）mg/g FW、（16.60±1.19）mg/g FW和（38.36±2.51）mg/g FW。果糖、葡萄糖和总糖含量表现出超双亲cv.*e9292*［（18.10±0.9）mg/g FW、（12.12±0.24）mg/g FW和（30.22±1.16）mg/g FW］和LA1585［（9.45±0.74）mg/g FW、（9.48±0.16）mg/g FW和（18.93±0.90）mg/g FW］。糖/酸比为12.56，高于LA1585（3.57）和cv.*e9292*（9.70）。可溶性固形物（6.50±0.48）%，优于栽培番茄cv.*e9292*［（4.44±0.24）%］，而不及LA1585［（8.12±1.45）%］。维生素C含量（37.62±0.29）mg/100g FW，高于*cv.e9292*［（14.21±0.23）mg/100g FW］，而不及野生LA1585［（43.93±0.28）mg/100g FW］。番茄红素含量（47.49±4.21）μg/g FW，高于黄果栽培亲本cv.*e9292*［（27.84±0.27）μg/g FW］，而不及野生番茄亲本LA1585［（174.39±1.70）μg/g FW］（图6-85）。

十四、番茄F2-332

番茄F2-332是cv.*e9292*×LA1585经远缘杂交获得的优质家系。果糖、葡萄糖和总糖含量分别为26.86±2.06mg/g FW、18.44±0.76mg/g FW和45.31±2.82mg/g FW。果糖、葡萄糖和总糖含量均超双亲cv.*e9292*［（18.10±0.9）mg/g FW、（12.12±0.24）mg/g FW和（30.22±1.16）mg/g FW］和LA1585［（9.45±0.74）mg/g FW、（9.48±0.16）mg/g FW和（18.93±0.90）mg/g FW］。糖/酸比为11.01，显著高于LA1585（3.57）和cv.*e9292*（9.70）。可溶性固形物（5.82±0.33）%，高于栽培番茄cv.*e9292*［（4.44±0.24）%］，而不及野生醋栗番茄LA1585［（8.12±1.45）%］。维生素C含量（44.95±0.22）mg/100g FW，表现出超双亲*cv.e9292*［（14.21±0.23mg/100g FW）］和野生LA1585［（43.93±0.28）mg/100g FW］。番茄红素含量（251.30±6.23）μg/g FW，也表现出超双亲cv.*e9292*［（27.84±0.27）μg/g FW］和LA1585［（174.39±1.70）μg/g FW］（图6-86）。

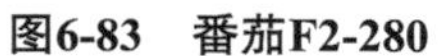

图6-83　番茄F2-280　　图6-84　番茄F2-299　　图6-85　番茄F2-328　　图6-86　番茄F2-332

十五、番茄R021

以引进的抗TY的TY52与自交系FTI1419A-5经多代回交转育，育成抗TY、大果粉果、无限生长类型、生长势旺盛、果实硬度大、品质优、综合性状优良的自交系R021（图6-87）。

图6-87　番茄R021

十六、番茄H8

*SW-5*基因对于番茄斑萎病具有广谱抗性，利用*SW-5*基因连锁标记*sw-5-2*进行抗斑萎病材料鉴定，结合发病症状观察和田间鉴定，筛选出抗斑萎病、大果粉果、株型好、综合性状优良的种质H8（图6-88）。

十七、番茄H136

利用*SW-5*基因连锁标记*sw-5-2*进行抗斑萎病材料鉴定，结合发病症状观察和田间鉴定，筛选出抗斑萎病、综合性状优良的种质H136（图6-89）。

图6-88　番茄H8

十八、番茄H137

利用*SW-5*基因连锁标记*sw-5-2*进行抗斑萎病材料鉴定，结合发病症状观察和田间鉴定，筛选出抗斑萎病、综合性状优良的种质H137（图6-90）。

图6-89　番茄H136

图6-90　番茄H137

十九、番茄*ys*

利用EMS对大果粉果番茄材料进行诱变处理，获得了一个黄色柱头突变体，命名为*ys*（*yellow stigma*）。*ys*柱头从发育早期即表现为黄色，一直持续到成熟期。该材料为无限生长类型，大果粉果，叶色浅绿，未成熟果绿白色，果实圆形，单果重200～250g，综合性状优良（图6-91）。

二十、番茄TI1101-1

经田间筛选，获得萼片包被的自然突变体，经多代自交形成高代自交系TI1101-1。该材料属樱桃番茄，无限生长类型，果实圆形、红色，单果重50g左右，品质优，可溶性固形物含量高（5.7%），综合抗病性强（图6-92）。

图6-91　番茄ys　　**图6-92　番茄TI1101-1**

二十一、番茄P171

对200份材料进行综合评价和鉴定，筛选出1份高番茄红素材料P171。该材料属于粉果类型，无限生长习性，番茄红素含量0.33mg/g，可溶性固形物含量5.3%，维生素C含量44.4mg/100g，除品质指标外，P171在其他性状如果实硬度、坐果率、单果重、亩产、抗病性等方面表现同样优异，说明P171是一份综合性状优异、品质性状突出的种质材料（图6-93）。

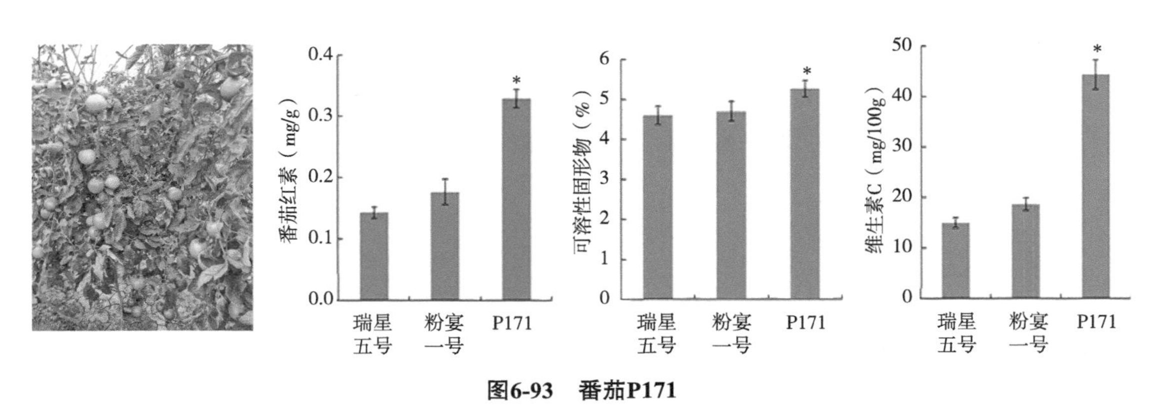

图6-93　番茄P171

二十二、加工番茄优异种质

通过引入国外资源后，通过杂交和添加杂交获得丰产、坐果性能优良、含有高番茄红素基因*ogc*、高可溶性固形物的加工番茄优异种质19-3664-1，其固形物含量可达6.0%～7.0%。通过杂交、回交、添加杂交获得丰产、耐储运、高可溶性固形物（5.5%）优异种质18-3781和17-1767等加工番茄优异种质3份（图6-94和图6-95）。

图6-94　加工番茄优异种质19-3664-1

图6-95　加工型番茄优异种质材料18-3781

第七节　创新目标性状突出且综合性状较好的茄子优异种质

（2016YFD0100204-9 刘富中；2016YFD0100204-33 杨洋）

一、茄子17cw59

茄子植株上茸毛多，易导致作业人员过敏。获得目标性状突出的优异种质2017cw59，绿萼，果实棒状，果顶圆，茎干绿色，茸毛少。该材料可用于茄子绿色栽培品种亲本的选育（图6-96）。

二、茄子18QW15

获得目标性状突出的优异种质18QW15，果实圆形紫红色，萼片绿色，萼片下紫色，是少有的萼片绿色的圆茄，传统圆茄通常为紫萼片，果色在设施条件下能够保持紫红，适用弱光保护地栽培（图6-97）。

三、茄子18-QW285-2

传统紫黑色长茄品种为尖顶，为满足市场对紫黑色长茄圆顶品种的需求，利用优异的紫黑色长茄尖顶品种为亲本，通过杂交回交的方法将圆顶性状导入传统尖顶长茄品系中，改良了果顶形状，获得紫黑色圆顶长茄材料18-QW285-2，可用于茄子新品种选育（图6-98）。

图6-96　茄子17cw59

图6-97　茄子18QW15

图6-98　茄子18-QW285-2

四、陕西圆茄cw17

陕西茄子品种，经多年纯化获得cw17，萼片绿色萼，高圆形，保护地着色好，耐低温弱光，可用作保护地圆茄新品种的育种亲本（图6-99）。

五、青裕茄01（17RQ29-1）

17RQ29-1母本为华南型红茄材料25号，中抗青枯病，父本为创制的含有日本茄子品种新长琦长茄的中晚熟纯合品系194-1-2，具有耐热耐干旱特性，对两者杂交后通过6代以上的青枯重病地筛选，获得高抗青枯病，节间密，株系紧凑，坐果强，长棒形果，果形顺直，纵径（32.9 ± 2.7）cm，横径（4.56 ± 0.38）cm，具有商品果特性的纯合重组自交系。苗期鉴定病情指数为0.116，田间病圃鉴定青枯病病情指数为0，高抗青枯病（图6-100）。

六、青裕茄02（17RQ34-1）

17RQ34-1母本为从商品种冠丰紫茄中分离出的青枯病抗性株系，父本为在重庆荣昌收集的墨茄中经多代观察及农艺性状筛选纯化得到896-1-1，中晚熟，果形佳，耐热能力强，对两者杂交后通过6代以上的青枯重病地筛选，获得高抗青枯病，长棒形果，纵径（24.4 ± 2.41）cm，横径（4.82 ± 0.47）cm，具有一定商品果特性的纯合重组自交系。苗期鉴定病情指数为0.188，经田间1年2次调查青枯病病情指数0.02，抗青枯病（图6-101）。

图6-99　陕西圆茄cw17

图6-100　抗青枯病优异种质青裕茄01（17RQ29-1）

图6-101　抗青枯病优异种质青裕茄02（17RQ34-1）

七、青裕茄03（17RQ23）

17RQ23母本为从华南型茄HN24中分离出的青枯病抗性株系，父本为从四川南充收集的墨茄经多代适应性和农艺性状筛选并纯化得到86，中晚熟，长势强，果顺直，对两者杂交后通过6代以上的青枯重病地筛选，获得高抗青枯病，长棒形果，纵径（34.5±3.5）cm，横径（5.45±0.5）cm，具有一定商品果特性的纯合重组自交系。苗期鉴定指数为0.11，田间重病圃调查青枯病病情指数0.13，达到高抗水平（图6-102）。

八、青裕茄04（17RQ33）

17RQ33母本为从华南型茄926F4中分离出的青枯病抗性株系，父本为在重庆荣昌收集的墨茄中经多代观察及农艺性状筛选纯化得到896-1-1，中晚熟，果形佳，耐热能力强，对两者杂交后通过6代以上的青枯重病地筛选，获得高抗青枯病，长棒形果，纵径（31.6±3.85）cm，横径6cm，具有一定商品果特性的纯合重组自交系。经田间1年2次调查青枯病病情指数0.15，苗期鉴定指数为0.122，抗青枯病（图6-103）。

九、青裕茄05（12-230-20-2-1）

12-230-20-2-1母本为897，父本为从华南型茄H149中分离出的青枯病抗性株系，晚熟，果形佳，耐热能力强，对两者杂交后通过6代以上的青枯重病地筛选，获得高抗青枯病，长棒形果，纵径（34.4±2.33）cm，横径（5.8±0.27）cm，具有一定商品果特性的纯合重组自交系。经田间1年2次调查青枯病病情指数0.05，苗期鉴定指数为0.02，达到高抗水平（图6-104）。

图6-102　抗青枯病优异种质
青裕茄03（17RQ23）

图6-103　抗青枯病优异种质
青裕茄04（17RQ33）

图6-104　青枯病抗性优异种质
青裕茄05（12-230-20-2-1）

第八节　创新目标性状突出且综合性状较好的辣椒优异种质

（2016YFD0100204-20 李雪峰；2016YFD0100204-23 刁卫平；
2016YFD0100204-24 陈学军）

一、螺丝椒材料SJ11-3

果实皮薄肉厚，口感好，辣味浓厚，坐果集中，早熟性好，果实26.5cm×2.6cm，植株生长势旺，对炭疽病、病毒病和枯萎病有较强的抗性。突出特点：坐果集中，抗炭疽病和病毒病（图6-105）。

二、优良尖椒材料H1084-3-1-2

果实直顺光亮，大小匀称，果实22.8cm×2.3cm，辣味很浓，坐果性好，低温和高温授粉坐果能力强。突出特点：抗病性强，熟性早（图6-106）。

三、优良尖椒材料SJ10-32-2-1

果实直顺光亮，匀称，辣味很浓，果实25.6cm×2.8cm，坐果集中，坐果率高、低温和高温授粉坐果能力强，抗病毒病、疫病、青枯病。突出特点：坐果集中，早熟性好（图6-107）。

图6-105　螺丝椒材料
SJ11-3

图6-106　尖椒材料
H1084-3-1-2

图6-107　尖椒材料
SJ10-32-2-1

四、优良线椒材料SJ07-21-1

果实光亮，匀称，辣味很浓，辣椒素含量>30 000SHU，果实25.4cm × 1.6cm，坐果性好，皮薄肉脆、品质好、香味浓，低温和高温授粉坐果能力强。突出特点：耐低温弱光，耐高温（图6-108）。

五、优良尖椒材料J012-1-2

果实直顺光亮，匀称，果实表面微皱，皮薄，口感好，果实24.8cm × 2.4cm，坐果性好，低温和高温授粉坐果能力强，抗根结线虫、TMV、疫病等多种病害。突出特点：品质好，适应性广（图6-109）。

图6-108　优良线椒材料SJ07-21-1

图6-109　优良尖椒材料J012-1-2

六、辣椒2020P056

耐高温（45℃）性好，中早熟，始花节位7～9节，果实牛角形，味微辣，果长18～20cm，宽4.5～5.0cm，最大单果重200g，抗病性强（图6-110）。

七、辣椒2020G049

抗CMV，早熟，始花节位6～8节，果实羊角形，味辣，果长6～8cm，果宽2～3cm，单果种18～20g，坐果能力强（图6-111）。

八、麻辣椒2020G089

早中熟，始花节位7～9节，果实灯笼形，味辣，皮薄，果形大，最大单果重160g，果长15cm，果宽8cm（图6-112）。

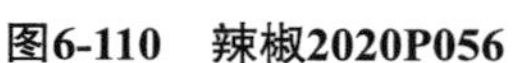

图6-110　辣椒2020P056

图6-111　辣椒2020G049

图6-112　麻辣椒2020G089

九、紫色甜椒2020G111

早中熟，株型紧凑，始花节位7～9节，果形方灯笼形，色泽光亮，最大单果重220g左右，果长13～14cm，果宽8～9cm，果肉厚0.45～0.55cm，品质佳（图6-113）。

十、黄色甜椒2020G121

早中熟，株型紧凑，始花节位7～9节，果形方灯笼形，色泽光亮，最大单果重210g左右，果长11～12cm，果宽8.5～9.5cm，果肉厚0.45～0.55cm，品质佳（图6-114）。

十一、红色甜椒2020G131

早中熟，株型紧凑，始花节位7～9节，果形方灯笼形，色泽光亮，最大单果重220g左右，果长11～12cm，果宽8.0～9.0cm，果肉厚0.45～0.55cm，品质佳（图6-115）。

十二、辣椒CY47

自交系。植株株高60.3cm，开展度64.7cm，青熟果墨绿色，老熟果红色，羊角，果长

9.6cm，果宽2.4cm，单果重22.3g，果肉厚度3.3mm，无辣味，抗辣椒疫病（图6-116）。

图6-113　紫色甜椒 2020G111

图6-114　黄色甜椒 2020G121

图6-115　红色甜椒 2020G131

图6-116　辣椒 CY47

十三、辣椒CY48

自交系。植株株高57.0cm，开展度60.0cm，青熟果深绿色，老熟果红色，圆锥形，果长7.1cm，果宽4.2cm，单果重42.5g，果肉厚度4.2mm，无辣味，抗辣椒疫病（图6-117）。

十四、辣椒CY54

自交系。植株株高58.0cm，青熟果绿色，老熟果红色，羊角，果长6.1cm，果宽3.1cm，单果重24.7g，果肉厚度3.8mm，轻辣，抗辣椒疫病（图6-118）。

十五、辣椒CY74

自交系。植株株高73.0cm，青熟果绿色，老熟果红色，锥形，果长6.8cm，果宽3.7cm, 单果重30.3g，果肉厚度3.3mm，果表光亮有纵沟，无辣味，抗辣椒疫病（图6-119）。

十六、辣椒CZ51

自交系。植株株高73.0cm，青熟果绿色，老熟果红色，灯笼形，果长6.3cm，果宽3.2cm，单果重20.4g，果肉厚度3.5mm，果表光亮，无辣味，抗辣椒疫病（图6-120）。

十七、辣椒C004

自交系。植株株高54.0cm，始花节位第12节，叶色深绿色，茎表茸毛少，绿色，叶绿色，果实线形，青熟果深绿色，老熟果红色，果长16.2cm，果宽1.6cm，果肉厚0.10cm，平均单果重量12.3g，味强辣，抗辣椒疫病（图6-121）。

图6-117　辣椒CY48

图6-118　辣椒CY54

图6-119　辣椒CY74

图6-120　辣椒CZ51

十八、辣椒ZJ5

自交系。植株株高35.0cm，始花节位第8节，青熟果绿色，老熟果红色，锥形，果表皱，果长7.5cm，果宽3.0cm，单果重14.5g，果肉厚度2.3mm，强辣（图6-122）。

十九、辣椒ZJ8

自交系。植株株高54.0cm，始花节位第11节，青熟果绿色，老熟果红色，短羊角形，果表光亮。果长8.2cm，果宽1.85cm，单果重8.55g，果肉厚度2.0mm，强辣（图6-123）。

二十、辣椒ZJ30

自交系。植株株高52.0cm，始花节位第9节，青熟果浅绿色，老熟果橘黄色，锥形，果表光亮。果长6.9cm，果宽3.1cm，单果重16.8g，果肉厚度3.0mm，强辣（图6-124）。

图6-121　辣椒C004

图6-122　辣椒ZJ5

图6-123　辣椒ZJ8

图6-124　辣椒ZJ30

第九节　创新目标性状突出且综合性状较好的大蒜优异种质

（2016YFD0100204-8 王海平）

经过自然变异株选择、物理和化学诱变，结合表型和分子定向选择获得产量、外观品质表现优良，在蒜蛆抗性、耐储藏性和大蒜辣素含量上表现较为突出的优异种质6份。

一、大蒜8N141S

8N141S是由原始资源8N141中发现变异株，经过多年繁育而成。原始亲本为来自山东的地方品种，变异株表现明显不同，表现为生长势强，鳞茎其中一鳞芽明显较大。具有产量高，单头鳞茎重鳞芽整齐等优点。在抗蒜蛆鉴定中虫害指数为（27.78 ± 7.35），表现为抗蒜蛆；而其原始亲本8N141虫害指数为（44.44 ± 0.00），表现为感虫。具体生产指标如下：紫皮蒜，熟性，中晚熟；植株生长势强，株高80 ~ 120cm，叶长40 ~ 50cm，叶宽1.2 ~ 2.1cm；鳞茎平均单头重80 ~ 125g，鳞茎直径6 ~ 8cm，5 ~ 7个鳞芽，亩产1 600kg以上；完全抽薹类型，薹长36 ~ 41cm；抗病虫，耐倒伏。在大兴、海淀、顺义等地品种比较试验过程中均表现突出，突出性状是耐寒性，适合北方露地栽培（图6-125）。

二、大蒜8N167S

8N167S是由原始资源8N167中发现变异株，经过多年繁育而成。其原始亲本为来自云南丽江的一个农家自留地方品种。变异株较其亲本在生长势、植株高度和抗病性上具有明显不同。具有产量高，单头鳞茎重，鳞芽整齐等优点。在抗蒜蛆鉴定中虫害指数为（19.91 ± 6.56），表现为抗蒜蛆；而其原始亲本8N167虫害指数为（37.04 ± 4.24），表现中抗。具体生产指标如下：紫皮蒜，熟性，中晚熟，植株生长势强，抗病虫，耐倒伏；株高90 ~ 120cm，叶长40 ~ 50cm，叶宽1.0 ~ 1.9cm；鳞茎平均单头重90 ~ 125g，亩产1 650kg以上，鳞茎直径6 ~ 9cm，鳞芽6 ~ 8个；完全抽薹型，薹长27 ~ 42cm。品种比较试验过程中，均表现突出，突出性状为耐寒性，适合北方露地栽培（图6-126）。

三、大蒜8N017S

8N017S是由原始资源8N017中发现变异株，经过多年繁育而成。其原始亲本8N017为来自四川温江的地方品种蒜，变异株较原始亲本明显不同，表现为株较高、鳞茎直径较大。单头鳞茎重，鳞芽整齐等优点。在抗蒜蛆鉴定中虫害指数为（27.78 ± 7.35），表现为抗蒜蛆；而其原始亲本虫害指数为（44.44 ± 9.62），表现为感虫。具体生产指标如下：紫皮蒜，熟性，中晚熟，植株生长势强，抗病虫，耐倒伏；株高80 ~ 110cm，叶长42 ~ 52cm，叶宽1.4 ~ 2.5cm；鳞茎平均单头重80 ~ 120g，亩产1 550kg以上，鳞茎直径6 ~ 8cm，鳞芽数6 ~ 8个；完全抽薹类型，蒜长24 ~ 45cm。品种比较试验过程中，表现突出，突出特点为耐寒性较强，适合北方露地栽培（图6-127）。

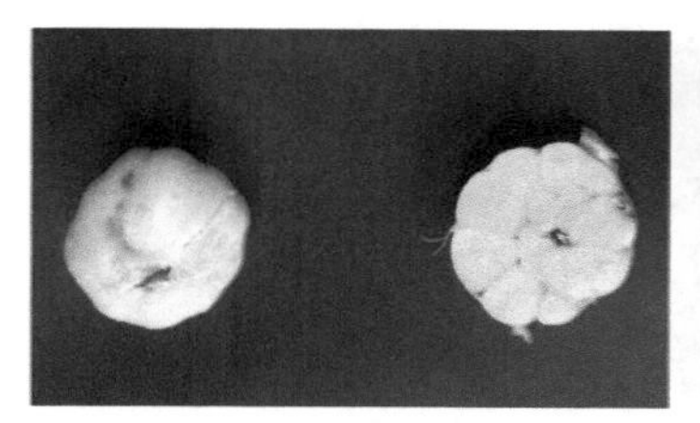

图6-125　大蒜8N141S

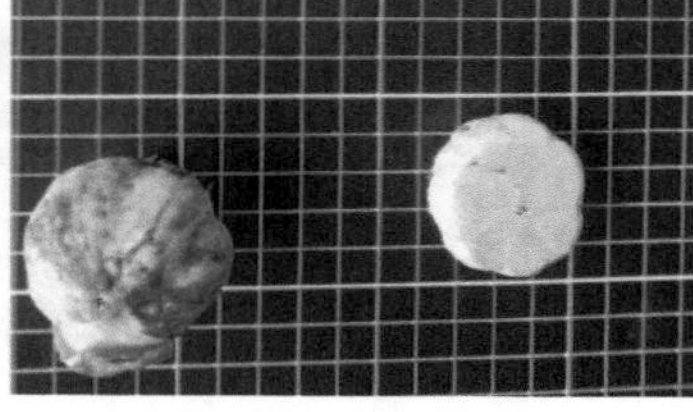

图6-126　大蒜8N167S

图6-127　大蒜8N017S

四、大蒜8N036S

8N036S是由原始资源莱芜白皮8N036中发现变异株，经过多年繁育而成。其原始亲本为白蒜，山东地方品种，变异株较原始亲本在株高、生长势上具有明显的优势。具有产量高，鳞芽整齐等优点。在抗蒜蛆鉴定中虫害指数为（14.81 ± 4.46），表现为高抗蒜蛆；而其原始亲本虫害指数为（22.22 ± 2.78），表现为高抗。具体生产指标如下：白皮蒜，早熟，植株生长势较强，抗病虫，耐倒伏；株高80 ~ 110cm，叶长42 ~ 52cm，叶宽1.0 ~ 2.1cm；鳞茎平均单头重80 ~ 125g，鳞茎直径5 ~ 7cm，亩产1 400kg以上；完全抽薹类型，薹长35 ~ 45cm。在大兴、海淀、顺义等地品种比较试验过程中均表现突出，较突出性状为耐寒性较强，适合北方露地栽培（图6-128）。

五、大蒜MS-1

MS-1（中薹1号）是中牟地方品种，经过组织培养中发现的突变株，较原始样本在株高、生长势上具有明显的优势。具有产量高，鳞芽整齐等优点。主要特点：紫皮蒜，早熟，植株生长势较强，抗病虫，耐倒伏；株高70 ~ 100cm，叶长42 ~ 40cm；鳞茎平均单头重80 ~ 99g，鳞茎直径4 ~ 7cm，亩产1 200kg以上；完全抽薹类型，薹长42 ~ 45cm。较突出性状为蒜薹直，花苞小，外观品质佳，适合北方露地栽培（图6-129）。

六、大蒜T622

T622（中蒜9号）是河北永年地方品种，经过EMS诱变获得的诱变株，较原始亲本在株高、生长势上具有明显的优势。具有产量高，鳞芽整齐等优点。主要特别紫皮蒜，早熟，植株生长势较强，抗病虫，耐倒伏；株高60～100cm，叶长42～43cm；鳞茎平均单头重80～100g，鳞茎直径4～6cm，亩产1 200kg以上；完全抽薹类型，薹长35～45cm。较突出性状为蒜薹较直，花苞小，外观品质佳，适合北方露地栽培（图6-130）。

图6-128　大蒜8N036S

图6-129　大蒜MS-1

图6-130　大蒜T622

第十节　创新目标性状突出且综合性状较好的胡萝卜优异种质

（2016YFD0100204-4 赵志伟）

一、胡萝卜17E19

利用抗黑斑病纯系材料B004为母本，优异自交系材料16172为父本，采用杂交聚合的方式创制材料17E19。叶色绿色，最大叶长58.0cm，根形圆柱形，根长17.1cm，根粗4.74cm，根尖钝，单根重292g，综合农艺性状表现较好，高抗黑斑病（抗性指数为1）（图6-131）。

二、胡萝卜（17E21）

利用抗黑斑病纯系材料B004为母本，优异自交系材料16P12B为父本，采用杂交聚合的方式创制材料17E21。叶色深绿色，最大叶长62.2cm，根形长圆柱形，根长18.4cm，根粗3.89cm，根尖钝，单根重192g，综合农艺性状表现较好，高抗黑斑病（抗性指数为1）（图6-132）。

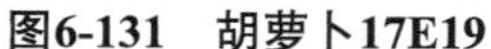
图6-131　胡萝卜17E19

图6-132　胡萝卜17E21

三、胡萝卜（17E23）

利用抗黑斑病纯系材料B004为父本，优异不育系材料16220为母本，采用回交转育的方式创制材料17E23。叶色深绿色，最大叶长64.4cm，根形长圆柱形，根长17.3cm，根粗4.04cm，根尖钝尖，单根重218g，综合农艺性状表现较好，抗黑斑病（抗性指数为1.5）（图6-133）。

四、胡萝卜17E24

利用抗黑斑病纯系材料B004为父本，优异不育系材料16245为母本，采用回交转育的方式创制材料17E24。叶色绿色，最大叶长59.2cm，根形长圆柱形，根长20.0cm，根粗3.97cm，根尖钝，单根重160g，综合农艺性状表现较好，抗黑斑病（抗性指数为1.5）（图6-134）。

图6-133　胡萝卜17E23

图6-134　胡萝卜17E24

第十一节　创新目标性状突出且综合性状较好的莲藕优异种质

（2016YFD0100204-29 刘正位）

以子莲太空3号为母本，藕莲巨无霸为父本，通过杂交、回交聚合莲子和地下茎产量相关基因，从后代中筛选创新了子莲—藕莲兼用型优异种质JT226。以鄂子莲1号为母本，太空36号为父本，从后代株系中筛选创新了父母本均不具有的重瓣子莲类型赏食兼用型品系超新星，赏食兼用型子莲新品系超新星已进行了小面积的示范种植。

一、莲藕JT226

子莲-藕莲兼用型种质。平均整藕重1.8kg，每6m^{2}产莲藕20kg，折合亩产2 000kg；6m^{2}池中开花数30朵左右，平均心皮数达45个左右，平均莲蓬重160g，折合亩产鲜莲子250kg（图6-135）。

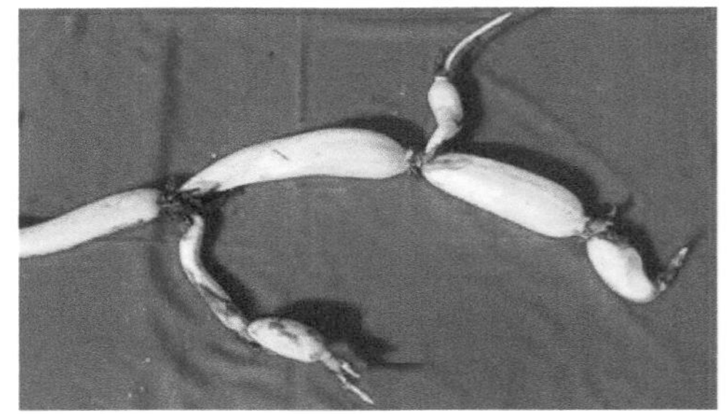

图6-135　莲藕JT226

二、超新星Caoxinxing

赏食兼用型子莲。花重瓣，红色，具有较高的观赏价值；每亩有效蓬数5 000 ~ 6 000个，味甜，适于鲜食（图6-136）。

图6-136　超新星Caoxinxing

第七章 育种利用创新种质

获得具有育种重要利用价值的创新种质29份，其中包括黄瓜3份、西瓜1份、萝卜4份、白菜5份、甘蓝4份、番茄4份、茄子1份、辣椒4份、大蒜1份、胡萝卜1份、莲藕1份，这些创新种质具有很大育种潜能，已经在育种得到一定利用，形成了良好示范推广效果。

第一节 黄瓜育种利用创新种质

（2016YFD0100204-12 毛爱军；2016YFD0100204-16 林毓娥；
2016YFD0100204-25 娄群峰）

一、黄瓜育种利用创新种质SC9105

通过田间温室、大棚种植，定向选择，对瓜条商品性、连续结瓜性、抗病抗逆等性状的综合评价，选育出瓜条顺直、坐瓜优良、抗霜霉病和白粉病等黄瓜主要病害的黄瓜育种利用创新种质1份（黄瓜SC9105），作为骨干亲本试配组合，获得强优势组合。生长势中，叶色绿，普通系，瓜棒状，长约34cm，中把，青瓜皮绿色，中刺瘤，密刺，少蜡粉，白刺，心腔中，浅绿肉，肉脆；抗黄瓜霜霉病、白粉病（图7-1）。

二、黄瓜育种利用创新种质g39-243-1

黄瓜g39-243-1是从汕头郊区收集的资源经过多代自交纯化，生长势强，华南型，抗枯萎病。利用该材料做父本配制新的杂交组合g6 × g39，该组合在参加测产的6个组合中总产量排名第2，比对照力丰黄瓜增产13.7%，表现明显的优势，正在进一步测试中（图7-2）。

三、黄瓜育种利用创新种质南抗2号（NK-2）

以野生种酸黄瓜为母本，黄瓜栽培种北京截头为父本进行种间杂交，获得杂种F_1，并对种间杂种F_1进行胚胎拯救、染色体加倍创制了异源四倍体，并以此为“桥梁”与栽培种北京截头进行多代回交、自交，获得了一系列携带有酸黄瓜基因组不同片段的种间渐渗育种材料。通过人工接种根结线虫并鉴定其抗性，从黄瓜/酸黄瓜渐渗系中筛选出抗根结线虫材料102261S后进行多代自交，获得了稳定纯合的黄瓜抗根结线虫育种材料南抗2号（图7-3）。2019年在南京市蔬菜所进行南方根结线虫病接种鉴定，鉴定等级为中抗。

图7-1　黄瓜SC9105

图7-2　黄瓜组合g6×g39

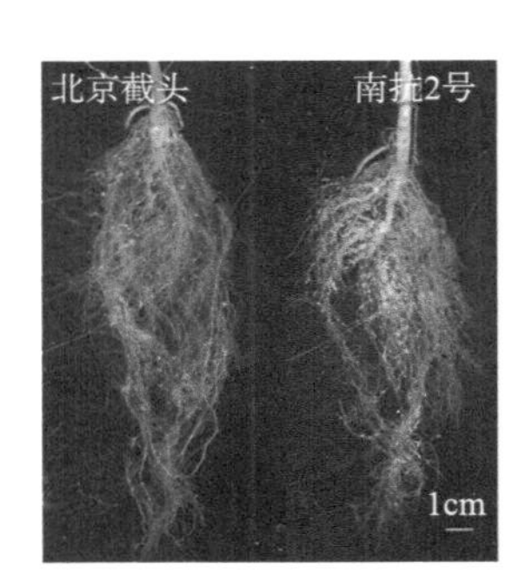

图7-3　黄瓜育种利用创新种质南抗2号（NK-2）

第二节　西瓜育种利用创新种质

（2016YFD0100204-13 张洁）

改良美父（RMF）：高抗枯萎病的改良美都类型的优异种质材料，圆瓜，单瓜重8～10kg，中心可溶性固形物含量达10%～12%。用作西瓜新品种京嘉202的亲本材料（图7-4）。

图7-4　高抗枯萎病的西瓜优异种质改良美父（RMF）

第三节　萝卜育种利用创新种质

（2016YFD0100204-25 徐良；2016YFD0100204-27 刘贤娴；
2016YFD0100204-19 甘彩霞）

一、萝卜育种利用创新种质Nau-SIHr01R-6-20NAU-SI6

对保存的种质耐热性、抗病性（霜霉病、病毒病、黑腐病）、自交不亲和性等重要性状进行鉴定评价，筛选获得耐热红皮萝卜自交不亲和材料Nau-Hr01R-6等优异种质。选择若干优良单株花序套袋，测定花期、蕾期亲和指数，并结合荧光显微镜快速鉴定自交不亲和性，淘汰花期亲和指数（SCI）>1、蕾期SCI<5单株，并进行配合力的测定，选育出耐热、综合性状优的红萝卜自交不亲和系Nau-SIHr01R-6（图7-5）。

二、萝卜育种利用创新种质天正紫玉（Z016）

利用自交不亲和系9414—10B和以曲阜心里美为基础材料，连续5代自交选育而成的自交系9480—13E（编号）测配组合，经过田间种植，性状调查及抗病性鉴定等，定名为天正紫玉。该品种生长期80d左右，皮深紫色，肉紫红色，肉质致密，生食脆甜多汁，耐储藏；单株肉质根重300g以上，根叶比为3左右；微辣，风味好；品质优良，商品性好，田间表现抗病毒病、霜霉病等多抗特性。于2016年11月1日获得植物新品种权（图7-6）。

三、萝卜育种利用创新种质白将军

根形长圆柱形，白皮白肉；叶深裂，倒卵形；叶脉有毛，茎绿色；种子黄色（图7-7）。

四、萝卜育种利用创新种质露头青

根形短圆柱形，绿皮白肉；叶浅裂，椭圆形；叶脉有毛，茎绿色；种子黄色（图7-8）。

图7-5　萝卜 Nau-SIHr 01R-6-20NAU-SI6

图7-6　天正紫玉（Z016）

图7-7　白将军

图7-8　露头青

第四节　白菜及近缘植物育种利用创新种质

（2016YFD0100204-15 赵岫云；2016YFD0100204-17 赵建军；2016YFD0100204-18 原玉香；2016YFD0100204-31 余小林）

一、夏萍-19R9-195

普通白菜（夏萍-19R9-195）是通过6代自交纯化并每年在湖南、海南进行品比筛选而来，该种质夏季表现叶片较舒展，长势较旺，抗病性强。由该种质配置的组合18N7在湖南、海南、北京均表现较耐热耐湿、软腐病发病较轻（图7-9）。

图7-9　普通白菜夏萍-19R9-195（左）和18N7-利用夏萍配置的组合（右）

二、白菜抗根肿病创新种质YCDHL4和YCDHL-17

利用游离小孢子培养结合根肿病抗性分子标记鉴定和根肿菌抗性接种鉴定，以CR咏春商品种为供试材料，创制出抗根肿病和耐根肿病DH系新种质各1份，均含有*CRa*和

CRb[kato]抗性位点。其中YCDH-L4叶片近圆形，叶面较平，叶球中桩叠抱，耐根肿病，平均病情指数15.74；YCDH-L7叶片近椭圆，叶面较皱，叶球中桩合抱，抗根肿病，平均病情指数7.23（图7-10）。

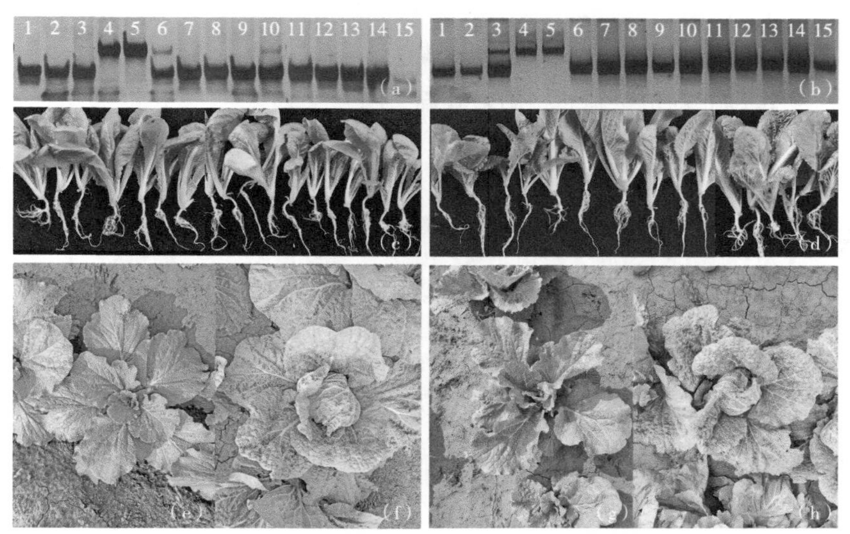

（a）抗性分子标记鉴定，*CRa*连锁标记GC2360-2鉴定结果；（b）抗性分子标记鉴定，*CRb*[kato]连锁标记B1210鉴定结果，1、2：抗病自交系；3：CR咏春；4、5：感病自交系；6～10：YCDH-L4；11～15：YCDH-L7；（c）抗性接种鉴定，YCDH-L4；（d）抗性接种鉴定，YCDH-L7；（e）田间性状，YCDH-L4莲座期；（f）田间性状，YCDH-L4结球期；（g）田间性状，YCDH-L7莲座期；（h）田间性状，YCDH-L7结球期。

图7-10　游离小孢子培养结合分子标记和抗性接种鉴定创制大白菜抗根肿病新种质

三、白菜抗根肿病创新种质Y636-9

利用小孢子培养技术创新抗根肿病大白菜DH系Y636-9，该材料抗根肿病，合抱炮弹形、早熟性好、球心黄色、配合力好。以创制出的抗根肿病大白菜DH系Y636-9为亲本，育成抗根肿病大白菜新品系2个：豫白CR1和豫白CR2。2个品种均高抗河南新野根肿病菌原，已在小面积应用（图7-11）。

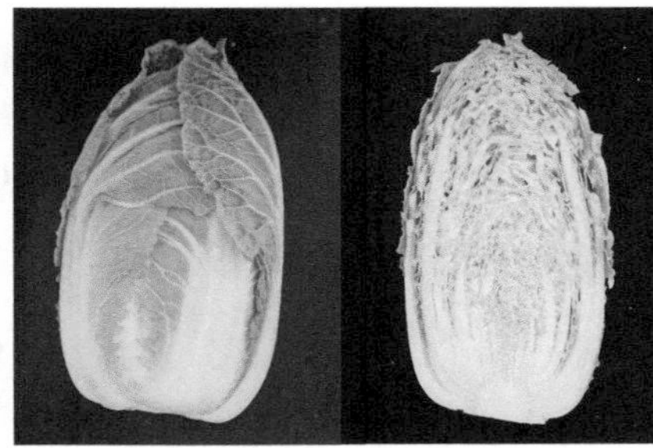

图7-11　用小孢子培养技术创新抗根肿病大白菜DH系Y636-9的田间表现

豫白CR1：采用小孢子培养双单倍体技术育成的大白菜1代杂种，母本Y18-58和父本Y636-9分别来源于国内品种青研3号和韩国品种四季皇。属秋早熟类型，生育期55～60d，株型直立，合抱炮弹形，球心浅黄色，株高39cm，开展度55cm，叶球高28cm，横径15cm，单球重1.5～1.8kg，亩产净菜4 900～5 900kg，净菜率65%，抗根肿病，适宜秋露地早熟栽培。可做大娃娃菜栽培。可溶性糖含量高，维生素C含量高，口感好。除抗河南新野根肿病外，兼抗湖北利川、湖北长阳根肿病（图7-12）。

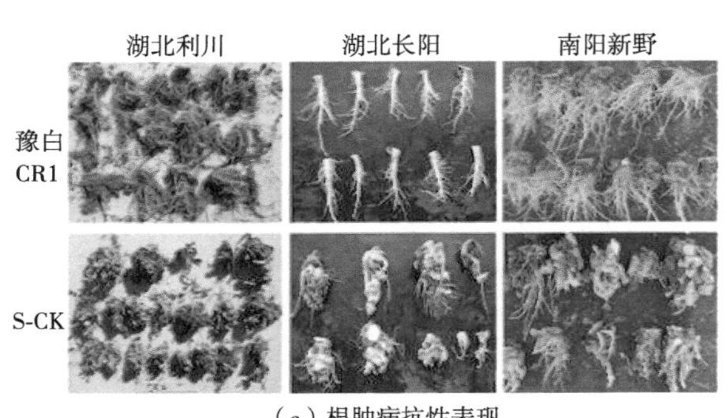

（a）根肿病抗性表现

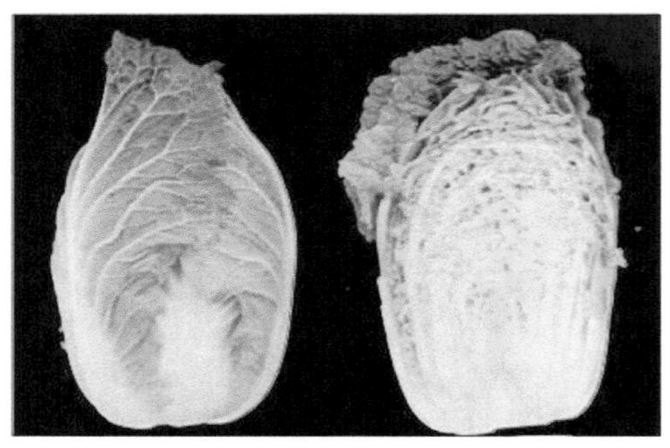
（b）单球照

图7-12　用创新种质育成的大白菜新品系豫白CR1

豫白CR2：采用小孢子培养双单倍体技术育成的大白菜1代杂种，14CR345-4M和Y636-9分别来源于荷兰品种CST-黄芯春和韩国品种四季皇。属秋中晚熟类型，生育期70～75d，株型半直立，合抱炮弹形，球心深黄色，株高44cm，开展度57cm，叶球高32cm，横径16cm，单球重2.5kg，亩产净菜8 200kg，抗根肿病，适宜秋露地早熟栽培（图7-13）。

四、白菜育种利用创新种质Ogu28-13-2A

小白菜（Ogu28-13-2A）：通过回交转育的途径，将引进的新选992-24与甘蓝型油菜*Ogura* CMS杂交，以前者为轮回亲本经7代回交获得苗期不黄化的稳定的CMS系。具有如下特征特性：生长习性直立，矮桩，株型束腰，商品性好，头大、味甜口感好，抗性好，耐抽薹；叶片长倒卵圆形，叶色绿，有光泽，叶柄浅绿色。产量和品质性状的配合力高。适宜秋冬季栽培，播种后70～75d采收。利用该不育系已经配制多个组合，其中，母本Ogu28-13-2ACMS系与父本Byde06-2-1-2进行配组的C02组合（命名浙大青）于2019年通过浙江省农作物品种审定委员会认定（浙认蔬2019005）（图7-14）。

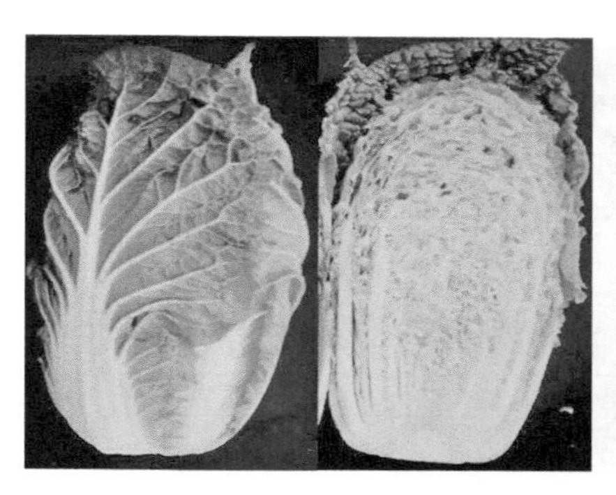

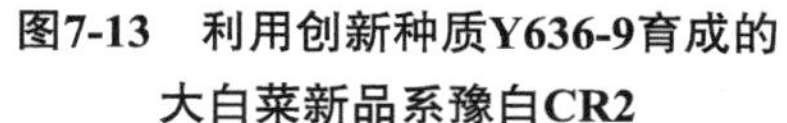

图7-13　利用创新种质Y636-9育成的大白菜新品系豫白CR2

图7-14　小白菜（Ogu28-13-2A）

第五节　甘蓝及近缘植物育种利用创新种质

（2016YFD0100204-11　吕红豪；2016YFD0100204-14　刘凡；2016YFD0100204-22　曾爱松）

一、优良抗枯萎病甘蓝导入系YR01-20（LX13）

在甘蓝产区，传统病害（如黑腐病）逐年加重、新的病害（如枯萎病）正在流行，目前亟待培育抗2种主要病害以上（枯萎病、黑腐病、根肿病）且聚合多个优良性状（球形圆正、球色亮绿、高产、耐裂等）的品种，解决生产上对多抗且综合性状优良的品种的需求。在育种中实际应用新种质配制新组合，如利用兼抗枯萎和黑腐病材料与抗黑腐病材料杂交，为最终选育出优质（球形圆正、球色绿、品质好）、多抗（抗至少2种病害）新品种打下基础。

利用国内外首次开发的用于甘蓝枯萎病抗性筛选的PCR引物Frg13-F/Frg13-R（专利号ZL201 610 228 387.5），辅助鉴定甘蓝枯萎病抗性和/或辅助筛选具有枯萎病抗性的甘蓝材料，与田间鉴定结果吻合率达96%。该方法用于育种具有操作简便易行、特异性强、稳定性好、可以实现早期选育等优点，具有较好应用前景。

优良甘蓝抗枯萎病导入系YR01-20的创制：综合利用小孢子培养、背景选择、抗性基因特异标记选择的方法快速创制高抗枯萎病导入系材料，实现了快速将枯萎病抗性导入到甘蓝骨干亲本01-20中。该导入系材料表现为高抗枯萎病，球色绿，耐抽薹，品质好，人工接种枯萎病病情指数低于5.0，达到高抗（HR）水平。目前已利用该导入系初步配制杂交组合，进入育种应用阶段（图7-15）。

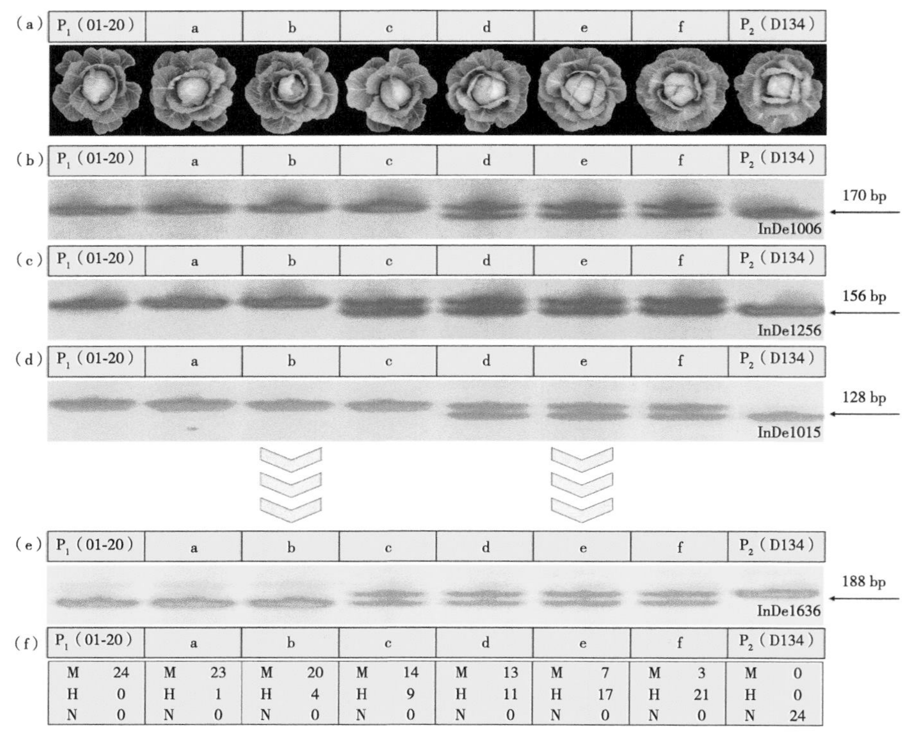

图7-15　利用小孢子培养、背景选择、抗性基因特异标记选择的方法快速创制高抗枯萎病甘蓝导入系YR01-20（LX13）

二、优良抗枯萎病甘蓝导入系YR534（LX39）

利用类似的方法，还创制了另外1份抗枯萎病骨干亲本导入系YR534，其表现高抗枯萎病（人工接种枯萎病病情指数5.0），球形圆正，球色绿，应用前景较好（图7-16）。

图7-16　利用小孢子培养、背景选择、抗性基因特异标记选择的方法快速创制高抗枯萎病甘蓝导入系YR534（LX39）（左：CK；右：YR534）

三、花椰菜与黑芥种杂种导入系育种利用种质PFCN15-116

叶片绿色，具叶裂，叶梗长，花球颜色绿，花梗长、绿色，花球表面平整，花粒细软。利用其与常规的白色花球高代自交系试配了3个杂交组合，花球重量1.2～3.5kg，杂种花球表现为绿色或黄绿色，花梗绿色，且二级分枝长度占比较高，可见该导入系具有较好配合力，配制的杂种具有较好的商品园艺性状及产量优势（图7-17）。

花椰菜受体korso（左）及育种利用导入系15-116（右）

导入系15-116 × QX3-8F6（组合T21-109）花球的正反面及田间情况

图7-17　导入系15-116的杂交育种利用

四、甘蓝育种利用创新种质364

从韩国资源韩国心生经自交分离筛选获得株系经游离小孢子培养获得的DH系。该材料极耐抽薹，在长江流域及其以南地区可于10月10日前后播种；耐寒，耐裂球。性状值：中早熟，球形尖，球色深绿，株型半平铺，开展度68cm × 65cm，外叶数12片，单球重1.2kg，叶球纵径20cm，叶球横茎15cm，中心柱长6.5cm（图7-18）。

以364为父本配制的杂交种ZS10（春秋秀美）为早熟牛心甘蓝新品种，球形美观，色绿，结球紧实，冬性强；秋季栽培7月20日至8月20日均可播种；在长江流域及以南地区可10月初播种露地越冬春甘蓝栽培。该新品种已申请植物新品种权保护（申请号：20180249.7），2018年12月获得非主要农作物品种登记证书［登记编号：GPD结球甘蓝（2018）320275］（图7-19）。

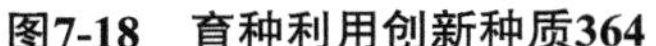
图7-18　育种利用创新种质364

图7-19　以364为父本配制的杂交组合ZS10

第六节　番茄育种利用创新种质

（2016YFD0100204-3 国艳梅；2016YFD0100204-30 张颜）

一、优良抗番茄斑萎病毒病番茄导入系192-1017-1

在番茄产区，传统病害（如番茄黄化曲叶病毒病TYLCV）逐年加重、新的病害（如番茄斑萎病毒病TSWV）正在流行，目前亟待培育抗2种主要病害以上（TYLCV、TSWV、Sm）且聚合多个优良性状（高产、耐裂等）的品种，解决生产上对多抗且综合性状优良的品种的需求。本研究在育种中实际应用新种质配制新组合，如利用兼抗TYLCV和TSWV料与Sm材料杂交，为最终选育出优质（高产）、多抗（抗至少2种病害）新品种打下基础。

优良TSWV抗性导入系192-1017-1的创制：利用抗性基因特异标记选择的方法快速创制TSWV抗性导入系材料，实现了快速将TSWV抗性导入到骨干亲本当中。该导入系材料表现为抗番茄叶霉病、根结线虫、斑萎病毒，高产。目前已利用该导入系初步配制杂交组合，进入育种应用阶段（图7-20）

二、优良抗番茄黄化曲叶病毒病番茄导入系192-1023-1

优良TYLCV抗性导入系192-1023-1的创制：利用抗性基因特异标记选择的方法快速创制TYLCV抗性导入系材料，实现了快速将TYLCV抗性导入到骨干亲本当中。该导入系材料表现为抗番茄灰叶斑、TY，高产。目前已利用该导入系初步配制杂交组合，进入育种应用阶段（图7-21）。

三、优良抗番茄黄化曲叶病毒病与番茄斑萎病毒病番茄导入系192-1030-1

优良TYLCV和TSWV抗性导入系192-1030-1的创制：利用抗性基因特异标记选择的方法快速创制TYLCV和TSWV抗性导入系材料，实现了快速将TYLCV和TSWV抗性导入到骨干亲本当中。该导入系材料表现为抗番茄黄化曲叶病毒病、根结线虫、斑萎病毒，高产。目前已利用该导入系初步配制杂交组合，进入育种应用阶段（图7-22）。

图7-20　抗番茄斑萎病毒病番茄导入系192-1017-1

图7-21　抗黄化曲叶病毒病番茄导入系192-1023-1（左），感病对照（右）

图7-22　抗番茄黄化曲叶病毒病与番茄斑萎病毒病番茄导入系192-1030-1

四、番茄育种利用创新种质R021

以引进的抗TY的TY52与自交系FTI1419A-5经多代回交转育，育成抗TY材料R021。该材料属于大果、粉果类型，无限生长习性，生长势旺盛，果实硬度大，品质优，说明R021是一份综合性状优异、抗TY性状突出的种质材料，可用于番茄抗病育种。

目前，以R021为亲本配制了杂交组合Y109。该组合为无限生长粉果类型，生长势强，株型紧凑，叶色绿，连续坐果能力强；果实圆形，单果重230～260g，无绿色果肩，果脐小，果实硬度大；产量高，平均亩产7 618kg；品质优，可溶性固形物含量5.8%，总糖3.20%，总酸0.622%；综合抗病性强，抗TY、晚疫病、早疫病等（图7-23）。

图7-23　番茄（R021）

第七节　茄子育种利用创新种质

（2016YFD0100204-9 刘富中）

绿萼圆茄（20-1155）：紫黑色圆茄，萼片绿色，果实正圆形，果皮黑亮，萼片下淡紫色，连续坐果能力强；耐弱光；横径12～14cm，纵径12～14cm，果重500～600g（图7-24）。

图7-24　绿萼圆茄（20-1155）

第八节　辣椒育种利用创新种质

（2016YFD0100204-20 李雪峰）

一、不育系育种利用创新材料L2016-93A

雄性不育基因材料，对温度不敏感，低温环境下无微粉，不育性100%（图7-25）。

二、螺丝椒种质17L11-1

螺丝胶类型材料，株型紧凑，连续坐果能力好，耐低温性好，耐弱光，熟性早，皮薄肉脆，中等辣度，抗CMV、根结线虫、疫病等多种病害（图7-26）。

三、紫色甜椒2020G111

早中熟，株型紧凑，始花节位7～9节，果形方灯笼形，色泽光亮，最大单果重220g左右，果长13～14cm，果宽8～9cm，果肉厚0.45～0.55cm，品质佳（图7-27）。

四、赣椒16号

植株生长势中等，植株株高约58.0cm，开展度66.0cm，株型紧凑，分枝多；早熟，始花节位11～12节；主茎直立，绿色带紫，茎节紫色；单叶互生、全缘，卵圆形，先端渐尖，叶绿色；果实羊角形，果纵径21.0cm，横径1.5cm，果肉厚0.2cm，2～3个心室，辣味较强；果顶锐尖，果面光滑顺直，商品果青熟时为深绿色，维生素C含量0.984mg/g，辣椒素+二氢辣椒素含量170.2mg/kg，成熟果鲜红色，平均单果质量19.5g；口味好，品质佳。抗疫病，长江流域春夏季栽培从定植到采收青果约需42d，全生育期270d。大田平均产量37.5～45.0t/hm^2（图7-28）。

图7-25　不育系材料L2016-93A

图7-26　螺丝椒种质材料17L11-1

图7-27　紫色甜椒2020G111

图7-28　赣椒16号

第九节　大蒜育种利用创新种质

（2016YFD0100204-8 王海平）

创新种质8N017S是由原始资源8N017中发现变异株，经过多年繁育而成。该种质资源紫皮蒜，中早熟，植株生长势强，株高80～110cm，抗病虫，耐倒伏，鳞蒜平均单头重80～120g。在山东兰陵县进行百种蒜比较过程中表现较好（图7-29）。

图7-29　兰陵县百蒜园品种比较试验

第十节　胡萝卜育种利用创新种质

（2016YFD0100204-4 赵志伟）

胡萝卜（19757）：利用优异导入系19759，通过回交转育创制综合农艺性状特异的不育系种质19757，该种质叶色深绿，根形圆柱形，根长19cm左右，根粗4.5～5cm，根尖钝，单根重400g左右，根表皮光滑，根表皮、韧皮部和木质部均为白色，该不育系可用于胡萝卜育种工作，丰富我国胡萝卜品种类型（图7-30）。

图7-30　胡萝卜19757

第十一节　莲藕育种利用创新种质

（2016YFD0100204-29 刘正位）

以鄂子莲1号为母本，太空莲36号为父本，从后代中筛选创新的赏食兼用型超新星。2017年进行了品种比较试验。2018—2019年，超新星在湖北武汉江夏、大悟进行了试种。结果表明，超新星田间长势较好，株高较矮，叶片较大，花柄较叶柄高出20cm，更适合也更易于采摘。超新星花重瓣、粉红色，观赏性更强。超新星单个莲蓬大、单粒莲子大，鲜食味甜多汁，试种亩产鲜莲子340kg，是非常好的赏食兼用型子莲新品种。2020年10月顺利通过湖北省园艺学会的品种鉴定为新的子莲新品种。

超新星Caoxinxing：花重瓣，粉红色，莲蓬扁圆形，绿色，单个鲜花托重107g，心皮数29～33个，结实率71.2%。鲜果实黄绿色，椭球形，单粒重较大，达4.5g。花期6月上旬至9月中下旬，每亩有效蓬数5 000～5 200个，产鲜莲蓬530kg，或鲜莲子340kg，或铁莲子170kg。鲜食味甜多汁，亦可采收壳莲（图7-31）。

图7-31　超新星Caoxinxing

第八章 精准鉴定技术体系及技术规范

建立蔬菜精准鉴定技术体系及技术规范2套：黄瓜表型精准表型鉴定技术，番茄表型精准表型鉴定技术。

第一节 黄瓜精准鉴定技术体系及技术规范

（2016YFD0100204-1 王海平）

黄瓜种质资源精准鉴定技术规程

王海平，李锡香，贾会霞，张晓辉，宋江萍，林毓娥，邱杨，阳文龙

种质资源是指具有特定种质或基因、可供育种及相关研究利用的各种生物类型。随着科学技术的进步和遗传育种研究的不断发展，现在凡能用于作物育种的生物体都可归入种质资源的范畴，包括地方品种、改良品种、新选育品种、引进品种、突变体、野生种、近缘植物、人工创造的各种生物类型、无性繁殖器官、单个细胞、单个染色体、单个基因、甚至DNA片段等。

黄瓜是葫芦科（Cucurbitaceae）甜瓜属中的一个种，一年生攀缘性草本植物，学名*Cucumis sativus* L.，别名胡瓜，染色体数2n=2x=14。印度西部的喜马拉雅山南麓、锡金、尼泊尔、缅甸以及中国云南是不同野生黄瓜变种的分布地区，也是栽培黄瓜的起源地和主要演化地。黄瓜有3个野生或半野生变种，分别为*Cucumis sativus* L. var. *hardwickii* Kitam、*C. sativus* L. var. *sikkimensis* Hookerf和*C. sativus* L. var. *xishuangbannanesis* Qi et Yuan。印度于3 000年前开始栽培黄瓜。之后不久，黄瓜从喜马拉雅山南麓传到中东。大约2 300年前，黄瓜从印度传到罗马。公元前1世纪传到希腊和北非。大约9世纪传入法国和苏联。1327年，英国开始有黄瓜的栽培记载。黄瓜传入美洲是在新大陆发现之后，1494年首先在西印度群岛种植，1535年传到加拿大，1584年传到美国。黄瓜传入中国分为两路，一路是在公元前122年汉武帝时代，由张骞经由丝绸之路带入中国的北方地区，形成了华北系统

的黄瓜；另一路经由缅甸和印中边界传入中国的云南，经过驯化，形成华南系统的黄瓜。在长期的自然和人工选择下，形成了欧洲温室型黄瓜、欧美露地型黄瓜、华北型黄瓜、华南型黄瓜、加工型黄瓜等丰富多样的类型和品种。

黄瓜是世界主要蔬菜之一。2019年全球年产量8 780万t，其中以亚洲栽培最多，总产量4 558万t，欧洲次之，总产量590万t。中国总产量3 774万t，居世界首位。

黄瓜种质资源是黄瓜新品种选育、遗传理论研究、生物技术研究和农业生产的重要物质基础。目前，我国已收集黄瓜种质资源约1 605份，并对其进行了农艺性状的初步鉴定，还对部分种质进行了抗病性鉴定和评价，筛选出一批丰产、抗病的优良种质。但现有数据库中缺乏黄瓜种质资源性状的精准鉴定数据，表型数据大多还尚未进行多年多点的准确评价，尚无对应的基因型数据，严重影响了黄瓜种质资源的高效利用。黄瓜核心和特异资源的精准评价有助于全面认识我国黄瓜资源的遗传背景，促进黄瓜种质资源挖掘和创新等基础科学研究向纵深发展；精准评价数据的整理整合和数据库建设通过数据和实物的全方位共享，促进资源的高效利用；建立的精准鉴定新技术，可以直接用于育种材料筛选以及功能基因发掘，具有广泛的利用价值；基于表型和基因型评价以及重要性状的关联分析将获得遗传背景明确的优异种质和创新种质，可为黄瓜种业提供育种和生产急需的优异材料和技术支撑。

黄瓜种质资源精准鉴定技术规程，规定了黄瓜资源数据采集全过程中的质量控制内容和质量控制方法、数据统计方法、基因型鉴定方法等，以保证数据的系统性、可比性和可靠性。

一、范围

本规程规定了黄瓜种质资源精准鉴定基本要求和操作技术要点。适用于黄瓜表型数据的采集、DNA分子数据的采集和种质资源鉴定。凡是注日期的引用文件，其随后所有的修改（不包括勘误的内容）或修订版均不适用于本部分，然而，鼓励根据本部分达成协议的各方研究是否可使用这些文件的最新版本。凡是不注日期的引用文件，其最新版本适用于本部分。

二、引用标准

下列文件中的条款通过本标准的引用而成为本标准的条款。凡是注日期的引用文件，其随后所有的修改（不包括勘误的内容）或修改版均不适用于本标准，然而鼓励根据本标准达成协议的各方研究是否可使用这些文件的最新版本。凡是不注日期的引用文件，其最新版本均适用于本标准。

下列文件中的条款通过本规程的引用而成为本规程的条款：

——《黄瓜种质资源描述规范和数据标准》中国农业出版社，2006年；

——GB/T 3543.1～3543.7—1995《农作物种子检验规程》；

——GB16715.1—2010《瓜菜作物种子　第1部分：瓜类》；

——NY/T 655—2002《绿色食品　茄果类蔬菜》；

——NY/T 391《绿色食品　产地环境技术条件》；

——GB/T 3543.2《农作物种子检验规程》；

——NY/T 2235—2012《植物新品种特异性、一致性和稳定性　测试指南　黄瓜》；

——DB11/T 324.1—2005《农作物品种试验操作规程　第1部分：总则》。

三、术语及定义

（一）黄瓜种质Cucumber germplasm

黄瓜亲代传递给子代的遗传物质。

（二）精准鉴定Precise Identification

现在保存的黄瓜种质资源基础，通过“精”挑细选在产量、品质、抗病虫、抗逆、高效等方面至少具有1个突出优异性状的种质资源，以骨干亲本和主栽品种为对照，建立大群体、在多个生态区种植，综合集成表型与基因型鉴定技术，系统鉴定黄瓜种质相关表型与基因型，揭示遗传构成与综合性状间的协调表达，并依据黄瓜育种与生产需求，“准”确评判各材料的可利用性以及如何有效利用。

（三）鉴定点Investigation-pionts

指黄瓜种质资源精准鉴定时选择其适合其生物学特性得以充分表达的种植区域。

（四）多年多点Multi-year and Multi-piont

指黄瓜种质资源精准鉴定需要选择其适合年份和种植区域，进行多个年份、季节和多个种植区域的鉴定评价。

四、精准鉴定技术流程

（一）表型精准鉴定流程

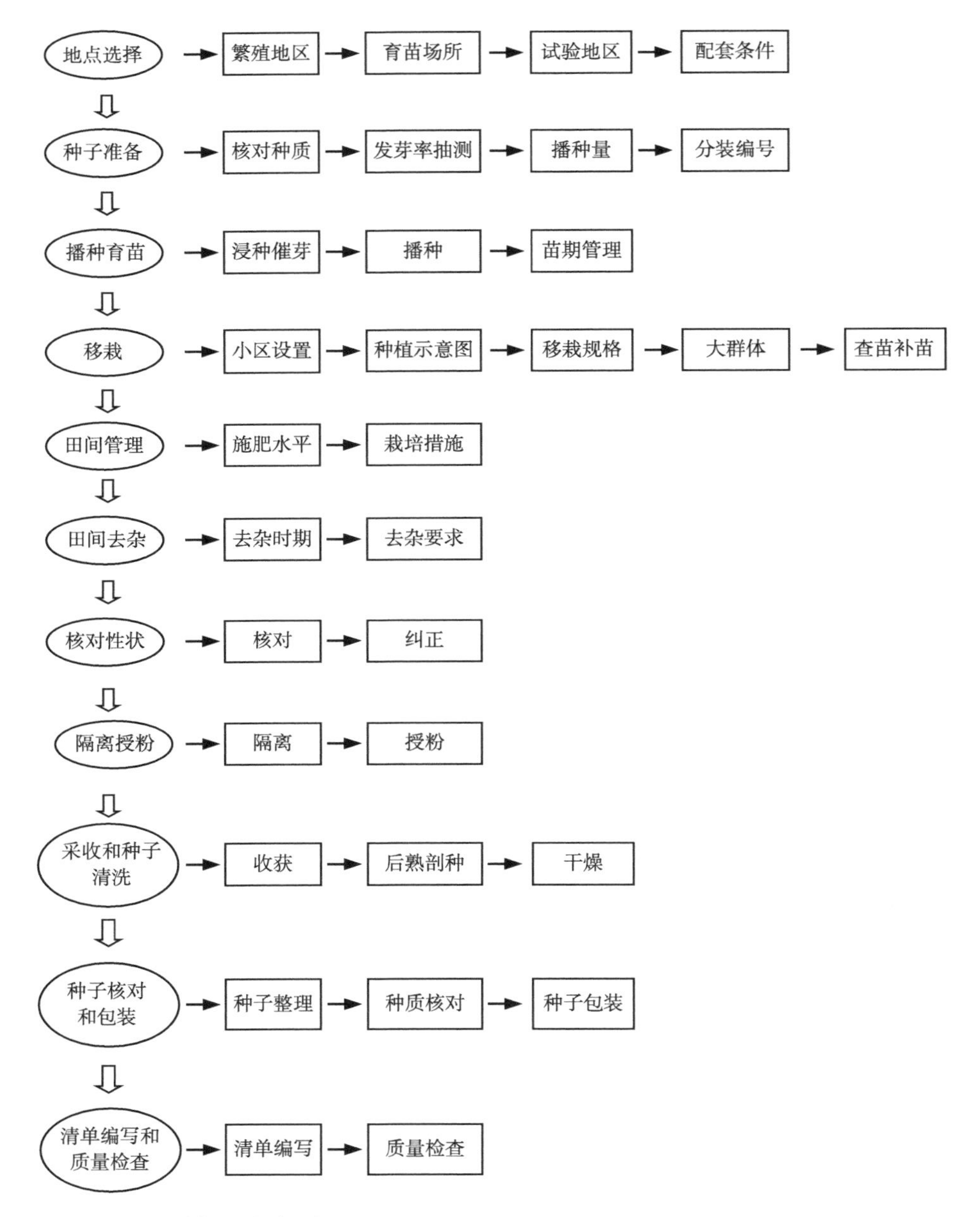

（二）基因型精准鉴定流程

黄瓜种质资源精准鉴定，一般是指通过表型精准鉴定的材料需要对其重要性状进行基因分型。为了实现基因型的精准鉴定，首先通过重测序技术对精选资源进行重测序。同时，可根据表型精准鉴定的数据，对性状进行关联。

1. 重测序技术

将DNA随机打断，使用Illumina的NEBNext DNA试剂盒进行文库构建，在 Illumina平台上进行双末端测序，对raw reads进行指控后，去除接头和低质量的序列得到clean reads。利用BWA软件将clean reads比对到参考基因组，比对结果经SAMtools去除重复，统计比对率、测序深度及覆盖度。利用SAMtools软件检测群体的SNPs变异位点，过滤和筛选高质量的SNPs。

2. 性状关联分析

基于基因组重测序检测的SNPs采用GEMMA软件中的混合线性模型对黄瓜目标性状进行GWAS分析，计算公式：$y=X\alpha+S\beta+K\mu+e$，其中y代表表型，X代表基因型，S代表结构矩阵，K代表相对亲属关系矩阵；$X\alpha$和$S\beta$代表固定效应，$K\mu$和e代表随机效应。利用GCTA软件对全基因组SNPs数据进行主成分分析，前3个主成分PCs被用于建立群体结构相关的S矩阵；采用GEMMA软件计算样本间的K矩阵。利用R语言中CMplot软件包绘制曼哈顿图，设置显著关联阈值$-\log_{10}$（P value）=0.05（或0.01）/SNPs数目，大于该阈值的SNPs被认为是与黄瓜目标性状相关联的位点。

利用haploview软件进行连锁不平衡LD分析，利用R语言中LD heatmap软件包进行绘图。根据LD衰减分析结果，将与显著关联SNPs相连锁的LD区段内的基因作为候选基因，利用黄瓜数据库CuGenDB和NCBI数据库对候选基因进行功能注释。

五、技术要点

（一）精准鉴定材料的选择

在现有保存的黄瓜种质资源基础，进行精选优异种质，主要包括通过核心种质的构建，形成多样性的固定群体的基础材料；通过前期鉴定，精选在产量、品质、抗病虫、抗逆、高效等方面至少具有1个突出优异性状的种质资源；通过整合的优势育种家亲本材料。

（二）鉴定材料繁殖和供种要求

1. 地点选择

繁殖地区：应选择种质原产地或与原产地生态环境条件相似的地区，以满足繁殖更新材料的生长发育及其性状的正常表达，尤其要注意特殊黄瓜资源开花结实对温度和日照长度的要求。

育苗场所：在温度条件能满足黄瓜幼苗种子发芽和幼苗生长的地方建设育苗温床或者温室。

试验地：应选择地势平坦、地力均匀、形状规整、排灌方便的田块；远离污染源，无人畜侵扰，附近无高大建筑物；避开黄瓜重茬产区、病虫害多发区、重发区和检疫对象发生区。黄瓜喜肥，应选择土壤肥沃、湿润、有机质含量高、保水保肥能力强的壤土或黏壤土。

配套条件：应具备催芽、播种、育苗、收获、晾晒、储藏等试验条件和设施。

2. 种子准备

核对种质：核对种质名称、编号、种子特征。

发芽率抽测：按照保存种质10%～15%的抽样比例，抽样检测种子发芽率。当库存黄瓜种子的发芽率低于初始发芽率的85%，即列入当年更新计划。

播种量：根据抽测发芽率和更新群体确定。

分装编号：按种质类型进行分类、登记、分装和编号，每份种质一个编号，并在整个繁殖更新过程中保持不变。

3. 播种育苗

浸种催芽：将种子放于55～65℃温水中10min并且不断搅拌，使温度降到28～30℃时，浸种4～6h，然后在恒温培养箱中27～30℃催芽至露芽。

播种：根据种质生长发育对光温的要求、熟性等特性以及当地的气候条件适时播种。为了保证种子的出芽率和出苗率，均采用营养钵育苗移栽。种子露芽后即播种，按编号顺序每份种质播种不少于60钵，每钵1粒，并插田间编号标签，育苗过程中严防错位和错号。适当增加育苗量以便补苗。

苗期管理：育苗期间，进行合理的苗期温度管理，出苗前覆膜保湿保温，出苗后揭膜控温控湿防止徒长，培育适龄壮苗：子叶肥厚平展、定植时不脱落，真叶浓绿、大而厚、水平展开、节间短、根系发达、无病虫损伤。

4. 移栽

小区设置：根据群体大小、移栽密度确定小区面积；采用顺序排列，留操作走道，设保护行。宽窄行栽培，宽行距80～90cm，窄行距40～50cm。

种植示意图：图中标明南北方向、小区排列顺序、小区号、小区行数和人行道。

移栽规格：适宜苗龄（一般幼苗2叶1心至3叶）适时移栽，适当密植，参考株行距（25～30）cm×（65～75）cm。

群体大小：每次重复栽植20株，宽窄行栽培，宽行距80cm，窄行距50cm，株距25cm。形态特征和生物学特性观测试验应设置对照品种，试验地周围应设保护行或保护区。

查苗补苗：移栽成活后及早查苗补缺。

5. 田间管理

施肥水平：根据土壤肥力和种质类型确定施肥量。一般采用当地普通施肥水平。

栽培措施：黄瓜属攀缘性植物，在植株抽蔓前应搭1.7～2m的架，以便引藤绑蔓。参照当地生产及有关黄瓜种子采种技术，加强种株的管理，保证种株的正常生长。黄瓜主侧蔓都可以结瓜，以主蔓结瓜为主。为了防止养分分散，促进主蔓生长，根据品种结果习性和植株的长势，在绑蔓过程中和授粉前后尽早或及时将根瓜以下的侧蔓摘除。根瓜以上的叶节处侧蔓，可在瓜后留2片叶摘心。不带瓜的侧枝和其他带瓜的多余侧枝统统打掉。主蔓满架后及时打顶，还应及时打掉基部黄叶，保证通风，以保证植株正常生长和种子发育。

6. 田间去杂

去杂时期：苗期、抽蔓期、开花期和结瓜期。

去杂要求：在苗期，对幼苗子叶颜色、子叶形状、真叶形状等，抽蔓期和开花结果期对植株株型、叶形、叶色、叶柄色、性型、果实性状等主要表型性状与主体类型不一致的个体，都当作杂株拔除。如能确定不是混杂而有可能是突变的植株，则可将其单独编号，进行单株自交后单独留种。

7. 核对性状

核对繁殖更新材料的株型、叶形、叶色、瓜形，瓜色、花色、种皮色泽等性状是否具有原种质的特征特性，并对不符合原种质性状的材料应查明原因，及时纠正。

8. 隔离授粉

隔离：采取适宜的隔离措施，防止种质间虫媒传粉和授粉，并进行辅助人工授粉。授粉前完全采用人工夹花，即于授粉前1d，将次日即将开放的雄花和雌花花朵用铅丝或铝丝夹上。

授粉：在整个花期必须进行人工授粉，种质群体内性状相同或相似的植株可单株自交或株间杂交。授粉要充分。每完成一个品种的授粉，需要用75%的医用酒精进行双手和用具消毒，防止花粉污染。性状不同且特殊的变异植株必须单株自交授粉、防止与其他单株串粉，单株采种。

（三）田间性状调查方法和标准

鉴定的质量性状包括生长习性、分枝性、性型、结瓜习性、瓜形、瓜把形状、瓜皮色、瓜肉色、瓜斑纹类型、瓜棱、瓜瘤大小、瓜刺瘤稀密、瓜刺色。

数量性状包括子叶大小、下胚轴高度、第1分枝节位、主蔓节数、第1雌花节位、雌花节率、瓜长、瓜横径、瓜肉厚、单瓜重和产量，以及始花期、结果初期、结果盛期。

质量性状和数据数量的采集均按《黄瓜种质资源描述规范和数据标准》进行。调查表见附表1～附表3。

其他生物学性状的鉴定根据实际情况确定本标准是否适合。

（四）考种样品采集方法和要求

1. 采收和种子清选

收获：当种瓜达到适宜的成熟度时进行采收，选择无病正常果实留种，性状表现基本一致的单株混合采种，避免从单一植株上采种。注意当植株有与原群体性状表现不一样的特殊变异性状时要在留种时分开采收，并进行单独编号。

后熟剖种：果实适当后熟（1周左右）后剖种。每份材料剖瓜取种前，须清扫干净剖种场地、机械、用具等，剖种洗种过程中严防机械混杂和错号。

干燥：清洗干净的种子装于网纱袋中，及时挂起晒干，切勿放于温度过高的地表上暴晒或不通风处阴干。在袋中放好标签编号，须与田间编号一致，避免写（挂）错标签。

清选：去除病虫粒和泥沙等杂质。

2. 种子核对和包装

种子整理：按材料编号顺序整理和登记，核对编号。

种质核对：对照标本和种质目录核对种质。

种子包装：根据入库种子需求量，用尼龙袋、布袋、纸袋等分装和称重。需要邮寄的种质避免用纸袋装种子。

3. 清单编写和质量检查

清单编写：清单包括田间小区号（繁殖更新的种质编号）、库编号、种质名称、繁殖单位、繁殖地点、繁殖时间、种子量等。

质量检查：检测净度、水分和发芽率等。要求瘪粒、瘦小粒种子不超过2%，无杂质和虫蛀，种子含水量5%，发芽率不低于85%。

（五）单个性状鉴定方法和标准

单个性状的鉴定是指根据生产需求，制定的单个性状的鉴定方法。如抗病虫，生理生化招标分析等。未在本标准中列出的，将引用种质资源行业标准。

（六）图像采集的标准和规范

1. 图像采集

黄瓜种质资源的图像采用.jpg格式。采集图片应在不同生育时期，根据植株的不同特点及关注的重点性状进行图像采集。

2. 标准和规范

图像编码规则：图像格式为.jpg，图像文件名由统一编号加半连号“-”加序号加“.jpg”组成。如有2个以上图像文件，图像文件名用英文分号分隔，如“CJZ0120190001-1.jpg；“CJZ0120190001-2.jpg”。其中“C”代表黄瓜cucumber，“2019”代表采集年份。

图像主要要素：图像对象主要包括植株、花、果实、特异性状、电泳图谱等。每张图像都要记录黄瓜种质编号或者胶图编号，图像要清晰，对象要突出。

（七）基因型鉴定方法

黄瓜精准鉴定是基于基因组测序的基础上进行重测序，相关质量控制如下：将DNA随机打断成500bp片段，使用Illumina的NEBNext DNA试剂盒进行文库构建。利用Illumina Hiseq2 000或Illumina Hiseq2 500进行双端reads测序，reads长度为125bp，每份样品产生的数据量不低于5Gb。

对原始测序数据进行质控，去除接头和以下低质量的reads：未识别的核苷酸≥10%；50%以上碱基质量得分小于5；PCR复制序列在文库构建中产生。利用BWA软件将clean reads比对到黄瓜参考基因组，使用命令“mem-t4-k32-m”。采用SAMtools软件检测群体的SNPs变异位点，使用命令“samtoolsmpileup-q1-C50-tSP-t DP-m2-F0.002”。利用贝叶斯模型检测群体中的多态性位点，通过过滤和筛选得到高质量的SNPs。利用ANNOVAR软件对SNPs进行功能注释，分为外显子区域SNPs、内含子区域SNPs、可变剪切区域SNPs、基因间区域SNPs和基因上下游区域SNPs。

1. 表型数据统计方法和标准

在调查黄瓜种质资源的形态特征和生物学特性时，试验原始数据的调查采集应在种质正常生长情况下获得，如遇自然灾害等因素严重影响植株正常生长，应重新进行观测试验和数据采集。确保采集黄瓜种质编号与数据采集表的记录一致，数据应尽可能详细清楚。每份种质的形态特征和生物学特性观测数据依据对照品种进行校验。

选择能够代表黄瓜不同生态环境条件进行对各农艺性状进行多年多点鉴定，利用SPSS软件对黄瓜各农艺性状进行描述性统计（最小值、最大值、平均值、标准差）、正态检验、变异系数分析及相关性分析等。利用R语言lme4软件包或其它软件计算黄瓜多年多点农艺性状的广义遗传力，计算公式为：$H^2=\delta^2_g/(\delta^2_g+\delta^2_{ge}/n+\delta_e^2/nr)$，$\delta^2_g$、$\delta^2_{ge}$、$\delta_e^2$分别表示基因型方差、基因和环境互作方差、环境方差，n和r分别表示环境的个数和每个环境内重复数。计算最佳线性无偏预测值（best linear unbiased prediction，BLUP），对多年多点的数据进行整合，去除环境效应，得到稳定遗传的表型。

2. 基因型数据统计方法和标准

基因型数据需要进行质控，首选对缺失数据进行筛选，去除SNPs缺失数量高于总SNPs数量20%的个体以及群体中SNPs个体缺失率高于20%的SNPs。最小等位基因频率MAF是指群体中的不常见的等位基因发生频率，在性状关联研究中，较小的MAF会使统计效能降低，造成假阴性，通常将MAF>0.01或0.05的SNPs作为首要研究目标。剔除不符合Hardy-Weinberg平衡的SNPs，筛选*P*值低于0.000 01的SNPs。常规GWAS研究材料都是无关的，不存在亲缘关系，对样品间的亲缘关系进行估计，去除亲缘关系过近的个体。

附表1

黄瓜多年多点表型精准鉴定调查表

试验地点：　　　　　观测人姓名：

田间编号		调查日期	
叶色	1：浅绿　2：黄绿　3：绿　4：深绿	结瓜习性	1：主蔓　2：侧蔓　3：主/侧蔓
叶柄角度	1：直立　2：半直立　3：平展	瓜面色泽	1：灰暗　2：较光亮　3：光亮
瓜斑纹分布	1：无　2：瓜顶部　3：少部分瓜面　4：大部分瓜面	瓜斑纹类型	0：无　1：点　2：条　3：块　4：网
瓜斑纹色	0：无　1：白　2：黄　3：绿	瓜形	1：长棒　2：短棒　3：长弯棒　4：短弯棒　5：长圆筒　6：短圆筒　7：蜂腰形　8：纺锤形　9：椭圆形　10：卵圆　11：倒卵　12：球形　13：指形
瓜皮色	1：乳白　2：黄白　3：白绿　4：浅绿　5：绿　6：深绿　7：墨绿		
瓜刺瘤	0：无　1：稀　2：中　3：密	瓜刺色	0：无　1：白　2：黄棕　3：褐　4：黑
性型	1：纯雌株　2：强雌株　3：雌全株　4：雌雄全株　5：雌雄株　6：完全株　7：雄全株　8：纯雄株	种瓜皮色	1：乳白　2：乳黄　3：橙黄　4：棕　5：黄褐　6：褐
瓜肉苦味	0：无　1：有	卷须苦味	0：无　1：有
瓜肉色	1：白　2：黄绿　3：白绿　4：浅绿　5：橙色	始花期	
结果初期		盛果期	
叶长（cm）	Ⅰ	叶宽（cm）	Ⅰ
	Ⅱ		Ⅱ
	Ⅲ		Ⅲ

（续表）

叶柄长（cm）	Ⅰ											主蔓粗（cm）										
	Ⅱ																					
	Ⅲ																					
第一雌花节位	Ⅰ											第一分枝节位	Ⅰ									
	Ⅱ												Ⅱ									
	Ⅲ												Ⅲ									
同时期主蔓节数（#节）	Ⅰ											25节内雌花节数（#节）	Ⅰ									
	Ⅱ												Ⅱ									
	Ⅲ												Ⅲ									
25节内复雌花节数（节）	Ⅰ											商品瓜长（cm）	Ⅰ									
	Ⅱ												Ⅱ									
	Ⅲ												Ⅲ									
商品瓜粗（cm）	Ⅰ											瓜把长（cm）	Ⅰ									
	Ⅱ												Ⅱ									
	Ⅲ												Ⅲ									
瓜肉厚（cm）	Ⅰ											单瓜重（g）	Ⅰ									
	Ⅱ												Ⅱ									
	Ⅲ												Ⅲ									
种子千粒重（g）	Ⅰ											单株成果数（*）	Ⅰ									
	Ⅱ												Ⅱ									
	Ⅲ												Ⅲ									
畸形瓜率%（*）	Ⅰ											小区产量（kg）（*）	Ⅰ									
	Ⅱ												Ⅱ									
	Ⅲ												Ⅲ									
霜霉病抗性病级	Ⅰ											白粉病抗性病级	Ⅰ									
	Ⅱ												Ⅱ									
	Ⅲ												Ⅲ									
黄瓜花叶病毒病抗性病级	Ⅰ											备注										
	Ⅱ																					
	Ⅲ																					
	Ⅱ																					

附表2

黄瓜多年多点表型精准鉴定调查表（苗期）

试验地点：　　　　　　　　　　　　　　　　　　　　　　观测人姓名：

<table>
<tr><td>田间编号</td><td colspan="5"></td><td colspan="2">调查日期</td><td colspan="4"></td></tr>
<tr><td>子叶形状</td><td colspan="5">1：卵圆形
2：椭圆形
3：长椭圆形</td><td colspan="2">子叶形态</td><td colspan="4">1：向上
2：平展</td></tr>
<tr><td>子叶保持力</td><td colspan="5">1：强　3：中　5：弱</td><td colspan="2">子叶苦味</td><td colspan="4">0：无　1：有</td></tr>
<tr><td rowspan="3">子叶长（cm）</td><td>Ⅰ</td><td></td><td></td><td></td><td></td><td></td><td></td><td></td><td></td><td></td><td></td></tr>
<tr><td>Ⅱ</td><td></td><td></td><td></td><td></td><td></td><td></td><td></td><td></td><td></td><td></td></tr>
<tr><td>Ⅲ</td><td></td><td></td><td></td><td></td><td></td><td></td><td></td><td></td><td></td><td></td></tr>
<tr><td rowspan="3">子叶宽（cm）</td><td>Ⅰ</td><td></td><td></td><td></td><td></td><td></td><td></td><td></td><td></td><td></td><td></td></tr>
<tr><td>Ⅱ</td><td></td><td></td><td></td><td></td><td></td><td></td><td></td><td></td><td></td><td></td></tr>
<tr><td>Ⅲ</td><td></td><td></td><td></td><td></td><td></td><td></td><td></td><td></td><td></td><td></td></tr>
<tr><td rowspan="3">下胚轴长度（cm）</td><td>Ⅰ</td><td></td><td></td><td></td><td></td><td></td><td></td><td></td><td></td><td></td><td></td></tr>
<tr><td>Ⅱ</td><td></td><td></td><td></td><td></td><td></td><td></td><td></td><td></td><td></td><td></td></tr>
<tr><td>Ⅲ</td><td></td><td></td><td></td><td></td><td></td><td></td><td></td><td></td><td></td><td></td></tr>
<tr><td>备注</td><td colspan="11"></td></tr>
</table>

说明：*项调查参见附表1

#同时期主蔓节数（节）：指参试的第1个品种主蔓节数达到25节时，同一时期调查其他所有品种的主蔓节数。

#植株25节内雌花节数或25节内复雌花节数：指每个品种主蔓节数达到25节时，所有25节中雌花或复雌花的节数。为了保证调查的准确性，调查分两次进行，第1次调查10节内的雌花节位数或复雌花节位数，并在第10节做上红线记号，待植株生长到第25节时调查11～25节的雌花节位数或复雌花节位数。

附表3

黄瓜多年多点表型精准鉴定测产表

试验地点：　　　　　　　　观测人姓名：　　　　　　　　页码：

日期 / 项目 / 田间编号	1				2				3							
	商品瓜总数（条）	商品瓜重（kg）	畸形瓜（条）	畸形瓜重（kg）	商品瓜总数（条）	商品瓜重（kg）	畸形瓜（条）	畸形瓜重（kg）	商品瓜总数（条）	商品瓜重（kg）	畸形瓜（条）	畸形瓜重（kg）	商品瓜总数（条）	商品瓜重（kg）	畸形瓜（条）	畸形瓜重（kg）

第二节　番茄精准鉴定技术体系及技术规范

（2016YFD0100204-3 国艳梅）

番茄精准鉴定技术规程

国艳梅，杜永臣，梁燕，张彦，王孝宣，高建昌，黄泽军，刘磊，李君明

种质资源（Germplasm Resources）是指具有特定种质或基因、可供育种及相关研究利用的各种生物类型。随着科学技术的进步和遗传育种研究的不断发展，现在凡能用于作物育种的生物体都可归入种质资源的范畴，包括地方品种、改良品种、新选育品种、引进品种、突变体、野生种、近缘植物、人工创造的各种生物类型、无性繁殖器官、单个细胞、单个染色体、单个基因、甚至DNA片段等。

农作物种质资源是人类生存和发展最有价值的宝贵财富，是国家重要的战略性资源，是作物育种、生物科学研究和农业生产的物质基础，是实现粮食安全、生态安全与农业可持续发展的重要保障。中国农作物种质资源种类多、数量大，以其丰富性和独特性在国际上占有重要地位。经过广大农业科技工作者多年的努力，目前已收集保存了38万份种质资源，积累了大量科学数据和技术资料，为制定农作物种质资源技术规范奠定了良好的基础。

番茄在植物学分类上为茄科（Solanaceae）、番茄属（*Lycopersicon*）、普通番茄种（*S. lycopersicum*），古名六月柿、蕃柿、喜报三元，别名西红柿、洋柿子等。染色体数2n=2x=24。番茄果实营养丰富，富含多种维生素、碳水化合物、矿物盐及有机酸等，其用途广泛，可生食、炒食，加工制成番茄酱、番茄汁或整果罐头等。

番茄起源南美洲的秘鲁、厄瓜多尔、玻利维亚等安第斯山脉，至今仍有番茄的野生种分布。Charles. M. Rick的分类方法是目前世界公认的分类体系，主要依据与普通番茄杂交的难易将番茄属划分为2个复合体，即易与普通番茄杂交的称为普通番茄复合体（*esculentum*-complex）；不易与普通番茄杂交的称为秘鲁番茄复合体（*peruvianum*-complex）。前者包含7个种：普通番茄（*S. lycopersicum*）、醋栗番茄（*S. pimpinellifolium*）、契斯曼尼番茄（*S. cheesmaniae*）、多毛番茄（*S. habrochaites*）、潘那利番茄（*S. pennellii*）、克梅留斯基番茄（*S. chmielewskii*）和小花番茄（*S. neorickii*）。后者包括秘鲁番茄（*S. peruvianum*）和智利番茄（*S. chilense*）2个种。

野生番茄首先在墨西哥被驯化和栽培，后相继传入西班牙、葡萄牙、意大利和英国等欧洲国家。大约在17世纪，番茄传入菲律宾，后传到其他亚洲国家。中国栽培的番茄是由

欧洲或东南亚传入的。最初番茄只作为观赏植物，18世纪中叶开始作食用栽培，现今已成为全球种植最广泛、消费最多的蔬菜作物之一。2016年全球番茄种植面积为500万hm^2，总产量为1.77亿t。中国是世界第一大番茄生产国，番茄产量约占世界总产量的31%，番茄产业产值超过1 500亿元。

番茄是一种较为严格的自花授粉植物，经过长期的驯化和选育，栽培番茄品种的遗传背景逐渐变窄，因此，通过广泛的收集来丰富番茄的种质资源对番茄种质资源的利用和遗传育种尤为重要。国外早在1778年就开始了番茄的种质资源收集工作，近十几年来，国际植物遗传资源委员会（International plant genetic resources institute，IPGRI）先后多次对番茄的种质资源进行了大规模的收集。据IPGRI 1987年报道，全世界共收集了番茄种质材料32 000份，到1990年已经超过了40 000份，这些材料主要收藏在11个研究单位。其中收藏量超过6 000份的单位有AVRDC（Asian vegetable research and development cernter）和USDA（US department of agriculture）。美国加州大学Rick所领导的研究机构TGSC（Tomato genetics stock center）也收集了3 000多份番茄材料。通过收集国内地方品种和引进国外资源，我国已收集、整理2 115份番茄资源，分别保存在国家农作物种质资源长期库和国家蔬菜种质资源中期库。

种质资源鉴定包括亲缘关系鉴定、品种鉴定、真实性鉴定及纯度鉴定等。20世纪80年代中期，国家将农作物品种的研究列入重点攻关项目，研究内容包括收集整理、编目、繁种入国家长期库及中期库保存，并开展主要性状田间鉴定、评价和创新，从“七五”到“十三五”，相继出版或发布了“番茄种质资源描述规范和数据标准”“番茄新品种特异性、一致性和稳定性测试指南”“普通番茄品种鉴定InDel分子标记法”，这些标准和指南为番茄种质资源的鉴定提供了依据和方法。

2012年番茄高质量基因组序列的解读为从基因组的角度进一步了解番茄奠定了基础。番茄种质资源丰富而且在人类的长期驯化和定向选择中产生了丰富的变异类型。近年来随着测序技术的升级和测序成本的下降，使得大规模基因组测序成为可能。2014年在高质量基因组框架图的基础上，国内外多家单位联合对360份番茄品系进行了变异组研究，鉴定了重要农艺性状基因，这些工作为挖掘重要性状基因，充分发挥种质资源在育种上的应用提供了理论框架。

本规程依据番茄育种要求，创建规模化精准鉴定技术规程，在北京和陕西杨凌农业高新技术产业示范区2个气候特征不同的生态区开展200份种质的重要性状3年2点表型精准鉴定，构建不同环境表型数据库，探索重要性状与环境互作关系，结合全基因组重测序开展优异种质资源全基因组水平的基因分型，通过关联分析获得与重要性状相关的基因组区段，明确优异种质的遗传背景，发掘适合不同生态区域的优异种质，为番茄育种提供遗传背景清晰的优异基因资源。

一、范围

本规程规定了番茄种质资源精准鉴定基本要求和操作技术要点。本标准适用于番茄表型数据的采集和DNA分子数据的采集和品种鉴定。凡是注日期的引用文件，其随后所有的修改单（不包括勘误的内容）或修订版均不适用于本部分，然而，鼓励根据本部分达成协议的各方研究是否可使用这些文件的最新版本。凡是不注日期的引用文件，其最新版本适用于本部分。

二、规范性引用文件

下列文件中的条款通过本规程的引用而成为本规程的条款：

——NY/T 655—2002《绿色食品　茄果类蔬菜》；

——NY/T 391《绿色食品　产地环境技术条件》；

——GB/T 3543.2《农作物种子检验规程》；

——NY/T 2236—2012《植物新品种特异性、一致性和稳定性测试指南 番茄》；

——NY/T 2471—2013《番茄品种鉴定技术规程InDel分子标记法》；

——GB 16715.3—1999《瓜菜作物种子　茄果类》；

——DB 11/T 324.1—2005《农作物品种试验操作规程　第1部分：总则》。

三、术语及定义

规范性引用文件中的术语和定义适用于本文件。

四、精准鉴定技术流程

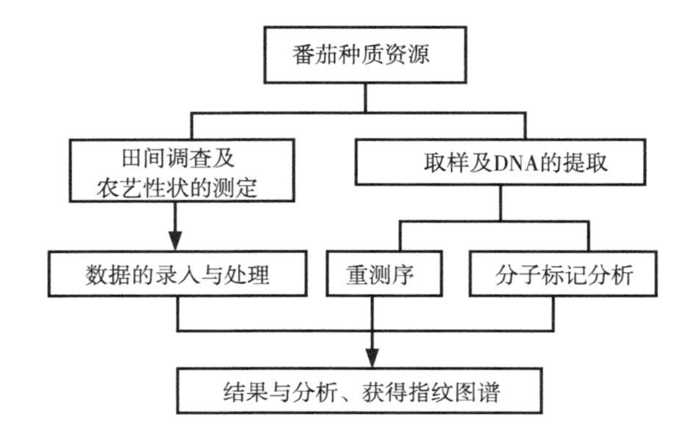

五、技术要点

（一）精准鉴定材料的选择方法

精准鉴定材料的选择可以依据群体、品系或者品种数量选择合适的方法，如育种家在长期选育中积累了成千上万份资源材料，其中许多材料遗传背景相似，这时需要构建核心种质，从已收集的资源群体中选择出数量有限（整个群体的5%～20%）且能代表整个所收集的资源遗传多样性的材料，以精简材料数量，从而加快鉴定进程并节约试验费用。

如对几个、几十个或者几百个品种、品系或者自然群体进行鉴定，则依据育种目标或者应用基础研究目标选择在单果重、品质、抗病性、抗逆性等农艺性状特征特性方面具有突出性状的种质资源。

（二）鉴定点的地理位置

依据番茄育种要求，创建规模化精准鉴定技术规程，在北京和陕西杨凌农业高新技术产业示范区2个气候特征不同的生态区开展200份种质的重要性状（果重、果形指数、心室数、果皮厚度等）3年2点表型精准鉴定，构建不同环境表型数据库，探索重要性状与环境互作关系，发掘适合不同生态区域的优异种质，为番茄育种提供遗传背景清晰的优异基因资源。北京地区经度为116.397 128，纬度为39.916 527，年平均气温11～12℃，全年平均日照时间是2 000～2 800h，年平均无霜期是190～195d；杨凌位于陕西关中平原中部，经度为108.084 55，纬度为34.272 21，年平均气温12.9℃，年累计光照时数平均为2 017～2 347h，年平均无霜期是180～213d。

（三）田间试验设计及管理方案

田间实验设计，试验材料为新繁殖、发芽率95%以上的高活力种子，试验采用完全随机区组设计，设三次重复，每重复3株。

1. 试验种子

根据试验要求，如果没有特殊要求，参试种子不得进行任何药剂处，番茄种子质量不低于GB 16715.3中的最低标准。

2. 试验地点

试验点应选择能代表当地自然条件和生产管理水平的地区，选择地势平坦、土壤肥沃疏松、排灌方便的温室或大棚，满足番茄植株的正常生长发育和农艺性状的正常表达。保护地试验3次重复必须安排在同一个大棚或日光温室。

3. 试验设计

田间设计采取随机区组设计，设3次重复，每重复定植植株数量不少于3株，试验区四周需要种植保护行。

4. 育苗

（1）育苗设施。根据季节不同选用温室、大棚等育苗设施；夏秋季育苗应配有防虫遮阳设施。

（2）营养土。因地制宜地选用无病虫源的田土、腐熟农家肥、矿质肥料、草炭、草木灰、有机肥（或蚯蚓粪）等，按一定比例配制营养土，营养土要求疏松、保肥、保水，营养全面，孔隙度约60%，pH值6～7，速效磷含量≥250mg/kg，速效钾含量≥300mg/kg，速效氮含量≥250mg/kg。将配制好的营养土均匀铺于播种床上，厚度10cm。

（3）育苗穴盘。使用穴盘育苗，将配制好的营养土灌于穴盘中，厚度10cm。穴盘消毒，每平方米播种穴盘用高锰酸钾30～50g，加水3L，喷洒苗床土。

（4）干种子播种。采用工具在穴盘中压出深度约1.0cm洞穴，播后覆营养土0.8～1.0cm。

5. 苗期管理

（1）温度。夏秋育苗主要靠遮阳降温。冬春育苗期间苗床地温要保持在18～20℃，短时间最低夜温不低于13℃，视墒情适当浇水。

（2）光照。冬春育苗采用补光灯、反光幕等补光、增光设施。夏秋育苗采用遮光降温。

（3）炼苗。早春育苗白天15～20℃，夜间10～5℃。夏秋育苗逐渐撤去遮阳物，适当控制水分。

6. 定植

（1）定植前整地。疏松土壤后起垄或小高畦，同时结合整地施入基肥。

（2）定植时间和方法。10cm内土壤温度稳定达到10℃以上时定植。

7. 田间管理

（1）肥水管理。采用膜下滴灌或暗灌。冬春季节不浇明水，土壤相对湿度保持60%～70%。夏秋季节保持在75%～85%。根据生育季节长短和生长状况及时追肥，全生育期分3次追肥，分别在第1穗果膨大期追施尿素20kg、硫酸钾10kg；第1穗果收获期尿素15kg，第2穗果收获期追施尿素15kg、硫酸钾10kg。

（2）植株调整。插架或吊蔓：用尼龙绳吊蔓或用细竹竿插架；整枝方法：无限生长品种单杆整枝，留4～6穗果，留叶打顶；有限生长品种双杆整枝，留4～6穗果；摘心、打底叶：当最上目标果穗开花时，留2片叶摘心。第1穗果绿熟期后，摘除其下全部叶片，及时摘除枯黄有病斑的叶子和老叶。

8. 保果留果

在花期采用人工辅助授粉，无限生长品种留4～6穗果，每穗4～5个果，留叶打顶；有限生长品种留4～6穗果，每穗4～5个果。

9. 病虫害防治

（1）农业防治。清洁田园，及时摘除病叶，拔除重病株。整枝、打杈等操作前用肥皂水洗手，防止传播病毒病，设防虫网阻虫，为精准鉴定番茄材料的农艺性状，采取预防为主，防治结合的试验原则。

（2）物理防治。铺设银灰膜驱避蚜虫；黄板诱杀蚜虫、美洲斑潜蝇；蓝板诱杀蓟马。

（3）生物防治。利用植物源农药和生物源农药防治病虫害。

（4）化学防治。晚疫病、早疫病防治：出现中心病株后，病株率不超过1%时施药。用5%百菌清粉尘1kg/亩喷粉，7d喷1次，连喷2～3次。药后短时间闷棚升温抑菌，效果更好。

灰霉病防治：浇催果水前或初发病后施药，用50%速克灵活可湿性粉剂2 000倍液，或50%多菌灵可湿性粉剂500倍液，或5%异菌脲可湿性粉剂1 500倍液进行防治，7d喷1次，连喷2～3次。

叶霉病防治：用47%春雷·王铜可湿性粉剂800倍液，或70%代森锰锌可湿性粉剂400倍液，7d喷药1次，连续喷药2次。

蚜虫的防治：采用10%吡虫啉可湿性粉剂1 000～1 500倍液，或25%噻虫嗪水分散粒剂5 000倍～6 000倍液喷雾防治。

白粉虱的防治：用25%噻嗪酮2 000倍液加100g/L联苯菊酯乳油3 000倍液，或用10%吡虫啉可湿性粉剂2 000～3 000倍液，或25%噻虫嗪水分散粒剂3 000～4 000倍液喷雾防治。

（四）田间性状及农艺性状调查方法和标准

1. 调查方法

包括目测法、计数法和测量法。

2. 调查标准

鉴定的质量性状包括生长习性、果肩颜色、果实颜色、果形；数量性状包括单果重、果形、心室数、硬度、裂果性、果皮厚、种子量、果梗洼大小、可溶性固形物含量、酸含量、始花节位、叶夹角、节间数。

质量性状和数据数量的采集均按《番茄种质资源描述规范和数据标准》①进行。调查表见附表4。

其他生物学性状的鉴定根据实际情况确定本标准是否适合。

---

① 李锡香，杜永臣，等，2006.番茄种质资源描述规范和数据标准[M].北京：中国农业出版社.

（五）普通番茄品种鉴定InDel分子标记法

1. 重复设置

设定2次生物学重复。

2. 样品准备

设定2次生物学重复。种子样品的钎样、分样和保存，按照GB/T3 543.2的规定进行。每个品种分取2份样品，每份样品取30个个体（叶片或其他器官），等量混合。

3. DNA提取

采用CTAB法：取番茄幼叶20～30mg至2.0mL离心管中，液氮中研碎。加入750μL预热的DNA提取液，摇匀，65℃水浴或金属浴45min；加入750μL氯仿—异戊醇（24∶1，v/v）提取液，上下混匀3min；4℃，13 500g离心5min；吸500μL上清液至另一支2.0mL离心管中，加入等体积氯仿—异戊醇提取液，上下混匀3min，13 500g离心5min；吸400μL上清液至新离心管中，加入800μL预冷无水乙醇，4℃放置1h以上沉淀DNA；10 000g离心1min，弃上清；用75%乙醇漂洗2次，离心后弃上清，自然风干；加入100μL ddH_2O-RNase（50∶1，v/v）缓冲液，震荡溶解，检测DNA浓度，−20℃保存备用。

4. PCR扩增

（1）参照样品的使用。在进行PCR扩增和等位变异检测时，应同时包括相应的标准样品。不同位点的标准样品的名称参见附表5。某一位点上具有相同的等位变异的标准样品可能不止一个，在确认这些样品在某一位点上的等位变异大小后，也可将这些样品代替附表5中的标准样品。

同一名称不同来源的标准样品在某一位点上的等位变异可能不相同，在使用前应与原标准样品进行核对。

多个品种在某一位点上可能都具有相同的等位变异。在确认这些品种某一位点上等位变异大小后，这些品种也可以代替附表5中的标准样品使用。

（2）反应体系。20μL PCR反应体系包括：含基因组DNA50ng，正、反向引物各0.5uM，Promega公司2×Mix（DNA聚合酶、dNTP和Mg^{2+}等常规PCR所含成分）10μL。利用毛细管电泳荧光检测时使用荧光标记的引物。

（3）反应程序。

①普通引物PCR反应程序。94℃预变性3min；94℃变性40s，55℃退火40s，72℃延伸90s，35个循环；72℃延伸10min；4℃保存。

②荧光引物PCR反应程序。95℃预变性5min；94℃变性30s，50℃退火40s，72℃延伸40s，35个循环；72℃延伸10min；4℃保存。

5. 等位变异检测

（1）非变性聚丙烯酰胺凝胶电泳。

①电泳装置准备。所用装置为垂直电泳槽（玻璃板规格为216mm×110mm）。将聚丙烯酰胺垂直电泳槽中的玻璃板洗净，晾干后装入胶框；依次将2块胶板装入电泳槽中，较短的胶板朝外，将螺丝拧紧，然后用1%琼脂糖凝胶封住胶框下面以防漏胶。

②灌胶、点样。凝胶混匀后快速倒入玻璃板夹层中，插入梳子，待胶凝固1h后，拔掉梳子，用0.5%TBE冲洗加样孔，然后用移液器或吸水纸吸干加样孔中的水分，然后点样。每个加样孔上样量2μL（10μL PCR产物中加入2μL上缓冲液混匀）。

③电泳。向胶槽中倒入电泳缓冲液（0.5%TBE），电泳电压为160V，电泳时间1.5～2.5h（电泳指示剂至适当位置时）。

④银染检测。固定：固定液中轻摇4min，固定一次，回收固定液；银染：染色液中染色10min；显影：显影液中轻摇至主带完全显现；定影：用步骤“固定”中回收固定液定影30s；清洗：蒸馏水轻摇清洗1min；保存：将清洗后的胶平铺在PC膜上，包好后在可见光灯箱上照相保存。

（2）变性聚丙烯酰胺凝胶电泳银染检测。

①清洗玻璃板。将玻璃板反复擦洗干净，双蒸水擦洗2次，95%乙醇擦洗2次，干燥。在长板上涂上0.5mL亲和硅烷工作液，带凹槽的短板上涂0.5mL剥离硅烷工作液。操作过程中防止2块玻璃板互相污染。

②组装电泳板。待玻璃板彻底干燥后组装电泳板，并用水平仪调平。

③灌胶。取60mL 6%的聚丙烯酰胺胶（根据不同型号的电泳槽确定胶的用量和合适的灌胶方式），300μL过硫酸铵（APS）和60μL四甲基乙二胺（TEMED）轻轻混匀，将胶缓缓地灌入，灌胶过程中防止出现气泡。当胶到底部后将板放置水平，将梳子插入适当位置，并用夹子夹紧，以防漏胶。聚合2h以上用于电泳。

④预电泳。将梳子小心拔出，用洗瓶清洗干净上样孔，然后擦干净玻璃板，将电泳槽装配好后，在电泳槽中加入1×TBE。在恒功率70W条件下预电泳30min。

⑤变性。在PCR产物中加入3μL 6×加样缓冲液，混匀后，在PCR仪上运行变性程序：95℃变性5min，然后立即置于冰上冷却，使DNA保持单链状态。

⑥电泳。预电泳结束后，将胶面的气泡及杂质吹打干净，将梳子轻轻插入，其深度为刚进入胶面1mm。每一个加样孔点入5μL样品。70W恒功率电泳至上部的指示带到达胶板的中部。电泳结束后，小心分开2块玻璃板，凝胶会紧贴在长板上。

⑦银染。方法同（1）非变性聚丙烯酰胺凝胶电泳中的④银染检测。

（3）DNA分析仪检测。

①样品准备。首先根据不同的荧光基团将PCR产物稀释一定的倍数。一般6-FAM荧光

基团PCR产物稀释80倍；HEX、ROX、TAMRA荧光基团PCR产物稀释30倍；然后分别取等体积的上述4种稀释后溶液混合，从混合液中吸取1.0μL加入DNA分析仪专用深孔板孔中。板中各孔分别加入0.5μL LIZ500分子量内标和8.5μL去离子甲酰胺。除待测样品外，还应同时包括标准样品的扩增产物。将样品在PCR仪上95℃变性3min，立即取出置于冰上，冷却10min以上。瞬时离心10s后上机电泳。

②开机准备。打开DNA分析仪，检查仪器工作状态。更换缓冲液，灌胶。将装有样品的微孔板置放于样品架基座上。打开数据收集软件。

③编辑电泳板。点击菜单中的"plate manager"按钮，然后在右侧窗口点击"New"按钮创建一个新的电泳板，在"Name"和"ID"栏中输入电泳板的名称，在"application"选项中，选"Genemapper-Genetic"，在"Plate Type"选项中选择"96-well"，在"owner"和"operator"项中分别输入板所有者和操作者的名字，点击"OK"按钮。

④电泳。在"Run scheduler"工具栏中，点击"Search"按钮，选中已编辑好的电泳板，点击样品板，使电泳板和样品板关联，然后点击工具条中左上角的绿色三角按钮，开始电泳。

（六）番茄材料重测序鉴定法

1. DNA提取

取幼嫩的叶片利用CTAB法进行DNA的提取。提取的DNA用RNA酶进行处理，并用琼脂糖电泳对基因组DNA的完整性进行检测。为满足高通量测序的要求，每份材料提取DNA样品的总量不低于6μg。

2. 重测序

测序建库时插入片段的长度为500bp，reads长度为100bp，利用Illumina Hiseq 2000和Illumina Hiseq 2500进行双端reads测序，每份样品产生的数据量不低于5Gb。

3. SNP鉴定

每个个体测序数据比对：利用SOAP2软件将每个个体测序的reads数据比对到番茄参考基因组上（SL4.0），所用的参数为：-m100，-x888，-s35，-l32，-v3。为了提高SNPs鉴定的准确性，测序的reads首先进行PCR扩增的过滤，并且同时利用双端和单端reads进行比对，比对完成以后对每个个体基因组覆盖度（Coverage）和测序深度（Depth）进行统计。

每个个体SNP筛选：对对比后的每份番茄种质数据进行SNP检测，具体参数为："-L100-U-F1"，每条染色体的数据结果以 gif 格式文件保存，此文件包含每个个体的基因型概率。

初始SNP数据集整合：依据每个位点上每种碱基频率的最大似然估计法为基础，使用GLFmulti对所有番茄种质进行整合，同时，根据碱基质量值、深度等条件进行过滤，以产生一个初始SNP数据集。过滤条件如下。

（1）整个群体中同一位点必须存在2种以上等位基因。

（2）过滤掉总测序深度<150×或者>3 500×的SNP位点，若深度太低可能会产生较多的缺失数据，或者产生较多的由测序错误产生的假阳性SNPs；若深度太高可能是由于番茄基因组的重复序列造成的，因此这些SNPs都是不可信的。

（3）位点成为候选SNP的质量值应大于40。

（4）每个位点的总测序深度与全基因组的总测序平均深度之比必须小于1.5，以剔除重复序列的干扰。

（5）相邻SNP的距离应在1bp以上。

（七）图像采集与数据采集的标准和规范

图像格式为.jpg，图像文件名由统一编号加半连号“-”加序号加“.jpg”组成。如有2个以上图像文件，图像文件名用英文分号分隔，如“T1801-1.jpg；T1801-2.jpg”。图像对象主要包括植株、花、果实、特异性状、电泳图谱等。每张图像都要记录番茄种质编号或者胶图编号，图像要清晰，对象要突出。

（八）数据采集、统计方法和标准

1. 番茄表型数据采集、统计方法和标准

在调查番茄种质资源的形态特征和生物学特性时，试验原始数据的调查采集应在种质正常生长情况下获得，如遇自然灾害等因素严重影响植株正常生长，应重新进行观测试验和数据采集。确保采集番茄种质编号与数据采集表的记录一致，数据应尽可能详细清楚。

利用excel统计各农艺性状的最小值、最大值、平均值、标准差和变异系数，分析各农艺性状的变异幅度。取校验值的平均值作为该种质的性状值。

2. InDel分子标记法数据采集、统计方法和标准

（1）等位变异数据采集。

①数据格式。样品每个InDel位点的等位变异采用扩增片段大小进行表示。

②非变性（或变性）聚丙烯酰胺凝胶电泳银染检测。将待测样品扩增片段的带型和泳动位置与对应的参照样品进行比较，与待测样品相同的标准样品的片段大小即为待测样品该引物位点的等位变异扩增片段大小。

③DNA分析仪检测。使用DNA分析仪的片段分析软件，读出每个位点每个样品的等位变异扩增片段大小数据。通过使用标准样品，消除同型号不同批次间或不同型号DNA

分析仪间可能存在的系统误差。比较标准样品的等位变异扩增片段大小数据与附表5中的数据。如两者不一致，其差数即是系统误差的大小。从待测样品的等位变异扩增片段数据中去除该系统误差，获得的数据即为待测样品的等位变异扩增片段大小。

（2）结果记录。

①非变性聚丙烯酰胺凝胶电泳。纯合位点的等位变异记为A（小片段）和B（大片段），杂合位点的等位变异记为H，缺失位点的等位变异数据记录为0。

②变性聚丙烯酰胺凝胶电泳和DNA分析仪检测。纯合位点的等位变异记录为X/X，杂合位点的等位变异记录为X/Y，其中X、Y分别为该位点上两个不同等位变异扩增片段大小，小片段数据在前，大片段数据在后；缺失位点的等位变异记录为0/0。

示例1：纯合位点的InDel，如参照品种中蔬4号在InDel_FT2位点上的等位变异为164bp，则该品种在该位点上的等位变异记录为164/164；

示例2：杂合位点的InDel，如某个品种在某个位点上的等位变异扩增片段大小分别为159bp、164bp，则该品种在该位点上的等位变异记录为159/164。

（3）数据处理。1个位点2次重复检测数据相同时，该位点的等位变异数据即为该数据。2次重复不一致时，增加第3次重复，以其中2次重复相同的检测数据为该位点的等位变异数据。当3次重复结果都不相同时，该位点视为无效位点。

（4）判定标准。依据48对InDel引物的检测结果进行判定：品种间差异位点数≥2，判定为不同品种；品种间差异位点数<2，判定为近似品种。

3. 重测序数据采集、统计方法和标准

高质量SNP数据集鉴定；对每个候选SNP进行卡方分离检验和纯合比例来进一步过滤。利用pemmtation方法进行1 000卡方分离检验，最终只有*P*值小于0.01的SNP位点被保留，此方法能够去除由不同个体的测序深度不同而导致的假阳性SNP。另外，过滤掉群体中纯合比例小于85%，且杂合基因型比例是纯合基因型比例3倍以上的SNP位点。最终获得高质量的SNP，为每一份番茄种质构建高密度的指纹图谱。

附表 4

番茄多年多点表型精准鉴定调查表

试验地点：　　　　　　　　页码：　　　　　　　　观测人姓名：

田间编号			调查日期		
果肩	0：无　1：有		下胚轴色	1：绿　2：紫	
生长习性	1：无限生长　2：有限生长		叶色	1：黄绿　2：浅绿　3：绿　4：深绿	
成熟果色	1：黄白　2：浅黄　3：黄　4：橘黄 5：绿　6：粉红　7：红 8：黄底绿条		成熟前果色	1：绿白　2：浅绿　3：绿　4：深绿	
单果重（g）	Ⅰ		果实横径（cm）	Ⅰ	
	Ⅱ			Ⅱ	
	Ⅲ			Ⅲ	
果实纵径（cm）	Ⅰ		梗洼横径（cm）	Ⅰ	
	Ⅱ			Ⅱ	
	Ⅲ			Ⅲ	
梗洼纵径（cm）	Ⅰ		硬度（kg/cm^2）	Ⅰ	
	Ⅱ			Ⅱ	
	Ⅲ			Ⅲ	
心室数（个）	Ⅰ		可溶性固形物（%）	Ⅰ	
	Ⅱ			Ⅱ	
	Ⅲ			Ⅲ	
pH值	Ⅰ		叶夹角（°）	Ⅰ	
	Ⅱ			Ⅱ	
	Ⅲ			Ⅲ	
裂果率（%）	Ⅰ		节间数（个）	Ⅰ	
	Ⅱ			Ⅱ	
	Ⅲ			Ⅲ	
10果种子量（g）	Ⅰ		始花节位（节）	Ⅰ	
	Ⅱ			Ⅱ	
	Ⅲ			Ⅲ	

附表5

核心引物及参照品种

位点	正向引物（5′-3′）	反向引物（5′-3′）	等位基因	荧光染料	退火温度（℃）	参照品种
GROUP1						
InDel_FT283	CTGGGAAAATCTTCAAACAC	CTGCAAAAGGATTTTCACTC	89/85	FAM	55	早粉2号/中蔬4号
InDel_FT246	ACCTCCACATCATGGTTCT	CAACCTGTTTTGGCACTAC	129/124	FAM	55	早粉2号/中蔬4号
InDel_FT145	TACTGAATTTTAGGGATGGG	TACCCAGTAGGCATCATAGG	132/127	FAM	55	中蔬4号/早粉2号
InDel_FT294	ACTGAAAAGGTACGGAACAG	CAGTGGCTCTTATTCCAATC	160/156	FAM	55	中蔬4号/早粉2号
GROUP2						
InDel_FT307	AGCGAGACGTACCAAAAATA	TGAGACTTACGCCTCAATTT	90/86	FAM	55	中蔬4号/农大23号
InDel_FT258	CAATGGAGAACACACTGATG	GTCAAACTAACCTGCAAAGC	121/117	FAM	55	中蔬4号/早粉2号
InDel_FT326	ATGACTTCCAGCCAAATCTA	TCAAGCAATACAGAGTCGAA	147/142	FAM	55	早粉2号/中蔬4号
InDel_FT20	TCATTTTAGCAGATTCACCC	TATTCAACTGGTTGGAGACC	153/149	FAM	55	Cambell 1327/中蔬4号
GROUP3						
InDel_FT290	GCAACCTTGGGATATAGGTA	ATTTAACGTAGGTCAATGGC	95/91	FAM	55	早粉2号/中蔬4号
InDel_FT65	AAGTGTCCACATTTTTCACC	GAAAAGCGTGAGTTGTAAGAG	131/127	FAM	55	早粉2号/中蔬4号
InDel_FT345	TCAATGAGTTGTTTGAGACG	TTAGAACCTTGCTGATGACA	151/147	FAM	55	中蔬4号/早粉2号
InDel_FT300	AAGGAGAACTATACACGGCA	AGAAGCCATCTTTTATCACG	160/155	FAM	55	中蔬4号/早粉2号

（续表）

位点	正向引物（5′-3′）	反向引物（5′-3′）	等位基因	荧光染料	退火温度（℃）	参照品种
GROUP4						
InDel_FT253	TGCTACAAAGTCATGTCCAA	TAAACGACCTCGAGAAGAGA	104/99	FAM	55	早粉2号/中蔬4号
InDel_FT299	TGGAGGTGGTAAAATATTGG	CAAAGAAGTCAAGGGAGATG	128/124	HEX	55	中蔬4号/早粉2号
InDel_FT263	CATTAGAATTAGTTGCGGAC	TCATGGAATACCTTCGTTTC	131/126	ROX	55	早粉2号/中蔬4号
InDel_FT211	ACTTTGAGCCCACGTAATC	AGGCCTAGTATGGTATGGAT	159/154	FAM	55	Marmande/中蔬4号
GROUP5						
InDel_FT129	GAGGAGAATGACTACACCCA	GTACTTTAACAATACGGGCG	108/104	FAM	55	早粉2号/中蔬4号
InDel_FT176	AAGTGGGATGAGAATCATTG	ACTATGGTGTCTGGACCTTG	141/137	FAM	55	中蔬4号/农大23号
InDel_FT259	ATCTCGGGATGAGTTAAGGT	CATAGCCCAACTTCTTATGG	130/126	FAM	55	早粉2号/中蔬4号
InDel_FT198	GCAATATAGCCAACATAGCC	GCACCCGTTAGACATTTTT	156/152	FAM	55	中蔬4号/Cambell 1327
GROUP6						
InDel_FT41	GAGCGATCCCTTCTTTTTAT	GTCTAACAGTGATCGCATGA	111/107	FAM	55	Cambell 1327/中蔬4号
InDel_FT148	GTTGTAGCATTTGATTGGGT	CCATCAACAAACCTAGTTCC	131/127	FAM	55	Cambell 1327/中蔬4号
InDel_FT143	TTACTGAACCGATAAGGGTG	TTTGGGTGTTTGTGTGTATG	157/153	HEX	55	早粉2号/中蔬4号
InDel_FT36	TAAATGACCCATACCAGGAG	CCTGATTCTTCTCATTTCCA	161/157	ROX	55	中蔬4号/早粉2号
GROUP7						
InDel_FT206	CCTTGAATTTGAATCTCGC	GGACACATGGTCACAATCTT	111/107	FAM	55	早粉2号/中蔬4号
InDel_FT262	CTAGCATGTGGATTCAGGAT	TGGATACAGTTCGAGGAGTT	136/131	FAM	55	早粉2号/中蔬4号

（续表）

位点	正向引物（5′-3′）	反向引物（5′-3′）	等位基因	荧光染料	退火温度（℃）	参照品种
InDel_FT186	TGAGTCATGCTATACCCATT	TAGAAAATTAGGCAGCTCCA	145/140	FAM	55	早粉2号/中蔬4号
InDel_FT221	GGTTCCTTGGTCTACTGTGA	TTGCTGGCCAAAACTTAG	161/157	FAM	55	美味樱桃/中蔬4号
GROUP8						
InDel_FT133	ATATCGTGCTCCTTTGTGAC	GGTTCGCTTGATTAGAAATG	113/109	FAM	55	中蔬4号/美味樱桃
InDel_FT50	CTTCCGTACCTTAGCATGAG	GGGGAAGGAGATAGTATTGG	137/133	HEX	55	中蔬4号/早粉2号
InDel_FT78	GATGAAATCTGAAACCAGGA	TCATCTCCCTCCTTATTCAA	118/114	ROX	55	早粉2号/中蔬4号
InDel_FT241	TCTACCAGTATTGGTCCCAC	TGGTGTAAACTTCTTGCTCA	164/160	FAM	55	早粉2号/中蔬4号
GROUP9						
InDel_FT242	GACCATTGGCTATGTGAGAT	TATTGAGCACCGAAGAAGAT	111/107	FAM	55	中蔬4号/早粉2号
InDel_FT328	ACAGACTGTGATGGAATCAA	AGTCCCTATCCACAGATCCT	143/138	HEX	55	早粉2号/中蔬4号
InDel_FT72	AAGATAGACGATCAGAGGCA	GCAAATCACAATGTCTGCTA	135/131	ROX	55	毛粉802/中蔬4号
InDel_FT2	TTCTTGAGAAGTGGAAGGTT	CGATCAATATGAGCAATACC	164/159	TAMR	55	中蔬4号/早粉2号
GROUP10						
InDel_FT295	GATGCTAGGATCAATGGTGT	CTTCAAATTAGCGAATGGC	114/110	FAM	55	中蔬4号/早粉2号
InDel_FT244	ATGGACACATATGGTTGGTT	GGAGCTCATGTTTTCTCATT	145/141	FAM	55	早粉2号/中蔬4号
InDel_FT324	GTCGTGAGATTTTTCCCTTA	AGAAACCACCTACGAGATCA	138/133	FAM	55	早粉2号/中蔬4号
InDel_FT195	CTACTGAGAAAGCAGAACGC	GCCCTACAAGCAACATAAAC	165/160	FAM	55	中蔬4号/早粉2号

（续表）

位点	正向引物（5′-3′）	反向引物（5′-3′）	等位基因	荧光染料	退火温度（℃）	参照品种
GROUP11						
InDel_FT296	TTCCTGAGAGAATGAGTGCT	TTCATCACGCATCACACTAT	119/115	FAM	55	早粉2号/中蔬4号
InDel_FT331	TCCAAGCTACCCTTGTCTAA	GCGCTTAAAGACCTAACAAA	148/144	FAM	55	早粉2号/中蔬4号
InDel_FT234	TGGGGAATACCCGTATACTA	TTTTTGAAGATCTAGTGGGG	159/155	ROX	55	中蔬4号/美味樱桃
InDel_FT213	GGTGTCATAAACCACCTGAT	GACAAGCATTTAGGCTTCAT	164/160	HEX	55	Cambell 1327/中蔬4号
GROUP12						
InDel_FT93	ATTGATGAAGCAGAGGAGAA	TACCCTACTCGCATGATTTT	123/119	FAM	55	中蔬4号/早粉2号
InDel_FT335	GCTGTTATCCCTATTGCATC	GCAAGTTGCTCAGTAGTGG	142/137	FAM	55	中蔬4号/早粉2号
InDel_FT349	GATTCTTGAGTTGGTAAGCA	GTGTCCCAAAAGAAATTGAG	150/146	FAM	55	中蔬4号/Cambell 1327
InDel_FT330	GGTGGGTAGCTCTCCTACTT	AGTGAGGGAACAATTTCTGA	165/160	FAM	55	早粉2号/中蔬4号

附录 1 申请或获得植物新品种保护权及发明专利

累计申请专利41项，其中获得授权专利11项，新品种12项。

申请或获得植物新品种保护权及发明专利

序号	名称	类别	状态（申请/授权）	专利号/新品种号
1	西瓜肉色性状主效基因位点及其InDel分子标记和应用	发明专利	授权	ZL201710673538.2
2	高制种产量的萝卜胞质不育系及其保持系选育方法	发明专利	授权	ZL201811104245.3
3	一种防治萝卜种株肉质根主要病害的方法	发明专利	授权	ZL201610064555.1
4	一种与萝卜抗根肿病QTL连锁的SSR分子标记及应用	发明专利	授权	ZL201811186852.9
5	白菜雌蕊发育相关基因*BrCRF6*及其应用	发明专利	授权	ZL201811634669.2
6	一种利用SSR分子标记快速鉴定灌木辣椒种质的方法	发明专利	授权	ZL201711309436.9
7	调控番茄果实苹果酸积累的关键基因*SlALMT9*的克隆及应用	发明专利	授权	ZL201710475130.4
8	一种基于香气特征化合物的番茄风味品质判别方法	发明专利	授权	ZL201910550275.5
9	一种结球甘蓝无蜡粉亮叶育种纯合材料的创制方法	发明专利	授权	ZL201810110358.8
10	一种调控黄瓜圆叶性状相关蛋白及其编码基因与应用	发明专利	授权	CN201810061681.0
11	萝卜肉质根相关性状的QTLs及其定位方法	发明专利	授权	CN201810973292.5
12	一种获得结球甘蓝和甘蓝型油菜远缘杂交后代的方法	发明专利	申请	CN201910833093.9
13	黄瓜—酸黄瓜异附加系材料的鉴定方法	发明专利	申请	CN201710345914.5
14	一种鉴定与黄瓜嫩果皮色相关的QTL及基因的方法与流程	发明专利	申请	CN201811283020.9
15	一种鉴定萝卜抗根肿病的InDel分子标记及其开发方法和应用	发明专利	申请	CN202110422358.3

（续表）

序号	名称	类别	状态（申请/授权）	专利号/新品种号
16	一种鉴定萝卜肉质根紫皮性状的特异分子标记	发明专利	申请	CN201910431478.2
17	一种鉴别萝卜肉质根红肉色的分子标记	发明专利	申请	CN201910431469.3
18	芜菁抗病相关基因*BrPGIP8*及其应用	发明专利	申请	CN201910716778.5
19	用于甘蓝枯萎病抗性筛选的PCR引物、试剂盒及其应用	发明专利	申请	CN201610228387.5
20	一种抗根肿病的甘蓝—大白菜远缘杂种的创制方法	发明专利	申请	CN201611149186.2
21	一种基于共线性基因开发标记鉴定大白菜—结球甘蓝易位系的方法	发明专利	申请	CN201710004003.6
22	一种白菜成熟花粉细胞荧光原位杂交的方法	发明专利	申请	CN201610135140.9
23	一种用于检测大白菜根肿病抗性基因*CRs*的生物材料及其应用	发明专利	申请	CN202010637050.6
24	大白菜杂交种豫新55种子纯度的SSR分子鉴定	发明专利	申请	CN201611108098.8
25	白菜雌蕊发育相关基因*BrCRF11a*及其应用	发明专利	申请	CN201811634068.X
26	一种基于刺探电位图谱技术的埃塞俄比亚芥抗蚜性鉴定方法	发明专利	申请	CN201810382563.X
27	白菜抗病相关基因*BrPGIP4*及其应用	发明专利	申请	CN201910783037.9
28	鉴定白菜与埃塞俄比亚芥种间杂种及后代材料A10和C07染色体分离情况的分子标记	发明专利	申请	CN201910823179.3
29	鉴定白菜与埃塞俄比亚芥种间杂种及后代材料A03和C03染色体分离情况的分子标记	发明专利	申请	CN201910825506.9
30	鉴定芸薹属蔬菜种间杂种及后代材料A06和C07染色体分离情况的分子标记和方法	发明专利	申请	CN201910823218.X
31	鉴定芥蓝与红菜苔种间杂种及追踪其后代材料A05和C04染色体分离情况的分子标记	发明专利	申请	CN201910825446.0
32	一种用于快速鉴定十字花科蔬菜根肿病的引物及鉴定方法	发明专利	申请	CN201711345507.0
33	调控番茄果色基因*YFT1*的启动子及其应用	发明专利	申请	CN201710698304.3
34	DNA插入片段下调番茄*YFT1* allele 表达及其在番茄品质改良中的应用	发明专利	申请	CN202010838462.6
35	影响番茄果色形成调控基因*YFT2*的可变剪切子及其应用	发明专利	申请	CN201810610111.2
36	一种促进茄子花粉胚增殖的方法	发明专利	申请	CN201710134062.5
37	控制莲花色性状的主效QTL、SNP分子标记及其检测引物和应用	发明专利	申请	CN202010955209.9

（续表）

序号	名称	类别	状态（申请/授权）	专利号/新品种号
38	子莲表型变异突变体植株的诱变方法	发明专利	申请	CN202010995999.3
39	控制莲心皮数的主效QTL、SNP分子标记、KASP检测引物组及应用	发明专利	申请	CN202011445280.9
40	控制莲子单粒质量性状的QTL、分子标记、KASP检测引物组及应用	发明专利	申请	CN202011445344.5
41	一种免组装盆栽植物保湿隔离罩	发明专利	申请	CN2021121386695.3
42	雪单3号	新品种	授权	CNA20151804.5
43	天正紫玉	新品种	授权	CNA20100546.5
44	京绿1号	新品种	授权	CNA20160451.2
45	鄂莲8号	新品种	授权	CNA20130481.9
46	鄂莲9号	新品种	授权	CNA20130482.8
47	满天星	新品种	授权	CNA20130464.0
48	春秋秀美	新品种	申请	20180249.7
49	H1729	新品种	申请	20191000015
50	H1749	新品种	申请	20191000009
51	H1504	新品种	申请	20172713.1
52	H14212	新品种	申请	20172712.2
53	CR京秋新1号	新品种	申请	20180960.4

附录 2 发表学术论文

发表学术论文91篇，其中，SCI收录论文56篇，代表性论文5篇。

[1] Ning Guo#，Shenyun Wang#，Lei Gao#，Yongming Liu#，Xin Wang，Enhui Lai，Mengmeng Duan，Guixiang Wang，Jingjing Li，Meng Yang，Mei Zong，Shuo Han，Yanzheng Pei，Theo Borm，Honghe Sun，Liming Miao，Di Liu，Fangwei Yu，Wei Zhang，Heliang Ji，Chaohui Zhu，Yong Xu，Guusje Bonnema*，Jianbin Li*，Zhangjun Fei*，Fan Liu*，2021. Genome sequencing sheds light on the contribution of structural variants to *Brassica oleracea* diversification[J]. BMC Biology，19：93. 影响因子6.76，第一标注.

[2] Zhengwei Liu#，Honglian Zhu#，Juhong Zhou#，Sanjie Jiang#，Yun Wang，Jing Kuang，Qun Ji，Jing Peng，Jie Wang，Li Gao，Mingzhou Bai，Jianbo Jian*，Weidong Ke*，2020. Resequencing of 296 cultivated and wild lotus accessions unravels its evolution and breeding history[J]. The Plant Journal，104：1673-1684. 影响因子6.12，第一标注.

[3] Jie Ye，Ranwen Tian，Xiangfei Meng，Peiwen Tao，Changxing Li，Genzhong Liu，Weifang Chen，Ying Wang，Hanxia Li，Zhibiao Ye*，Yuyang Zhang*，2020. Tomato *SD1*，encoding a kinase-interacting protein，is a major locus controlling stem development[J]. Journal of Experimental Botany，71（22）：3575-3587. 影响因子5.91，第一标注.

[4] Jie Ye，Wangfang Li，Guo Ai，Changxing Li，Genzhong Liu，Weifang Chen，Bing Wang，Wenqian Wang，Yongen Lu，Junhong Zhang，Hanxia Li，Bo Ouyang，Hongyan Zhang，Zhangjun Fei，James J. Giovannoni，Zhibiao Ye*，Yuyang Zhang*，2019. Genome-wide association analysis identifies a natural variation in transcription factor regulating D-mannose/L-galactose pathway in tomato[J]. PLoS Genetics，15（5）：e1008149. 影响因子7.48，第一标注.

[5] Pei Xu*，Xinyi Wu，María Muñoz-Amatriaín，Baogen Wang，Xiaohua Wu，Yaowen Hu，Bao - Lam Huynh，Timothy J. Close，Philip A. Roberts，Wen Zhou，Zhongfu Lu，Guojing Li*，2017. Genomic regions，cellular components and gene regulatory basis underlying pod length variations in cowpea（*V. unguiculata* L. Walp）[J]. Plant Biotechnology Journal，15（5）：547-557. 影响因子8.15，第一标注.

表示共同第一作者；* 表示通讯作者。

附录3 国际合作——引进交流种质资源

通过与国外相关机构进行交流与合作，结合实地考察，从美国、韩国、西班牙等国家引进各类资源315份。其中番茄100份、萝卜93份、辣椒79份、大蒜16份，其他资源27份。对引进资源进行了初步种植观察，为进一步种质创新提供丰富材料。

国际合作——引进交流种质资源

序号	作物	拉丁学名	引种号	来源
1	番茄	*Solanum lycopersicum*	USA-2014-001	美国
2	番茄	*Solanum lycopersicum*	USA-2014-002	美国
3	番茄	*Solanum lycopersicum*	USA-2014-003	美国
4	番茄	*Solanum lycopersicum*	USA-2014-004	美国
5	番茄	*Solanum lycopersicum*	USA-2014-005	美国
6	番茄	*Solanum lycopersicum*	USA-2014-006	美国
7	番茄	*Solanum lycopersicum*	USA-2014-007	美国
8	番茄	*Solanum lycopersicum*	USA-2014-008	美国
9	番茄	*Solanum lycopersicum*	USA-2014-009	美国
10	番茄	*Solanum lycopersicum*	USA-2014-010	美国
11	番茄	*Solanum lycopersicum*	USA-2014-011	美国
12	番茄	*Solanum lycopersicum*	USA-2014-012	美国
13	番茄	*Solanum lycopersicum*	USA-2014-013	美国
14	番茄	*Solanum lycopersicum*	USA-2014-014	美国
15	番茄	*Solanum lycopersicum*	USA-2014-015	美国
16	番茄	*Solanum lycopersicum*	USA-2014-016	美国
17	番茄	*Solanum lycopersicum*	USA-2014-017	美国
18	番茄	*Solanum lycopersicum*	USA-2014-018	美国
19	番茄	*Solanum lycopersicum*	USA-2014-019	美国
20	番茄	*Solanum lycopersicum*	USA-2014-020	美国
21	番茄	*Solanum lycopersicum*	USA-2014-021	美国
22	番茄	*Solanum lycopersicum*	USA-2014-022	美国

（续表）

序号	作物	拉丁学名	引种号	来源
23	番茄	*Solanum lycopersicum*	USA-2014-023	美国
24	番茄	*Solanum lycopersicum*	USA-2014-024	美国
25	番茄	*Solanum lycopersicum*	USA-2014-025	美国
26	番茄	*Solanum lycopersicum*	USA-2014-026	美国
27	番茄	*Solanum lycopersicum*	USA-2014-027	美国
28	番茄	*Solanum lycopersicum*	USA-2014-028	美国
29	番茄	*Solanum lycopersicum*	USA-2014-029	美国
30	番茄	*Solanum lycopersicum*	USA-2014-030	美国
31	番茄	*Solanum lycopersicum*	USA-2014-031	美国
32	番茄	*Solanum lycopersicum*	USA-2014-032	美国
33	番茄	*Solanum lycopersicum*	USA-2014-033	美国
34	番茄	*Solanum lycopersicum*	USA-2014-034	美国
35	番茄	*Solanum lycopersicum*	USA-2014-035	美国
36	番茄	*Solanum lycopersicum*	USA-2014-036	美国
37	番茄	*Solanum lycopersicum*	USA-2014-037	美国
38	番茄	*Solanum lycopersicum*	USA-2014-038	美国
39	番茄	*Solanum lycopersicum*	USA-2014-039	美国
40	番茄	*Solanum lycopersicum*	USA-2014-040	美国
41	番茄	*Solanum lycopersicum*	USA-2014-041	美国
42	番茄	*Solanum lycopersicum*	USA-2014-042	美国
43	番茄	*Solanum lycopersicum*	USA-2014-043	美国
44	番茄	*Solanum lycopersicum*	USA-2014-044	美国
45	番茄	*Solanum lycopersicum*	USA-2014-045	美国
46	番茄	*Solanum lycopersicum*	USA-2014-046	美国
47	番茄	*Solanum lycopersicum*	USA-2014-047	美国
48	番茄	*Solanum lycopersicum*	USA-2014-048	美国
49	番茄	*Solanum lycopersicum*	USA-2014-049	美国
50	番茄	*Solanum lycopersicum*	USA-2014-050	美国
51	番茄	*Solanum lycopersicum*	USA-2014-051	美国
52	番茄	*Solanum lycopersicum*	USA-2014-052	美国
53	番茄	*Solanum lycopersicum*	USA-2014-053	美国
54	番茄	*Solanum lycopersicum*	USA-2014-054	美国
55	番茄	*Solanum lycopersicum*	USA-2014-055	美国
56	番茄	*Solanum lycopersicum*	USA-2014-056	美国

（续表）

序号	作物	拉丁学名	引种号	来源
57	番茄	*Solanum lycopersicum*	USA-2014-057	美国
58	番茄	*Solanum lycopersicum*	USA-2014-058	美国
59	番茄	*Solanum lycopersicum*	USA-2014-059	美国
60	番茄	*Solanum lycopersicum*	USA-2014-060	美国
61	番茄	*Solanum lycopersicum*	USA-2014-061	美国
62	番茄	*Solanum lycopersicum*	USA-2014-062	美国
63	番茄	*Solanum lycopersicum*	USA-2014-063	美国
64	番茄	*Solanum lycopersicum*	USA-2014-064	美国
65	番茄	*Solanum lycopersicum*	USA-2014-065	美国
66	番茄	*Solanum lycopersicum*	USA-2014-066	美国
67	番茄	*Solanum lycopersicum*	USA-2014-067	美国
68	番茄	*Solanum lycopersicum*	USA-2014-068	美国
69	番茄	*Solanum lycopersicum*	USA-2014-069	美国
70	番茄	*Solanum lycopersicum*	USA-2014-070	美国
71	番茄	*Solanum lycopersicum*	USA-2014-071	美国
72	番茄	*Solanum lycopersicum*	USA-2014-072	美国
73	番茄	*Solanum lycopersicum*	USA-2014-073	美国
74	番茄	*Solanum lycopersicum*	USA-2014-074	美国
75	番茄	*Solanum lycopersicum*	USA-2014-075	美国
76	番茄	*Solanum lycopersicum*	USA-2014-076	美国
77	番茄	*Solanum lycopersicum*	USA-2014-077	美国
78	番茄	*Solanum lycopersicum*	USA-2014-078	美国
79	番茄	*Solanum lycopersicum*	USA-2014-079	美国
80	番茄	*Solanum lycopersicum*	USA-2014-080	美国
81	番茄	*Solanum lycopersicum*	USA-2014-081	美国
82	番茄	*Solanum lycopersicum*	USA-2014-082	美国
83	番茄	*Solanum lycopersicum*	USA-2014-083	美国
84	番茄	*Solanum lycopersicum*	USA-2014-084	美国
85	番茄	*Solanum lycopersicum*	USA-2014-085	美国
86	番茄	*Solanum lycopersicum*	USA-2014-086	美国
87	番茄	*Solanum lycopersicum*	USA-2014-087	美国
88	番茄	*Solanum lycopersicum*	USA-2014-088	美国
89	番茄	*Solanum lycopersicum*	USA-2014-089	美国
90	番茄	*Solanum lycopersicum*	USA-2014-090	美国

（续表）

序号	作物	拉丁学名	引种号	来源
91	番茄	*Solanum lycopersicum*	USA-2014-091	美国
92	番茄	*Solanum lycopersicum*	USA-2014-092	美国
93	番茄	*Solanum lycopersicum*	USA-2014-093	美国
94	番茄	*Solanum lycopersicum*	USA-2014-094	美国
95	番茄	*Solanum lycopersicum*	USA-2014-095	美国
96	番茄	*Solanum lycopersicum*	USA-2014-096	美国
97	番茄	*Solanum lycopersicum*	USA-2014-097	美国
98	番茄	*Solanum lycopersicum*	USA-2014-098	美国
99	番茄	*Solanum lycopersicum*	USA-2014-099	美国
100	番茄	*Solanum lycopersicum*	USA-2014-100	美国
101	萝卜	*Raphanus sativus*	HG1	韩国
102	萝卜	*Raphanus sativus*	HG3	韩国
103	萝卜	*Raphanus sativus*	HG5	韩国
104	萝卜	*Raphanus sativus*	HG6	韩国
105	萝卜	*Raphanus sativus*	HG7	韩国
106	萝卜	*Raphanus sativus*	HG8	韩国
107	萝卜	*Raphanus sativus*	HG9	韩国
108	萝卜	*Raphanus sativus*	HG10	韩国
109	萝卜	*Raphanus sativus*	HG11	韩国
110	萝卜	*Raphanus sativus*	HG12	韩国
111	萝卜	*Raphanus sativus*	HG13	韩国
112	萝卜	*Raphanus sativus*	HG14	韩国
113	萝卜	*Raphanus sativus*	HG15	韩国
114	萝卜	*Raphanus sativus*	HG16	韩国
115	萝卜	*Raphanus sativus*	HG17	韩国
116	萝卜	*Raphanus sativus*	HG18	韩国
117	萝卜	*Raphanus sativus*	HG19	韩国
118	萝卜	*Raphanus sativus*	HG20	韩国
119	萝卜	*Raphanus sativus*	HG21	韩国
120	萝卜	*Raphanus sativus*	HG22	韩国
121	萝卜	*Raphanus sativus*	HG23	韩国
122	萝卜	*Raphanus sativus*	HG24	韩国
123	萝卜	*Raphanus sativus*	HG25	韩国
124	萝卜	*Raphanus sativus*	HG26	韩国

（续表）

序号	作物	拉丁学名	引种号	来源
125	萝卜	*Raphanus sativus*	HG27	韩国
126	萝卜	*Raphanus sativus*	HG28	韩国
127	萝卜	*Raphanus sativus*	HG29	韩国
128	萝卜	*Raphanus sativus*	HG30	韩国
129	萝卜	*Raphanus sativus*	HG31	韩国
130	萝卜	*Raphanus sativus*	HG32	韩国
131	萝卜	*Raphanus sativus*	HG33	韩国
132	萝卜	*Raphanus sativus*	HG34	韩国
133	萝卜	*Raphanus sativus*	HG35	韩国
134	萝卜	*Raphanus sativus*	HG36	韩国
135	萝卜	*Raphanus sativus*	HG37	韩国
136	萝卜	*Raphanus sativus*	HG38	韩国
137	萝卜	*Raphanus sativus*	HG39	韩国
138	萝卜	*Raphanus sativus*	HG40	韩国
139	萝卜	*Raphanus sativus*	HG41	韩国
140	萝卜	*Raphanus sativus*	HG42	韩国
141	萝卜	*Raphanus sativus*	HG43	韩国
142	萝卜	*Raphanus sativus*	HG58	韩国
143	萝卜	*Raphanus sativus*	HG60	韩国
144	萝卜	*Raphanus sativus*	HG91	韩国
145	萝卜	*Raphanus sativus*	HG44	韩国
146	萝卜	*Raphanus sativus*	HG45	韩国
147	萝卜	*Raphanus sativus*	HG46	韩国
148	萝卜	*Raphanus sativus*	HG47	韩国
149	萝卜	*Raphanus sativus*	HG48	韩国
150	萝卜	*Raphanus sativus*	HG49	韩国
151	萝卜	*Raphanus sativus*	HG50	韩国
152	萝卜	*Raphanus sativus*	HG51	韩国
153	萝卜	*Raphanus sativus*	HG53	韩国
154	萝卜	*Raphanus sativus*	HG54	韩国
155	萝卜	*Raphanus sativus*	HG55	韩国
156	萝卜	*Raphanus sativus*	HG56	韩国
157	萝卜	*Raphanus sativus*	HG59	韩国
158	萝卜	*Raphanus sativus*	HG61	韩国

（续表）

序号	作物	拉丁学名	引种号	来源
159	萝卜	*Raphanus sativus*	HG62	韩国
160	萝卜	*Raphanus sativus*	HG64	韩国
161	萝卜	*Raphanus sativus*	HG65	韩国
162	萝卜	*Raphanus sativus*	HG66	韩国
163	萝卜	*Raphanus sativus*	HG67	韩国
164	萝卜	*Raphanus sativus*	HG68	韩国
165	萝卜	*Raphanus sativus*	HG69	韩国
166	萝卜	*Raphanus sativus*	HG70	韩国
167	萝卜	*Raphanus sativus*	HG71	韩国
168	萝卜	*Raphanus sativus*	HG72	韩国
169	萝卜	*Raphanus sativus*	HG73	韩国
170	萝卜	*Raphanus sativus*	HG74	韩国
171	萝卜	*Raphanus sativus*	HG75	韩国
172	萝卜	*Raphanus sativus*	HG76	韩国
173	萝卜	*Raphanus sativus*	HG77	韩国
174	萝卜	*Raphanus sativus*	HG78	韩国
175	萝卜	*Raphanus sativus*	HG79	韩国
176	萝卜	*Raphanus sativus*	HG80	韩国
177	萝卜	*Raphanus sativus*	HG83	韩国
178	萝卜	*Raphanus sativus*	HG84	韩国
179	萝卜	*Raphanus sativus*	HG85	韩国
180	萝卜	*Raphanus sativus*	HG86	韩国
181	萝卜	*Raphanus sativus*	HG87	韩国
182	萝卜	*Raphanus sativus*	HG88	韩国
183	萝卜	*Raphanus sativus*	HG90	韩国
184	萝卜	*Raphanus sativus*	HG91	韩国
185	萝卜	*Raphanus sativus*	HG92	韩国
186	萝卜	*Raphanus sativus*	HG93	韩国
187	萝卜	*Raphanus sativus*	K0RR01	韩国
188	萝卜	*Raphanus sativus*	K0RR03	韩国
189	萝卜	*Raphanus sativus*	K0RR04	韩国
190	萝卜	*Raphanus sativus*	K0RR05	韩国
191	萝卜	*Raphanus sativus*	K0RR06	韩国
192	萝卜	*Raphanus sativus*	K0RR07	韩国

（续表）

序号	作物	拉丁学名	引种号	来源
193	萝卜	*Raphanus sativus*	K0RR09	韩国
194	辣椒	*Capsicum annuum*	PI 123164	印度
195	辣椒	*Capsicum annuum*	PI 124540	印度
196	辣椒	*Capsicum annuum*	PI 127442	阿富汗
197	辣椒	*Capsicum annuum*	PI 135826	阿富汗
198	辣椒	*Capsicum annuum*	PI 135827	阿富汗
199	辣椒	*Capsicum annuum*	PI 135873	巴基斯坦
200	辣椒	*Capsicum annuum*	PI 135874	巴基斯坦
201	辣椒	*Capsicum annuum*	PI 138563	伊朗
202	辣椒	*Capsicum annuum*	PI 138565	伊朗
203	辣椒	*Capsicum annuum*	PI 140374	伊朗
204	辣椒	*Capsicum annuum*	PI 142837	伊朗
205	辣椒	*Capsicum annuum*	PI 142838	伊朗
206	辣椒	*Capsicum annuum*	PI 159237	美国
207	辣椒	*Capsicum annuum*	PI 159256	美国
208	辣椒	*Capsicum annuum*	PI 163189	印度
209	辣椒	*Capsicum annuum*	PI 166988	土耳其
210	辣椒	*Capsicum annuum*	PI 167361	土耳其
211	辣椒	*Capsicum annuum*	PI 592809	美国
212	辣椒	*Capsicum annuum*	PI 592831	美国
213	辣椒	*Capsicum annuum*	Grif 9286	哥斯达黎加
214	辣椒	*Capsicum annuum*	PI 566812	墨西哥
215	辣椒	*Capsicum annuum*	PI 593490	墨西哥
216	辣椒	*Capsicum annuum*	PI 631135	危地马拉
217	辣椒	*Capsicum annuum*	PI 674459	墨西哥
218	辣椒	*Capsicum baccatum*	PI 439393	秘鲁
219	辣椒	*Capsicum baccatum*	PI 439412	委内瑞拉
220	辣椒	*Capsicum baccatum*	PI 596052	玻利维亚
221	辣椒	*Capsicum baccatum*	PI 260567	玻利维亚
222	辣椒	*Capsicum baccatum*	Grif 9196	哥斯达黎加
223	辣椒	*Capsicum baccatum*	PI 159235	美国
224	辣椒	*Capsicum baccatum*	PI 159249	美国
225	辣椒	*Capsicum baccatum*	PI 159272	美国
226	辣椒	*Capsicum baccatum*	PI 241674	厄瓜多尔

（续表）

序号	作物	拉丁学名	引种号	来源
227	辣椒	*Capsicum baccatum*	PI 257130	哥伦比亚
228	辣椒	*Capsicum baccatum*	PI 257151	秘鲁
229	辣椒	*Capsicum baccatum*	PI 257154	秘鲁
230	辣椒	*Capsicum baccatum*	PI 260540	阿根廷
231	辣椒	*Capsicum baccatum*	PI 260590	秘鲁
232	辣椒	*Capsicum baccatum*	PI 281307	玻利维亚
233	辣椒	*Capsicum baccatum*	PI 585245	厄瓜多尔
234	辣椒	*Capsicum baccatum*	PI 497974	巴西
235	辣椒	*Capsicum baccatum*	PI 643124	未知
236	辣椒	*Capsicum chinense*	Grif 9111	墨西哥
237	辣椒	*Capsicum chinense*	PI 159233	美国
238	辣椒	*Capsicum chinense*	PI 159236	美国
239	辣椒	*Capsicum baccatum*	PI 159238	美国
240	辣椒	*Capsicum baccatum*	PI 413669	哥伦比亚
241	辣椒	*Capsicum baccatum*	PI 424732	巴西
242	辣椒	*Capsicum baccatum*	PI 431604	厄瓜多尔
243	辣椒	*Capsicum baccatum*	PI 439359	阿根廷
244	辣椒	*Capsicum baccatum*	PI 439372	智利
245	辣椒	*Capsicum baccatum*	PI 439408	乌拉圭
246	辣椒	*Capsicum baccatum*	PI 585247	厄瓜多尔
247	辣椒	*Capsicum baccatum*	PI 640888	澳大利亚
248	辣椒	*Capsicum baccatum*	PI 640889	法国
249	辣椒	*Capsicum baccatum*	PI 659105	哥斯达黎加
250	辣椒	*Capsicum baccatum*	PI 666546	危地马拉
251	辣椒	*Capsicum baccatum*	PI 439403	秘鲁
252	辣椒	*Capsicum baccatum*	PI 631150	巴拉圭
253	辣椒	*Capsicum baccatum*	Grif 9199	哥斯达黎加
254	辣椒	*Capsicum baccatum*	Grif 9213	哥斯达黎加
255	辣椒	*Capsicum baccatum*	Grif 9219	哥斯达黎加
256	辣椒	*Capsicum baccatum*	PI 188803	菲律宾
257	辣椒	*Capsicum baccatum*	PI 199506	圭亚那
258	辣椒	*Capsicum baccatum*	PI 200729	危地马拉
259	辣椒	*Capsicum baccatum*	PI 257122	哥伦比亚
260	辣椒	*Capsicum baccatum*	PI 257164	秘鲁

（续表）

序号	作物	拉丁学名	引种号	来源
261	辣椒	*Capsicum baccatum*	PI 260561	玻利维亚
262	辣椒	*Capsicum baccatum*	PI 260583	玻利维亚
263	辣椒	*Capsicum baccatum*	PI 260589	玻利维亚
264	辣椒	*Capsicum baccatum*	PI 281320	智利
265	辣椒	*Capsicum baccatum*	PI 281340	厄瓜多尔
266	辣椒	*Capsicum baccatum*	PI 315020	秘鲁
267	辣椒	*Capsicum baccatum*	PI 337522	阿根廷
268	辣椒	*Capsicum baccatum*	PI 370004	印度
269	辣椒	*Capsicum baccatum*	PI 370010	印度
270	辣椒	*Capsicum baccatum*	PI 439367	巴西
271	辣椒	*Capsicum baccatum*	PI 439379	墨西哥
272	辣椒	*Capsicum baccatum*	PI 439395	秘鲁
273	大蒜	*Allium sativum*	NA09G0928	越南
274	大蒜	*Allium sativum*	NA09G0929	南法
275	大蒜	*Allium sativum*	1NA09G0872	北京
276	大蒜	*Allium sativum*	NA09G0932	埃及
277	大蒜	*Allium sativum*	NA09G0940	西班牙
278	大蒜	*Allium sativum*	NA09G0941	捷克
279	大蒜	*Allium sativum*	NA09G0942	捷克
280	大蒜	*Allium sativum*	NA09G0943	西班牙
281	大蒜	*Allium sativum*	NA09G0944	西班牙
282	大蒜	*Allium sativum*	NA09G0945	西班牙
283	大蒜	*Allium sativum*	NA09G1032	俄罗斯
284	大蒜	*Allium sativum*	NA09G1033	俄罗斯
285	大蒜	*Allium sativum*	NA09G1034	俄罗斯
286	大蒜	*Allium sativum*	NA09G1035	俄罗斯
287	大蒜	*Allium sativum*	NA09G0916	美国
288	大蒜	*Allium sativum*	NA09G0915	美国
289	芜菁	*Brassica rapa*	HG2	韩国
290	芜菁	*Brassica rapa*	HG52	韩国
291	芜菁	*Brassica rapa*	HG57	韩国
292	芜菁	*Brassica rapa*	HG63	韩国
293	芜菁	*Brassica rapa*	HG81	韩国
294	芜菁	*Brassica rapa*	HG82	韩国

（续表）

序号	作物	拉丁学名	引种号	来源
295	芜菁	*Brassica rapa*	HG89	韩国
296	牛皮菜	*Beta vulgaris* var. *cicla*	NPNF002	非洲
297	牛皮菜	*Beta vulgaris* var. *cicla*	NPNF003	非洲
298	牛皮菜	*Beta vulgaris* var. *cicla*	NPNF001	非洲
299	油菜	*Brassica campestris*	Kale 1000 headed	非洲
300	白菜	*Brassica pekinensis*	2010G-13	非洲
301	白菜	*Brassica pekinensis*	DBML004	非洲
302	白菜	*Brassica pekinensis*	GBML004	非洲
303	白菜	*Brassica pekinensis*	BCAS002	非洲
304	甘蓝	*Brassica oleracea*	Cabbage Fanka F1	非洲
305	甘蓝	*Brassica oleracea*	White Cabbage	非洲
306	甘蓝	*Brassica oleracea*	Cabbage Copenhagen market	非洲
307	甘蓝	*Brassica oleracea*	CollRDS	非洲
308	甘蓝	*Brassica oleracea*	GLML001	非洲
309	甘蓝	*Brassica oleracea*	莫比桑克	非洲
310	白菜	*Brassica pekinensis*	BCSN001	非洲
311	白菜	*Brassica pekinensis*	BCAS003	非洲
312	甘蓝	*Brassica oleracea*	GLML003	非洲
313	甘蓝	*Brassica oleracea*	GLNF007	非洲
314	青花菜	*Brassica oleracea* var. *botrytis*	HCNF003	非洲
315	芫荽	*Coriandrum sativum*	2010G-16	非洲